平顺天台庵弥陀殿
修缮工程报告

平 顺 县 文 化 和 旅 游 局
山西省古建筑与彩塑壁画保护研究院 编著

贺大龙　主编

文物出版社

图书在版编目（CIP）数据

平顺天台庵弥陀殿修缮工程报告/平顺县文化
和旅游局，山西省古建筑与彩塑壁画保护研究院编
著；贺大龙主编. −北京：文物出版社，2020.10
ISBN 978−7−5010−6845−6

Ⅰ.① 平… Ⅱ.① 平… ② 山… ③ 贺…
Ⅲ.① 寺庙−宗教建筑−修缮加固−研究−平顺
县 Ⅳ.① TU746.3

中国版本图书馆CIP数据核字(2020)第214029号

平顺天台庵弥陀殿修缮工程报告

编　　著：平顺县文化和旅游局　山西省古建筑与彩塑壁画保护研究院
主　　编：贺大龙

装帧设计：晨　舟
责任印制：陈　杰
责任编辑：周　成　陈　峰

出版发行：文 物 出 版 社
地　　址：北京市东城区东直门内北小街2号楼
邮　　编：100007
网　　址：http://www.wenwu.com
印　　刷：北京荣宝艺品印刷有限公司
经　　销：新华书店
开　　本：889mm×1194mm　1/16
印　　张：21.25
版　　次：2020年10月第1版
印　　次：2020年10月第1次印刷
书　　号：ISBN 978−7−5010−6845−6
定　　价：480.00元

编辑委员会

目 录

插图目录

实测与设计图目录

彩色图版目录

前 言

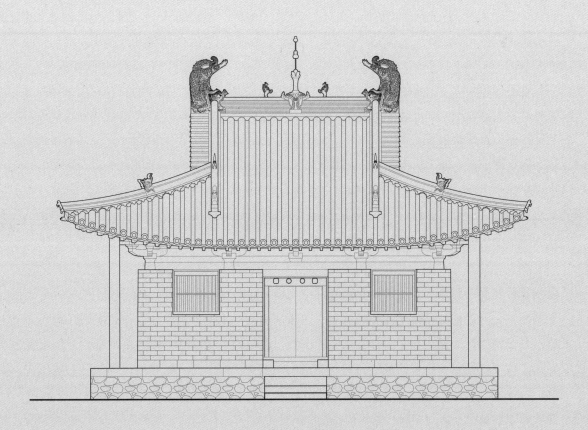

　　一直以来，平顺天台庵弥陀殿被认为是我国仅存的四座唐代建筑之一。有幸的是这四座都遗存在山西，成为"地上文物看山西"最耀眼的标志。然而，在2014年的维修工程中发现了大唐天成四年（929年）创立和长兴四年（933年）"地驾"的墨书题记。让人遗憾的是"天成"和"长兴"都是五代后唐的年号。这样一来，弥陀殿"变"成了一座五代时期的建筑。从证据角度看，龙门寺西配殿（925年）和大云院大佛殿（938年）的年代佐证都是碑刻，相比弥陀殿的梁架题记可信度更高。从学术价值看，弥陀殿年代的确定是史实和研究方法上的重大突破，是建筑历史的一项重要发现。事实上，从唐代到宋代的演进过程中，每座五代建筑从整体风格上都是唐代制度的延续。故学者们对五代建筑的考量都是以唐代的风格为标尺。

　　1958年，由杜仙洲先生执笔，将天台庵弥陀殿的发现发表于《文物参考资料》第4期。他说：此殿在建筑结构上，有些地方近似南禅寺正殿，风格上具有不少早期的特征，可能是一座晚唐的建筑。刘致平先生认为：殿的大木制度，有些木柱及望柱、横栱及出挑算是唐代原物。傅熹年先生提出："寺及大殿的年代不可考，只能大致定在唐代。"从先生们"可能""算是"和"大致"的推判看，对佛殿是否是唐构尚有疑虑。柴泽俊先生认为：由檐柱至梁架全部还是唐制。王春波先生认为：檐柱，铺作，屋架举折，翼角飞椽，处处显示着唐代的建筑风格。可见，柴、王二位先生对佛殿乃唐构给出了肯定的推判。

　　李会智先生说："根据该殿梁架结构的整体和局部结构特点，建筑部件的制作手法，尤其是平梁及四椽栿之间设蜀柱，平槫攀间隐刻栱、泥道隐刻栱的制作手法等特点，笔者认为平顺王曲村天台庵正殿为五代遗构。"曹汛先生认为：天台庵弥陀殿形制和结构做法，不仅柱梁斗栱和构架举折，还有当心间补间施斗栱，都与五代后唐所见的平顺龙门寺西配殿非常相似。李、曹二位先生对弥陀殿的年代考证，特别关注了局部做法，详尽的考订和研究并没有深入展开，难免会有错漏和误判。例如，李先生引证的平梁与四椽栿间用蜀柱并非五代做法；曹先生提出的补间斗栱（弥陀殿）是后代添加上去的，西配殿华栱下施半栱式替木的做法也与弥陀殿差异鲜明。

　　撇开弥陀殿后代改制的蜀柱大斗隔架和大角梁与隐角梁的组合结构，考察其年代特征：平梁上以侏儒柱和叉手承脊，是五代共存的脊部结构模式；平梁不出斗口，托脚入斗抵梁，与大云院、镇国寺同制，是早于西配殿伸出斗外的唐制；四椽栿通檐伸出檐外制成华栱与西配殿同制，是早于大云院搭压和镇国寺搭交的唐代手法；柱头只施阑额与西配殿和镇国寺一样，是早于大云院施普柏枋的唐代做法。扶壁栱用重枋，与西配殿相同，在唐例中未见，但却是齐隋和唐代早期已有的样式；同为斗口跳，西配殿与辽构一样，在华栱下施半栱式替木，而弥陀殿与唐例和唐代壁画中均未得见，显然，天台庵弥陀殿更多地保留了唐代的年代特征。

　　不可否认的是，宋代建筑是由唐代结构体系发展演化而来的，但是如果以类型学方法对照，形制的差异昭然可见。柱头结构方式：唐代是"阑额型"、宋代的是"阑普型"；梁栿与铺作的结构关系：唐代是"组合型"、宋代是"搭压型"和"搭交型"；隔架结构：唐代是"驼峰大斗型"、宋代是上施"十字栱交构托脚式"；顶层构架：唐代是"大叉手型"、宋代是"侏儒柱型"；角梁结构：唐代是"大角梁型"、宋代是"隐角梁型"等等。毫无疑问，宋代建筑的结构方式完全脱离了唐代的固有模式，而这些宋代形制、样式的转型，都可以在五代建筑中觅得上源，相互对应。可见，没有五代何以有宋，不懂五代何以知宋。

　　唐代建筑风格向宋代的转型，是在五代半个多世纪的衍变中完成的，在这个过程中，每一座五代建筑都在延续唐代风格的同时，又在转型中扮演了不同的"角色"。龙门寺西配殿在平梁上添加了侏儒柱，又将平梁头伸出大斗外与托脚交构；大云院大佛殿有了两椽对接用三柱的构架形制，并将梁栿压在铺作层上，又在柱头上添加了普柏枋；镇国寺万佛殿在隔架的驼峰大斗上添加了十字栱，又在大角梁背添加了隐角梁。重要的是，这些五代出现的新式样，都被宋代建筑所接纳。经过宋代早期整合，一种全然不同于唐代的木构架形制定型，唐代的年代特征消失殆尽。可知，五代是唐代旧制尾声，是宋代新风的先驱。

　　长期以来，我们缺乏对五代建筑的深度探索和研究。特别关注了与唐代风格的比较，而忽略了向宋代转型过程的关联。常青先生说：中国古代建筑作为一种连续性进化的体系，在转折、递变和断代分期的脉络上，也就不那么容易分辨。但当我们将唐代、五代和宋代的构件样式、部件组合和构造方式进行排比后就不难看出：每座五代建筑的更新都发生在局部，并与旧有的模式同时共存，在结构方式和整体风格上没有脱离唐代。宋代集五代形制创新之大成，经过早期的整合再造，这些五代新样式完全取代了唐代旧式。因此，在发展和演变的过程中，五代是唐、宋转型的过渡阶段，而唐代和五代的朝代更迭并非是建筑风格的分野。

　　弥陀殿年代的发现，让我们"失去"了一座唐代建筑，许多人在情感上难以接受。然而"求真"是历史学的要义，努力追求建筑过往的真相，是建筑史学家的首要责任和社会担当。建筑在其存续的过程中，由于历史的原因，它的记忆可能被丢失；又因功用的变更或使用的损坏，在修缮过程中被添减和改造都是不可避免的。建筑史学研究者的主要任务之一，就是剥去那些被扭曲、被添改的部分，重新呈现其历史的真相。之前，弥陀殿的唐代"身份"是依据风格特征推判的。现在我们知道了它"出生"在五代，但建造它的建筑师们并没有因为李唐王朝的覆亡而改变他们的技艺传承，故弥陀殿看上去还是唐代的样子。

　　我国木构建筑有实物的历史起自唐代，至今也有1000多年的历史。此后实例的时代序列完整，演变脉络清晰。梁思成先生认为，研究实物的主要目的，是冷静地探讨其工程艺术价值，与历代作风手法的演变，这便是研究中国建筑的最大意义。唐代是中国古代木结构建筑发展的成熟期，形成了一个完整的建筑体系和纯熟的营造技艺，是我国建筑历史发展过程中的高峰。宋代在建筑艺术和科学技术方面绝对超过了唐代，是中国建筑的又一个新的发展阶段和新的高潮。出自平顺五代匠师之手的龙门寺西配殿、天台庵弥陀殿和大云院大佛殿，是唐代建筑文化和营造技艺传承的见证，是大唐建筑风采的最后一抹辉煌。

　　天台庵弥陀殿保护工程严格遵循"文物古迹保护是一项科学工作，必须建立在研究基础上"和"研究应贯穿保护工作全过程，所有保护程序都要以研究成为依据"的工作步骤。在研究方面：收获了弥陀殿的创建年代，初步厘清了弥陀殿现存结构中的原状和后代添改的年代问题等方面的成果。在保护方面：坚持不改变原状、最低干预和真实性等保护原则，使弥陀殿在历史演化过程中形成的各个时代的特征得到了有效的保护和充分的尊重。弥陀殿保护工程获得了2018全国优秀古迹遗址保护项目的殊荣，是对我们工作的肯定和激励。

贺大龙

2020年9月8日于太原

研究篇

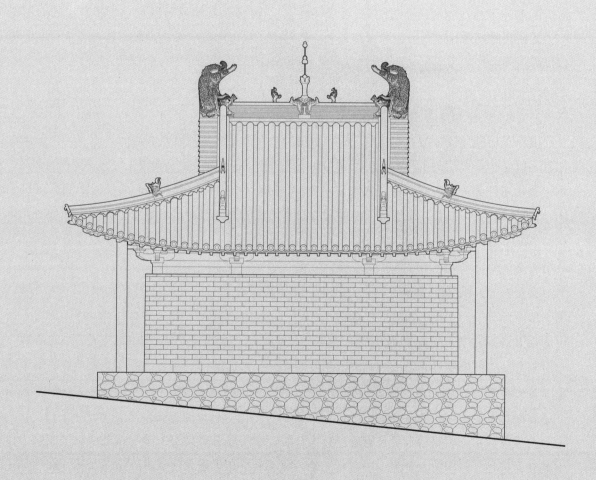

一　历史文化背景

（一）文明历程·天人合一的文化大观

"早期人类社会，由于生产力不发达，人类对自然界的许多现象无法理解"。于是"凭借大胆的想象力，予以描述，予以神化，于是神话就产生了"[1]。尽管"神话是什么"，神话与历史的关系，一直以来都是学术界讨论不休的命题，但无疑是人类最早的文学形式之一。它所描述出的曼妙的亘古悠远的混沌世界，它所讲述出的奇异怪诞的传说、光怪离奇的故事以及它所塑造出的劈山錾石的豪杰、降妖伏魔的英雄，都恒久地盘绕于人们的心中。亘古绵长，家喻户晓，震撼着人们的心灵，激励着民族的精神。

1. 人迷神醉的情愫

山西东南部，今长治与晋城市，战国韩始封上党郡。上党地区是我国先民较早开发的地区之一，"它不仅是中华民族的发祥地之一，而且也是中华民族古代文明与灿烂文化的主要发源地之一"[2]。下川文化遗址的考古发现表明，大约在距今2万年前这里已有早期人类的活动。他们在这里栖息、劳作、繁衍，留下了一百多处旧石器晚期和新石器时代的遗址、遗迹，更为重要的，是创造和留下了他们"不屈不挠地与天斗、与自然灾害斗、与妖魔鬼怪斗……"的生存发展和追求美好生活的"神话"故事。这里是当之无愧的神话之乡。

女娲奉献：有关"女娲补天"的故事，《淮南子》云："往古之时，四极废，九州裂，天不兼覆，地不周载……于是女娲炼五色石以补天。"同时她还是传说中人类的始祖，《风俗通》云："俗说天地开辟，未有人民，女娲抟黄土作人。"又云："女娲祷神祠，祈而为媒，因置婚姻。"《潞安府志》载："娲皇庙在西南天台山，相传即炼石补天之处，名望儿台。"上党地区祀娲皇的祠庙很多，今存规模最大的河北涉县的娲皇宫，在历史上曾是上党属地，捐资建庙者也多是上党人。故有"庙座河北（涉县），皇望山西"之说（图1）。

大禹精神："大禹治水"是家喻户晓、妇孺皆知的故事。其实大禹不仅是中华民族广为传颂的治水英雄，更是"我国第一个统一国家夏王朝的奠基人。在华夏大地从洪荒走向文明，在中华民族开始形成的历史关头，大禹以其卓越的品格精神和毕生的努力，建立了光耀日月的功绩，从而成为继炎、黄二帝之后中华民族又一伟大先祖"[3]。《禹贡》记载了大禹在上党导水"入于海"的行迹，故"禹迹"禹庙在晋东南多不胜数。现存时代最早的是建于元代延祐六年（1319年）的壶关辛村大

[1]　陶冶主编《印度神话故事》，商务印书馆国际有限公司，2000年，前言。
[2]　闫广主编《长治文物古迹概览》，2006年，第99页。
[3]　刘训华主编《大禹文化学概论》，武汉大学出版社，2012年，第53页。

图1 河北涉县娲皇宫·明代（李斌 提供）

禹庙大殿（图2）。

羿射九日：事迹主要载于《山海经》和《淮南子》等典籍中，传羿乃天神，"帝俊赐羿彤弓素矢，以扶下国""尧之时十日并，焦禾稼，杀草木，而民无所食"。于是尧命羿射杀九日以安天下。《淮南子》说"羿请不死之药于西王母，姮娥窃以奔月"又有了嫦娥的美丽传说。《潞安府志》记：屯留三峻山，传为羿射日之地，山颠有庙，宋徽宗崇宁间（1102～1106年）赐额"灵贶"，明洪武三年（1370年）赐"三峻山之神"，香火上党最盛（图3）。

神农尝草：高诱注《淮南子》赤帝炎，号神农。传其发明耒耜以播百谷；开凿水井以溉农田；尝识诸草而知毒药。炎帝是火神，是农耕文明的神农，是中草药的始祖。明人朱载堉在《羊头山记》中说："今潞城县东北四十里有古潞城，即其国也。其国至神农冢一百六十里。"《泽州府志》载："今上党羊头山（长子高平交界）神农始种五谷处。"史籍志书中，神农、炎帝的遗迹、传说遍及上党，现存的祠庙更是海内之最（图4）。

精卫填海：《山海经》说："炎帝之少女名曰女娃。女娃游于东海，溺而不返，故为精卫。常衔西山之木石，以堙于东海。漳水出焉，东流注于河。"听来是段令人伤感的故事，殊不知精卫这个可

图2　长治·壶关辛村大禹庙·元代（赵朋 提供）

图3　长治·壶关南阳护三峻庙·金代（赵朋 提供）

图4　长治·郊区关村炎帝庙·元代（赵朋 提供）

图5　长治·长子灵湫庙·清（范胜青 提供）

怜又可爱的小女孩（小鸟）她的执拗，竟令"漳水出"。清代吴任臣《广注》说：发鸠"山下有泉，泉上有庙，浊漳水之源也"。宋政和元年（1111年）长子县令王大定作《灵湫庙额记》"天子赐名'灵湫庙'，褒神利国惠民之功也"。庙在县西四十里（图5）。

2. 尊圣崇贤的神态

一般而言，宗教可以分为两大类：国家宗教和民间宗教。前者"为国家、政治和社会秩序服务，它为国家的存在提供道德工具和终极价值依据；民间宗教是为个人的存在服务的宗教，它关注个体的健康和生命的归宿。"[1]我国地域广阔，民族众多，民间宗教发达，以致历史上那些未被朝廷认可的所谓"滛祠""杂庙"常遭取缔。如《旧唐书》载，狄仁杰巡抚江南，见俗多"滛祠""奏毁一千七百所"。《宋会要辑稿》记：徽宗政和元年令"开封府毁神祠一千三十八区，迁其入寺观及本庙"。《明史》：明初洪武三年（1370年），诏"定诸神封号，凡后世溢美之称皆革去。天下神祠不应祀典者，即淫祠也，有司毋得致祭"弘治元年（1488年），又罢免大小青龙等数十神之祭。

圣王姬诵：姬诵即周成王，是伐纣灭商创立周朝的武王姬发的儿子，是周朝的第二代君主。12

---

[1]　张荣明《中国的国教》，中国社会科学出版社，2001年，第1页。

岁继位，其叔周公旦受托辅政，20岁掌朝。亲政后，营洛邑、重农事、怀民生、减刑罚、修德政、平叛乱、征四夷。迁都洛阳"宅兹中国"始出"天下之中"，勤政治国，开创太平盛世。武王：伐纣克殷，除华夏族害，礼贤下士、仁慈爱民、发展生产、改善民生，成为得民心博天下之一代明君。周公：助武灭商，辅成治国，治礼作乐、有教有德，"周公摄政""周公还政""周公吐哺"受到历代礼学的赞誉和推崇。武王、周公、成王成为后世仁政的榜样和为政者人格之典范，成就了孔子毕生崇仰与倡导的周礼。

图6 长治·襄垣太平周成王庙·元代（赵朋 提供）

史上民间成王祠庙的情况我们已不可知，从第三次文物普查的结果看，长治地区保存有两座，巧合的是都在襄垣县。其中最重要、最具文物价值的当属太平村的周成王庙。庙的规模不大，形制如同当地常见神祠之格局，现存山门倒座戏台，两侧有妆楼，入门即可见三间大殿及两侧耳房，中庭东西各立厢房。庙的创建已无考，庙存元至大元年（1308年）重修碑，所记主要为成王歌功颂德。其中金"明昌间（1190～1196年）故庙颓"，元大德年间（1297～1307年）乡民集资重修，成为大殿年代考察的重要史料。大殿现存结构中表现金、元特征共存的情况，恰与碑记相吻合，是一座重要的早期木构遗存（图6）。

明君太宗：唐太宗李世民是中国历史上叱咤风云、功业卓著、名声显赫、尽人皆知，堪比秦皇汉武的封建帝王。其父李渊世袭唐国公，任太原留守，镇守晋阳城。隋大业十三年（617年）与其子李世民及部将于晋阳起兵，次年攻破国都长安，隋恭帝杨侑让位于李渊。因其为唐国公、唐王，又于古唐地晋阳起兵，故定国号为唐，被认为是表明大唐帝国的龙兴之地。武则天认为晋阳是王朝兴盛之地，如商汤之亳，西周之岐，又是其家乡所在，诏晋阳为北都与东（洛阳）、西（长安）都并立。玄宗李隆基曾"龙潜"上党（长治），登基后改三都为三京，晋阳为北京。可见晋地在大唐王朝历史上的重要地位。

长子县团城村有座唐太宗庙，建在村北的一座土丘上，规模建制都是当地惯见的格局。庙门已毁，在东侧另辟小门权当是山门，三间大殿坐北朝南，两侧立耳殿，殿前左右分列厢房。庙存清代五朝碑记，都是赞誉太宗"追踪汤武，比美成康"而享祀于民。康熙碑载："贞观九年（635年）畿内蝗，太宗吞食之曰：'宁食吾肺腑勿饥吾民'蝗遂灭。"乾隆碑载：庙修"竣将立碑记，乃蝗虫突起，人心忧戚，及乎赴庙祈祷而蝗遂息"。其余存碑也都与太宗治蝗之事有关，可见唐太宗在这里充当了蝗神的角色。太宗吞蝗治灾见于《资治通鉴》，于是上党的乡民便把这位皇帝请来治蝗，威力远胜八腊和刘（猛）将军（图7）。

贤宦崔府君：潞安府志载："崔府君庙，祀唐长子县令崔元靖。按：神唐贞观七年（633年）任邑令，多异政。民歌曰：天降神明君，赐我仁慈父。"有违禁杀生者君谓之曰："汝犯吾令，欲阳罚耶，阴谴耶？朱度阴道渺远诡辞愿之。"及夜果遭黄衣吏勾逮公府受杖；有虎哑人，遣吏持牒往摄

图7　长治·长子团城唐王圣帝（唐太宗）庙·元代　图8　长治·长子崔府君庙·金代（李书勤 提供）
（张宇飞 提供）

之，"虎啣牒而至，数其罪，虎触阶而死"。府君任内勤政为民，公正秉明，唐明皇避安史之乱于
蜀，夜梦府君见曰：弗别往，禄山必灭矣。还朝后封显圣获国嘉应侯。唐武宗加封护国感应公，宋真
宗加封护国真济王。宋高宗躲避金兵追赶，遇河受阻，府君托梦借马渡河，脱险后方知是泥马，有了
"泥马渡康王"的故事。

崔府君不仅能在危难之时有救驾之缘，更为离奇的是，被东岳大帝收入麾下，成为玉皇大帝钦点
的"主幽冥"之神，"昼理阳，夜治阴"是阴曹地府四大判官之首席，主掌生死簿能削人阳寿。所以
不仅是皇家御卫，倍受宠爱；也是百姓心中的"天降明君"。重要的是，上党是唐玄宗曾"龙潜"之
地，遇难之时"感梦"长子县令，当别有一番滋味，而加封长子县令护驾有功，也另有一番用意，正
是府君祭祀、府君庙盛行上党地区的重要原因。长子崔府君庙在县城文庙之东，原名"去思祠"宋崇
宁五年（1106年）迁于此地。现仅存大殿，单檐歇山，月台高大，石柱粗壮，前廊宽阔，五间之广，
气势恢宏，宋风犹在（图8）。

3. 爱憎分明的仙境

"三普"资料显示，长治地区目前保存的古代庙宇有两千余处，除了正统的儒释道和关公系外，
还有着庞杂的地方神系，祀奉着哪些圣人先贤、神灵大仙，没有人统计过。这些庙宇神祠大多散
落在村寨之中，自古以来由社里集众建造，或是正统神的行宫，或是获得赐额，抑或邀官员参与
修建，春祈秋报，自营管理，成为人们安放神灵的精神家园。冯俊杰先生说："山西南部的尧帝庙
群、舜帝庙群、大禹庙群、后土庙群，东南部的汤王庙群、炎帝庙群，北部的北岳庙群，以及遍布
全省的关帝庙群、东岳庙群、龙王庙群等都是这样出现的。官府即使觉得行祠泛滥不是什么好事，
却很难下令拆毁。"[1]

保国安民的惠淑二仙：在上党，二仙的故事是家喻户晓、妇孺皆知的，供奉二仙的神祠遍及潞、
泽，是晋东南地区影响范围最大、奉祠数量最多、传衍历史最久长、地域特征最浓盛的神仙文化现
象。二仙原本是两个恪守孝道的普通农家女孩，其故事在流传过程中被不断放大并羽化升仙，最终
定格为神。其法力也从守护神衍升出能兴云致雨、沉疴必愈、智慧之男、端正之女等等。更有"戚者

---

[1]　冯俊杰《山西神庙剧场考》，中华书局，2006年，第3页。

休，惨者舒，俭者丰，所欲无不从，此真泽之惠也"。实际上，各地根据不同的需求，都对二仙和二仙庙赋予了更多的法力和功能，充分反映出地方神祇崇信与创造他们的原住民的亲和力和沟通方式，是地方神的突出特点之一，也是二仙能够受上党地区民众爱戴、香火独盛的主要原因。

图9 长治·壶关真泽二仙宫·元代（秦秋红 提供）

北宋晚期和金、元时期，社会政治复杂，民族矛盾突出，"中央与地方精英、征服者与被征服者之间的张力与冲突在二仙身上还刻画了另一层意义。二仙信仰成为地方精英用来表达自身愿望的文化资本，借此他们可以与朝廷协商、与同侪建立同盟、与乡里乡亲结成社会网络，从而确立自己的精英身份，换取国家认可和在当地的声望、影响力"[1]。使得二仙信仰在上党地区迅速扩张，二仙成为影响力最强的地域神，二仙庙的兴建成为原住民和入侵者结好的机缘，使信仰和二仙庙的普及达到鼎盛时期。在现存的神祠中，最古老的大殿都是建于北宋的陵川小会岭二仙庙（1063年）和泽州南村二仙庙（1098年）。规模最大、建制最完整的是壶关神郊村的真泽二仙宫，也是二仙的本庙（图9）。

降魔行雨的昭泽龙王：昭泽王是古代上党独有的地域神之一。襄垣县志载：父姓焦，母杨氏于唐懿宗咸通九年（868年）诞公于古韩国长乐乡九师村。是夕有白光照室青龙覆屋，七岁不语、双手不展。忽至元日，言通手展，性灵顿悟。十三岁形貌魁梧光彩异常，至天文地理、易象遁甲无不贯通。后得太一真人法入洞修真。公亦化白光，躯索出城，往来于北洞，一日遗尸于地，众人举之不动，唯衣一袭。遂立茔葬衣于城北号将军坟。"王之功绩灵佑，兴云致雨，抗患除灾，能驱妖降龙，惩恶安民"。五代后唐清泰二年（935年）封"灵侯爵"；后晋天福二年（937年）封为"云雨将军"，四年加封"显圣公"；宋宣和元年（1119年）封"昭泽王"，明洪武初封"龙洞神"。

昭泽王本庙在襄垣县城南街，"五代天福间，邑人立庙奉祀"，是上党地区敕封建祠较早的神祇。现存元代大殿与明代香亭及明万历三十五年（1607年）年重修碑一通。襄垣，春秋时赵襄子所建，唐时迁现址，推测此庙正是志载天福间邑人立庙奉祀原址。值得一提的是，万历碑载"乐亭台榭隆起，下开砖券正门"。这是传统建筑中山门式舞楼的最早史料之一，是古代民间戏曲舞台的重要形式之一，它的出现开创了民间神祠布局的新格局。"三普"资料显示，目前已知昭泽王的遗物遗迹有20余处，主要分布于襄垣县、长治市、长治县、潞城市和黎城县。数量以黎城最多，时代以襄垣最早。从分布情况看，仅限于今长治市所辖的局部地区，是具有鲜明地域特征的"雩神"（图10）。

4. 天人合一的盛宴

天人合一又称天人合德、天人相应，是中国哲学史上的一个重要命题，其核心说就是人与天（自

---

[1] 易素梅《战争、族群与区域社会：9至14世纪晋东南地区二仙信仰研究》，《中山大学学报》（社会科学版）2013年第2期，第100页。

然）和谐相处的思想观念。近年来有学者提出，这一观念"实是中国传统文化思想之归宿处""是中国文化对人类的最大贡献"。历史上儒、道、释三家都有各自的阐述。儒家认为，天是道德观念和原则的本源，人心中具有天赋的道德原则，即天人合一是一种自然但不自觉的合一。在道家看来，天是自然，人是其中的一部分。庄子认为，天人本合一，只因人为的典章制度、道德规范，使失去自然本性。佛教说，人心分真、妄两种，真心乃宇宙本质即自然，妄心是人的妄想，

图10　长治·襄垣郭庄昭泽王庙·金代（张素峰 提供）

人处真心时便天人合一了。其实，芸芸众生建祠庙以通天神，实则为感应上天以祐安好。

英雄与天神崇拜：上古之时，人们对自然界的风雨雷电、洪水猛兽既恐惧又崇拜，每当灾难来临总有勇敢的人站出来带领人们与之抗争，逐渐形成了能与天沟通的领袖。这时的天是主宰万物生灵的神，这些领袖们被认为是上天派来的天神，并被一代一代的传颂。特别是：女娲化万物、正四级、置婚姻、繁衍人类；神农尝百草、创医药、制耒耜、教民稼穑；精卫填东海、漳水出、汇神泉、灌溉上党；羿神射九日、缴大风、诛诸害、为民解忧；大禹凿山导水、通沟疏渠、相地穿井、兴邦安民。这些诞生和活动于太行山脉、漳河两岸的天神受到上党人民的敬仰，祠庙遍及村寨，香火兴旺不绝。

明君与忠臣信仰：唐太宗和崔府君这样的明君、贤臣，因圣明贤良成为帝王、臣子的楷模，广受民众敬仰和爱戴。在上党地区还有一位明君商汤，他灭除祸国殃民的夏桀，废除暴政，人民雀跃，史载"汤克夏而政天下，天大旱，五年不收，汤以身祷于桑林"，以身为牺牲请祈于天，雨乃大至。所以先秦诸子多以汤"达乎于鬼神之化，人事之传"由此形成了一个以析城山为核心的商汤祈雨文化圈。长子西上坊成汤庙金正隆元年（1156年）碑有"潞泽间凡遇旱，必躬造析城掣骊取水信"的雩祭取水仪式记载。所以，无论是帝王还是官吏，只要是爱民恤民者，都会为他们立庙建祠"享祀香火"。

神仙与祈求再造：自从汉武帝"罢黜百家，独尊儒术"以后，儒教的正统地位得以确立，并被整个封建时代作为国教延续下来，佛、道两教则大设坛口弘法说教，并为诸神在村村寨寨中建庙立像竞相比攀。然而唐代以后，这里的人们按照自己的祈愿，开始塑造个性需求的保护神，像二仙、昭泽王、崔府君等都是这一时期兴起的具有浓郁的地域特征的神仙。为了不被视为淫祠杂神，都向朝廷请来了赐额封号。从古到今，浊漳河流域分布着数不清的寺观庙宇神祠，供奉着众多护国安民的神祇仙灵，恰体现出我国多神信仰的显著特征，留存了罕见的宗教文化遗产和民间信仰大观。

5. 结语

不难想象，古之时，人们情愿居室简陋，却不惜给神殿添砖加瓦；情愿节衣缩食，却不忘给神祇上香奉供。原因很简单，每当战争灾祸之时，人们唯一能做的就是跑到庙里去祈求神的保佑；每当生

病遇难之时，也只能是到庙里去祈求神能庇护；每当天旱不雨之时，还是要去庙里祈求神降恩泽。而一旦得应，便敬奉还愿；每当神的祭日或节庆，神庙就更是热闹非凡，赶庙会、上神供、唱大戏，便是众生最具幸福感、最快乐的时光。就是这样，神不语看惯了人间的喜怒哀乐，庙依然装满了世间的是是非非。就是这样，人们相信神是从天上下来保佑风调雨顺、家泰人安的。就是这样，这里的人们与神生息相伴，薪火相传，给我们留下了和谐共处，天人合一的文化大观。

（二）重要史证·独步黎明的珍宝遗迹

大约在两万年前就有人类在这浊漳流域生活、栖息、繁衍，开启了走向文明的序幕。这片土地上的人们坚信，女娲创造人类，令人们民子孙繁衍；炎帝尝草稼穑，使人民衣食丰足；大禹劈山治水，让人民安居乐业；羿神射日除害，救人民于水火。这里的人们崇敬佛道，颂扬忠烈，敬重神明，并在村村寨寨为他们建造了众多神殿庙堂，并奉以香火，小心呵护，留存至今，成为中国古代建筑的宝库，谱写了自唐代以来不间断的历史篇章，承载了科学技术、文化艺术发展与演进的历程，备受社会各界的关注与推崇。

1. 铜匜上的房子

1955年"在长治市分水岭发掘战国墓葬中，曾出土有铜匜一件，器残甚，全形已不易看出，仅留部分线刻房屋、鸟兽、树木、人物等。从图示房屋形制上可以看出战国时代的楼阁式样，是建筑史上一份极宝贵的资料"[1]。像这样刻画在铜器上反映春秋战国时代建筑的图像，全国目前出土的数量总计有30余件，较为完整且具有代表性的仅有10余件。从出土的地点看，分布在江苏、河南、山东、湖南、陕西、四川等地，相当广泛。从时代的属性看，多数为战国时期，只有少数为春秋晚期的。从艺术的风格看，人物形象、服饰器具、礼仪内容、建筑风格相当一致，皆为中原地区常见的形式[2]。这是我们至今所见时代最早的反映建筑形象的珍贵史料。

傅熹年先生说："在铜器上出现建筑形象始于商、周，到战国时渐多。其表现形式也不同，有模铸、嵌错、錾凿、刻画四种。尤以刻画的图像最为精细。"这类画像的主题可分为两类："一类描写燕、射、飨、狩猎、采桑等礼仪方面；另一类描写两军陆战和水战等戎事方面。有时这两类图像集于一器，但为数甚少。"在艺术作风和内容取材等方面来说，"已经摆脱了商周以来常见的怪诞神秘的传统，致力于写实风格的表现，而且多表现贵族生活的情况，已开启两汉画像砖石上车骑、狩猎、乐舞画像等风气之先"[3]。在建筑图像的表现手法方面，则以近似今日之立面图，或类似今日之剖面图画法，表现建筑的外观、室内空间，层数构造以及各种围绕建筑的活动形式。

分水岭铜匜图属刻画类型，在结构完整、图像清晰、刻画形象等方面都是最为精美的一件。其核心构图是一座二层楼阁（或三层），下层7柱6间，外部表现为副阶，之上绘出平坐勾栏。二层6柱5

[1] 张驭寰《上党古建筑》，天津大学出版社，2009年，第1页。

[2] 曹春平《东周铜器上的建筑图像考解》，《建筑史论文集》，第12辑，清华大学出版社，2000年，第43页。

[3] 傅熹年《战国铜器上的建筑图像研究》，《中国古代建筑十论》，复旦大学出版社，2004年，第63、第42页。

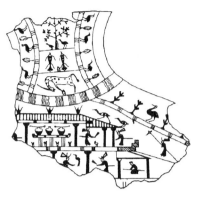

1. 战国，鎏金残铜流线刻，山西长治分水岭出土（引自傅熹年《中国古代建筑十论》74页）

3. 战国，铜鉴刻纹，故宫博物院（引自傅熹年《中国古代建筑十论》76页）

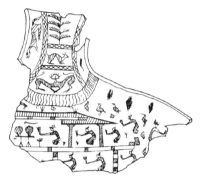

2. 春秋末至战国初，铜匜刻纹残件，江苏六合仁和出土（引自傅熹年《中国古代建筑十论》75页）

4. 东周，铜鉴刻纹，江苏镇江谏壁王家山出土

图11　铜匜上的房子（引自傅熹年《中国古代建筑十论》）

间，从外侧两柱间距反映是周檐围廊形式。屋顶形制或四阿或盝顶，上层屋面刻绘出瓦垄，各柱头上都安置了一个硕大的栌斗。战国是中国传统建筑发展的重要时期，杨鸿勋先生认为：斗栱的前身就是安在柱头上的一块垫木。至战国，分流为斗形木块和栱的先型"短木枋"，并可能有了斗栱最初的基本单元"一斗二升"[1]。这幅长治"楼阁图"反映出战国时代造楼技术的成熟，四阿顶、柱头栌斗是显著的技术特点，反映出像太原晋祠圣母殿的副阶、应县木塔的平座围廊制度已经形成（图11）。

2. 石头上的屋影

1959年，在沁县南涅水村一座寺院遗址中出土了一批石刻造像。《长治文物古迹概览》上说，先后出土了2139件。为此，1965年创建了南涅水石刻陈列馆，将部分文物陈列展示。这批石刻的雕造年代，始自北魏神䴥元年（428年）终至北宋天圣九年（1031年），越北魏、东魏、北齐、隋、唐、五代、北宋，历时六百余年。其中数量最多的是略呈方形的四面雕像，以四至六块垒叠成下大上小之小型石塔，高度约3～4米。目前用953块叠成205座小塔，供参观鉴赏，是一处国内罕见的佛教石雕造像[2]。

从建筑史的角度而言，在唐代有实物证据之前，能够基本表达外观形象、外部构造和斗栱形式的

[1] 杨鸿勋《斗栱起源考察》，《建筑考古学论文集》，文物出版社，1987年，第260页。

[2] 闫广主编《长治文物古迹概览》，2006年，第111页。

图12 长治·沁县南涅水石刻·北朝—宋（李嘉佳 提供）

实证并不多，秦代之前只有春秋战国时代的一批刻画在铜器上的建筑图像；之后有两汉的陶房、陶楼和画像石。进入北朝，北魏前期的主要依据是大同云冈，后期是洛阳龙门；西魏和北周的依据是天水麦积山；齐隋的依据是河北响堂山和太原天龙山等石窟，以及棺椁、陶屋、石塔等，反映的是建筑形象和片断。同南涅水一样在时间上具备连续性演进发展脉络者，非敦煌莫属，而敦煌以唐代为著，南涅水则以北朝为最，可见其价值之重要。

南涅水石刻所表现的建筑情况，虽然只有屋盖、鸱尾、柱子、斗栱等局部形象，且个体形象很小，但却延续了自北魏至唐代斗栱、柱子、额枋等建筑结构和构件的发展演变过程。所反映的形象不仅可与云冈、天龙山石窟的形象互为印证，更可贵的是这种不间断的演变，是在上述石窟和其他遗例中不能见到的。曹汛先生认为：这一大批造像石刻，本是一次重大的考古发现。可惜至今没能引起足够的重视，更未能认识到位，只当做造像石刻，没能认识到是一种叠石四面塔的重要塔形和塔林（图12）[1]。

3. 羊头山的珍遗

羊头山石窟"地处潞、泽两郡，长子、长治、高平三县市的交界处"，是1962年中央建筑工程

[1] 曹汛《建筑史的伤痛》，《中国建筑史论汇刊》，中国建筑工业出版社，2012年，第437、487页。

部建筑科学研究院张驭寰工程师等在晋东南调查时发现的。他认为羊头山清化寺石窟是北魏时期的作品。明人朱载堉在《羊头山新记》中说："……发鸠山，山下有泉，泉上有庙。宋政和年间，祷雨辄应，赐额曰'灵湫'，盖浊漳之源也。庙中塑如神女者三人，旁有女侍，手擎白鸠，俗称三圣公主，乃羊头山神之女，为漳水之神。漳水欲涨，则白鸠先见，使民觉而防之，不致暴溺。羊头山神指神农也。"这段文字明白无误地表明了羊头山与神农、女娲（精卫）及浊漳河的关联。可以说，不论石窟地属高平或长子或长治县，抑或泽州、潞州，羊头山上之遗物、遗迹无疑都是浊漳河流域之非常重要的文化遗存。

柴泽俊先生认为：石塔，是羊头山石雕作品中的组成部分。根据勘察，原有石塔六座，两座塌毁，现存四座，分布于山顶和山腰。山巅两塔，居羊头山石龛北侧，南北对峙而立，体量不大，但5公里外可以望见。塔平面为圆形，高约4～6米，砂石雕刻叠构而成，塔檐叠涩伸出，塔身收刹甚微，底层中空，南向辟门，原来塔内奉有佛像，像已不存，台座可证。山腰两塔，高及4～5米，一方一圆。方塔高二层，南向雕方形龛，上部重檐伸出，翼角翘起，塔刹已失。圆塔可见者五层，中空，南向辟券拱门，叠涩出檐，基座就山崖雕凿而成。据方志和碑文载，羊头山石塔唐代已有。此处石塔规模不大，雕刻技艺亦不繁杂，但造型甚殊，手法苍古。据其形制，应为唐物。这在我国已知的古塔中堪称稀有[1]。

曹汛先生说：羊头山遗址年代如此之早，保存如此之好的佛殿建筑遗址，实在是绝无仅有。根据清化寺佛殿遗址上就地凿出的佛像和殿前倒断的北齐莲花座宝珠的石幢，对照道宣《续高僧传》所记载慧远师徒在羊头山清化寺讲经宣扬义学的事实，认定现存的清化寺遗址废墟中还掩埋着一座至迟是北齐清化寺的佛殿基址，甚至很可能还是北魏时的佛殿基址。而殿前的北齐巨大莲花座宝珠石幢，更是非常难得和少见的北齐遗物。一般都认为石幢兴起于唐代，而这么大的石幢单体，基座上的复莲瓣和上面叠涩层上的宝珠纹样，都是典型的北齐宝珠莲花幢柱，竟然没有引起建筑史界和文物考古界的重视，实在是令人伤心疼楚的事（图13）[2]。

4. 慈林山的明灯

法兴寺距长子县城约15公里，位居山巅，始建于东晋十六国时期后凉神鼎元年（401年），寺内有唐咸亨四年（673年）建造的石构舍利塔、郑惠王碑刻、唐大历八年（773年）的燃灯石塔和唐代小石塔三座。宋元丰四年（1081年）重建圆觉殿三楹，宋政和元年（1111年）在殿内砌筑佛坛，塑造佛、菩萨、弟子、金刚等像。宋政和二年（1112年）塑造十二圆觉菩萨和倒座观音等像，还有从唐至清代的碑碣二十余通。寺院因山下采煤致山体空陷开裂危及殿宇，1996年搬迁复建于现址。寺有三件稀世珍宝，分别是造型独特的舍利塔、珍奇别致的燃灯塔和精美至极的宋代彩塑。其中，燃灯塔在建筑史上颇为重要。

燃灯塔，亦称长明灯台，平面八边形。由塔座、塔身、屋盖、塔刹叠构而成。最底层是雕刻出动物图案的塔基，上置塔座两层。下层是叠涩须弥座，束腰处雕出花草与人物图案；二层仰覆莲须弥座，束腰处刻出莲花、莲蓬、莲叶，图案精美、技艺精湛。塔身亦是八边形，八个转角处雕束莲式倚柱，柱间

---

[1] 柴泽俊《山西几处小型石窟造像》，《柴泽俊古建筑文集》，文物出版社，1999年，第503页。

[2] 曹汛《建筑史的伤痛》，《中国建筑史论汇刊》，中国建筑工业出版社，2012年，第487页。

1. 羊头山石塔　　　　　　　　　　　　　　　2. 羊头山石塔

3. 羊头山石塔　　　　　　　　　　　　　　　4. 羊头山石塔

图13　羊头山石窟·北魏—唐（秦秋红 提供）

雕出四门四窗，柱上雕阑额和斗栱。屋盖雕制出垂脊、瓦垄，檐口勾头、滴水，塔檐挑出，翼角微翘。屋顶正中立塔刹，刹座雕山花蕉叶，上安宝珠。塔身虽分层构造，却是结构匀整，浑然一体，造型秀美，镂刻精细，唐大历八年的雕造题记铭刻其上，是研究中唐建筑风格和艺术的重要佐证。

《华严经》说："善财菩萨，燃法明灯，以信为炷、慈悲为油，以念为器、功德为光，灭除三毒之暗。"因此，有把法脉称作"法灯"、把传法称之为"传灯"的深妙比喻。据此可知，它是佛教的供俱之一，不过制成了塔一样的造型，才被称之为燃灯塔，成为佛塔系列的一种类型。此类燃灯塔国

图14 长治·长子法兴寺燃灯塔·唐（张宇飞、范胜青 提供）

内仅存3例，另外两例分别是太原天龙山童子寺的北齐石灯和黑龙江省宁安县隆兴寺渤海国（698~926年）[1]石灯两座。天龙山塔残坏严重，雕刻、纹样已模糊不清；渤海国塔雕琢粗犷，石材也有风化。相比之下法兴寺塔雕刻精美、保存完整。在三座燃灯石塔中，以造型之美、雕工之精，列居为冠（图14）。

5. 结语

从建筑史的角度而言，我国木构建筑实物起自唐代，之前只有能够基本表达建筑外观形象、外部构造和斗栱形式片段的资料。分水岭的战国刻图、羊头山的北魏石塔、法兴寺的燃灯塔，无疑都是建筑史研究的重要例证。这其中，最值得关注的是南涅水石刻，每尊石刻虽小，但屋顶形式、鸱尾样式、柱头形制、柱子样式，檐下结构、斗栱形式，都刻画精美，表达清晰，是中国建筑有实证之前，斗栱形式演进序列与发展脉络不可或缺的重要补充。

（三）遗产宝库·唐风宋韵的兴盛更迭

1937年6月，梁思成先生携夫人林徽因及营造学社社友等一行4人骑驴架车风尘仆仆奔赴五台山，寻找敦煌壁画中的"大佛光寺"。东大殿的发现令梁先生非常激动，他感叹道：中国有了唐代木构建筑，日本学人的定论休矣！新中国成立后，随着文物调查工作的深入，我们又陆续发现了一批早期木结构古建筑。1954年，在五台县发现了"最迟是建于（唐）建中三年（782年）"[2]的南禅寺大殿。1956年，在平顺县发现了"可能是一座晚唐的建筑"[3]天台庵大殿。1959年，在芮城县又发现了"虽经后代历次整修但仍保持了唐代的风格"[4]的广仁王庙大殿（832年），是国内保存的最早的4座木构建筑遗存。

1. 雄浑豪劲的唐代建筑

唐代是中国建筑发展的鼎盛时期，此时的大木结构体系已经成熟，日后所见的各种屋顶形式多已出现，榫卯技术高度发达。并"已采用模数制的设计方法，用料尺度规格化，结构构件也顺应其特点做适当的艺术处理，达到了建筑艺术与技术统一，证明木构建筑至此已达完善成熟地步"[5]。从分布于晋北、晋南、晋东南的唐构可以看出，构件式样统一，结构形式一致，已经形成了规范、严谨的营造制度，开启了中国建筑发展史上新的篇章。屋顶平缓，檐角微翘，斗栱硕大，柱子粗壮，成就了古

[1] 渤海国，中国古代历史上以靺鞨族为主体的政权，698~926年，被契丹灭亡。
[2] 祁英涛、杜仙洲、陈明达《两年来山西省新发现的古建筑》，《文物参考资料》1954年第11期，第38~42页。
[3] 古代建筑修整所《晋东南潞安、平顺、高平和晋城四县的古建筑》（杜仙洲执笔），《文物》1958年第3期，第34~35页。
[4] 酒冠五《山西中条山南五龙庙》，《文物》1959年第11期，第43~44页。
[5] 傅熹年《中国古代建筑十证》，复旦大学出版社，2004年，第10页。

图15　五台·南禅寺大佛殿·唐（赵朋 提供）

图16　芮城·广仁王庙龙王殿·唐（赵朋 提供）

朴厚重、雄浑豪劲的大唐风格。

南禅寺大佛殿：是国内现存最早的木构殿堂。殿身三间歇山式，柱间只用阑额，柱头斗栱五铺作出双抄；梁架四椽栿通檐二柱造，栿背上施驼峰大斗承顶平梁，梁上用大叉手承负脊槫，梁两端斜安托脚；大角梁斜搭在两缝槫架上。大殿发现之时残坏严重，后代维修时截短屋檐、改制装修。20世纪70年代，经过专家学者们的精心研究考据，反复推敲论证，去除后代不当添改，恢复了唐代建筑特有的风貌。大殿结构简洁、形制严谨、构件规整；柱高与间宽、出檐、栱高比例适度、造型优美，反映了唐代营造技术和美学艺术的成就（图15）。

广仁王庙大殿：俗称五龙庙，大殿是现存最早的供奉龙王的殿堂。龙王殿面阔五间歇山式，斗栱五铺作出双抄，梁架四椽栿通檐二柱造，除了开间不同，都与南禅寺相一致。值得一提的是，龙王殿斗栱的跳头上没有令栱也没有耍头，栱枋重复式的扶壁栱，都是敦煌壁画中盛唐以前的样式。然而，在平梁上用侏儒柱与叉手共负脊重，大角梁尾置于槫下，都与唐代制度不符。在结构细节方面：柱头只用阑额而不用普柏枋，梁栿伸出檐外制成出跳华栱，平梁不出头托脚入斗抵梁，都与南禅寺和佛光寺一样，反映了唐代建筑的标准模式（图16）。

佛光寺东大殿：面阔七间庑殿式，柱头斗栱七铺作双抄双下昂，单补间五铺作出双抄；八架椽屋前后乳栿用四柱。平棊内平梁上大叉手承负脊槫，两端斜安托脚，四椽栿背施方木大斗承顶平梁（南禅寺用驼峰），恰与《营造法式》明栿用驼峰、草栿用方木的规制相符合。辽代独乐寺同样是山门彻上明造用驼峰，观音阁草架内用方木。东大殿屋顶庑殿式，斗栱七铺作，是现存唐宋木构建筑等级最高者。殿身气势宏大、形象魁伟，斗栱栌栾交叠、栱卷昂飞，屋盖形如大鸟、势若展翅。梁公称之为不可思议之奇迹（图17）。

天台庵弥陀殿：小殿三间歇山式，最早发现它的杜先洲先生说，在有些地方近似南禅寺，风格上具有早期特征，可能是一座唐代建筑[1]。它被认为是我国仅存的四座唐代建筑之一，大殿大木构架与南禅寺和广仁王庙一样，是四椽栿通檐用二柱，同样是将栿项伸出柱缝外做华栱，只是制成"斗口

[1]　古代建筑修整所《晋东南潞安、平顺、高平和晋城四县的古建筑》（杜仙洲执笔），《文物》1958年第3期，第34～35页。

图17   五台·佛光寺东大殿·唐（赵朋 提供）

图18   长治·平顺天台庵·唐（帅银川 提供）

跳"[1]的方式略有不同。弥陀殿栌斗坐在柱头上、阑额不出头，平梁不出斗口、托脚入斗抵梁，梁栿外出做华栱与铺作互为构件，以及不同于西配殿（五代）"半栱式"的"斗口跳"做法，是被判定唐代遗物的主要证据（图18）。

大唐只留下4座木构，但是却改变了我们从壁画和石窟寺等建筑形象中解读唐代建筑的历史，使我们初步厘清了唐代大木构架的基本结构情况：以四架椽屋四椽栿通檐用二柱为基本单元（南禅寺），再以前后乳栿拓展进深空间为八架椽屋（佛光寺）；四椽栿、乳栿伸出檐柱缝外制成华栱，成为铺作的组合构件；四椽栿与平梁之间，明栿造时以驼峰上安大斗承平梁，草栿造时用方木大斗；平梁头不出斗口，两端托脚入斗抵梁。唐代以后，这种结构形制在一部分五代和辽代建筑中被保留下来，为我们对唐代结构制度的认识提供了佐证。

2. 承唐启宋的五代遗构

五代是一个短暂的历史时期，在中国历史上只有短短的53年。然而就是这战火连绵不断、朝代更迭频繁、社会动荡不安的半个世纪，却是中国建筑发展史上的重要里程碑，是中国建筑由雄浑向典雅风格转型过程中的重要环节。21世纪之前，我们已知有五代时期的木构遗存5座，分别是平顺的龙门寺西配殿（925年）和大云院大佛殿（940年），平遥镇国寺万佛殿（963年），福州华林寺大雄宝殿（964年），河北正定文庙大成殿。21世纪初，我们发现了布村玉皇庙前殿和小张村碧云寺正殿，经考证认为，符合前述已知五代建筑的风格，同样潞城原起寺大雄宝殿也是如此[2]。这样一来，有5座五代和五代风格的建筑分布在浊漳河流域，成为中国传统建筑历史上特殊的文化地理现象。

龙门寺西配殿：西配殿是一座三开间悬山式建筑，从年份上说，它是传统建筑中悬山顶形式的首个实例。殿的创建年代已进入五代，但依然保持了前代的基本风格。例如，栌斗坐在柱头上，阑额不出头；四椽栿通檐二柱造；栿项出檐柱缝做华栱等等，都是南禅寺形制的沿续。与唐代不同的

---

[1]   "斗口跳"只出一跳华栱，跳头安替木承橑风槫，《法式》未纳入铺作次序中。
[2]   此3例建筑没有明确年代，在形制和构件方面都有唐代特征的延续，且与当地宋代早期的特征不符，故认定为具有五代风格的遗物。

图19 长治·平顺龙门寺西配殿·五代（赵朋 提供）　图20 长治·平顺大云院大佛殿·五代（郑虹玉 提供）

是：平梁上添设了一根短柱（侏儒柱）与叉手共负脊重，此后这根柱子被一直保留下来；其次，将平梁伸出了承梁的大斗口外，改变了之前托脚与梁头的结构方式，成了宋代以后的普遍做法。第三，梁架和斗栱的结构形式与天台庵弥陀殿完全一致，即四椽栿伸出大斗外做成斗口跳；不同的是西配殿在大斗口内的梁、栱之下，又增出了十字相交的替木（半栱），巧合的是此制在北方的辽构中也很流行（图19）。

大云院大佛殿：大殿面阔三间歇山式，平缓的屋面、平直的屋檐、深远的檐出、微翘的翼角，铺作的形式，耍头的式样等等，都与南禅寺大殿非常相似。不同之处是：一、在柱头上增添了一道之前未见的构件——"普柏枋"，成为宋代以后柱头结构的定式；二、梁栿不像唐代那样伸出檐外做成华栱，而是完全压在铺作之上，成为宋代以后的标准形式；三、一改底层梁栿通达前后檐的一栿二柱做法，而是将两条梁栿对接，殿内添设内柱的二栿三柱造，成为宋代以后晋东南地区普遍采用的构架形制。值得一提的是，大殿柱头斗栱是五铺作出双抄，而转角角线位却是单抄、单昂，但下昂并不出自斗口，而是由斗口内伸出一只单卷瓣式构件承垫，可以视为《营造法式》"华头子"的雏形（图20）。

镇国寺万佛殿：大殿三开间歇山式，柱头采用了与东大殿七开间庑殿式相同的七铺作双抄双下昂的铺作制度。这种越制的做法，令柱头上的斗栱高耸硕大，其雄宏壮美的风范远远超越了唐五代的小型殿堂。万佛殿同样具有承唐启宋的风格，其主要特征如下：一、铺作与梁栿关系既不同于南禅寺，也不同于大云院，而是将底层梁插入铺作压于昂下的"搭交型"，可见于碧云寺和部分宋例中。二、隔架结构是唐代的驼峰大斗，但之上又添加了前后出跳的栱，并将向外的栱与托脚"斜批相剞"，见于宋代早期的崇庆寺。三、由于铺作与梁栿的结构关系不同，便有了里转增为三跳的特殊做法。四、也是最重要的，是大角梁上有了南禅寺和佛光寺未见的隐角梁（图21）。

以唐代样式为标尺，考察五代改变了什么：西配殿是平梁上有了侏儒柱和平梁头出大斗口与托脚交构；大云院是在柱头上增出了普柏枋，梁架二栿三柱造和梁栿完全压在了铺作之上；镇国寺是梁栿与铺作搭交，驼峰大斗上增出十字栱和隐角梁的应用。从宋代早期长子崇庆寺千佛殿的结构看，都是五代新式样的继承，而唐代特征已消失殆尽。而3座被判定为五代风格的实例，柱头都延续了只用阑额

图21 平遥镇国寺万佛殿·五代（柴泽俊 拍摄）　　图22 长治·长子崇庆寺千佛殿·宋早期（赵朋 提供）

的唐代样式；玉皇庙和原起寺保留了栿项伸出柱外做华栱和驼峰大斗隔架的唐代手法；碧云寺则是镇国寺的搭交式和驼峰大斗上增出十字栱；碧云寺是大角梁斜置的唐代形制，原起寺则是镇国寺样式。显然，我们无法将这些年代样式排在宋代建筑的序列中。

3. 典雅端庄的宋代风格

以发展与演变的角度而论，五代是由唐至宋的转型期，故在承袭唐制的同时，构件创新与结构改进，功能更新和技术改良是五代建筑的共存特点。宋代则是对这些新的式样采取了有选择的接纳与重组，进而脱离了唐代旧有的结构模式，完成了一种全新的建筑形制的构建。可以看出，构件式样统一化，铺作次序规范化，结构形式制度化，成为此期的重要特征。我们对晋东南上起入宋仅10年的高平崇明寺中佛殿（971年），下距金亡北宋前4年的武乡应感庙龙王殿（1123年）期间有明确年代的实例予以考察，研究了这150年间建筑发展演变的脉络和基本规律，进而获得了分期的认识。

宋代早期：在柱头形成了五铺作单抄单昂、耍头昂式批竹型的统一铺作形制，大云院大佛殿转角铺作是此种单抄单下昂样式的首创，昂式耍头则是玉皇庙和碧云寺的创新。可以看出，是由五代出现的铺作两种形式组合而成的新样式。铺作与梁栿的结构关系，唐代"组合型"结构方式消失，大云院的"搭压型"和镇国寺的"搭交型"，成为宋代早期的共存形制。铺作与梁栿结构方式的转型，导致了铺作里转由唐代的"减跳"变为增铺加跳。在细部方面，柱头之上，如添加了"普柏枋"；如西配殿平梁头伸出斗外与托脚交构。在木构架方面，唐式通檐二柱造仍有延用，大云院二栿三柱造成为主流形制。

典型案例：崇庆寺千佛殿歇山式，面阔三间六架椽屋。铺作方面：柱头斗栱五铺作单抄单下昂，耍头批竹式"真昂造"，里转增跳承栿，是宋代早期的统一式样。梁架方面：采用了大云院二栿三柱造形制，梁栿与铺作的结构关系也是搭压型；平梁与下栿间的隔架结构是镇国寺驼峰大斗加十字栱交托脚的方式。在细节方面：与西配殿一样将平梁伸出斗口外交托脚；与大云院一样在栌斗和柱头间增添了普柏枋。需要指出的是，镇国寺的隔架样式是晋中和晋北有宋一代的主流形制，至金代延绵不绝。反观晋东南宋代早期仅存千佛殿一例，余例都是蜀柱大斗型，但以这些实例的柱式和柱脚的结构情况推测是后代改制的，其原状尚待研究（图22）。

宋代中期：在铺作方面，柱头铺作次序与早期一样，都是五铺作单抄单下昂，昂式耍头批竹型。不同的是，早期外一跳偷心，中期则一律变成了《营造法式》的"计心并重栱"；里转则由增跳承栿变成了耍头压跳。这些看似微不足道的变化，实则确是分期的标志性特征。在梁架方面，底栿上立了两根蜀柱，柱头上施大斗承平梁，并在蜀柱间安置了两根向外的劄牵承负下平槫，结构形制完全脱离了唐五代和宋早期的模式，成为宋代晚期和金元两代的标准形制。可以说，宋代中期由蜀柱取代驼峰是架间结构方式的一次重大变革，为日后"楂头式构架"的转型奠定了基础。

典型案例：高平开化寺（图23）、晋城青莲寺（图24）和平顺龙门寺（图25）大殿是宋代中期的遗存，从开化寺大雄宝殿（1073年）方墩承柱，单劄牵支下平槫的改革；到青莲寺释迦殿（1089年）驼峰承柱，前后劄牵支下平槫的完善；再到龙门寺大雄宝殿（1098年）以合楂稳固柱脚、前后劄牵承槫定型。其柱脚结构的演变过程恰与侏儒柱的演变规律相一致，是我们推判蜀柱隔架发端于宋代中期的主要依据；其劄牵承下平槫的改良和合楂的应用，取代了唐来的驼峰大斗和五代以降加十字栱的隔架方式，成为日后大木构架的主流形制。

4. 结语

五代时期的动乱，导致营造制度的"礼崩乐坏"，匠人们开始不拘前制，探索新的结构形式和组合方式，这一点在浊漳河流域遗构对旧有制度的改进和创新中表现得十分醒目。平遥镇国寺、福州华林寺、高平崇明寺以三间小殿，用七铺作斗栱，更是无视等级制度的"案例"。大宋王朝经过了20多年的争战，终于在982年完成统一，正式入朝。有趣的是，木结构建筑体系也恰在此时完成了对五代建筑创新改制的整合再造，一种有别于前朝的新的结构形制定型。这其中，最引人注目的变化，是大屋顶的檐角高高翘起，曲线优美，如翼若飞，完成了由雄浑豪劲向典雅端庄的风格转型。

图23 晋城·高平开化寺大雄宝殿·宋早期（赵朋 提供）

图24 晋城·泽州青莲寺释迦殿·宋早期（郑虹玉 提供）

图25 长治·平顺龙门寺大雄宝殿·宋中期（赵朋 提供）

（四）法典之下·官作制度的世俗引领

梁思成先生说："宋代的《营造法式》和清代的《工程做法则例》，我们可以把它们称之为中国建筑的两部'文法书'。它们都是官府颁发的工程规范，因而对研究中国技术来说，是极为重要的。今天我们之所以能够理解各种建筑术语，并对不同时代的建筑进行比较研究时有所依据，都是因为有了这两部书。"他进一步指出："研究中国建筑史而不懂得这套规程，就如同研究英国文学而不懂得英文文法一样。"[1]《营造法式》（以下简称《法式》）北宋神宗下旨编修，元符三年（1100年）成书，崇宁二年（1103年）颁行。

图26　长治·平顺九天圣母庙圣母殿·宋晚期（秦秋红 提供）

1.《法式》制度的典范

平顺县有座九天圣母庙，大殿称圣母殿，巧合的是这座大殿正是在《法式》成书的元符三年建成的。问题是，尚未正式颁行于世的官式制度却在这座大殿上随处可见，难道建造者是李诫编修《法式》组织中的参与者吗，确实有点不可思议。大殿与之前的宋构在形制上没有太大的差异，同样是歇山式屋顶，三开间殿身，方形平面，五铺作单抄单昂，梁架二椽三柱造，蜀柱大斗隔架，剳牵承下平槫，平梁上立侏儒柱与两侧的叉手共同承脊。然而，细节之下与宋代早、中期建筑却大有不同（图26）。

琴面昂与批竹昂：是《法式》收录的两种昂尖式样，佛光寺东大殿是最早的批竹昂，其手法是将向下斜出昂尖表面斜削至端头，状若批竹；到了宋代，是将昂尖表面两边棱削去，令中线隆起锋棱的棱尖式；圣母殿则是琴面昂的首例，其做法是将昂尖表面制成下凹的曲线，昂面则制成隆起的弧线。这3种式样中，东大殿和圣母殿都是《法式》制度的标准样式，宋代早、中期的棱尖式批竹昂，虽然未被《法式》收录，但并非是晋东南独有的手法[2]，在晋北和晋中的宋、金建筑中都有同例。自圣母殿之后，批竹昂在晋东南消失。

华头子与卷瓣造：《法式》造昂之制曰：若从下第一昂，斗口内以华头子承之，自斗口外刻作两卷瓣。唐代的佛光寺和五代的镇国寺，下昂都出自斗口，未有华头子之设。五代大云院的角昂下伸出一只单卷瓣的构件承于其下，同样的碧云寺[3]也如此制，但都还不是真正意义的华头子，直到高平游仙寺的昂下才有了正式的华头子，此后至连体造的假华头子出现之前，一直与下昂共存伴生。宋代早期和中期的华头子都如大云院和碧云寺那样刻作单卷瓣，又是在圣母殿的昂下，首次有了《法式》刻

---

[1]　梁思成《图像中国建筑史》，百花文艺出版社，2001年，第93～94页。

[2]　河北正定隆兴寺摩尼殿（1052年）下昂也是棱尖式样。

[3]　碧云寺的华头子更接近《法式》规定，唯与下昂共出一跳与规定不符。

作两卷瓣的官样华头子。

插昂造与楂头造：在圣母殿的铺作结构中，有两样我们之前所未见的做法。一是铺作中的"插昂"：从结构上看，它只保留了昂尖之形，而无昂身之实，也就是说这是一只假昂[1]；《法式》造昂之制曰：若四铺作用插昂，其长斜随跳头。二是铺作里转的楂头：在唐代梁栿与铺作是组合型，梁栿外出做华栱，里转减跳承栿；宋代早期是搭压型，里转增铺加跳承栿；宋代中期也是搭压型，里转跳头以耍头压跳。圣母殿

图27　泽州西部崇寿寺释迦殿·宋晚期（赵朋 提供）

因使用了插昂，耍头向内过柱缝里转出楂头压跳承栿，恰如《法式》"若厅堂造，里跳承梁出楂头者，长更加一跳"的规定。

2. 不可或缺的实例

通过上述讨论可知，平顺九天圣母庙圣母殿在结构形制和构件样式上有了不同于前期的做法，考察之后的实例，都表现出诸多相同的特点。按年代先后分别是：创建于北宋大观元年（1107年）的晋城成汤庙汤帝殿；创建于北宋大观四年（1110年）的晋城北义城玉皇庙玉皇殿；创建于北宋宣和元年（1119年）的晋城西部崇寿寺释迦殿（图27）。其中，九天圣母庙圣母殿与被认为是最接近《法式》"官样"制度的河南登封少林寺初祖庵大殿（1125年），表现出诸多的相同与相近之处。这表明，圣母殿同样具有是《法式》制度的"官样"特征，具有标型意义。值得注意的是，武乡监漳应感庙龙王殿公布为金代，但考其结构形制有着与上述实例相一致的年代特征，当是北宋晚期的遗存。

主要特征的比较：以《法式》制度为标型，考察宋代晚期实例的《法式》特征。在铺作方面：最醒目的，是琴面昂已经成为昂尖的定式，真昂造虽有延续，但插昂造已很流行；华头子已成为下昂的伴生构件，但单卷瓣和两卷瓣同时共存，形制尚未统一；铺作里转以楂头压跳承栿，并且有了延长过内柱承于四椽栿下的做法。在侏儒柱和蜀柱下，斜肩合楂与驼峰[2]混用，并有将驼峰制成斜肩式合楂的式样和将合楂延长稳固两柱或支承下平槫的连身做法。丁华抹颏栱和托脚过梁抱槫仅在个例中出现，并未普及。以发展的角度看，此期的转型尚未完成，与五代一样表现出新旧叠加、交替共存的特点。

应感庙与龙王殿：在武乡县监漳镇浊漳河岸边的山丘之上耸立着一座应感庙，大殿供奉龙王，故称龙王殿，在《中国文物地图集》上标注为金代，所以一直以来被视为没有确切年代的金代大殿。然而当我们考察河对岸不远处的会仙观时，见山门内墙角下有块残碑，碑首书《应感庙记》，研读碑文发现有"宋宣和五年别起大殿五间"，疑指应感庙龙王殿。后经县文物局工作人员证实，

[1]　插昂造的最早实例是福州华林寺大雄宝殿，殿创建于宋乾德二年（964年），此时吴越尚未纳入北宋版图。此例比九天圣母庙殿早了136年。

[2]　驼峰与合楂都是架间短柱与梁栿间的结构构件，驼峰是承垫方式，合楂是插接方式，此处是指斜肩样式的承垫结构方式。

正是河对岸应感庙之碑，怕遗失移至此处保管。考龙王殿结构现状具有宋代晚期和金代的共存样式，故此殿是宋宣和五年的遗构可能性较大（图28）。

图28 长治·武乡监漳应感庙·宋晚期（李天术 提供）

龙王殿形制特点：在晋东南入金以后，一种全新的被称之为"楷头式构架"的梁架结构形制定型，从天会年间直到大定中期的实例，反映出形制规范，制度严谨的特点。我们将龙王殿与此期实例进行比较，可以看出在构架形制方面，同样是二栿三柱造，一样是蜀柱隔架、前后劄牵承下平槫。但细节之下却大有不同，金代是乳栿过柱出楷头承四椽栿，柱头大斗内一面出栱承楷头，另一面出楷头承乳栿。龙王殿却是四椽栿过柱内出楷头承乳栿，内柱直达上平槫，柱内前后出栱承于四椽栿和所出楷头之下，与金代已成定式的乳栿过内柱出楷头承栿的构架形制完全不同。这表明，龙王殿梁架形制不能排列在金代建筑的序列中，恰符合宋代晚期转型过渡的特点。

3. 官式制度的普及

《法式》的颁行，使晋东南地区宋代晚期建筑开始向官式制度的风格转型。在铺作方面：最为醒目的，是自唐代以来沿续不断的批竹昂消失，仿若一夜之间毫不犹豫地全都换上了琴面昂，成为转型过程中最重要的标志。在梁架形制方面：不仅有了铺作"里跳承梁出楷头"做法，又有了将乳栿置于四椽栿下，过内柱再出楷头承栿的结构形式，取代了五代以来两栿对接的方式，同样是此期转型的一个重要标志。总体而言，一方面《法式》的新样不断推出；另一方面又有对旧制的改良。经过金初的整合，一种具有官式风格建筑形制开始流行。

琴面昂的定型：以昂尖的年代样式看，唐代与宋代早中期都是批竹昂，以细部特征看，唐代是平直式，宋代是棱尖式，是分期的典型标识。自九天圣母庙圣母殿之后，《法式》样式的琴面昂便在晋东南地区大为流行，成为宋代晚期的典型特征。按理官式制度对民间建筑不具有如此强烈的约束力，那么唯有审美情趣的转变，追逐流行应是最好的诠释了。如果说唐代质朴无华的昂尖代表了雄浑豪迈的气质，而宋代对昂尖的装饰则显示出典雅端庄的风韵，那么宋代晚期的琴面昂无疑是俊秀俏丽风尚的流行。

插昂造的后果：插昂造最早出现在南方建筑体系中，《法式》吸纳后为中原系引入。在发展过程中，南方系一直被延续至元代以降，而晋东南在金代被异化为昂尖与栱身或楷头连体构造的假昂，加速了真昂造的消亡。宋代晚期大多采用了插昂造，惟成汤庙汤帝殿是真昂造。入金，连体造假昂开始盛行，真昂造被保留在补间铺作中，恰又是《法式》"若彻上明造，即用挑幹"的制度。插昂造的引入导致了斗栱转型过程的一起"破旧立新"的革命，最终导致了唐代以来铺作斗栱的组合形式、结构关系和功能作用的彻底转变。

楷头造的意义：斗栱里转用楷头承梁是《法式》厅堂造的特别规定。宋代晚期已很流行，至金代成为定式。在结构意义上，原本以华栱逐跳升高并增长，以缩小梁栿净跨的方式，通过"长更加一跳"的楷头，减少了出跳，降低了高度。至金、元时期常有突破规定，增长两三跳者，正是此次铺作里转结构方式的改革，进而推演出两栿结构方式的改良，即将乳栿延长伸过内柱出楷头承梁，打破了大云院以来延续了百多年的两栿对接模式，完成了楷头式构架最后的技术更新，成就了中国建筑大木构架的又一次重大变革。

4. 结语

宋代晚期是五代以来又一次转型过渡时期，不同的是：一方面来自《法式》结构形制、构件样式等方面的影响，使晋东南民间建筑有了趋向于官式手法的显著特点；另一方面，通过对传统旧制的改良，成就了一种在前后柱头铺作里转、内柱柱头、乳栿皆出楷头承于栿下的新型梁架结构形制。可以看出，从构件式样、铺作次序和结构组合都与前期有着鲜明的差异，是官式制度与民间传统的一次深层次融合的结果。重要的是，这种结构形制奠定了中原与北方体系合流的基础，是晋东南在中国建筑发展史上的又一大贡献。

（五）主流文化·《法式》之下的文化趋同

中国文化以汉文化为主体，亦称为华夏文化或中华文化。汉文化最先发祥于黄河中游的黄土谷地，包括她的大支流的河谷，"也就是仰韶文化或彩陶遗物分布的核心地区。"直到西晋末年，汉文化的核心地带，一直在黄河的中下游流域。浊漳河恰处在这一文化核心圈内。西晋的"永嘉之乱"、唐代的"安史之乱"和北宋的"靖康之难"，是中国历史上"逼使文化中心南迁的三次波澜"。从文化地缘上说，从传说时代的尧都平阳、禹都蒲坂、舜都安邑，直到北宋四京，上党（晋东南）始终都处在主流文化圈的范围内。

1. 历史背景

五代的割据：唐代于安史之乱以后，地方政权形成方镇（道）、州、县三级制，至元和十五年（820年）除京师京兆府外，全国共分为四十八镇。中和二年（882年）黄巢叛将朱温降唐，次年赐名全忠授宣武节度使。此后朱温以汴镇为根本，开始了吞并临近诸镇的扩张，进而挟持天子，并于公元907年废唐哀帝自立，改国号为梁，定都开封，至此大唐帝国灭亡，中国历史又进入政权割据军阀混战的纷乱时代。事实上，自安史之乱后就已经是藩镇拥兵自重、脱离中央控制的割据状况，黄巢乱后，割据加剧，"五代十国"正是藩镇割据的后果。

宋辽的对峙：960年，后周殿前都点检赵匡胤陈桥兵变篡取柴家天下，改国号大宋。至979年，收复北汉，结束五代之乱，完成了统一大业，与辽朝对峙于燕云一带。晚唐时契丹耶律阿保机乘乱统一各部，907年即可汗位，916年建契丹国，947年改国号辽。燕云之地计十六州，在今北京天津一线的河北和山西北部，后晋石敬瑭为了获得契丹的扶持，于938年奉让于契丹，致北宋受挟制达160多年。唐时封于夏州的党项人先臣于宋，后连辽抗宋占据河西走廊，1038年建夏国，与宋、辽分庭对峙，三分中国。

宋金的分庭：1114年，辽属女真各部统一，联盟长完颜阿骨打起兵反辽，次年称帝，建国大金，年号收国。首战黄龙府大捷，随后攻占东京辽阳府，上京临潢府。1121年攻取中京大定府，两年后攻克南京析津府，辽天祚帝出逃，1125年攻陷西京大同府百官出降，天祚帝被俘辽国灭亡。接着又发兵10万南下攻宋，1127年攻占东京，掳徽、钦二帝，北宋亡。同年，康王赵构即位迁都临安，史称南宋。此后，宋、金连年争战，终于1141年签订《绍兴和议》两国息战，以淮水、大散关为界，中国又一次被南北割据。

元蒙的雄起：元朝是中国历史上由蒙古族建立的政权，世祖忽必烈于1271年（至元八年）改国号大元，定都大都（今北京），至1368年明太祖朱元璋攻陷大都国亡，统治中国98年。其前身为臣属于金朝的蒙古族各部，1206年铁木真统一诸部后建立大蒙古国，被推举为可汗——成吉思汗，自此开启了拓土开疆的争战。通过三次西征建立四大汗国，称霸欧亚大陆；三次率兵征伐攻灭由党项人建立的西夏王朝。世祖忽必烈于1276年攻灭南宋，实现了全中国的统一，结束了自五代以来400多年的分裂割据局面。

2. 主流文化

黄河中、下游地区，包括河南大部、山东西部、陕西东部和河北、山西的南部地区，是中华文明的摇篮，是中华文化的重要源头和核心组成部分，代表了中国古代的主流文化。梁思成先生说：中国建筑是延续了两千余年的一种工程技术，本身已造成一个艺术系统，许多建筑物便是我们文化的表现。建筑作为文化艺术的门类，必有其地域特征和时代风格[1]。以往学界将中国建筑分为北方和南方两大体系或者流派。然而，10世纪之时，恰是中国北方宋、辽割据对峙的时期，而宋辽建筑的不同风格，又可以分为中原和北方体系。

唐代制度的改变：大唐近300年仅存木构3座，但其严谨的制度、规范的形制昭然可见，营造手法、风格特征清晰可辨：柱头阑额型，耍头平置型，梁架一栿二柱造，铺作与梁栿组合型，平梁斗内型，承脊叉手型，隔架驼峰型等，成为唐代特有的构造方式和结构体系。五代开始了改变：龙门寺西配殿，平梁上添加了侏儒柱、平梁头伸出了大斗口；大云院大佛殿，柱头上添加了普柏枋，梁架有了搭压型和二栿三柱造；镇国寺万佛殿，隔架驼峰上增出了十字栱、梁栿有了搭交型；布村玉皇庙和小张碧云寺的大殿上出现了斜置型耍头。

宋代体系的变易：通过对宋代建筑发展演变情况的梳理，我们获得了一个早、中、晚三期的分期结论。宋代早期集五代改革创新之大成，完成了由唐而宋的形制更替，梁架二栿三柱造，铺作单抄单昂耍头昂型里转增跳，梁栿搭压型，平梁出斗口等等，至此唐制消失殆尽。中期，主体结构延续了早期形制，但铺作外跳出现了重栱计心造，里转以耍头压跳；在梁架间出现了蜀柱隔架，并在柱外各施搭牵承下平槫，这一改变成为日后六架椽屋的基本形制。宋代晚期，受《法式》影响，又出现了之前所未见的构件式样和结构形式。

金代风格的流行：宋代晚期如同五代一样开启了对前制的改革与创新，不同的是此期的变化深受

---

[1]　梁思成《中国建筑史》，中国建筑工业出版社，2005年，第2页。

《法式》官样的影响。在铺作方面 "五铺作下出一卷头，上出一昂""里跳承梁出楂头者，长更加一跳"。在梁架方面：侏儒柱上安"丁华抹颏栱"，托脚"从上梁角过抱槫"等等都是官式制度的引入，而昂形耍头和蜀柱隔架是《法式》没有的样式。金初，又如宋代早期那样，将新样和新式加以整合，一种有别于前代的具有《法式》制度特点的，以蜀柱隔架，劄牵承下平槫，两栿叠压、连续楂头承栿的结构形制开始流行。

图29　汝州风穴寺中佛殿·金代（赵朋 提供）

　　中原风格的代表：我们说由唐而宋的转型，是五代样式演变的结果，而宋代晚期到金代的转型有了浓郁的"官式"色彩。从实例的情况看，五代以降晋东南木构建筑发展演变的序列完整脉络清晰。以实物年代的样式比较，九天圣母庙与同期被学界普遍认为是标准官式的少林寺初祖庵大殿，恰表现出完全相同的特点。被认为是河南省最典型的金代建筑汝州风穴寺中佛殿（图29），也与长子西上坊成汤庙（1141年）和韩坊尧王庙（1218年）等样式一致。据此我们有理由认定晋东南系宋金遗物是中原建筑文化的代表，与南宋建筑成为当时中国的两大建筑体系。

3. 建筑流派

　　打开中国古代建筑史，最先看到的是在西安半坡和浙江河姆渡建筑遗址上复原的房子。也就是说，我们的祖先至少在六七千年前已经开始了构筑居室的营造活动。前辈学者们的复原成果表明，半坡人造的房子是抬梁式构架的启蒙，河姆渡则是杆栏式的雏形。我国的木构建筑实物起自中唐，此前主要有东周铜器、两汉陶屋、魏齐石窟以及齐隋棺椁等史料中所反映出的建筑片段和形象，唐代不仅有了实例，还有大量的敦煌以及唐代墓葬壁画。这些史料和唐代实物可以反映北方系发展演变的进程，然而进入10世纪发生了分流的迹象。

　　宋代建筑风格：梁思成先生说，唐代的建筑，概以倔强粗壮胜，五代赵宋以后开始华丽细致[1]。我们说，五代是在延续唐代制度的同时又行进在改革与创新的路上，这恰是每一座五代遗物都具备的特点。宋代集五代之大成，成就了形制统一，造作规范的新风尚。在建筑比例、结构方式、装饰手法上都与唐代大有不同。例如柱高与出檐的比例唐、宋明显不同，结果是宋代的屋檐缩短了；梁栿与铺作的关系方面，唐代是将梁栿伸出檐柱缝外制成华栱，宋代则变为将梁栿压在铺作层上，结果是铺作与梁栿分离为两个独立的结构层；在装饰方面，同样是批竹昂，唐代的昂面是平直如削，宋代则是被斫制出棱尖，结果是宋代俏美了。诸如此类，唐风之倔强、宋韵之华美一望便知。

　　辽代建筑特点：梁思成先生将中国古代建筑历史划分为三个主要时期，"豪劲时期包括自9世纪中叶至11世纪这一时期，即自唐宣宗大中至宋仁宗天圣末年。其特征是比例和结构的壮硕坚实。这是繁

[1]　梁思成《中国建筑史》，中国建筑工业出版社，2005年，第23页。

图30　河水蓟县独乐寺山门·辽代（引自《蓟县独乐寺》）

图31　宁波保国寺大雄宝殿·宋代（赵朋 提供）

荣的唐代必然的特色。而我们所提到的这一时期仅是它们一个光辉的尾声而已"[1]。已知的辽代建筑大多都在这个时间区段内。所以，学界普遍认同辽代建筑是唐代风格的延续。然而辽构中同样有了五代在平梁上立侏儒柱；也有了五代梁栿与铺作搭压或搭交的结构形制。但是平直型批竹昂、短促式批竹耍头和微微起翘的屋角，恰都保留唐代风格中最醒目的标志性特征，较之五代唐风殊胜（图30）。

江南建筑特征：傅熹年先生认为，福州"华林寺大殿的构架做法与构件形式具有明显的地方特点"。构架中不用叉手、托脚等斜向构件，与北方唐、宋明显不同；泥道栱以单栱素枋重复相叠，是敦煌壁画中所见的古法，长跨两或三架的大斜昂，同样比佛光寺东大殿更为古老；惯见于南北朝的皿斗与梭柱，则一直延至南宋以降[2]。郭黛姮先生说："在浙江地区的保国寺做法（图31），跟《营造法式》很像，也只有保国寺大殿反映了最多《营造法式》记载的内容，这说明《营造法式》做法吸收了浙江的做法。"之后"元朝的金华天宁寺也是学保国寺的"[3]。表明了江南系建筑所具有的明显的地域特征。

4. 结语

唐亡于907年，即进入10世纪中原地区经历了五代的变革，入宋以后成功转型为一种新的建筑风格。宋代中原，北方辽代和江南地区同一时期的建筑个性鲜明，特征各异。这表明，中国传统木构建筑的结构形制和建筑艺术在10世纪，形成三种不同的风格体系。江南以穿斗式为基本结构模式，构件及外观造型以俏丽华美为突出特征。五代、宋代与辽代以抬梁式为主体结构，在风格方面五代以创新为特点到宋代早期形成了有别于唐代的典雅端庄之风尚；辽代则延续了唐代雄宏浑厚的气质，到金代方与中原体系合流。以长治为代表的晋东南建筑遗存反映了10～12世纪中原体系的发展演变轨迹，体现了中原样式特征，代表了中原建筑的风格。

[1]　梁思成《图像中国建筑史》，百花文艺出版社，2001年，第155页。

[2]　傅熹年《中国古代建筑史》（第二卷），中国建筑工业出版社，2001年，第504页。

[3]　郭黛姮《"海上丝绸之路系列讲座"之保国寺的价值与地位》，《东方建筑遗产》（2007卷），文物出版社，2007年，第46页。

（六）余韵

个案研究的缺憾：

晋东南是中国古代建筑宝库中的宝库，原因是元代以前的木结构古建筑的遗存数量最多，重要的是时代序列完整，发展演变脉络清晰。特别是由唐而宋风格转型期的五代时期的几座实例，宋代发展过程中具有分期意义的三个标志性实例，是中国建筑发展史上不可或缺的例证。建筑历史是由不同历史时期的建筑构成的，所以个案研究是史学研究的基础。遗憾的是：从科学发展的长河来说，中国建筑史特别是中国古代建筑史的研究，还只是一个开始。我们还只是将我们所熟悉的主要建筑实例做了一些基本的分析，并将其放在了历史的时序中加以排列。更进一步的研究，还远远没有展开。仅仅就实例的研究而言，还有多少尚存的古代建筑实例没有进行过深入的研究呢？已经做过研究的一些重要实例，我们敢说对它已经充分地了解与认知了吗[1]？

文化谱系的构建：

以梁思成先生为代表的前辈学者们，构建起中国木构建筑发展演变的基础框架，至今仍被沿用。山西是中国木构古建筑唯一时代序列完整的地区，是建筑文化遗产的大省，故有"地上文物看山西"的美誉。然而在建筑史基础理论方面的研究未有实质性的推进，以致大量个案的年代认定似是而非，缺乏科学严谨的判定，导致统计数字并不精准。进一步说，我们究竟有多少宋、金、元建筑，家底不准确。天台庵弥陀殿年代确定后，有人说晋东南作为全国唯一建筑时代序列完整的区域，没有了唐代。其实，五代继承和延续了唐代的制度，恰为其年代特征提供了佐证；五代的改革和创新，又是宋代风格的启蒙，连接起唐宋转型的演变过程。长治五代、宋、金、元脉络清晰，是唯一具备探索中原建筑体系发展演进、分类分期、谱系研究的特例，可惜未被重视。

被忽略的辉煌

元代，亦是中国建筑发展史上一个重要的转折期。梁思成先生认为，此时开始显出衰老之象，之后便进入了羁直期[2]。以长治为代表的晋东南元代建筑表现出两种情形，一种是襄垣文庙和壶关辛村大禹庙等依然保持了金代建筑的风范；另一种是如平顺夏禹神祠和潞城路堡龙王庙等表现出的"衰老"迹象。进入明清，在官式建筑中，出现了一种与前代迥然不同的风格，明清故宫成为中国建筑最耀眼、最伟大的代表，像划破夜空的流星展示出它最后的辉煌。晋东南民间明清两代的木构遗存，即有像梁先生所说，逐渐脱离中国建筑千百年来结构形制本原，走向"衰老"的乡间庙堂；还有像黎城文庙大成殿那样恪守传统风范庄严肃穆的圣殿；更有像泽州下椒汤帝庙那样雕刻华丽、装饰精美、富丽堂皇的神殿，成为晋东南传统建筑最后的辉煌，可惜未被认知，也没有引起了重视。

（执笔：贺大龙）

---

[1] 王贵祥《中国建筑史学的困境》，《名师论建筑史》，中国建筑工业出版社，2009年，第92页。

[2] 梁思成先生对中国古代建筑分为三个主要时期，自唐宣宗至宋仁宗末为"豪劲时期"，宋英宗至明太祖末为"醇和时期"，自明成祖至清亡为"羁直时期"，见《图像中国建筑史》第154页。

二　山西唐代建筑

（一）大佛殿的复原

1. 概况

南禅寺大殿的修缮工程，是我国文物建筑保护最高目标原则下，全面"恢复原状"的一次重要尝试。四十载春秋转瞬而过，对于此次"恢复原状"保护理念之实践，高天先生在《南禅寺大殿修缮与新中国初期文物建筑保护理念的发展》一文中进行了较为全面的探讨和深刻的思考。文章指出：从"梁思成早期对于保护原则的探讨"和"新中国初期文物建筑保护理念的确立"，到南禅寺全面"恢复原状"的实践。"南禅寺大殿的修缮，在保护领域众多专家实地考察研讨方案的基础上，在'恢复原状或者保存现状'的选择中，保护者们最终确定了以文物建筑保护最高目标的'恢复原状'为基本原则，对南禅寺采取了全面复原的保护修缮方式。这些复原部分，虽然大都通过对基础发掘、与相近时期、相邻地区建筑形制进行比较，依据残留榫卯接口等方法，使复原具有一定依据。但也因未达到'十分满意的结果'，引起保护界的反思"[1]。

"研究性保护"是近年来业内对文物保护工程提出的更高要求与标准。2015年故宫正式启动了《养心殿研究性保护项目》，希望能以研究为主导、以价值评估与保护为核心，为国内文物建筑保护工程做出表率。古代建筑的研究是一项涉及历史、人文、工程等多个领域和学科的学问。建筑的发生与发展，是由不同时期建筑的变迁和建筑技术的演变而构成，"对这两个方面的研究，几乎永远是建筑历史研究的重要领域之一"。然而，"只有在考古学研究的基础上才能真正建立起可靠的建筑史学。"[2]建筑史的研究不仅为保护工作提供依据，还是不可或缺的学术支持。南禅寺大佛殿的保护工程已过去四十多年，当时的主要参与者多已作古。有关旧事有《大殿修复》[3]和《竣工报告》[4]公之于世，今天，我们将柴泽俊先生留下的资料加以整理，或许对我们深入了解前辈们保护理念的践行，对我们当下的"研究性保护"有所裨益。

2. 复原与依据

（1）寺院建置

总体布局的变迁：

寺院现状：南禅寺由东西两院组成，南北长51.3米，东西宽60米，占地3087平方米。西院南是观音殿，北是大佛殿，东侧是菩萨殿和罗汉殿，西侧是伽蓝殿和龙王殿。东院南为山门，北为阎王殿，

[1] 高天《南禅寺大殿修缮与新中国初期文物建筑保护理念的发展》，《古建园林技术》2011年第2期，第15～19页。
[2] 王贵祥《中国建筑史学的困境》，《名师论建筑史》，中国建筑工业出版社，2009年，第93页。
[3] 祁英涛、柴泽俊《南禅寺大殿修复》，《文物》1980年第11期，第61～76页。
[4] 柴泽俊《南禅寺大殿修缮工程竣工技术报告》，《文物保护技术》1991年第1辑，第28～33页。

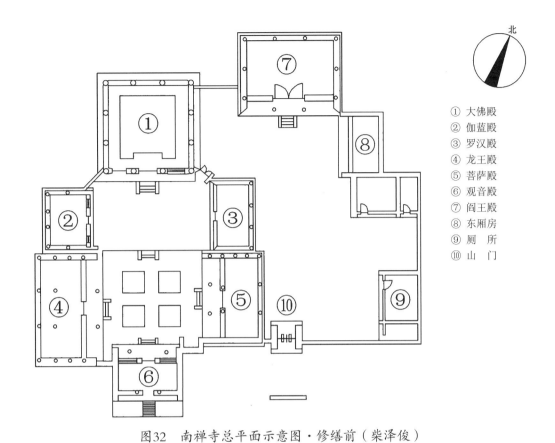

① 大佛殿
② 伽蓝殿
③ 罗汉殿
④ 龙王殿
⑤ 菩萨殿
⑥ 观音殿
⑦ 阎王殿
⑧ 东厢房
⑨ 厕 所
⑩ 山 门

图32 南禅寺总平面示意图·修缮前（柴泽俊）

殿下东侧有厢房三间（图32）。

发现月台：在设计方案的勘测阶段，对大佛殿四周进行了勘探发掘，发现大殿台明前有月台，清代修建的罗汉殿和伽蓝殿的前檐墙与台明紧依，与大月台交错，势必去除清代添加的两座小殿才有可能恢复月台。

方案审定：经过专家论证和国家文物局审批，决定：① 拆除罗汉、伽蓝二殿，恢复大月台原貌。② 施工时在东院东厢房下修建的工房予以保留，作为管理之用。形成今日南禅寺之建筑布局和寺院总体格局（图33）。

大殿台明的原状：

台明发掘：之前大佛殿台明已残坏，同时发现上檐出较宋辽遗物的尺寸明显缩短。因此决定对大殿台明及周边进行勘探发掘，试图查明原状。发掘情况显示：砟土基址前后檐以及东西两侧台明距柱中各不相同。重要的是，意外地发现了前檐台明外原有月台，与台明呈前小后大的格局。

勘察结论：从发掘情况看，月台和台明都采用了砟磨方砖干摆垒筑做法，散水也以方砖铺墁，用砖规格都与殿内及佛坛地面旧存方砖尺寸相一致。由此获得以下判定：① 大佛殿前原有略窄于台明的月台，是殿基的原状；② 清代创建罗汉、伽蓝二殿时可能月台已毁失。

方案审定：经过专家论证评估认为，台明、月台、散水形制清晰，证据充分。建议：① 按实测尺寸修复台明，参照同期实物尺寸恢复上出檐；② 修复大月台，恢复唐代历史格局。经上报批准后，恢复了唐代原状。

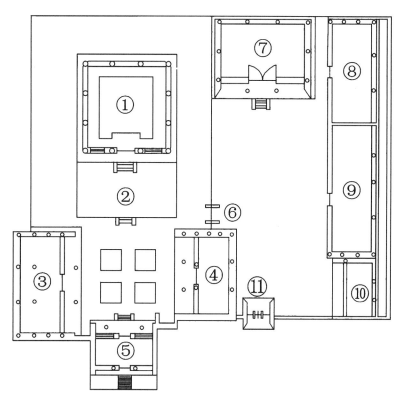

① 大佛殿
② 修复月台
③ 龙王殿
④ 菩萨殿
⑤ 山　门
⑥ 侧　门
⑦ 阎王殿
⑧ 东厢房
⑨ 管理用房
⑩ 厕　所
⑪ 山　门

图33　南禅寺总平面示意图·修缮后（赵朋）

（2）墙体装修

檐墙形制的变迁：

墙体现状：大佛殿外墙通身皆以青灰条砖砌筑于阑额之下，前檐砌成券洞门窗，显然不是早期的样式。从佛光寺东大殿看：墙体下部为砖砌隔减，上以土坯垒筑，外墙红泥涂壁，至阑额下制出抹斜墙肩。这是我们所知的元代以前普遍采用的殿堂外檐墙之通用做法。可以认定，墙体是经后代改制的。

勘察结论：在检查内墙时发现，至少有3道抹灰泥皮叠压。在检查墙体内部结构情况时发现，柱础之下以及檐墙一周的基础部分，皆为污土和残瓦、碎砖、灰块等建筑废料填充。这种做法显然不是创建时的原状。同时发现墙内有方形和圆形两种不同形式的柱子，确证墙体经后代历次修缮而改制。

方案审定：专家组论证认为，勘察翔实，结论正确，同意：① 拆除墙体、清除后代不当添加改制；② 按照传统工艺材料，依据山西元代以前的形制和通用做法，重新砌筑墙基、墙体，排除安全隐患。经上报批准后予以实施。

门窗装修的复原：

门窗现状：大佛殿前檐心间安板门两扇，门钉三路七行，额上安方形门簪三枚，外贴四瓣刻花板，两梢间安破子棂窗。从样式上看，基本保持了早期的装饰风格和基本特征。然而，将门窗包裹在券拱墙内的形式与我们所认知的元代以前的形制相去甚远，严重伤害了大殿的历史风貌（图34）。

细节勘察：原门扇应为四块拼合，而东扇以身口板取代了副肘板位置去掉一块拼板；西侧虽为四块，但副肘板被据窄。总体看，存在锯短、缩窄、减薄以及门钉改动位置等。破子棂窗样式较古，西

图34 大佛殿门窗·修缮前（柴泽俊拍摄）

图35 大佛殿门窗·修缮后（柴泽俊拍摄）

图36 大佛殿梁架·当心间东缝·修缮前（柴泽俊拍摄）

图37 大佛殿梁架·当心间东缝·修缮后（柴泽俊拍摄）

窗棂条存9根，东窗10根。门窗上额两端都有锯短后插入券拱墙内的痕迹。

方案审定：经专家讨论认为，① 参照山西早期实例和敦煌唐代壁画形式，以及敦煌宋初窟檐形制修复门窗。② 去除券洞墙，增设樀柱装板门，两梢间依旧安破子棂窗。经批准后，恢复了唐代风格（图35）。

（3）梁架结构

脊部构造的添改：

结构现状：大佛殿四架椽屋厦两头造，四椽栿通檐用二柱，栿背施驼峰、大斗承平梁，梁背设驼峰、侏儒柱，小斗，两侧顺梁斜安叉手与捧节令栱相交，上安替木承负脊槫。此种侏儒柱与大叉手共负脊重的方式，与唐代以前只用大叉手而不用侏儒柱的做法有异，故现状结构值得研究（图36）。

重要发现：修缮时，屋面荷载卸除后，侏儒柱自行歪闪、脱落，拆卸后发现侏儒柱与柱头栌斗和柱下驼峰未设榫卯，没有结构性关联。其内部结构是两侧叉手上角各开曲尺口，恰将捧节令栱嵌入，叉手下角一侧留榫另一侧开卯，插接相抵，形成一个闭合的稳定结构。

方案调整：由上述发现判定，大佛殿侏儒柱乃后代添加，原结构应与东大殿相同，只用叉手。为了慎重起见，按叉手结构制成1/5比例的模型，进行承压试验。结果表明，其荷载能力完全达标。经专家论证合议，请示国家文物局，征得同意后，去除侏儒柱和驼峰，恢复了唐代大叉手结构原制（图37）。

大木构架支护：

结构现状：修缮前，大佛殿整体向西北倾斜，造成了梁架多部位走闪、开榫，乃至构件变形劈裂。于是，人们在前檐东平柱柱头栌斗下支顶两根戗杆，东角柱栌斗和角华栱下各顶一根。殿内心间东西缝四椽栿下各支顶了三根立柱，在平梁和四椽栿间与侏儒柱对缝处各承顶小柱一根，并对两缝梁架各设斜戗一根用以支护。可以说，整座大木构架完全靠承顶和斜撑柱支持（图38）。

勘察结论：勘察发现，西缝四椽栿后槽（北端）梁背遭雨淋后发生较重的糟朽，平梁端托脚缺失，推测是后代修缮屋顶时，将糟朽的托脚去除而未替补。导致了四椽栿受力发生改变，造成梁中下弯，变形严重，使大木构架整体向西北倾斜。20世纪60年代的两次地震，加剧了梁架的变形倾斜。找到了失稳成因，采取恰当措施才能彻底排除隐患，确保大木构架的安全可靠（图39）。

深化方案：确定病害的成因后，对方案进行深化和调整，使保护措施更具针对性：① 修复托脚结构，去除平梁上以及与四椽栿间添加的短柱，恢复受力结构。② 加固和校正四椽栿（垂弯10厘米），为保险起见在两缝四椽栿下各增设一根钢管支护。③ 在四角加置暗剪刀撑，彻底排除受力不均和失稳隐患。④ 将原有支顶和斜撑柱全部去除。经批准后，予以实施，恢复原状。

（4）瓦顶形制

屋面脊饰的改制：

屋面现状：大佛殿屋面已非原貌。现状中以筒板瓦覆顶，筒瓦规格大致可分两种，大者与《营造法式》（以下简称《法式》）的规定接近。正、垂脊皆以陡砖垒筑，上下施混砖。鸱吻为灰陶烧制，工艺较为粗劣，其剑把式造型是明代以后的仿官式样式。正脊中央以黄绿色琉璃为刹，形制与吻兽脊饰极不协调。主要问题如下：① 脊兽皆晚近遗物；② 屋面形制式样混乱；③ 鸱吻矮小，与正脊乃至与建筑的造型比例失调（图40）。

方案选择：针对大佛殿屋面以及脊饰、吻兽的现状，设计者们制定了全面复原方案，在方案论证之时，一部分专家不同意复原，建议现状维修，但绝大多数专家认为"原来建筑中只存部分筒板瓦，没有鸱吻，将使我国现存最早的唐代大殿大为逊色"。最终对全面复原屋顶形制达成一致，并对复原方案进行了全面细致的讨论，提出了详尽的修改意见。

图38　大佛殿前檐支顶·修缮前（柴泽俊拍摄）　　图39　大佛殿梁架支顶·修缮前（柴泽俊拍摄）

图40 大佛殿鸱吻脊饰·修缮前（柴泽俊 拍摄）

图41 复原后的鸱尾、面兽·修缮后
（赵朋 拍摄）

复原方案：① 瓦件现存尺寸较大者与《法式》规定相近，原件使用，缺者依此补配。② 各脊参照佛光寺东大殿以瓦条垒筑，正脊高十五层，依《法式》规定低两层垒垂脊。③ 根据唐代壁画，各脊不安走兽，垂脊以兽面挡头，大角梁头扣沟水瓦。④ 鸱尾依据唐画中的标准式样，参照渤海国等出土实物细节，进行塑型烧制试安后效果满意，经专家论证同意，经批准后进行了复原（图41）。

檐出尺寸的复原：

现状勘测：大佛殿造檐只施圆椽，未设飞椽（佛光寺东大殿亦如此制）。上檐自柱中平出166厘米，橑风槫前平出81厘米后85厘米，与柱高为0.43：1，不足之半。五代与宋辽实例显示，檐出与柱高比最大者平遥镇国寺0.88：1，最小者敦煌窟檐0.61：1。可知，椽子被后代修缮时截短，是造成大佛殿造型比例不协调、无法遮蔽斗栱遭受雨淋的根本原因（图42）。

勘察结论：现存椽子中有部分保留着卷杀，但卷杀部分的尺寸与宋、辽相比短了许多，不合比例；其次有些椽头还可以看出明显的锯痕。为了获取檐出尺寸的相对数据，在台明一周进行了勘探发掘。情况显示：后台明保存最完整，距柱中202厘米，前檐略大为215厘米，两山保存尺寸差距较大。发掘所获：一方面确证在后世修缮中出檐被缩小的事实；另一方面使复原工作有所依据。

复原方案：按照《法式》规定的椽架平长计算出大佛殿上檐出总长应在230～240厘米，参考早期柱高、铺作与檐出比例关系，结合台明发掘所得尺寸，推测檐出为214厘米较为合理。实物中椽径较大者与《法式》规定基本吻合，作为椽径复原的依据。按此，复原后的檐出与柱高、与铺作总高的比例都与五代和宋辽相近同，经专家论证并获批准后予以实施（图43）。

3. 发现与研究

"文物古迹保护是一项科学工作，必须建立在研究基础上"。"研究应贯穿保护工作全过程，所有保护程序要以研究成果为依据"[1]。在整个保护措施实施过程中，发现—研究（价值评估）—调整或确定措施是保护工作的常态，也是文保工程不同于其他工程的特殊性。原因很简单，因为事前的勘察与测绘工作无法做到全面揭露，故隐蔽部分的情况无法探明，是保护方案制定的天然缺陷。因此，业内流行着"修缮修缮，拆开了再看"。恰是这种境况的真实反映。

---

[1] 《中国文物古迹保护准则及阐释》（2015）第5条。

图42　屋角出檐·修缮前（柴泽俊 拍摄）　　　图43　屋角出檐·修缮后（赵朋 拍摄）

在此背景下，从业人员的专业水平和能力，以及是否能够"坚持执业操守，把对文物古迹的保护放在首位，针对文物古迹的具体情况进行深入研究，寻找最适合的保护方式，保证保护工作的有效性"[1]，成为一项文物古迹在接受保护措施的同时需承受的潜在风险。事实上，四十多年前的南禅寺保护工程，恰是前代保护者们探索、追求和践行将"研究贯穿保护工作全程"的一个范例，是贯彻梁思成等第一代中国保护先行者们理念与原则的重要实践。

（1）月台制度

宋、金时期的荣河后土祠《庙像图石》，开封《中岳庙图》和济源《济渎北海庙图志碑》是反映当时皇家大型祠庙布局规制的重要史料，这三幅石刻庙貌图在主殿正前方庭院中间的中轴线上都绘出一座方形台，中岳庙题注为"露台"而非月台。《法式》亦无造"月台"的制度，何时出现于寺院尚不可知。大佛殿月台被一致认为与大殿同期，然宋代以前未见同例。而辽代建筑体系如蓟县独乐寺观音阁、义县奉国寺七佛殿、大同华严寺薄迦教藏殿等大殿前都设有大月台，这种情况在山西北部一直延至金代不绝。何以南禅寺之后，此种月台制度并未在北宋建筑中延续，却在北方辽、金寺院中大为盛行，有待研究。

为什么要恢复大月台：敦煌壁画中常有在殿前绘出的一些平台，之上列坐佛、菩萨，呈法会讲经场面，萧默先生认为，这些平台应不是现实寺院所当设的[2]。南禅寺大佛殿前的大月台是所见首个实例，或许是殿内空间促狭，为礼佛场面之需，却成就了辽、金佛殿建筑格局的变迁。专家们认为，恢复月台的宗教意义和建筑价值的重要性，远胜于两座小殿所保存的历史信息。于是，修复月台原貌成为他们最终的选择。

（2）叉手构架

傅熹年先生说：从"现在所能看到的隋以前建筑的屋架形象大多是两架梁，上加叉手。""殿内

[1]　《中国文物古迹保护准则及阐释》（2015）第5条。
[2]　萧默《敦煌建筑研究》，机械工业出版社，2003年，第196页。

有南北向通梁，通梁上有叉手……组成叠梁式屋架"[1]，说明大叉手构架形式古已有之，难怪梁思成先生发现东大殿草架中的'叉手'如获至宝。通过对南禅寺大佛殿脊部构造的解剖我们可以获得如下认识：① 侏儒柱与大斗，驼峰与平梁无榫卯结构，系后添无疑；② 大佛殿结构与东大殿结构方式相一致，为"大叉手构架"乃唐代制度又一新证；③ 进一步证实，龙门寺西配殿"开平梁上置驼峰、侏儒柱之先河"[2]；④ 大佛殿叉手内部构造的解剖，为探索叉手构造向侏儒柱组合的演变提供了线索。

为什么要去掉侏儒柱：确认了大佛殿脊部原状，专家们采纳了去掉侏儒柱恢复叉手构架的方案。从《威尼斯宪章》（1964年）提出的，各时代为一古迹之贡献必须予以尊重，不同时期作品重叠时，被去掉的价值甚微，而被显示的具有很高的历史、考古或美学价值[3]的原则看，或许正是当年保护者们的选择依据。与今天"经鉴别论证，去除后代修缮中无保留价值的部分，恢复到一定历史时期的状态"[4]的原则同理。

（3）宋代大修

大佛殿十二根檐柱中有三根为方形抹棱样式，据此，傅熹年先生认为可能是建中三年重修前的遗物，并以此推测其创建或在北朝晚期或在隋代[5]。祁英涛先生认为"方柱应是唐代原建时的式样"[6]，圆柱多数是建中三年重修时更换的。又据宋元祐元年（1086年）"竖柱抬枋"的记载和前檐柱内侧政和元年（1111年）墨题，结合对大殿现状的考察分析，可以获得如下认识：① 宋元祐元年进行过大修，但铺作、梁架等主体结构保存了唐制；② 圆柱可能是宋代修缮时更换的，故径高比表现出宋制的特点；③ 宋政和元年的题迹表明，其时前檐柱露明，墙体为此后垒砌，是大佛殿檐墙恢复原状的重要依据。

为什么要去掉券洞墙：我国券拱技术起源甚早，作为门窗形式用于佛寺建筑中，始见于北魏嵩山嵩岳寺砖塔，唐宋之际亦是砖塔门窗的惯用，明清时期才用于厢、廊房等次要建筑之上，用于佛寺主殿，则是明季砖造殿堂的特有形式。萧默先生研究认为：敦煌"唐宋壁画的窗均作直棂式。凡屋门统为板门，有门钉、铺首"[7]。据此，专家们选择了"去除后代修缮中无保留价值的部分，恢复到一定历史时期的状态"，将砖券门窗洞去除恢复了古制。

4. 未竟与缺憾

梁思成先生在《蓟县独乐寺观音阁山门考》中曾提出：今后之保护，可分为二大类，即修及复原是也。破坏部分，须修补上。失原状者，须恢复之。在之后的《杭州六和塔复原计划》《曲阜孔庙之建筑及修葺计划》也都强调了这一保护理念和原则。同时指出："二者之中，复原问题较为复杂，必须其主事者对于原物有绝对的根据，方可施行。"大佛殿的复原，主要有脊部结构，以及月台、台明、散水、墙体、门窗、上出檐、屋面和脊饰。这其中，去掉侏儒柱补配托脚证据确凿，月台、台

[1] 傅熹年《中国古代建筑十论》，复旦大学出版社，2004年，第89页。

[2] 柴泽俊《柴泽俊古建筑文集》，文物出版社，1999年，第155页。

[3] 《关于古迹遗址保护与修复的国际宪章》（威尼斯宪章1964）第十一条。

[4] 《中国文物古迹保护准则》（2015）第二章第9条，阐释。

[5] 傅熹年《中国古代建筑史·第二卷》，中国建筑工业出版社，2001年，第484页。

[6] 祁英涛、柴泽俊《南禅寺大殿修复》，《文物》1980年第11期，第63页。

[7] 萧默《敦煌建筑研究》，机械工业出版社，2003年，第196页。

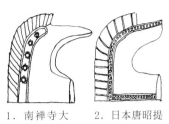

| 1. 南禅寺大殿·唐 | 2. 日本唐昭提寺·唐 | 3. 仁寿宫井亭遗址·隋 | 4. 九成宫九号殿遗址·隋唐 | 5. 唐太宗昭陵司马门遗址·唐 | 6. 大明宫遗址·唐 | 7. 睿宗桥陵南门外西湖遗址·唐 |

图44　隋唐时期鸱尾造型

明、散水遗迹清晰，尺寸、用砖规格和铺设形式依据充分，唯月台高度为推测。门窗样式，是以敦煌壁画和窟檐为蓝本。

对于复原方案，专家们的讨论热烈，一部分人主张采取支撑保护措施，保持现状，暂不修缮；也有人认为，大佛殿是现存最古的木构殿堂，应当恢复初建时的原状。专家们各抒己见"最终也没有形成一致意见"。之后，国家文物局再次组织论证认为，大殿残坏严重、危在旦夕，复原方案基本可行。最终对全面复原屋顶的方案达成一致[1]。事后，祁英涛先生认为，鸱尾的复原设计不甚理想[2]。此外，阑额、栱头上的彩画和残存壁画的年代尚未定论，成为南禅寺保护工程的遗憾和未竟之事。

（1）鸱尾造型

不够理想的鸱尾复原：近年发现的九原岗壁画墓所绘鸱尾，通身鸟羽与玉虫厨子的相同；内弯长喙与洛阳陶屋一样。这无疑是东汉陶楼两鸟对峙的延续，而昭陵样式的突出特点恰也是酷似鹰嘴的内弯。祁英涛先生认为，南禅寺鸱尾的复原"不够理想"，因为不能说明它就是原来的式样。找到原来的鸱尾已不大可能，但昭陵出土的鸱尾与敦煌和同时期墓葬所绘样式大体一致，且分布广泛。可以认为，唐代有了统一的标准式样。对照南禅寺符合唐代模式，美中不足的是内弯更接近日本唐昭提寺而非昭陵式样（图44）。

（2）彩画旧迹

需待研究的彩画年代：大佛殿残存的与《法式》制度相似的"燕尾"纹饰式样，"曾见于佛光寺东大殿内檐和佛光寺金代建筑的文殊殿内檐。可能是唐代当地流行的一种比较简略的彩画式样，到金代仍在使用"。但是在色彩方面东大殿采用了白纹紫底或紫纹白底的用色，而大佛殿是白纹朱底。同时，大佛殿还残存有与《法式》相似的"七朱八白"纹样，但在东大殿未见。这些彩画旧迹是唐代重修时的遗迹，还是宋代大修时的补绘上去的？"修缮时原状保护，不加装饰，留待以后研究"[3]，但至今未解（图45）。

（3）壁画疑影

悬而未决的壁画年代：史料显示，唐代佛殿内都绘制有壁画，大佛殿发现之时四壁无画。修缮工程拆除墙体时在西山墙里皮抹灰底层发现有壁画，壁画经揭取和加固以后，未恢复于西墙之上，一直

[1]　晨舟、张传泳《中国文博名家画传·柴泽俊》，文物出版社，2009年，第46页。

[2]　中国文物研究所编，《祁英涛古建筑论文集》，华夏出版社，1992年，第347页。

[3]　祁英涛、柴泽俊《南禅寺大殿修复》，《文物》1980年第11期，第70、71页。

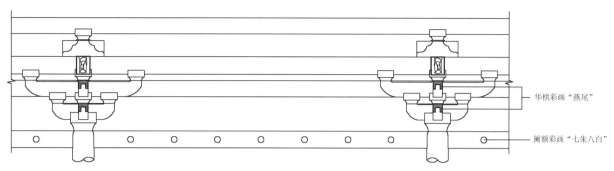

华栱彩画 "燕尾"

阑额彩画 "七朱八白"

图45 大佛殿东梢间后檐内壁图

图46 大佛殿壁画 (柴泽俊 拍摄)

保存在南禅寺文物库房内,至今未公之于世。修缮后公开发表的报告称:残存壁画15.46平方米,内容为"地狱变",绘画水平不高。从绘制技术上看,可能为元代的作品[1]。有趣的是,我们在柴泽俊先生当年的笔记中发现:"此画的年代,盖为明物,可能绘轴十王一堂即指此说。"壁画的绘制年代悬而未决(图46)。

5. 结语

中国古代建筑研究的开拓者梁思成先生与营造学社的同仁们,在实地调查和研究的基础上,构建起中国古代建筑的研究方法和风格发展体系。与此同时对古代建筑的保护措施也进行了一系列思考与探索,并形成了其"我们须对各个时代之古建筑,负保存或恢复原状的责任"的保护理念。例如,他在《杭州六和塔复原计划》中提出"不修六和塔则已,若修则必须恢复塔初建时的原状……我们所要恢复的,就是绍兴二十三年重修的原状"。其在"保存或恢复原状"中所强调的"恢复原状"的保护理念,"在当时并没有完全被应用到实践当中",但是"他的保护思想对中国文物建筑保护理论体系的建立,还是产生了重要和深远的影响"[2]。并得到了当时学界的普遍认同。

南禅寺大殿修缮工程经过考古勘探和反复修订修缮方案,多次组织专家论证,最终选择了"恢复原状"的保护方案。南禅寺的修缮"对中国文物建筑的理论和实践做的诸多尝试,对中国文物建筑保

[1] 祁英涛、柴泽俊《南禅寺大殿修复》,《文物》1980年第11期,第70、71页。

[2] 高天《南禅寺大殿修缮与新中国初期文物建筑保护理念的发展》,《古建园林技术》2011年第2期,第16、19页。

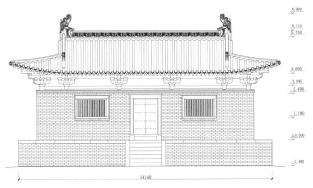
图47　广仁王庙大殿正立面图

图48　广仁王庙·修缮前（赵朋 摄影）

护理念的发展以及保护理论体系的建立无疑都具有重要意义。'恢复原状或者保存现状'这一文物建筑的保护原则，在随后1982年颁布的《中国文物保护法》中被一并表述为'不改变文物原状'。由于对'原状'的不同理解以及改革开放后西方国家保护理念的引入等原因，关于中国文物建筑保护原则的探讨和争论始终没有停止。"[1]然而，南禅寺大殿的复原工程确是当时建筑史和文物保护界保护原则的一次大讨论，代表和体现了当时"中国式保护"的主流理念。

（二）龙王殿的思考

1. 概况

广仁王庙，中国建筑史上一个显赫的名字，因为它的大殿是建筑史学界公认的仅存的4座唐代木构建筑之一，是国内最早的龙王庙。由于岁久年深、风雨摧残，以及后代的多次修葺，使得它看上去与南禅寺大佛殿和佛光寺东大殿的"外貌"相去甚远，以致人们对它的年代产生了一些疑问。首先，短小的屋檐和高翘的檐角，与唐式檐口平直翼角微翘的风格大相径庭；其次，后檐及两山墙皆以青灰色条砖包砌，垒筑至阑额之下，是山西明代以后才流行的做法；第三，前檐心间两扇小板门，次间的直棂小窗，都是当地民间晚近的式样；第四，屋顶上的瓦件脊饰已非原物，样式都与当地民居所用相仿（图47）。

广仁王庙，俗称五龙庙，位于芮城县城北约4公里的中龙泉村北侧的土垣之上，北望中条（山），南眺黄河，东南是古魏城，东北是20世纪50年代由永济县搬迁至此地的道教宫观永乐宫[2]。广仁王庙"创建年代不详，现存建筑正殿为唐大和五年（831年）遗构，是国内现存的四座唐代建筑之一"。2001年被公布为全国重点文物保护单位[3]。庙宇坐北朝南，占地面积3700平方米。庙前有泉池，"泉出于庙之下"，号"龙泉"，泉"分四流浇灌百里，活芮之民""祠因于泉，泉主于神，能御旱灾"。庙建在泉池后的石砌崖壁之上，东侧是院门，庙内有戏台和龙王殿以及唐代、清代碑碣五块

---

[1]　高天《南禅寺大殿修缮与新中国初期文物建筑保护理念的发展》，《古建园林技术》2011年第2期，第16、19页。

[2]　永乐宫，原名纯阳万寿宫，存龙虎、三清、纯阳、重阳四座元代大殿，殿壁绘满壁画，计千余平方米。代表了我国元代建筑文化和宗教艺术水平。广仁王庙大殿公布年代为唐大和五年。引自《山西省重点文物保护单位》，山西省文物局编，2006年，第24、25页。

[3]　永乐宫，原名纯阳万寿宫，存龙虎、三清、纯阳、重阳四座元代大殿，殿壁绘满壁画，计千余平方米。代表了我国元代建筑文化和宗教艺术水平。广仁王庙大殿公布年代为唐大和五年。引自《山西省重点文物保护单位》，山西省文物局编，2006年，第24、25页。

（图48）。

据庙内碑刻记载，唐元和三年（808年）年修筑龙池，周百三十有二步，旁建祠宇，绘制龙王。大和五年秋、六年春遇旱，县吏亲祀得应，随刻除旧舍建立新宇。据此：元和三年之时已有龙王祠，大和六年（832年）重建。后历宋、金、元、明四朝无史料可稽。清代《重修乐楼记》载："乾隆十年（1745年）庙貌维新……重修乐楼与正殿东墙"；嘉庆十七年（1812年）《重修乐楼记》载："自乾隆十年

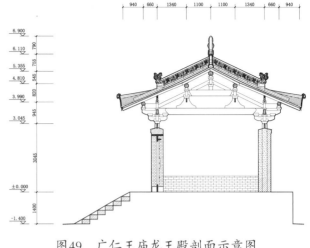

图49 广仁王庙龙王殿剖面示意图

修葺历年滋久，殿宇墙垣乐楼俱覆倾圯""嘉庆丙寅（1806年）先建乐楼，至辛未粧饰殿宇整理墙垣"；梁架中有清康熙十年（1671年）、光绪三十二年（1906年）和1958年重修题迹。

大殿俗称龙王殿，面宽五间，进深三间。殿基甚高，前檐正中踏步七级皆以青砖垒砌。屋顶形制为厦两头造，筒板瓦屋面，正、垂脊和吻兽皆为灰陶烧制。前檐心间开板门两扇，次间为直棂窗，梢间、两山及后檐皆以青砖垒砌至阑额之下。梁架为四架椽屋通檐用二柱，四椽栿背安驼峰，之上又施大斗承顶平梁，梁上正中立侏儒柱，两侧顺梁施叉手承脊槫，梁两端设托脚斜抵梁首；两山施丁栿（劄牵），向外搭压在柱头铺作上，向内平置于四椽栿背。斗栱五铺作出双抄，无补间；里转前后檐出单抄承四椽栿，两山出双抄承丁栿；转角正侧身与柱头同制，45°角线亦出双抄承橑风槫（图49）。

1959年《文物》第11期发表了酒冠五先生《山西中条山南五龙庙》一文，认为："正殿建筑结构，虽经后代屡次修整，但仍保存了唐代的风格。"傅熹年先生认为："殿身四壁及装修已非原物。但以构架及斗栱的做法看，应是晚唐建筑。"柴泽俊先生认为"瓦顶、檐墙、翼角、门窗等处，后人补修时变更原制"，但"梁架、斗栱等主体结构部分，仍是唐代原构，应当予以重视"[1]。可知，大殿现状中高高翘起的翼角，高耸的台基和短小的出檐，以及屋面的瓦件脊兽、墙体装修，都是晚近的特点，都与唐代建筑的风格迥然不同，但斗栱和梁架部分都与南禅寺的样式相一致，反映了唐代建筑的特征。

2. 唐代特征对照

柱头结构：龙王殿各柱头之间以阑额贯通一周，阑额至角柱不伸出柱外，栌斗直接坐落在柱头之上，无普柏枋之设，与南禅寺大殿（782年）的结构形式完全一致，之后的佛光寺东大殿（857年）同样是只施阑额的做法，延至五代仍然盛行。五代大云院大佛殿（940年）在柱头之上增设了一道"普柏枋"，与阑额呈T形组合，我们称之为"阑普型"。宋代以后，唐代的样式被取代，故"阑额型"和"阑普型"成为唐、宋柱头形制的标志性特征。

小结：龙王殿柱头"阑额型"与南禅寺、佛光寺形制相同，是中唐以后柱头结构的典型特征。

底层构架：龙王殿梁架为四架椽屋四椽栿通檐用二柱，与南禅寺大殿完全相同，可以认为是唐代

[1] 柴泽俊《柴泽俊古建筑文集》，文物出版社，1999年，第151页。

小型殿堂的主要样式之一。之后，五代的龙门寺西配殿（925年）、镇国寺万佛殿（963年），宋初的崇明寺中佛殿（971年）、早期的安禅寺藏经殿（1001年）、南吉禅寺前殿（1030年）等仍有延用。同样是大云院大佛殿，有了四椽栿与乳栿（劄牵）对接，以殿内柱支撑的"通檐用三柱"的新型构架样式，成为宋代以后的主流结构模式。

小结：龙王殿"通檐二柱造"与南禅寺大殿形制相同，是唐代小型殿堂梁架结构的典型类型。

梁栿隔架：所谓隔架是指梁栿之间的支承结构。龙王殿在平梁栿项下和四椽栿背之间安置了两只驼峰，驼峰上又施大斗，平梁头安于斗口内交出令栱，栱上安小斗、替木支承平槫。形制与南禅寺大殿完全相同，也是所见最早的小型殿堂的隔架结构方式，我们称之为"驼峰大斗型"。五代镇国寺万佛殿有了大斗上再添加十字栱的"驼峰铺作型"，被宋代早期继承。宋代中期有了蜀柱大斗承顶平梁的新样式，最终取代了唐式的"驼峰大斗型"和宋式的"驼峰铺作型"，成为金元两代的主要隔架结构方式。

小结：龙王殿驼峰+大斗承平梁与南禅寺形制相同，是唐代小型殿堂梁栿间的隔架结构方式。

丁栿形制：龙王殿两梢间各用丁栿两条，置放在山面柱头铺作和次间四椽栿之上呈平直状态，在外抵住橑风槫，在内搭在四椽栿背上。由于梢间外未设出际缝架，山面椽尾钉在四椽栿外增设的承椽枋上，以致丁栿成了一条不负重的劄牵。南禅寺大殿的丁栿是由压在铺作层上的耍头向内延长置于四椽栿背，同样是一条不负重呈平直状态的劄牵。又是大云院大佛殿有了一条丁栿平置，另一条斜置的做法，成为宋代以后的惯用[1]。

小结：龙王殿丁栿劄牵造，平置于四椽栿背，与南禅寺一样，是唐代小型殿堂的典型结构方式。

托脚方式：龙王殿平梁安在四椽栿背所施驼峰之上的大斗口内，与南禅寺大殿一样梁头不伸出大斗斗口外，而是将托脚的上角插入斗内斜抵住梁头。佛光寺东大殿和天台庵、大云院、镇国寺大殿，宋初敦煌第431和第444窟窟檐都采用了这种被称之为托脚"入斗型"的结构方式。五代龙门寺西配殿首次将平梁头伸出大斗口外与托脚交构，成为平梁与托脚结构关系的新式样，即"出斗型"，宋代以后，逐渐取代了唐代的"斗内型"。

小结：龙王殿平梁不出斗口，托脚入斗斜抵平梁头，与南禅寺、佛光寺一样是唐代的典型特征。

梁栿铺作：龙王殿梁架为四椽栿通檐用二柱结构，与南禅寺一样都是将四椽栿延长伸出前后檐柱缝外制成二跳华栱。佛光寺东大殿八架椽屋前后乳栿用四柱，其乳栿向外出檐柱向内过内柱，与前例一样制成二跳华栱。显然，这种将梁栿伸出柱缝外制成华栱是唐代的定式。我们把这种梁栿与铺作互为构件的结构关系称之为"组合型"。五代时，大云院有了"搭压型"、镇国寺有了"搭交型"，宋代以后，"搭压型"成为主流模式。

小结：龙王殿梁栿与铺作的"组合型"结构关系，与南禅寺大殿一样，是唐代的典型特征。

综上：龙王殿在柱头结构、底层梁架、隔架方式、丁栿形制，托脚与平梁和铺作与梁栿的结构关系，都与南禅寺大殿相一致，并在宋代以后成为罕见。由此，我们可以得出这样的结论：广仁王庙龙王殿是一座唐代建筑，其斗栱和梁架的形制代表了唐代典型特征（图50）。

---

[1]　二栿三柱造是大云院的首创，即底层梁栿由二栿对接以内柱及柱头斗栱支托；丁栿向内一条搭交于两栿交接的斗栱内，呈平置状；一条搭压在四椽栿背上，呈斜置状。

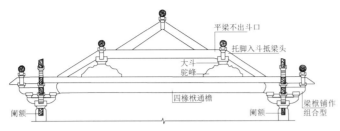

1. 唐·南禅寺大佛殿 通檐二柱造·驼峰大斗隔架·托脚入斗·栿项做华栱

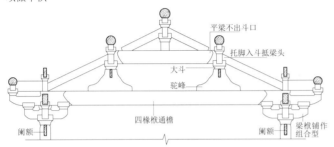

2. 唐·广仁王庙龙王殿 通檐二柱造·驼峰大斗隔架·托脚入斗·栿项做华栱

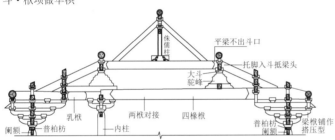

3. 五代·大云院大佛殿 通檐三柱造·驼峰大斗隔架·托脚入斗·梁栿压铺作

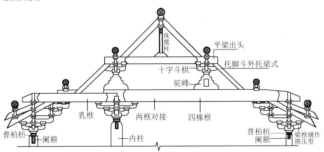

4. 宋早·崇庆寺千佛殿 通檐三柱造·驼峰十字栱隔架·托脚斗外托梁·梁栿压铺作

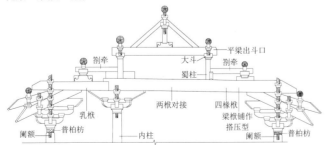

5. 宋中·龙门寺大雄宝殿 通檐三柱造·蜀柱大斗隔架·梁栿压铺作

图50 唐—宋代梁架结构示意图

3. 特殊结构的讨论

不施令栱耍头：龙王殿只在各檐柱施柱头铺作，无补间之设。斗栱五铺作出双抄，二跳华栱跳头安小斗上置替木承橑风槫，不施令栱与耍头。南禅寺大殿同样是五铺作斗栱出双抄，然二跳华栱跳头之上施交互斗交出令栱与耍头，之上再安替木承橑风槫；佛光寺东大殿的柱头斗栱，同样是在跳头上施安令栱、耍头和替木承负橑风槫。在唐五代实例中，唯天台庵弥陀殿、龙门寺西配殿斗栱皆只出一跳华栱，跳头安替木承橑风槫，未施令栱、耍头，与《营造法式》（以下简称《法式》）"斗口跳"的规定相吻合。龙王殿五铺作斗栱不用令栱、耍头的样式，在齐隋和初唐的资料中可见。

《法式》对照：《法式》总铺作次序曰："自四铺作至八铺作，皆于上跳之上，横施令栱与耍头相交；以承橑檐方；至角，各于角昂之上，别施一昂，谓之'由昂'，以坐角神。"造耍头之制曰："开口与华栱同，与令栱相交，安于齐心斗下。"又曰："或有不出耍头者，皆于里外令栱之内，安到心股卯。"造栱之制曰："四曰令栱，或谓之单栱。施之于里外跳头之上……与耍头相交，亦有不用耍头者。"由此看来，《法式》对耍头的使用和结构方式有详细的规定，同时又有"或有不出耍头者""亦有不用耍头者"，但是在大木作图样中未见到不用耍头者，实例中除"斗口跳"外亦罕有不用耍头者。

小结：龙王殿跳头不施令栱、耍头是早期斗栱形式的遗迹，也是唐、五代时期

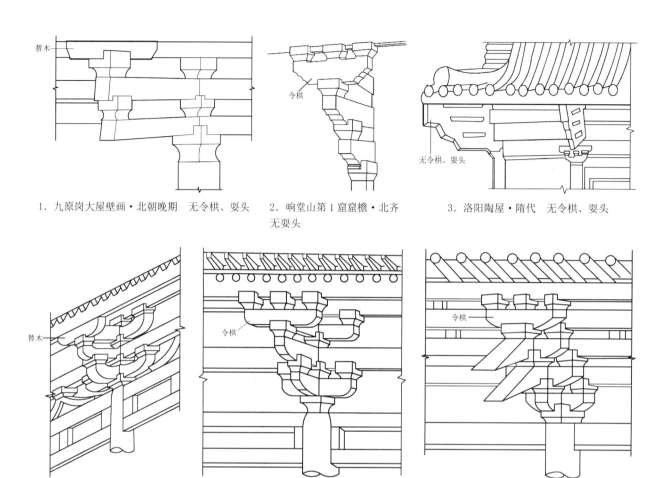

1. 九原岗大屋壁画·北朝晚期　无令栱、耍头

2. 响堂山第1窟窟檐·北齐　无耍头

3. 洛阳陶屋·隋代　无令栱、耍头

4. 敦煌321窟壁画廊庑·初唐　无令栱、耍头

5. 大雁塔门楣石刻·唐初　无耍头

6. 敦煌第231窟壁画·中唐　无耍头

图51　齐隋—唐代跳头不施令栱、耍头示意图

除斗口跳制度以外的特例，之前可见于齐隋和初唐资料中（图51）。

不设出际缝架：龙王殿面阔五间歇山式屋顶，宋式称"厦两头造"或"九脊殿"，一般而言，歇山式构架在两梢间向外的出际部分都要增设一支承槫增长和山面檐椽的"梁"，《法式》称之为"阁头栿"，清代谓之"采步金"。梁由丁栿承托，与前后槽上平槫相交。南禅寺在心间两缝平梁外侧增添了一道梁，两端交在平槫上，梁上设驼峰支托脊槫，与宋式的"阁头栿"略有不同。龙王殿在出际部分不设出际缝架，山面檐椽椽尾铺钉在贴在平梁外侧添加的一条承椽枋上，是不同于南禅寺的歇山构架方式。

《法式》对照：《法式》卷五·阳马曰："凡堂厅（厅堂）厦两头造，则两梢间用角梁转过两椽。……今亦用此制为殿阁者，俗谓之'曹殿'，又曰'汉殿'，亦曰'九脊殿'。"卷五·栋，凡出际之制："若殿阁转角造，即出际长随架。于丁栿上随架立夹际柱子以柱槫稍；或更于丁栿背上添阁头栿。"所谓"阁头栿"系"架在两山丁栿背上，用以支承披檐椽尾和山面平梁的梁栿，取其有封闭厦两头造屋顶山面的意思，所以得名"[1]。显然，南禅寺出际缝架形式和广仁王庙不设缝架的做法都与《法式》制度不同（图52）。

[1]　徐伯安、郭黛姮《宋〈营造法式〉术语汇释》，《建筑史论文集》，清华大学出版社，2002年，第57页。

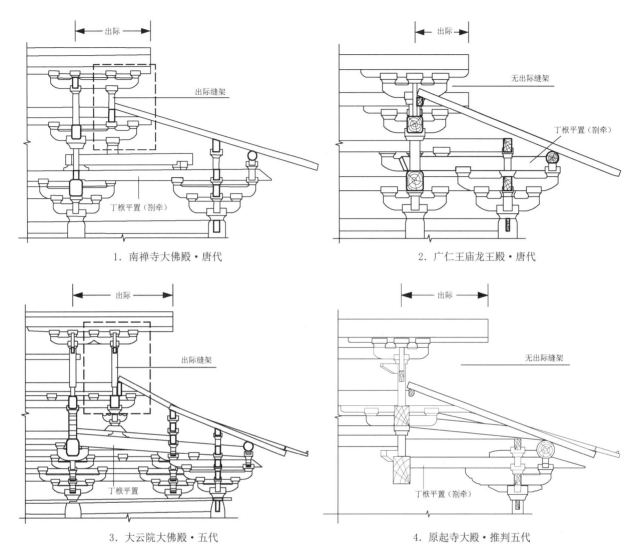

图52 唐五代歇山构架示意图

小结：龙王殿梢间不设阑头栿缝架，可能是早期"两段式"歇山构架样的遗痕[1]，是后世少见的歇山构形制。

影栱构造个例：铺作柱头壁栱谓之"影栱"，又称扶壁栱。龙王殿的做法是：栌斗内首层施泥道栱与华栱交出，二层施素枋交出二跳华栱，三层又施令栱，四层再施承橼枋，是以一栱一枋为一个结构单元，重复垒叠的结构方式，我们称之为"栱枋重复式"。之前的南禅寺大殿同样是首层施泥道栱交出华栱，二层施隐刻出慢栱的素枋与二跳华栱相交，三层再施素枋，枋上安驼峰之上再施承橼枋。之后的佛光寺东大殿与南禅寺一样，首层施泥道栱交出华栱，栱上施隐出慢栱之素枋四重，枋上安方木之上施承橼枋。这是一种在泥道栱上垒叠数层素枋的结构方式，我们称之为"单栱重枋式"。广仁王庙"栱枋重复式"是敦煌盛唐壁画中流行的样式，南禅寺"单栱素枋式"成为日后的定式。

《法式》对照：《法式》卷四·总铺作次序说："凡铺作当柱头壁栱谓之'影栱'。又谓之'扶

---

[1] 杨鸿勋先生认为：在主体屋盖四周，落低架设披檐，形成'重屋'的式样。以后的发展，提高披檐到建筑接近主体屋盖的程度，便产生了所谓"阶梯形"或"两段式"屋盖。《建筑考古学论文集》，文物出版社，1987年，第275页。从汉阙、汉代陶楼屋两段式歇山形象看，恰是由悬山式主屋盖和庑殿式披檐组合而成的样式。

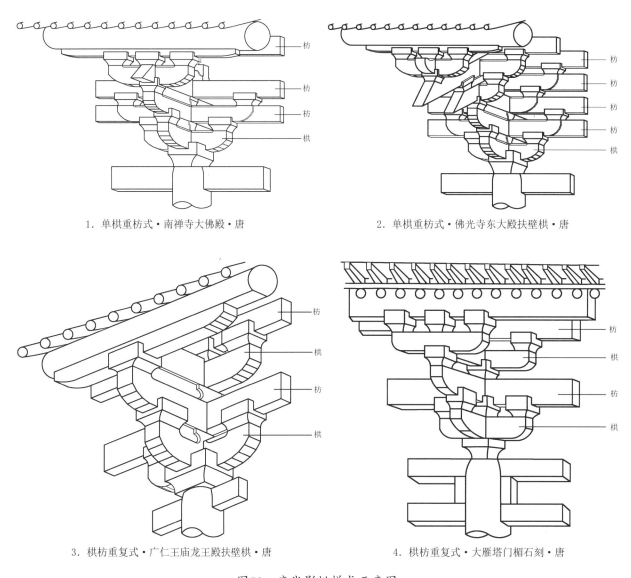

1. 单栱重枋式·南禅寺大佛殿·唐

2. 单栱重枋式·佛光寺东大殿扶壁栱·唐

3. 栱枋重复式·广仁王庙龙王殿扶壁栱·唐

4. 栱枋重复式·大雁塔门楣石刻·唐

图53　唐代影栱样式示意图

壁栱'。"并规定出如下几种做法：① 重栱全计心造：泥道重栱上施素枋，枋上斜安遮椽板。② 五铺作一跳偷心：泥道重栱上施素枋，枋上施令栱，再施承椽枋。③ 单栱七及六铺作，若下一抄偷心：栌斗上施两令栱两素枋，再平铺遮椽板；或只于泥道重栱上施素枋。④ 单栱八铺作下两抄偷心：泥道栱上施素枋，枋上又施重栱、素枋，再平铺遮椽板。对照《法式》规定，三例唐构的典型特征是扶壁在栌斗内皆用单层泥道栱（首层结构），而《法式》皆重栱，唯一用单栱者，枋上又施重栱。显然，唐代实例的扶壁栱结构形式都未收录于《法式》制度之中。

　　小结：龙王殿扶壁栱式样在初唐壁画中已有，之后在北方遗物中成为罕见的特殊结构形式。

　　综上：龙王殿铺作跳头不施令栱和耍头的做法，是出跳斗栱初级阶段的形态，在敦煌宋初窟檐上留下了最后的痕迹。出际不做缝架，或许正是汉代两段式屋架到歇山屋架的过渡形式。栱枋重复式扶壁栱在盛唐已定型，之后流行于江南的宋元建筑中，弥陀殿是此种样式的最早实物（图53）。

4. 疑点问题分析

关于年代的问题：

1959年《文物参考资料》第11期刊发了酒冠五先生《山西中条山南五龙庙》，文章说：唐元和三年以前就有了龙泉祠。大和五年又经重建。柴泽俊先生说：据大和六年碑载，龙祠是在旧庙基础上扩建的[1]。傅熹年先生说：此殿本无题记，有唐大和间石刻，又传于会昌三年（843年），均无确论，但以梁架斗栱看，应是晚唐建筑[2]。2001年广仁王庙被国务院公布为全国重点文物保护单位，公布年代为唐大和六年，《山西省重点文物保护单位》公布为大和五年，那么大殿的年代究竟是大和五年还是六年。

庙内现存唐碑两通，对建庙的缘由创修始末描述详尽，记载清晰。我们看唐元和三年碑：时，邑大夫于公"见龙泉乎泓数寸之源，摇曳如线之泝"由是修筑龙泉池，周围百三十有二步，于池旁建祠，塑绘龙王，为乡人祷祀之所。又大和六年碑说：五年秋，六年春，无雨不及农用，有神人贻梦群牧使袁公，于是备酒脯率部敬诣神，祝曰：如三日内降甘雨，我必大谢。夜二更，风起云布甘泽大降。由是，命乡人刻除旧舍建立新宇，绘捏真形丹青四壁。可知，龙泉祠始建于元和三年，808年；重建于大和六年，832年。

顶层构架的质疑：

梁先生在《记五台山佛光寺的建筑》中说：平梁的上面安大叉手而不用侏儒柱，两叉手相交的顶点与令栱相交，令栱承托替木和脊槫。日本奈良法隆寺的回廊，建于隋代，梁上也用叉手，结构与此完全相同（宋代梁架则叉手侏儒柱并用，元明两代叉手渐小，而侏儒柱日大，至清代而叉手完全不见，但用侏儒柱）。大殿所见是我们多年调查所得的唯一孤例，恐怕也是这做法之得以仅存的实物了[3]。傅熹年先生认为：从"现在所能看到的隋以前建筑的屋架形象大多是两架梁，上加叉手。"[4]柴泽俊先生说："平梁上只施大叉手是我国汉唐时期固有的规制，五代以后已绝迹了。"[5]

南禅寺大殿在发现之时与龙王殿一样，平梁之上立有侏儒柱与叉手共同支承脊槫，修缮时发现侏儒柱与柱头栌斗和柱脚下驼峰没有榫卯结构，据此认为，这根平梁上的侏儒柱是被后代添加上去的[6]。《法式》造蜀柱之制曰：于平梁上，长随举势高下。两面各顺平栿，随举势斜安叉手。柴泽俊先生认为：龙门寺西配殿"开平梁上置驼峰、侏儒柱之先河"[7]。是先于《法式》制度的最早实例。如果龙王殿脊部侏儒柱是原状，那么唐代就有了大叉手和叉手、侏儒柱组合两种结构形式。但考察龙王殿，平梁上的侏儒柱直接坐落于梁背之上，柱头之斗也颇显硕大，可以初步判定应该是后代添加上去的[8]（图54）。

[1] 酒冠五《山西中条山南五龙庙》，《文物》1959年第11期，第43页。
[2] 傅熹年《中国古代建筑史》第二卷，中国建筑工业出版社，2001年，第540页。
[3] 梁思成《记五台佛光寺的建筑》，《梁思成全集》第四卷，中国建筑工业出版社，2001年，第380页。
[4] 傅熹年《中国古代建筑史论》，复旦大学出版社，2004年，第155页。
[5] 柴泽俊《柴泽俊古建筑文集》，文物出版社，1999年，第79页。
[6] 祁英涛、柴泽俊《南禅寺大殿修复》，《文物》1980年第11期，第73页。
[7] 柴泽俊《柴泽俊古建筑文集》，文物出版社，1999年，第155页。
[8] 从侏儒柱的发展演变看：五代柱脚下以驼峰承垫；宋代晚期以后以合楂稳固；明代以后流行驼峰样合楂。此种柱脚直坐梁背的做法，是元代晚期出现的，并非主流样式。

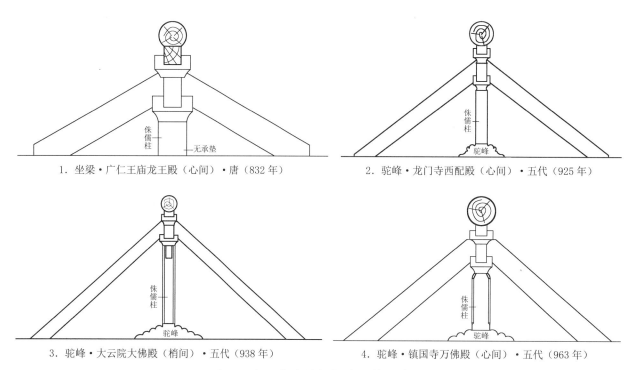

1. 坐梁·广仁王庙龙王殿（心间）·唐（832年）

2. 驼峰·龙门寺西配殿（心间）·五代（925年）

3. 驼峰·大云院大佛殿（梢间）·五代（938年）

4. 驼峰·镇国寺万佛殿（心间）·五代（963年）

图54 唐五代侏儒柱柱脚承垫示意图

翼角结构的疑问：

龙王殿的角梁结构是由大角梁、仔角梁和隐角梁组合而成的，恰是《法式》规定的做法，其造角梁之制曰：大角梁自下平槫至下架椽头，子角梁随飞椽头外至小连檐，隐角梁自下平槫至子角梁尾，安于大角梁中。南禅寺大殿的翼角结构中没有隐角梁和子角梁，只用了一根大角梁斜搭在下平槫和橑风槫的交接点之上，被称之为"斜置式"结构[1]，佛光寺东大殿虽然有了子角梁，但未设隐角梁，与南禅寺一样大角梁斜置，被认为是唐代样式。相比，龙王殿是大角梁尾在下平槫下的"平置式"，使大角梁头与正身椽形成较大的夹角，角椽渐次抬高至梁背，令屋角高高翘起；而南禅寺式大角梁，梁背只略高于椽子，故翼角起翘甚微。这样一来便有了唐代微翘宋代上扬的鲜明对照。以此推判，龙王殿高昂扬起的殿角很有可能是后代改制的结果（图55）。

一般认为，翼角椽布置的形式有两种，即古老的平行椽法和我们惯见的辐射椽法。所谓平行法即正身椽转过，角椽依旧与橑风槫垂直与正身椽平行铺钉。辐射椽法即檐椽过正身后，以隐角梁尾和下平槫交接点为中心，椽头向角梁方向呈辐射状散开布置，形如打开的折扇，故又称扇形椽法。当年南禅寺修缮之时，发现角椽"自翼角翘处起逐根逐渐向角梁处靠拢，但椽子的中心线后尾却不交于一点。此种式样也可以说是上述两种式样的过渡形式，也可以说是第三种式样"[2]。我们称之为"斜列椽法"。有趣的是，天台庵弥陀殿维修时，发现角椽铺钉方式与我们所知前述三种式样又有不同。其做法是：自角梁尾先是平行布置数根，然后采用辐射状铺钉，即平行辐射"复合椽法"[3]。由此看来，龙王殿的"辐射椽法"应当也是后代改制的（图56）。

---

[1]　李会智《山西现存早期木结构建筑区域性特征浅探（下）》，《文物世界》2004年第4期，第29页。

[2]　祁英涛、柴泽俊《南禅寺大殿修复》，《文物》1980年第11期，第67页。

[3]　同例有五代的镇国寺和具有五代风格的碧云寺和原起寺大殿。

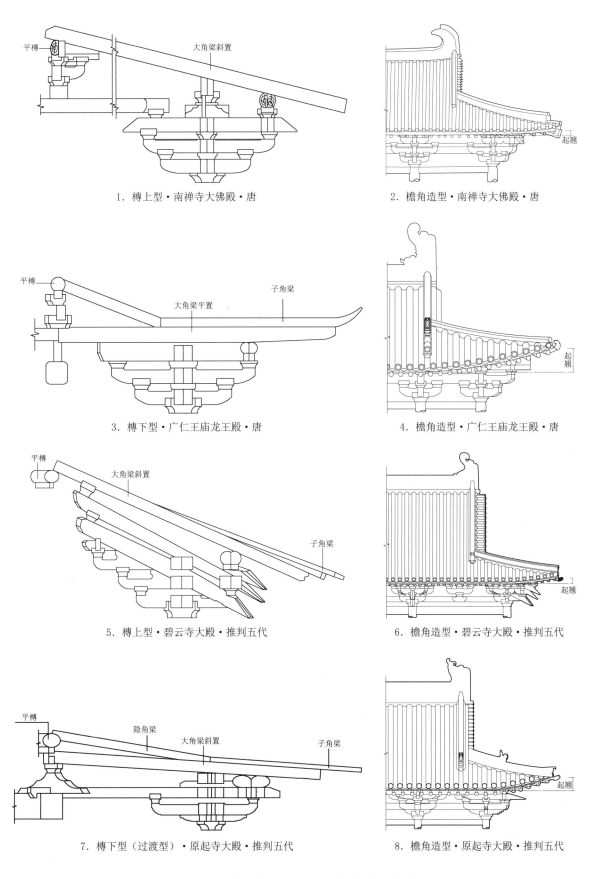

1. 槫上型·南禅寺大佛殿·唐

2. 檐角造型·南禅寺大佛殿·唐

3. 槫下型·广仁王庙龙王殿·唐

4. 檐角造型·广仁王庙龙王殿·唐

5. 槫上型·碧云寺大殿·推判五代

6. 檐角造型·碧云寺大殿·推判五代

7. 槫下型（过渡型）·原起寺大殿·推判五代

8. 檐角造型·原起寺大殿·推判五代

图55 唐五代角梁结构与檐角造型示意图

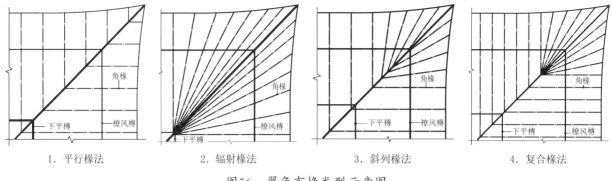

图56　翼角布椽类型示意图

5. 结语

关于保护原则：时下文化遗产保护之重要已是党和政府以及全社会之共识，"必须遵守不改变文物原状的原则"的保护理念，业已成为保护的最高标准被广大公众所熟知。然而，什么是文物的原状，以及原状原则下的"保存现状和恢复原状"却是保护及学术界颇具争议的话题，也成为一座单体建筑或一处遗产地环境治理工程以及展示利用方式"好"与"坏"的争议[1]。《中国文物古迹保护准则》指出："保护的目的是通过技术和管理措施真实、完整地保存其历史信息及其价值。""真实性是指文物古迹本身的材料、工艺、设计及其环境和它所反映的历史、文化、社会等相关信息的真实性。""完整性：文物古迹的保护是对其价值要素的完整保护。"而保存现状和恢复原状的取向原则是："一处文物古迹中保存有若干时期不同的构件和手法时，经过论证，确定各个部位和各构件价值，以确定原状应包含的全部内容。"如何理解、践行这些理念和原则，体现出保护者眼中"好""坏"的标准及尺度。广仁王庙的本体修缮全面保持1958年修缮后的"原状"，而环境及展示注入了新的理念和手法，值得讨论。

关于梁公理念：梁思成先生对蓟县独乐寺"今后之保护"指出："可分为两大类，即修及复原是也。"其中"破坏部分修补之。有失原状者，须恢复之。"两者之中，复原问题较为复杂，必须其主事者对于原物形制有绝对根据，方可施行。在《杭州六和塔复原计划》中提出："不修六和塔则已，若修则必须恢复塔初建时的原状，方对得住这钱塘江上的名迹。……我们所要恢复的，就是绍兴二十三年重修的原状。"在《曲阜孔庙之建筑及其修葺计划》中强调："我们须对各个时代之古建筑，负保存或恢复原状的责任。""这些保护理念和原则，被当时的保护界所接纳，并且成为我国相关法规制定的重要参考依据。作为中国古代建筑研究领域的先驱和开拓者，他的保护思想对中国文物建筑保护理念体系的建立，还是产生了重要和深远的影响。""上世纪70年代对我国已知最早木构建筑唐代南禅寺的修缮即是以恢复原状为最高目标的原则下，我国文物建筑保护史上一次重要的实践。"[2]南禅寺与广仁王庙的保护，留给我们的是不同时期的保护理念，乃至两代人对保护原则理解与践行的思考。

---

[1]　柴泽俊先生认为：原状就是古建筑原来的形状，即本来面目。古代建筑的地形地貌及其内外环境，也是原来形状的一部分，与古建筑唇齿相依，成为一个有机的整体。反映出来的历史、科学和艺术信息，成为文物价值的关键所在。《文物季刊》1996年第1期第1页。

[2]　高天《南禅寺大殿修与新中国初期文物建筑保护理念的发展》，《古建园林技术》2011年第2期，第15、16页。

（三）东大殿的研究

1. 概况

发现唐构

1937年6月，梁思成先生"同中国营造学社调查队莫宗江、林徽因、纪玉堂四人，至山西这座名山（五台山）探索古刹"[1]。一行人骑驮骡入山，在陡峻的路上，迂回着走。沿倚着岸边，崎岖危险，近山婉婉，远峦环护。旅途十分僻静，风景甚是幽丽。黄昏时分，"到达豆村附近的佛光真容禅寺，瞻仰大殿，咨嗟惊喜。我们一向抱着的国内殿宇必有唐构的信念，一旦在此得到一个实证了"。工作数日，一来探得"梁架上部古法叉手之制，实为国内木构孤例"。过去只在较早期的资料中所得见，似此意外，如获至宝。二来，觅得"佛殿主"之名即书于梁，又刻于幢，殿之年代于此得证，为唐大中十一年（857年）之原物[2]。大殿魁伟、整饬，除了唐代墨书刻石可资考证，建筑形制的特点亦历历可证。实亦国内古建筑之第一瑰宝。

研究成果

关于东大殿之研究，最早当是梁公《记五台山佛光寺建筑》，认为"一寺之中，寥寥数殿塔，几均为国内建筑孤例"；"乃更蕴藏唐原塑画墨迹于其中……诚属奇珍。"之后有柴泽俊先生《佛光寺东大殿建筑形制初析》[3]，对东大殿结构形制之研究，两位先生都是偏重于以宋《营造法式》（以下简称《法式》）对照之方法，是东大殿研究最重要之成果。进入21世纪，文物出版社出版了3部佛光寺和东大殿研究的专门著作，分别是张映莹和李彦主编的《五台山佛光寺》（2010年）；吕舟主编的《佛光寺东大殿建筑勘察研究报告》（2011年）；祁伟成著《五台佛光寺东大殿》（2012年）。3部专著分别从建筑文化、勘察研究和制作技术等方面进行了深入的分析研究，各有偏重，别具建树。拓展了研究方法，丰富了研究视野，可以说是当今的最新成果。

研究方法

一般认为，建筑史研究主要包括建筑历史、建筑考古和保护技术三个方面。杨鸿勋先生认为："建筑考古学是建筑史学的坚实基础。"[4]曹汛先生认为："建筑历史和建筑考古方面的年代学，首要之事是要做出精确断代，当然还不只是断定年代，还要断定样式源流及其发展演变。"[5]冯进先生认为："对于建筑形制的研究，一直是中国建筑历史研究的中心。"[6]王贵祥先生认为："从对建筑个案的研究，通过史源学方法，对每座建筑个案的创建年代，加以更为深入与坚实的考订，这是建筑考古学在建筑历史研究的重要趋势。"进而指出，中国古代建筑史的研究，还只是一个开始，对实例而言，我们只是将所熟悉的做了一些基本的分析，更进一步的研究，还远远没有展开。所以，考古

[1]　梁思成《记五台佛光寺建筑》，《梁思成全集》第四卷，中国建筑工业出版社，2001年，第367页。

[2]　梁思成《记五台山佛光寺的建筑》，《文物参考资料》1953年第5、6期，第15页。

[3]　柴泽俊《佛光寺东大殿建筑形制初析》，《柴泽俊古建筑文集》，文物出版社，1999年，第90~95页。

[4]　杨鸿勋《建筑考古学——建筑史学的基础》，《名师论建筑史》，中国建筑工业出版社，2009年，第36页。

[5]　曹汛《走进年代学》，《名师论建筑史》，中国建筑工业出版社，2009年，第161页。

[6]　冯进《超乎形构之外——中国建筑史学反思》《名师论建筑史》，中国建筑工业出版社，2009年，第115页。

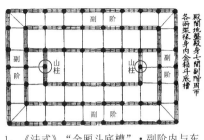
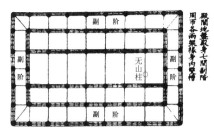
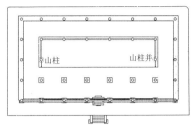

1.《法式》"金厢斗底槽"·副阶内与东
大殿同制

2.《法式》"身内双槽"

3. 东大殿平面示意图·不设副阶的身内
"金厢斗底槽"·无副阶

图57　《法式》地盘与东大殿比较

学、类型学、年代学的方法对遗存实例进行个案的研究，仍是建筑史学的重要课题之一[1]。

从当前对东大殿结构形制的研究情况看，以研究方法而论，依然停留在前辈的基础之上。对构件样式、结构形制等分析，重描述轻考证，故而对衍变脉络、演进过程和标尺意义等方面的考订研究，以及考古学视野下的类型学研究方面未见拓展与推进。甚至对前期研究中存在着的一些含糊不清、疏忽缺漏的问题，依旧未解。

2. 需要讨论的地盘造

地盘说

梁思成先生说："殿（东大殿）平面七间，深四间，由檐柱一周及内柱一周合成，略如宋《营造法式》所谓'金厢斗底槽者'，内槽两间深广，五间之面积内，更别无内柱。外槽绕着内槽周匝，在檐柱与内柱之间，深广各一间，略如回廊。"[2]柴泽俊先生同样认为：东大殿平面布置"由檐柱和内柱各一周合成，犹如宋《营造法式》中的'金厢斗底槽'做法"[3]。张映莹先生的《五台山佛光寺》中说：《法式》殿堂结构建筑有四种地盘分槽形式，"东大殿采用其中的'金厢斗底槽'，平面呈'回'字形布局"[4]。吕舟先生的《勘察报告》中说：东大殿"柱网布局由檐柱和内柱各围合一圈，呈回字形，略如宋《营造法式》中的'金厢斗底槽'做法"[5]。可以看出，各家对东大殿之地盘造的认知是一致的，是所见略同，还是梁公一语中的呢。再者，何谓"金厢斗底槽"，何以"略如""犹如"，都没有说清楚（图57）。

《法式》辨

《法式》大木作制度图样下，列出四种殿阁地盘分槽，分别是（简称）：分心斗底槽、金厢斗底槽、单槽和双槽。值得注意的是：其一，四种形式的"槽"都是在"身内"区分的；其二，从分心斗底槽、单槽、双槽看，是指柱子的排列方式；其三，"身内"是指一周檐柱围合成的殿内空间；其四，除"分心斗底槽"外，都是"副阶周匝"，参照"草架"侧样看，"副阶"即是在"身外"增出的廊，"周匝"即四面皆有廊；其五，《法式》殿堂草架侧样中没有金厢斗底槽侧样，而双槽草架

[1] 王贵祥《中国建筑史学的困境》，《名师论建筑史》，中国建筑工业出版社，2009年，第96页。
[2] 梁思成《记五台山佛光寺的建筑》，《文物参考资料》1953年第5、6期，第24页。
[3] 柴泽俊《佛光寺东大殿建筑形制初析》，《柴泽俊古建筑文集》，文物出版社，1999年，第90页。
[4] 张映莹、李彦《五台山佛光寺》，文物出版社，2010年，第69页。
[5] 吕舟主编《佛光寺东大殿建筑勘察研究报告》，文物出版社，2011年，第37页。

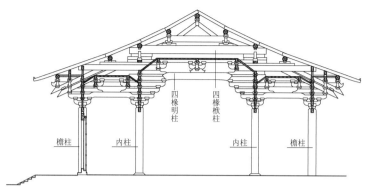

1. 横架结构·佛光寺东大殿·唐四椽栿用二柱（引自《柴泽俊古建筑文集》）

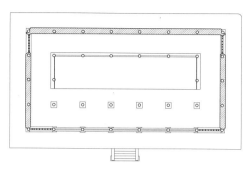

2. 平面布局图·佛光寺东大殿·唐（引自《柴泽俊古建筑文集》）

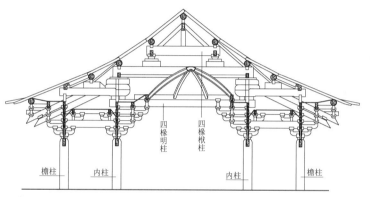

3. 横架结构·独乐寺观音阁上层·辽代（引自杨新《蓟县独乐寺》248页）

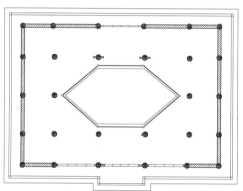

4. 平面布局图·独乐寺观音阁上层·辽代（引自杨新《蓟县独乐寺》247页）

图58 唐代横架结构示意图

侧样有两例，第十一注"斗底槽准此，下双槽同"。而两样区别是"八铺作、副阶六铺作"和"七铺作，副阶五铺作"；其六，从柱网布局看，"金厢斗底槽"是由副阶和身内"双槽"（两圈柱子）组合而成，即柱子围成渐次缩小的三个口字形组成的，而与双槽的差异就是在两排内柱的山面增加了两根中柱。比照东大殿则是去掉"副阶周匝"的"金箱斗底槽"。

东大殿

大殿柱网布局形式与唐代大明宫含元殿、麟德殿前殿、渤海上京3号宫殿遗址，以及唐龙朔二年（662年）长安青龙真言密宗殿堂都完全相同，无疑，是唐代地盘之典型式样。从横断面看，大殿外檐柱与内柱一周用乳栿深两椽，内柱上架四椽栿深四椽。早于东大殿的日本国唐招提寺金堂（约770年）和晚于东大殿的蓟县独乐寺观音阁都与东大殿横架结构形式相一致。南禅寺（782年）和广仁王庙（831年）大殿皆四椽栿通檐造，套用《法式》地盘分槽，当是身内无槽，如需广大空间，就如东大殿那样在外一周增加两椽，三间扩五间，五间变七间。从结构形制看，这是一种以四椽栿承平梁作为构架的基本单元，再以乳栿向四周拓展空间的模式。可以认为，东大殿即是《法式》"金箱斗底槽"。《法式》殿堂则是在此基础上增设了"副阶周匝"，故表述"身内金箱斗底槽"。因此，对东大殿地盘形式和柱网布局应当重新认识与研究，而不应该在简单套用《法式》的认知上停滞不前（图58）。

张十庆先生认为：《法式》的"地盘分槽形式可以有以下五种：无槽、单槽、双槽、三槽、四

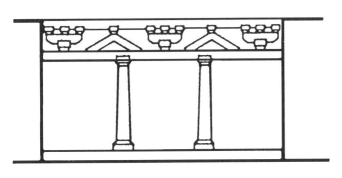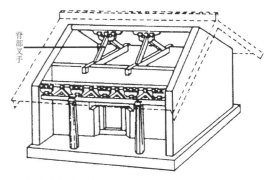

1. Ⅱ型 山墙承重纵架结构（引自傅熹年《傅熹年建筑史论文选》）

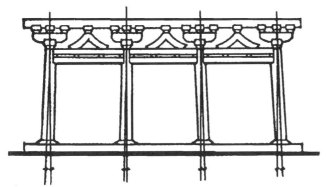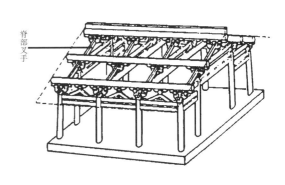

2. Ⅴ型 全木构架横架结构（引自傅熹年《傅熹年建筑史论文选》）

图59　北朝建筑结构的两种推测（引自傅熹年《傅熹年建筑史论文选》）

槽。其中三槽较少运用，故不载"。"如南禅寺大殿，可表记为'殿身三间，身内无槽'"[1]。对照东大殿则应是"殿身七间，不设副阶身内双槽"。因此，对唐代实例以及遗址地盘造的研究，正是《法式》溯源考察与《法式》研究的内容之一。

3. 图示错误的大叉手

大木构架的演进

傅熹年先生认为：两晋南北朝三百年间是中国建筑发生较大变化的时期。此前，构造上以土木混合结构为主；此后，以全木构架为主。这两种截然不同的建筑风格和构造方法间的演进就发生在这三百年里，是汉风衰歇、唐风兴起的过程。进一步对云冈和龙门石窟所雕建筑形象进行了考察与研究，从中归纳出5种排架形式，推测复原出5种房屋的内部结构类型，其中Ⅰ、Ⅱ型为土木混合型，Ⅲ、Ⅳ、Ⅴ型为全木构架形式[2]。从傅先生的推测复原构造图中可以看到：① 这一时期的木构架是以纵向构架为主要梁架；② 屋架的顶层构造已有了与东大殿相同的平梁上安大叉手承脊槫的结构形式；

[1]　张十庆说：随着《营造法式》研究的深入，众多难点逐渐解明，使得对《营造法式》的理解和认识不断深化，但对殿阁地盘分槽做法中的"槽"的性质及所指，尚无定论，在一定程度上影响了对《营造法式》及其所代表的唐宋建筑构成性质及演变过程的认识。《中日古代建筑大木作技术源流与变迁》，天津大学出版社，2004年，第114、115页。
[2]　傅熹年《两晋南北朝时期木构架建筑的发展》，《傅熹年建筑史论文选》，百花文艺出版社，2009年，第120～126页。

③ 隋代前后，表现出木构架由以纵架为主的方法向以横架为主的方式改变的过程[1]。按此，南禅寺大殿和佛光寺东大殿是我们已知的由纵架向横架转型的最早的梁架结构样式，具有构建时代序列之标型意义（图59）。

横架结构的典范

我国现存最早的木构建筑为中唐以后，"初唐、盛唐建筑虽无实物存在，但如果把敦煌壁画此期代表作中所绘的成熟的木构建筑形象和北朝壁画中的土木混合结构建筑形象相比，就可看到巨大的差异和进步"。如果把已经发掘的隋唐宫殿遗址的平面排比"就可以看到这些超大型殿宇逐步摆脱夯土构筑物的扶持发展为独立的木构架的过程"。从现存的唐代木构建筑看，其中的南禅寺大殿"主要是反映山西地方形式和建筑水平，佛光寺东大殿则有可能更多地反映唐代两京官式建筑的风格和建筑水平"[2]。重要的是，从这两座实例所反映出的我国木构建筑在发展过程中的转折和重大变化可以看到：① 它们都完全摆脱了夯土构筑物的扶持，改变了土木混合的构造方式；② 完成了由纵向梁架向横向梁架的转折，标志着传统建筑木结构体系的成熟；③ 东大殿是反映这一时期建筑风格和建筑水平的典型范例（图60）。

顶层构架的标型

梁思成先生认为："从结构演变阶段的角度看，这座大殿（东大殿）的最重要之处就在于有着直接支承屋脊的人字形构架；在最高一层梁的上面，有互相抵靠着的一对人字形叉手以撑托脊槫，而完全不用侏儒柱。这是早期构架方法留存下来的一个仅见的实例。过去只在山东金乡县朱鲔墓石室（公元1世纪）雕刻和敦煌的一幅壁画中见到过类似的结构。其他实例，还可见于日本奈良法隆寺庭院周围的柱廊。佛光寺是国内现存此类结构的唯一遗例。"[3]傅熹年先生说："现在所能看到的隋以前建筑的梁架形象大多是两架梁，上加叉手。"[4]之后发现的南禅寺大殿，即是去掉了后人添加的侏儒柱，恢复了平梁

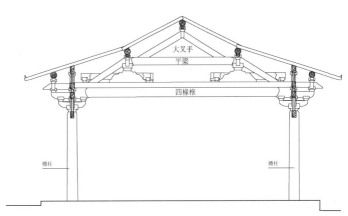

1. 横架结构·南禅寺大佛殿·唐（引自《柴泽俊古建筑文集》）

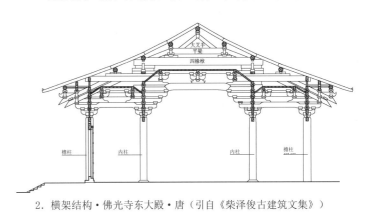

2. 横架结构·佛光寺东大殿·唐（引自《柴泽俊古建筑文集》）

图60　唐代横架结构示意图

[1] 傅熹年《麦积山石窟中反映出的北朝建筑》，《中国古代建筑十论》，复旦大学出版社，2004年，第163页。
[2] 傅熹年《试论唐至明代官式建筑发展的脉络及其与地方传统的关系》，《傅熹年建筑史论文选》，百花文艺出版社，2009年，第287页。
[3] 梁思成《图像中国建筑史》，百花文艺出版社，2001年，第168页。
[4] 傅熹年《两晋南北朝时期木构架建筑的发展》，《傅熹年建筑史论文选》，百花文艺出版社，2009年，第155页。

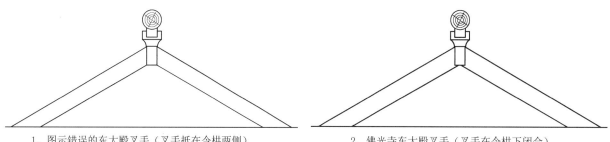

1. 图示错误的东大殿叉手（叉手抵在令栱两侧）　　　　2. 佛光寺东大殿叉手（叉手在令栱下闭合）

图61　唐代叉手结构示意图

上的叉手结构。五代时期的龙门寺西配殿被认为是平梁上叉手与侏儒柱组合结构之首例[1]。从这一点看，东大殿结构具有标型意义，是发展序列的起点，西配殿则是结构模式转型的标志。

问题是，梁先生当年把东大殿叉手与捧节令栱的结构画错了。原本两只叉手的下角相抵闭合，捧节令栱嵌入其中，而结构图反映的却是两只叉手抵在令栱的两侧。让人不解的是，之后所有的图纸都延续了这一细节上的错误，乃至经过清华大学精细测量后，在《勘察研究报告》一书中发布的绘图也如是。是小题大做，还是我们"研究方法上的粗疏与概略"（图61）。

4. 糊里糊涂的大角梁

《法式》制度

所谓翼角，是指庑殿或歇山式建筑屋顶的四面坡，在转角处每两面坡交汇时形成的檐角，也包括亭榭等多边形建筑的檐角。翼角一词是在清工部《工程做法则例》中才正式出现的，如"翼角椽"等。《法式》卷一总释上、阳马条引张景阳《七命》"阴虹负檐，阳马翼阿"概是飞檐翼角之说的最早由来。关于阳马，《法式》有曰：其名有五……四曰角梁。《法式》造角梁之制中有，大角梁、子角梁、隐角梁、续角梁和抹角梁，在造梁之制中又有隐衬角栿。事实上，翼角是一个复杂的构造体系，从结构技术的角度看，与之相关联的还有角柱、转角铺作、生头木，乃至翼角椽，共同与角梁组合结构而成。然而，东大殿翼角的结构情况自梁公以来似乎没有引起研究者们的关注，以至成为东大殿形制研究分析中的重大缺漏。

实例情况

从《法式》造角梁制度看，大角梁前安子角梁、后设隐角梁，是角梁构造的基本结构模式。然而实际情况是，南禅寺大殿既未安子角梁，亦未设隐角梁，一根大角梁前搭橑风槫，后压下平槫；佛光寺东大殿大角梁前端安有子角梁，梁尾接续角梁至脊槫，同样是未设隐角梁。考察山西实例，大角梁背上未设隐角梁的还有五代时期的大云院大佛殿和碧云寺正殿；其他几例唐五代时期的广仁王庙、天台庵和玉皇庙大殿，都与南禅寺、佛光寺不同，都是大角梁背设置了隐角梁。但以结构形式各不相同的情况以及与宋代实物相比较看，镇国寺和原起寺大殿是过渡形式，余皆有改制之嫌。五代以后，南禅寺模式已成罕见，《法式》的角梁制度已开始普及。李会智先生认为：南禅寺为"斜置式"结构，

---

[1]　柴泽俊《山西几处重要古建筑实例》，《柴泽俊古建筑文集》，文物出版社，1999年，第155页。

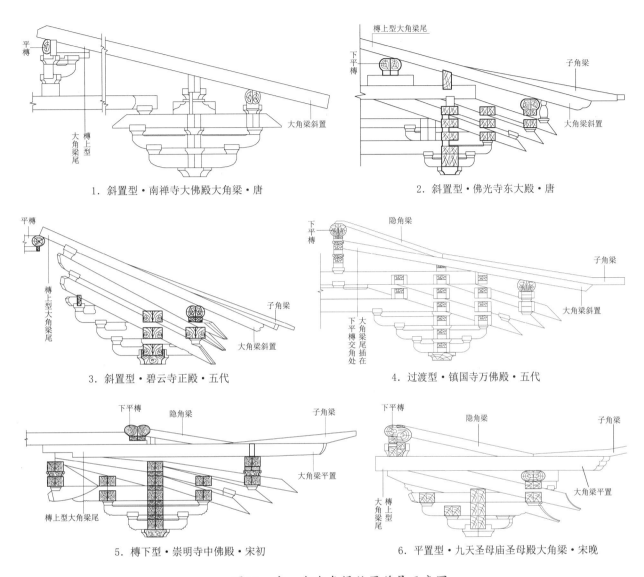

1. 斜置型·南禅寺大佛殿大角梁·唐

2. 斜置型·佛光寺东大殿·唐

3. 斜置型·碧云寺正殿·五代

4. 过渡型·镇国寺万佛殿·五代

5. 槫下型·崇明寺中佛殿·宋初

6. 平置型·九天圣母庙圣母殿大角梁·宋晚

图62 唐—宋代角梁位置差异示意图

是唐代角梁的主要形式[1]（图62）。

翼角结构

东大殿翼角结构是由内外槽转角铺作、转角明栿、草栿和角梁共同组合而成的，是我们已知的最复杂的结构体系。转角斗栱外转七铺作双抄双下昂，一跳里外出抄，外二跳角华栱里转延长过内柱制成内柱里转二跳；之上施角昂两道，"昂上别施由昂""昂身于屋内上出，至下平槫"下，昂尾以草乳栿（隐衬角栿）压之。草栿向外抵在柱头枋交结点处，向内过柱缝压在内柱铺作之上外出耍头，栿背安替木承下平槫。内柱铺作里转七跳，其中二、四、五、七跳都与转角铺作有结构关联，最上一层安置大角梁。相比南禅寺大殿却非常的简洁，一根大角梁搭压在橑风槫和下平槫交接点之上，角华栱里转和四椽栿背安"角乳栿"，上施直斗承顶下平槫交接点。进入五代，大云院大佛殿和碧云寺正殿都是以铺作直接支托大角梁的做法。

[1] 李会智《山西现存早期木结构建筑区域性特征浅探（下）》、《文物世界》2004年第4期，第29页。

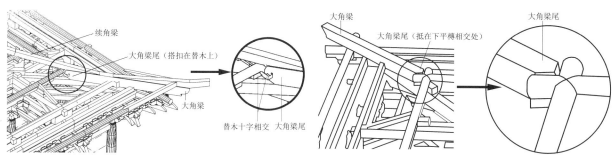

1. 清华大学《佛光寺东大殿建筑勘察研究报告》角梁图　　2. 祁伟成《五台佛光寺东大殿》大角梁示意图

图63　东大殿大角梁尾结构示意图

祁英涛先生认为，东大殿"角梁后尾特别长，一般建筑的角梁后尾仅长一'步架'的水平长度，这座大殿的角梁后尾突长为二步架"[1]。即大殿角梁尾跨过下平槫，直达中平槫。然而，所见专著中的大角梁尾都是在下平槫交接点的位置。更让人不解的是，有梁尾抱合在下平槫下的替木之上和梁尾两侧杀斜插在下平槫交接处的夹角内两种样式，令东大殿之角梁结构成为一桩悬案（图63）。

5. 未被重视的翼角椽

《法式》制度

翼角椽，即在庑殿、歇山式建筑每两面坡交汇处形成的檐角结构上铺钉的椽子，由于位置的特殊，与正身椽的构造形式、铺钉方法有所不同。《法式》没有专门的名称，清代称"翼角飞椽"。《法式》在造檐之制中说："皆从橑檐枋心出……檐外别加飞椽""其檐自次角柱补间铺作心，椽头皆生出向外，渐至角梁；若一间生四寸……五间以上，约度随宜加减""若近角飞子，随势上曲，令背与小连檐平"。用椽之制说："若四裴回转角者，并随角梁分布，令椽头疏密得所，过角归间，至次角补间铺作心，并随上架中取直。"用槫之制中还有："凡橑檐枋，至角随宜取圆，贴生头木……杀斜向里，令生势圆和，与前后橑檐枋相应。"简言之，大角梁梁背高出正身椽的"起翘"和在角线上斜出超出正身椽的"生出"是决定翼角造型的关键。椽、飞随大角梁高远曲势铺钉，其形若翼，其势若飞，成就了中国建筑最具艺术魅力的特征。

实例模式

一般认为，翼角椽有两种铺钉方式：一、平行椽；二、扇形椽，亦称辐射椽。所谓平行椽即正身至角依旧垂直于檐槫，与正身椽平行铺钉，椽尾依次排列于大角梁两侧，并至檐口渐次缩短。此式最早可见于汉代的石阙中，延续于北魏云冈石窟，西魏、北周麦积山石窟，北齐定兴小石屋，以及唐代石窟、石塔、石刻和壁画遗迹的建筑形象中。木构实物仅见于日本国保存的早期建筑中，如奈良法起寺三重塔等。扇形椽是我国古代建筑中普遍采用的方法，亦始见于汉阙，延至唐代未绝。但资料显示，隋代以前平行椽是主流，唐代以后，扇形椽盛行。然而，有木构实例之前扇形布椽的内部结构方式以及与角梁的结构关系我们已不得而知。梁思成先生在《清式营造则例》[2]中所绘翼角椽排列图所

[1]　祁英涛《山西五台的两座唐代木构大殿》，《祁英涛古建论文集》，华夏出版社，1992年，第158页。
[2]　梁思成《清式营造则例》，中国建筑工业出版社，1981年，第115页。

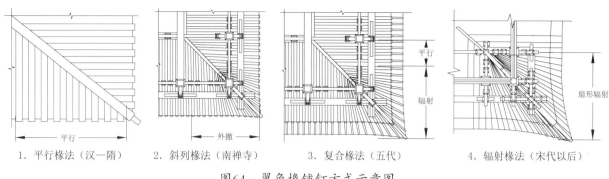

1. 平行椽法（汉—隋）　　2. 斜列椽法（南禅寺）　　3. 复合椽法（五代）　　4. 辐射椽法（宋代以后）

图64　翼角椽铺钉方式示意图

示，每根椽中心线后端都相交于一点，虽然在实际工程中难以实现，但却阐明了翼角椽以45°辐射状散开呈扇形的布椽原理（图64）。

唐代式样

祁英涛、柴泽俊先生在《南禅寺大殿修复》一文中写道：大殿"翼角椽的铺钉式样，过去已知有两种：一种是角梁尾与下金檩相交处为中心，向椽头依翼角椽子数目划辐射线，作为翼角椽各根的中心线，自正身椽依次铺钉"。即梁思成先生《清式营造则例》图例所示。"另一种是翼角椽和正身椽子一样，都与椽头线垂直铺钉。椽后尾直插在角梁一侧"。即奈良法起寺三重塔样式。这是我们熟知的扇形和平行铺钉角椽的方法。"南禅寺大殿翼角椽铺钉的方法，恰居于二者之间，自翼角翘起处逐根逐渐向角梁处靠拢，但椽子的中心线后尾却不交于一点。此种式样也可以说是上述两种式样的过渡形式，也可以说是第三种式样"[1]。这样看来，翼角椽的铺钉方式有三种模式，"南禅寺型"椽头向大角梁方向斜撇，椽尾端独立排列于梁侧，根据这一特点，我们称之为"斜列型"，以区别于"平行型"和"辐射型（扇形）"。

事实上，我们在研究五代建筑之时，就发现了镇国寺、碧云寺、原起寺大殿共存着另外一种翼角椽铺钉方法。即自角梁起平行布椽数根，随后采用辐射法铺钉，是"南禅寺斜列型"之后的又一种过渡形式，即平行、辐射的"复合型"[2]。然而，如此重要之结构部分，在所有东大殿之研究中均未涉及，令大殿翼角布椽之方法仍是一个未解之谜。

6. 结语

郭黛姮先生说：宋代是一个伟大的创造时代，建筑当然也不例外，与唐代建筑相比较"两者各具特点，但在建筑艺术上若论艺术性的哲理内涵之深邃，艺术风格之细腻，工巧方面是绝对超过了唐代领先于世界""建筑界也有人模糊唐宋建筑之间的差异，笼统地称之为'唐宋建筑'，这在学术上是很不确切的"[3]。虽然宋代建筑技术是在唐代基础上发展起来的，但经历了五代的变革与创新，一种典雅柔美的建筑风尚取代了豪劲古拙之风格。在结构技术方面，梁栿与斗栱分离，铺作成为一个独立

[1] 祁英涛、柴泽俊《南禅寺大殿修复》，《文物》1980年第11期，第67页。
[2] 天台庵弥陀殿年代的发现，成为复合法布置角椽的首个实例，参见贺大龙《翼角布椽方式的变迁》，《晋东南早期建筑专题研究》，文物出版社，2015年，第143~152页。
[3] 郭黛姮《伟大创造时代的宋代建筑》，《建筑史论文集》（第15辑），清华大学出版社，2005年，第48页。

的结构层，形成了柱子、铺作、梁架的木构架三段式结构体系。大角梁尾安于下平槫之下，与子角梁和隐角梁组合的结构创新，实现了屋角"如翼""如飞"的艺术追求。通过一系列的创新，宋代建筑在艺术特征和结构技术方面，都得到进一步升华。

梁思成、刘敦桢等中国建筑史家，以实物单体构架为主要研究对象，以结构构造的方式和功能为年代鉴定的一个主要类型依据，成为他们中国建筑史论的一个基本"美学标准""以建筑部件的造型和比例作为类型学排比的标尺。在此基础上进而进行建筑风格的分类和时代鉴别，从而建立了中国建筑的风格演变谱系"[1]。由此获得了一个唐、宋建筑风格分期的基本概念。然而，不幸的是，我们今天的研究依然"还只是将我们所熟悉的主要建筑实例做了一些基本的分析，并将其放在了历史的时序中加以排列。更进一步的研究，还远远没有展开"。一方面，还有多少尚存实例没有进行过研究。另一方面，已经做过研究的重要实例，也不敢说做到了充分的认识和了解[2]。特别是对介于唐、宋之间的五代时期建筑的研究不足，以至唐、宋之变并未清晰。

就南禅寺大殿和佛光寺东大殿的研究而言，作为构建中国建筑有实例以来谱系序列的顶层实例，其标型和标尺意义的研究并未深入。依旧停滞在以往对构件样式、结构形式的分析和《法式》对照的研究之上。尤其是由于唐、宋风格的分界清晰可辨，而转型过程和演变脉络研究的缺环，使得由唐而宋的风格变化看上去具有突变性的特点。由此，我们以创建于782年的首例木构南禅寺大殿为起点，将有明确年代的实例排列至宋代早期建筑风格形成的1016年创建的长子崇庆寺千佛殿[3]。通过类型比较，基本厘清了唐宋建筑典型特征之差异，厘清了由唐而宋之衍变过程和宋代样式的来源。更重要的是，这一框架的构建显示出，11世纪早期出现了宋、辽、江南区系建筑风格特征，为我们探讨中国建筑在唐代以后所形成的区域文化类型提供了线索。

（执笔：贺大龙）

（此文曾发表于《中国文物报》2018年4月27日。此次略作修改）

---

[1]　赖德霖《社会科学、人文科学、技术科学的结合》，《名师论建筑史》，中国建筑工业出版社，2009年，第100页。

[2]　王贵祥《中国建筑史学的困境》，《名师论建筑史》，中国建筑工业出版社，2009年，第92页。

[3]　崇庆寺大殿是晋东南宋代早期真实性、完整性保存最好的遗存，是此期实例的典型代表。

三 山西五代建筑

（一）西配殿的启蒙

1. 概况

龙门寺位于平顺县东北65千米的石城镇源头村西北的龙门山麓。寺院远离村舍闹市，深居幽谷山凹之中，山环四周，延绵起伏，重峦叠嶂，远近相宜。寺前有泉水曲折而下，甘冽清澈，潺潺有声。寺周草木秀美，松青柏翠，俨然一幅山水映寺的曼妙画卷。寺院坐北朝南，占地5千多平方米，为东、中、西三组院落格局。中院山门内是大雄宝殿和东西配殿，后院为燃灯佛殿；东院二进主要有水陆殿和天宫殿等；西院二进是僧舍、厮库所在（图65）。

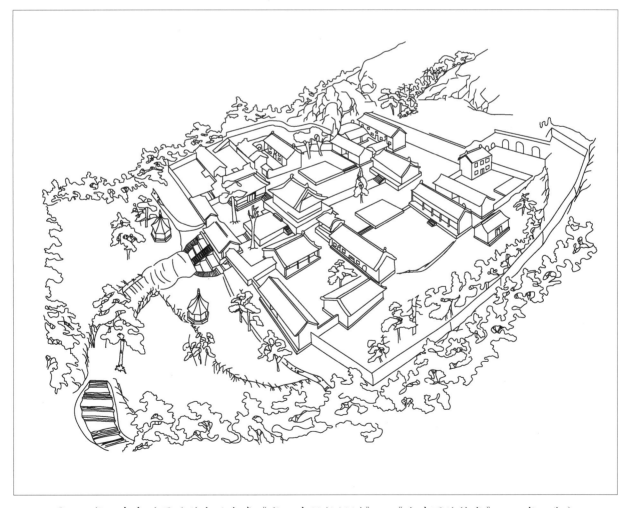

图65 龙门寺鸟瞰图（引自冯冬青《龙门寺保护规划》，《古建园林技术》1994年01期）

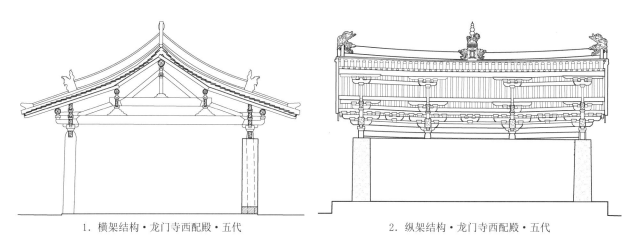

1. 横架结构·龙门寺西配殿·五代　　　　　2. 纵架结构·龙门寺西配殿·五代

图66　龙门寺西配殿横、纵结构示意图

　　龙门寺原名法华寺，又名惠日院。碑刻与方志记载：寺始于北齐武定八年（550年），宋太平兴国年间改赐今额，龙门是因山而名。1973年柴泽俊先生考查龙门寺"一寺之中，唐、宋、元、明、清各代建筑齐备，对研究和认识我国建筑史无疑是可贵的实例"。据柴先生的考释："西配殿最古，后唐同光三年（925年）建。大雄宝殿次之，北宋绍圣五年（1098年）重构，山门第三……为金代遗物，燃灯佛殿第四……元代造作当无疑虑。"[1]

　　龙门寺中五代、宋代、金代、元代，乃至明、清两代的木构建筑汇聚一寺，堪称中国古代木构建筑的珍宝馆。此外，寺院还保存有五代经幢、宋代墓塔和观音造像，以及宋代、明清碑刻20多通，成为研究寺史的重要史料。重要的是，龙口吐水、石谷龙门、金灯流油、幡杆圣脑、五檀闹槐、透灵石碑、菩萨迎宾、峭壁石佛等"龙门八景"，使龙门寺成为六朝文物集一处、八观胜景相辉映的人文、自然景观相映衬的重要文化遗产。

　　西配殿位于龙门寺一进院，居山门与大雄宝殿西侧。创自五代后唐同光三年，在目前已知的五代木构遗存中年代最早，是一座面阔三间、进深四椽的悬山式小殿。青灰色筒板瓦覆盖屋面，灰陶制正脊盘龙附凤，垂脊饰草龙，两只正吻琉璃烧制，龙口吞脊、爪尾扬起，颇具特色。台明高只一步，檐墙青砖垒筑砌至阑额下，墙肩上露出木质圆形的柱头，除后檐两根方柱外，圆柱柱头皆制出卷杀状若覆盆。前檐当心间装板门两扇，梢间各安直棂窗。

　　西配殿只有柱头斗栱，形制为"斗口跳"，华栱一跳由通达前后檐的四椽栿伸出栌斗外制成，上挑一斗承替木与橑风槫，槫内施衬方头。引人注目的是，栌斗内横直各出替木承于栱枋之下，是之前所未见形制。扶壁栱由两重素枋构成，枋上刻出泥道、慢栱上置小斗、承椽枋。梁架为四架椽屋，四椽栿通檐用二柱，栿背前后置驼峰、大斗承平梁，梁两端各施托脚，梁背正中安驼峰、侏儒柱、柱头置斗，上施捧节令栱，两侧安叉手承负脊槫（图66）。

2. 以往的研究成果

　　郭黛姮、徐伯安先生在考察龙门寺后说：西配殿是一座三开间、四架椽、悬山顶的小殿，从它严

[1]　柴泽俊《山西几处重要古建筑实例》，《柴泽俊古建筑文集》，文物出版社，1999年，第155页。

谨的风格和梁架的形制、节点的交构来看，是接近唐代手法的。其横向梁架的形制和斗口跳的做法及不高的阶基等方面，均与五台南禅寺大殿非常接近。其无普柏枋，柱头铺作偷心造，这些都反映出它早于宋代的特征。创建不会晚于后唐，当为由唐向宋演变过程中的遗物。在这简单的只有一条平梁、一条四椽栿的横向构架中，既使用了叉手，又使用了托脚，这是唐、宋时期流行的处理手法[1]。

柴泽俊先生认为：西配殿殿下台基甚矮，屋顶平缓，结构简朴，唐风甚著。柱头上阑额左右连贯，无普柏枋，阑额在转角不出头，严守唐规。柱头斗栱于栌斗口内设小栱头支垫，小栱头之上出华栱一跳，类似斗口跳做法，外观与天台庵弥陀殿如出一师之手。平梁上除驼峰、侏儒柱外，其他构件形式和制作手法，与南禅寺大殿诸多相仿。脊部平梁上增驼峰及侏儒柱，乃五代新构，开平梁上置驼峰、侏儒柱之先河。年代确切，形制稀有，是我国现存唐至五代时期悬山顶建筑的唯一实例[2]。

李会智先生认为：西配殿四椽栿通檐用二柱，两头交柱头栌斗向外延伸制成华栱，四椽栿之上设驼峰及栌斗承平梁，平梁两端交驼峰之上栌斗口所出平槫攀间令栱、替木，梁头交令栱向外出头，开平梁交令栱梁头外出之先河。托脚上端斜承梁头下半部，并两构件相结构处施以锯口式榫卯，下端踏四椽栿抵衬方头，与芮城广仁王庙龙王殿托脚下端结构相近，结构独特。平梁之上设驼峰、蜀柱、脊槫捧节令栱及替木承脊部，叉手捧戗于平梁襻间捧节令栱两侧。整体梁架简洁大方，地域特点鲜明[3]。

西配殿是现存五代时期的最早实例，据唐亡只有18年。从上述各位先生的考察中可以看出，它的形制"与南禅寺大殿非常接近"斗栱"与天台庵弥陀殿如出一师之手"又"与广仁王庙龙王殿托脚下端结构相近"。同时又有因技术的进步和功能的改造而发生的形制变化，例如"开平梁上置驼峰、侏儒柱之先河""开平梁交令栱梁头外出之先河"。但是在考证与阐释方面，依旧都停留在"基本分析"的层面，并未"将其放在历史的时序中加以排列。更进一步的研究，还远远没有展开"[4]。

3. 唐代制度的延续

考察西配殿的斗栱、梁架结构形制，对照南禅寺、广仁王庙和佛光寺大殿，我们收获了以下认识：柱头组合关系的"阑额型"；隔架构造的"驼峰大斗型"；梁架形制的"通檐二柱造"；梁栿与铺作结构关系的"组合型"，都是唐代建筑的标准结构形制或典型结构组合模式。反映出五代建筑对唐代制度的继承和延续。这些认识是我们基于考古学类型学方法进行的分类和命名，更为重要的是，在对形制阐释和说明的同时，需要进一步探索和考察这些形制类型的发生与发展、渊源与流向、演变和消亡的过程。

柱头组合"阑额型"

所谓"阑额型"，是檐柱柱头结构组合类型之一。此制是以阑额贯通柱头一周，大斗直接坐在柱

[1] 郭黛姮、徐伯安《平顺龙门寺》，《科技史文集》第五辑，上海科学技术出版社，第71页。
[2] 柴泽俊《山西几处重要古建筑实例》，《柴泽俊古建筑文集》，文物出版社，1999年，第155页。
[3] 李会智《山西现存元代以前木结构建筑区域性特征》，《山西文物建筑保护五十年》，山西省文物局编，2006年，第61页。
[4] 王贵祥先生认为：从学科发展的长河来说，中国建筑史，特别是中国古代建筑史的研究，还只是一个开始。我们还只是将我们所熟悉的主要建筑实例做了一些基本的分析，并将其放在历史的时序中加以排列。更进一步的研究，还远远没有展开。仅仅就实例的研究而言，还有多少尚存的古代建筑实例没有进行过深入的研究呢？已经做过研究的一些重要实例，我们敢说对它已经充分地了解与认知了吗？选自《中国建筑史学的困境》，《名师论建筑史》，中国建筑工业出版社，2009年，第92页。

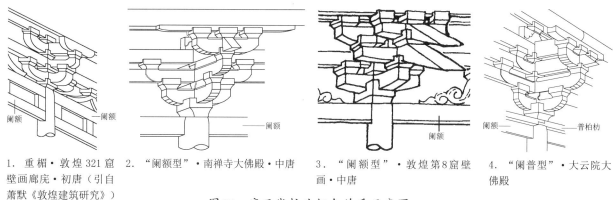

1. 重楣·敦煌321窟壁画廊庑·初唐（引自萧默《敦煌建筑研究》）　2. "阑额型"·南禅寺大佛殿·中唐　3. "阑额型"·敦煌第8窟壁画·中唐　4. "阑普型"·大云院大佛殿

图67　唐五代柱头组合关系示意图

头之上，柱斗之间并无惯见的普柏枋，现存的3例唐代遗物都是此种类型。北魏至北齐石窟的窟檐，都是在柱头上安栌斗，斗口内施大额枋，并无阑额。阑额始见于太原天龙山石窟的隋代窟檐，不同的是柱头上施以两重阑额，我们称之为"重楣型"。在敦煌壁画中，中唐时期有了"阑额型"，但重眉做法至宋代未绝，而敦煌宋初的木构窟檐则是此种制度在北方地区的"绝唱"[1]。无疑，西配殿的柱头组合形式是唐代制度的延续。

需要指出的是，略晚于西配殿的大云院大佛殿出现了一个新的构件——普柏枋，与阑额呈"┳"形组合，结构于柱头和栌斗之间，我们称之为"阑普型"。《营造法式》（以下简称《法式》）将阑额收录在平座条下，而非檐柱之上。宋初的高平崇明中佛殿（971年）仍是阑额型，之后普柏枋成为柱头组合中的定制，阑额"两头并出柱口"已渐流行。所以唐代的"栌斗坐在柱头上，阑额不出头"和宋代"柱头用普柏枋，与阑额并出柱头"形成鲜明的对照。之后，"阑普型"成为北方传统木构建筑贯以始终的标准形制。故普柏枋在檐柱柱头上的使用，可以视为柱头结构发展序列中由唐到宋转型的坐标（图67）。

梁架通檐二柱造

所谓通檐二柱造，是大木构架的结构类型之一。此制是梁架的底层梁栿直达前后檐柱，殿内并无内柱之设。唐代南禅寺和广仁王庙大殿都是此种结构形式。傅熹年先生认为，隋代以前的木构架是纵向结构。提出：如果把已经发掘的隋唐宫殿遗址的平面排比"就可以看到这些超大型殿宇逐步摆脱夯土构筑物的扶持发展为独立的木构架的过程"[2]由此看来，我们所见的三例唐构，不仅是完全摆脱了夯土扶持的全木构架，并且完成了纵架向横架的转型，代表了这一时期的建筑风格和技术水平。可以说，西配殿通檐二柱造继承了南禅寺和广仁王庙唐代小型殿堂的梁架结构形制。

需要指出的是，略晚于西配殿的大云院，出现了在梁架的底层用两栿对接，之下以内柱承顶的结构形式，《法式》表述为"四椽栿后对乳栿用三柱"。此后，具有五代建筑风格的布村玉皇庙、小张碧云寺和潞城原起寺大殿[3]和宋代早、中期实例都采用了大云院式的"二栿三柱造"。宋初的高平崇明寺和早期的陵川南吉祥寺大殿仍沿袭了南禅寺式的"通檐二柱造"，而宋代中期以后已成罕见。宋

---

[1] "重楣"做法的实例仅见于敦煌的四座唐、宋窟檐。

[2] 傅熹年《试论唐至明代官式建筑发展的脉络及其与地方传统的关系》，《傅熹年建筑史论文选》，百花文艺出版社，2009年，第287页。

[3] 此三例是近年来重新考证的具有五代风格的建筑，参见贺大龙《长治唐五代建筑新考》，文物出版社，2008年。

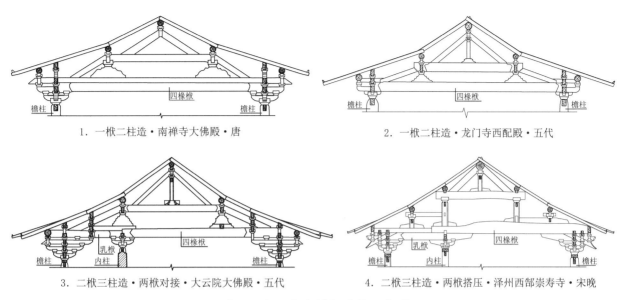

1. 一栿二柱造·南禅寺大佛殿·唐

2. 一栿二柱造·龙门寺西配殿·五代

3. 二栿三柱造·两栿对接·大云院大佛殿·五代

4. 二栿三柱造·两栿搭压·泽州西郜崇寿寺·宋晚

图68 唐—宋代横架结构示意图

代晚期"二栿三柱造"出现了两栿搭交的形式，即以乳栿穿过内柱出檐头承于四椽栿下，金代以后成为当地小型殿堂底层梁栿的定式。反映出自唐代以来，小型殿堂构架由一栿通檐到二栿对接再到两栿搭压的演变过程（图68）。

梁栿铺作组合型

所谓"组合型"，是梁栿与铺作结构关系的类型之一。此制是铺作外跳华栱由梁栿伸出檐外制成，梁栿与铺作互为构件组合结构。从演进的角度看，汉代以插入墙体或柱子内的丁头栱，上安一斗二升或三升承挑屋檐；北魏石窟和宋绍祖墓石椁都是一斗三升和人字栱组合的排架式擎檐结构；北朝晚期的九原岗大屋图和北齐响堂山石窟有了出两跳的斗栱；隋代洛阳陶屋以连续三跳的华栱承挑屋檐。至唐代，南禅寺、广仁王庙斗栱五铺作，四椽栿伸出前后檐柱缝外制成二跳华栱；佛光寺斗栱七铺作，乳栿伸出檐外制成二跳华栱。西配殿是唐代"组合型"的传承，唯四椽栿为一跳华栱不同。

需要指出的是，五代在继承唐代组合型结构的同时又有创新与改良。龙门寺西配殿的结构形制与南禅寺相一致，都是四椽栿通檐造，梁栿与铺作组合型，不同的是外出制成"斗口跳"。原起寺和玉皇庙大殿都是大云院的"二栿三柱造"，梁栿与铺作仍是"组合型"分别将四椽栿和劄牵伸出檐外制成"斗口跳"和二跳华栱。大云院有了将底层梁置放在铺作层之上的"搭压型"结构方式，但在五代并无同例。镇国寺则是有了将底栿栿项背斫斜搭在里转华栱上，托压在昂下的"搭交型"结构方式，同例有碧云寺。入宋以后，组合型已罕见，搭交型仍有沿续，搭压型成为标准样式（图69）。

隔架驼峰大斗型

所谓"驼峰大斗型"，是梁架间隔架结构的类型之一。此制是平梁与下一层梁栿之间，施以驼峰，上安大斗支顶平梁头，大斗内设令栱上安小斗、替木承托平槫的结构方式。中唐以前的隔架方式和构件式样已不得而知，南禅寺和广仁王庙大殿成为所见最早样式；佛光寺东大殿平棊造，草架内四椽栿上施方长形木块，上安大斗支顶平梁。事实上，驼峰与方木只是式样的差别，结构方式和功能作用是相同的。恰如《法式》，凡屋内彻上明造者，梁头相叠处须随举势高下用驼峰；凡平棊之上，须

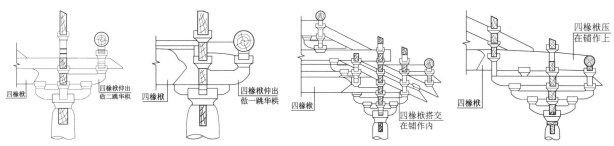

1. 组合型·南禅寺大佛殿·唐　2. 组合型·龙门寺西配殿·五代　3. 搭交型·镇国寺万佛殿·五代　4. 搭压型·大云院大佛殿·五代

图69　唐五代梁栿与铺作结构关系示意图

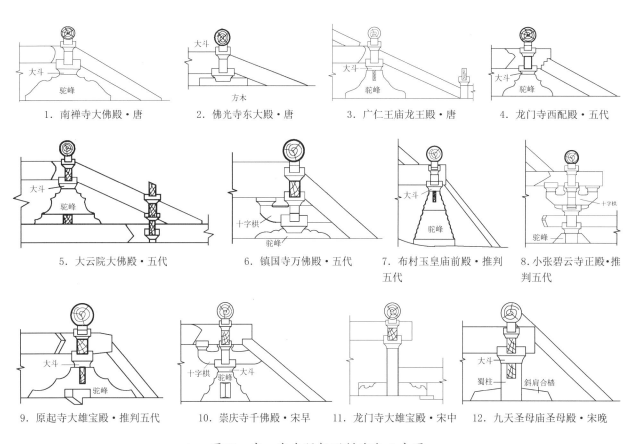

1. 南禅寺大佛殿·唐　　2. 佛光寺东大殿·唐　　3. 广仁王庙龙王殿·唐　　4. 龙门寺西配殿·五代

5. 大云院大佛殿·五代　　6. 镇国寺万佛殿·五代　　7. 布村玉皇庙前殿·推判五代　　8. 小张碧云寺正殿·推判五代

9. 原起寺大雄宝殿·推判五代　　10. 崇庆寺千佛殿·宋早　　11. 龙门寺大雄宝殿·宋中　　12. 九天圣母庙圣母殿·宋晚

图70　唐—宋代隔架形制演变示意图

随槫栿用方木及矮柱敦桥的制度。由此看来，上述唐例样式当是《法式》最早原型，西配殿则是对唐代制度的继承。

需要指出的是，五代在继承唐代驼峰大斗隔架制度的同时，又出现了碧云寺驼峰大斗上添加了十字栱和镇国寺将向外的栱头斫斜与托脚相搭的新式样。如果说此两种新式都是由"驼峰大斗型"因功能改造演化而来的话，那么天台庵的"蜀柱大斗型"则是一种全新的结构方式。重要的是，宋初的崇明寺和早期的南吉祥寺、中期的青莲寺、晚期的九天圣母庙，都延续了此种形式，似乎五代和宋代是两种类型共存的时期。然而研究表明，"蜀柱大斗型"起源于宋代中期[1]，并且以这些实例的柱式和

[1]　通过对唐五代隔架结构形制和五代侏儒柱柱式、柱脚结构方式以及发展演变规律的考察，判定蜀柱隔架肇始于宋代中期。

柱脚结构形态，对照侏儒柱和蜀柱的发展演变情况，不难看出，它们的隔架结构应当都是后代添改的（图70）。

4. 五代形制的创新

西配殿的创建距大唐灭亡仅有18年，是已知进入五代时期的首个木构实例，通过与唐代建筑的比较研究可以看出，西配殿继承了唐代的基本特征，在主要结构方面依然恪守着唐代制度，可以说它仍然是一座具有唐代风格的建筑。但是，其平梁上的侏儒柱是唐代没有的构件，它的出现改变了唐代"大叉手"式的脊部构造；其次，又将平梁伸出斗口外与托脚交构，同样是改变了唐代的"斗内型"模式。进一步考察晋东南的宋代建筑，我们几乎再也看不到唐代的构件和结构形制的遗迹。那么，从唐代典型样式的消亡，到宋代风格的形成，这一百多年间木构建筑发生了怎样的变化。

侏儒柱制度的先河

傅熹年先生认为："现在所能看到的隋以前建筑的梁架形象大多是两架梁，上加叉手。"[1]当年梁思成先生发现东大殿时，看见梁架上有古法"叉手"的做法，如获至宝，认为："从结构演变阶段的角度看，这座大殿的最重要之处就在于有着直接支承屋脊的人字形构架；在最高一层梁的上面，有互相抵靠着的一对人字形叉手以撑托脊槫，而完全不用侏儒柱。这是早期构架方法留存下来的一个仅见的实例。过去只在山东金乡县朱鲔墓石室（1世纪）雕刻和敦煌的一幅壁画中见到过类似的结构。其他实例，还可见于日本奈良法隆寺庭院周围的柱廊。佛光寺是国内现存此类结构的唯一遗例。"[2]由此看来，平梁上只用大叉手而不用侏儒柱，是唐代的构架方式。

《法式》侏儒柱，其名有六：二曰侏儒柱，六曰蜀柱。我们习惯于将平梁之上的称为侏儒柱，而承顶平梁者称蜀柱；斜柱附其名有五：五曰叉手。造蜀柱之制曰："于平梁上，长随举势高下。两面各顺平梁，随举势斜安叉手。""凡屋彻上明造，即于蜀柱之上安斗。若叉手上角安栱，两面出耍头者，谓之'丁华抹颏栱'。斗上安攀间，或一材，或两材。"由此可知，叉手属斜柱类，并在平梁上与蜀柱（侏儒柱）组合承负脊重。龙门寺西配殿去佛光寺东大殿半个多世纪，同样是在平梁上顺梁斜安叉手，不同的是，在梁上又增设了驼峰，之上又立侏儒柱，柱头施栌斗和捧节令栱，上施替木与叉手共同承脊槫。被认为是《法式》制度的最早实例，"开平梁上置驼峰、侏儒柱之先河"[3]。

南禅寺大殿在发现之初，平梁之上也有驼峰和侏儒柱这一组构件，在施工中，当卸除顶部瓦件、泥背等重量后，这一组构件自动脱离，整体梁架仍然支撑不动，同时还发现短柱大斗与驼峰之间并无榫卯结构。说明这是一组可有可无的构件。细察原做法中两个叉手由榫卯插交，结构牢固，经过力学计算和现场模拟试验，都证明现有叉手断面的荷载能力是安全的。据此在安装过程中取消了后加的这一组构件，恢复了唐代建筑的原样[4]。这说明，南禅寺大殿与佛光寺东大殿一样，也是在平梁上只用大叉手，而不用侏儒柱，是唐代的脊部构架的做法。需要指出的是，广仁王庙大殿平梁上也立有侏儒柱，但疑点颇多，应是后代添加。故西配殿平梁之上的侏儒当是首个实例（图71）。

[1]　傅熹年《麦积山石窟中反映的北朝建筑》，《中国古代建筑史论》，复旦大学出版社，2004年，第155页。
[2]　梁思成《图像中国建筑史》，百花文艺出版社，2001年，第202页。
[3]　梁思成《图像中国建筑史》，百花文艺出版社，2001年，第202页。
[4]　梁思成《图像中国建筑史》，百花文艺出版社，2001年，第202页。

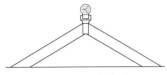  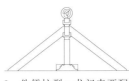 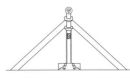

1. 叉手型·南禅寺大佛殿（心间）·唐（782年）　2. 叉手型·佛光寺东大殿（心间）·唐（857年）　3. 侏儒柱型·龙门寺西配殿（心间）·五代（925年）　4. 侏儒柱型·大云院大佛殿（心间）·五代（938年）

图71　唐五代叉手、叉手与侏儒柱组合形式示意图

出斗式平梁的首创

在唐代，南禅寺和广仁王庙大殿在平梁的两端施用了两根与叉手相似的斜置构件——托脚，在结构功能方面叉手的作用是承托脊槫，而托脚除了有一定的传递荷载的功能外，在防止梁的位移方面起到了很好的结构作用。值得注意的是，它们平梁的梁头并不伸出驼峰上的大斗口外，而是将托脚插入斗口内斜抵住梁头。佛光寺东大殿平棊上草架的做法与此两例一致，同样是平梁不出斗口、托脚入斗抵梁头，我们将这种托脚的结构方式称之为"入斗型"，以区别于斗口外与托脚交构的形式；若依平梁头的结构位置，则可以称之为"斗内型"，可以认为，此种平梁与托脚结构方式，是唐代特有的样式。

天台庵弥陀殿、大云院大佛殿和镇国寺万佛殿都继承了南禅寺平梁不出头（斗内型）的唐代做法。龙门寺西配殿首次将平梁伸出梁下的大斗口外，并将梁首斫制成向内斜的锯齿，与托脚上角斫制成向外斜的锯齿，两相抵触成齿合方式，我们称之为"出斗型"。此后平梁采用"出斗型"的有玉皇庙和原起寺大殿，但托脚与梁头的结构方式却不是西配殿的"锯齿式"，而是将托脚的上角开曲尺口，将平梁头的下角嵌入口内。又有碧云寺大殿同样是将梁头伸出，但梁端并不用托脚的特例。可以认为，五代在继承唐代平梁"斗内型"的同时，又有了西配殿"出斗型"的创新做法。

至宋代，太谷安禅寺藏经殿依旧是平梁"斗内型"，托脚"入斗型"的唐制；榆次永寿寺雨花宫平梁是唐制，而四椽栿和乳栿头却出斗，托脚承于梁下为"承梁式"；长子崇庆寺千佛殿和五台延庆寺大佛殿梁下角开曲尺口嵌入托脚，为"嵌梁式"；晋祠圣母殿则是将托脚越过梁头直抵平槫外侧，被称之为"抱槫型"，恰与《法式》"凡中下平槫缝并与梁首斜安托脚……从上梁角过抱槫"的制度相符，是早于《法式》的原型。以托脚看，宋代早期仍有唐制"入斗型"的延续，中期以后西配殿式"斗外型"成为主流；与梁头的结构方式，早、中期具有多样性特点，晚期以后"抱槫式"渐盛（图72）。

半栱式替木的特点

所谓"半栱式替木"，源自梁思成先生当年对大同华严寺海会殿的考察，他说：配殿规模不大，斗栱简单，值得注意的，是"在栌斗中用了一根替木，作为华栱下面附加的半栱。这种特别的做法只见于极少数辽代建筑，以后即不再见"[1]。海会殿约与薄伽教藏殿（1038年）同期，从当年营造学社的资料获知，殿的斗栱是"斗口跳"，既只有一跳华栱和泥道栱十字交出。有趣的是，在栌斗口内又十字交出替木，附加在栱下。另外一例易县开元寺观音阁（1105年），它的斗栱与海会殿完全相同，都是斗口跳附加替木的做法。此外，我们在应县木塔和辽代呼市万部华严经塔、中京大明塔等辽代遗构中，都可见到"半栱式替木"的使用情况，可以视为是辽代建筑的突出特点之一。

《法式》柎，其名有三：一曰柎，二曰复栋，三曰替木。用于单斗、令栱和重栱之上。总释曰：

[1]　梁思成《图像中国建筑史》，百花文艺出版社，2001年，第168页。

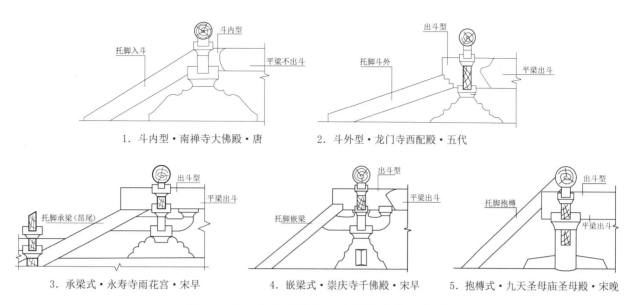

1. 斗内型·南禅寺大佛殿·唐　　　　2. 斗外型·龙门寺西配殿·五代

3. 承梁式·永寿寺雨花宫·宋早　　4. 嵌梁式·崇庆寺千佛殿·宋早　　5. 抱槫式·九天圣母庙圣母殿·宋晚

图72　唐—宋代平梁与托脚结构方式示意图

枅，斗上横木，刻兔形，致木于背。从使用情况看，主要用于斗栱之上，附于檩枋之下。杨鸿勋先生认为，早期为了加大柱头上支承檩木接点的承托面，先是在柱头加一块木垫。之后发展出斗形木块与短木枋的不同形式，斗木被称之为栌，短枋谓枅，《说文解字》注：枅是"柱上横木承栋者"，即今之替木。进一步发展，枅演变出"曲枅"有了"一斗二升"的雏形，之后演化出"一斗三升"。在斗栱的发展演变过程中，替木由柱头横木发展为斗上横木（单斗支替）[1]，最终用于令栱之上，成为铺作中的组合构件。在梁架结构中，与攀间组合附于槫下，用以加固衔接节点。

　　龙门寺西配殿斗栱与海会殿一样也是斗口跳，同样也在栌斗内出十字相交的替木，附在华栱和柱头枋下；五代风格的潞城原起寺，同样是在斗口跳下附替木的形制；另一例五代风格的小张碧云寺，四椽栿背驼峰上的大斗内用十字栱承平梁，栱下也用了替木。西配殿的"半栱式替木"比海会殿早了一百多年，五代碧云寺又有了用于攀间中的形式，辽代应县木塔又推及至五铺作以上的制度中。五代和辽代的建筑都未摆脱唐代旧制，又在发展演变中有着各自鲜明的特性。五代的改进和创新，最终成就了宋代的转型。辽代的个性与特点，最终留痕于山西北部金代建筑的风格中。值得关注的是，此种在唐代实物和壁画中未曾见到的"半栱式替木"，何以同时出现在五代和辽代建筑中（图73）。

重枋型影栱的年代

　　所谓影栱即《法式》："凡铺作当柱头壁栱，谓之'影栱'。又谓之'扶壁枓（栱）'。"它是柱头缝上交构于出跳华栱（昂）的、由栱和枋垒叠的组合结构。《法式》对于不同的铺作次序和抄栱、昂形式，对扶壁栱的使用做出了明确的规定，可以分为四种形式。① 如铺作重栱全计心，则于泥道重栱上施素枋；② 五铺作……泥道重栱上施素枋，枋上又施令栱；③ 单栱七铺作……及六铺作……栌斗之上施两令栱两素枋，或只于泥道重栱上施素枋；④ 单栱八铺作……则泥道栱上施素枋，枋上又施重栱、素枋。然而，山西宋代实例中，除了泥道重栱上施素枋的形式外，其他的样式都未曾得见。而唐代广仁王庙龙王殿、五代龙门寺西配殿和碧云寺正殿则都是《法式》未收录的式样。

[1]　杨鸿勋《建筑考古学论文集》，文物出版社，1987年，第257页。

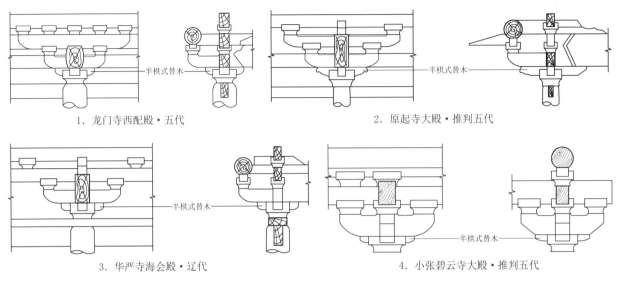

1. 龙门寺西配殿·五代　　　　　　　　2. 原起寺大殿·推判五代

3. 华严寺海会殿·辽代　　　　　　　　4. 小张碧云寺大殿·推判五代

图73　半栱式替木示意图

　　山西唐五代实例中扶壁栱的做法有四种类型：南禅寺式：泥道单栱之上垒叠数道素枋，我们称之为"单栱重枋型"，佛光寺亦是此样式，成为后世的惯见形制。广仁王庙式：泥道栱上施素枋，枋上施栱，栱上又施素枋，是为"栱枋重复型"，此种样式与福州华林寺相一致，在江南一直被延续下来，而北方（辽构）和中原地区已不再见。西配殿式：首层施柱头枋（泥道枋），之上又施枋，是为"重枋型"，天台庵亦是此样式，之后已罕见。碧云寺型：首层用枋，之上施栱，是为"枋栱型"，同期的原起寺亦是此样式，此后也已不再见。值得注意的是，"重枋"和"枋栱"型中唯碧云寺是四铺作，余皆"斗口跳"，可以认为是当时小型殿堂或低等级铺作扶壁栱的结构形制。

　　北朝晚期的忻州九原岗壁画墓中的"大屋图"和郑州博物馆藏的洛阳陶房，是已知最早的华栱与柱头枋交出的形象资料。"大屋图"柱头栌斗口内施素枋贯通各栌斗，与外出的一跳华栱相交，二层亦施枋与华栱相交。洛阳陶房亦施二层素枋，但与柱头与华栱的关系表现的不够清晰，或许日本"玉虫厨子的檐下枋木置于栌斗之上，可能正是洛阳陶房所要表现的原形"[1]。太原天龙山唐代窟檐和长子法兴寺唐大历八年（773年）燃灯塔都是在首层出枋并隐刻出泥道栱；但均未表现出上一层结构的情况。河北赞皇唐天宝八年（749年）三层五檐石塔塔檐下扶壁栱明确地反映出首层用柱头枋，之上垒叠两层素枋，并隐刻出泥道栱和慢栱。这表明，西配殿扶壁栱首层用枋的方式古已有之（图74）。

5. 结语

　　西配殿是五代时期的首个木构实例，对照唐构可以看出：四椽栿通檐用二柱，栿项伸出柱外做华栱，栿背施驼峰上安大斗承平梁，柱头以阑额贯通而不用普柏枋，都是唐代手法的延续。平梁上增设驼峰和侏儒柱与叉手共同承负脊榑和梁头伸出斗口外与托脚交构，都是唐代未见而被宋代所承袭的新样式；栌斗口内交出半栱式替木，在五代风格的原起寺的栌斗内和碧云寺的隔架结构中有见，当是五代新样；扶壁栱以两重素枋叠构，和天台庵弥陀殿一致，是北朝晚期以来已有的样式。由此来看，

[1]　张家泰《隋代建筑若干问题初探》，《建筑历史与理论》1980年第一辑，第170页。

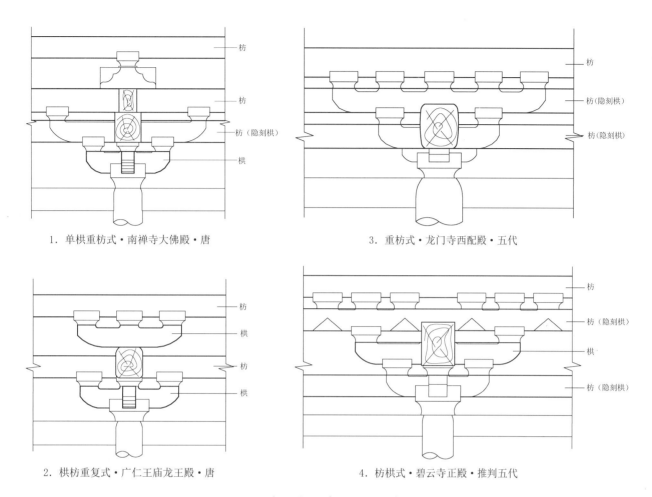

1. 单栱重枋式·南禅寺大佛殿·唐

3. 重枋式·龙门寺西配殿·五代

2. 栱枋重复式·广仁王庙龙王殿·唐

4. 枋栱式·碧云寺正殿·推判五代

图74　唐五代扶壁栱类型示意图

西配殿在承袭唐代制度的同时，又有开启宋式的创新，还有古法的遗痕（图75）。

（二）大佛殿的转型

1. 概况

大云院，又名大云寺，位于平顺县西北约23公里的石会村北龙耳山（亦名双峰山，俗称双虎山）的山腰间。山环峦抱，寺居其间，背依双峰若屏，前有浊漳河流过，溯西约5里是著名的天台庵弥陀殿和隔河相望的五代风格的原起寺大雄宝殿；顺河而下20里，为五代西配殿所在之龙门寺。这里是浊漳河在山西境内的最后50公里，再向东就流入河南地界。就是这最后的百里长河，竟然深藏了10世纪中国木构的四座奇珍，其间不乏宋、金、元遗构，还有许多的明清遗物。可谓百里之河见证了这一区域内晚唐至清代中国传统木构建筑发展与演变的历史，是国内唯一穿越千年独特的建筑文化现象。

大云院，坐北朝南二进院落，五代建筑大佛殿居中，前为山门（天王殿），背有后殿（三佛殿），是中轴线上的主要建筑，构成三殿两院的总体布局。一进院山门与大佛殿之间东西各有厢房五间，二进院的两厢没有建筑，寺外山门西北侧有七佛宝塔（945年）一座，是大云院的现存建筑情况。

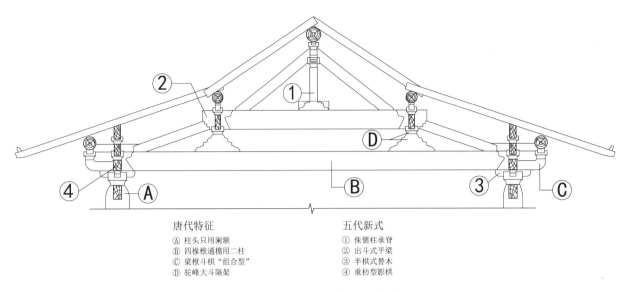

唐代特征
Ⓐ 柱头只用阑额
Ⓑ 四椽栿通檐用二柱
Ⓒ 梁栿斗栱"组合型"
Ⓓ 驼峰大斗隔架

五代新式
① 侏儒柱承脊
② 出斗式平梁
③ 半栱式替木
④ 重枋型影栱

图75　西配殿新旧制度示意图

此外，大佛殿东山墙和佛背扇面墙上，残存约42平方米的五代壁画；还保存有一尊五代广顺二年（952年）的石罗汉；北宋乾德四年（966年）和咸平三年（1000年）的石经幢两座；太平兴国八年（983年）的石罗汉一尊；以及北宋及明清碑碣数通，都是大云院创修历史的重要佐证和研究史料（图76）。

大佛殿，单檐九脊顶（歇山式），筒板瓦屋面，瓦条筑脊，吻兽皆琉璃烧制。大吻具明代特点，垂兽仙人形象属清代晚期，其间有近代补配也不可知。殿宇面宽三间、进深六椽，砖筑台明，条石踏垛；两山及后墙以红泥涂抹，之下垒砌隔减；前檐心间设板门两扇，两梢间各安直棂窗。殿之斗栱：按部位分柱头、补间和转角，柱头五铺作出双抄，各间施补间铺作一朵，形制与柱头相同；转角正侧与柱头相同、角线一跳出华栱二跳出下昂，之上平出耍头。殿之梁架：六架椽屋三柱造，四椽栿与乳栿之上置驼峰大斗承平梁，梁上施侏儒柱，两侧安叉手共负脊槫。两梢间安丁栿，以承出际缝架（图77）。

大佛殿的创建较南禅寺晚了150多年，不同的是，大佛殿在柱头上添加了一道普柏枋，殿内多了两条内柱，平梁上增加了一根侏儒柱，四椽栿和乳栿都压在了铺作斗栱之上。但两殿造型风格极其相似，同为歇山式屋顶，同样是斗栱五铺作出双抄，健硕的斗栱，古拙质朴；平直的檐口，稳健庄重；深远的檐出，若鹏展翅；微翘的屋角，势如欲飞；豪劲的气势，唐风犹盛。在细节方面：与南禅寺大殿一样的是，圆形的柱式，柱身有

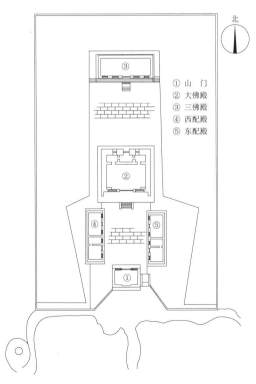

① 山门
② 大佛殿
③ 三佛殿
④ 西配殿
⑤ 东配殿

北

图76　大云院总平面示意图

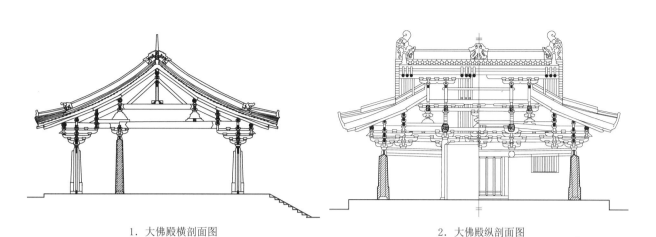

1. 大佛殿横剖面图　　　　　　　　　　2. 大佛殿纵剖面图

图77　大云院大佛殿横、纵结构示意图

收分，柱头有卷杀；在两道梁栿之间都是施驼峰，之上安置大斗的隔架结构方式；平梁头都不伸出大斗口外，托脚入斗内抵住梁头。

2. 沿革

北宋咸平二年（999年）碑载 "自建隆元年（960年）先师法讳奉景基趾住持……况又自创以来，殿宇有一百余间，于太平兴国八年（983年）三月七日特降敕额，改仙岩为大云禅院"；天禧四年（1020年）碑载："仙师法号奉景，丙申生，本是幽州人也。……时于天福三年（938年）……降迹挂瓶锡于双峰山下……慕恋仙胜之方，洗心刜修住持……结草为庵，安置下手修壬。是时，此寺树林广大，虫兽甚多，往往不敢行过……再告大众，发心修造。今者，欲请住下布施神林材木施主王昌、王琼为首，盖造僧堂、厨屋、法堂、两挟。至天福五年（940年）庚子岁……谍请往下王琼等，充为十方都维那，盖造佛殿，枋杖室。""显德元年（945年）正月一日丙子朔，侍者直随仙师升三胜之堂。至二月十九日……出殡，焚烧舍利，为铸金像，起七宝塔。"

明成化十三年（1477年）碑载："寺在县治东南四十里石灰社北山之阳，旧立殿堂并十五罗汉殿宇、左右神祠，以间计百十之楹。考之县志，创建于大宋天禧四年。奈以历岁久远，风雨倾圮，所存者独殿堂，已余者皆毁尽失旧。……经始于成化九年（1473年）……僧即市木陶甓，鸠工聚材，重修殿堂三楹，殿内佛后，新绘背座观音一尊。殿宇之前，东西两方新建僧房各五间之所，庑下东西又各建一间，为供寿亭侯伽蓝神之所。山门三间俱以丹碧巍然。至成化十二年岁在丙申修之工毕，焕然一新"。万历元年（1573年）重建后殿的残碑上还有如下的记载："今岁月既久，殿宇倾颓、神像偃仰……由是一乡善类，输财而乐施者纷纷……金像玉彩，垣墉整肃，栋宇翼飞，圣象烜赫，轮焕一新。"清康熙三十八年（1699年）重修大云寺碑记：三十一年（1692年），瀑雨如注，殿宇僧舍漂流无存，命匠兴工，殿宇巍然，金像辉煌。

梳理这些记载大致可知：寺名更迭：北宋太平兴国八年赐"大云禅院"；之前为"仙岩"院，咸平时沿用。天禧四年敕赐大云院，至明成化亦称大云院。清康熙三十八年又改称"大云寺"。如此，寺名经历了"仙岩"院或寺、"大云禅院""大云院"和"大云寺"之变迁，全国重点文物保护单位公布名称为"大云院"。创修历史：五代天福三年始创，造僧堂、厨屋、法堂及两夹。五年盖造佛殿及方丈室。显德元年起七宝塔。至宋建隆元年殿宇有百余间。明成化年间"所存者独殿堂"，九年重修殿堂，建关公（伽蓝）殿等。万历间重建后殿。清康熙三十一年，又修殿宇、金像辉煌。大云院历经变迁，大佛殿和七宝塔是五代珍遗；殿内壁画是已知五代佛殿壁画孤品。广顺二年石香炉，乾德四年和咸平二年石幢，太平兴国八年石罗汉，都有明确纪年弥足珍贵。

3.   发现与研究

1958年《文物参考资料》第3期发表了酒冠五《大云院》一文。文称：根据碑文内容"结合佛殿与宝塔的现状来看，应该肯定仍是五代的形制，其他建筑物经过明清两代的屡圮屡修，已失掉原貌。明成化年间重修的时候，所存者独殿堂，只是抹坏了扇面墙背面的壁画，另绘上倒座观音像一尊"。"清代碑文里，'殿宇僧舍漂流无存'的话，似乎有些扩大事实"。这是所见最早有关大云院的介绍和研究。此后，大云院和大佛殿受到特别的关注，并被国务院公布为第三批全国重点文物保护单位。

杨烈先生认为：大殿用材过小，仅及《营造法式》（以下简称《法式》）殿小三间之用的五、六等材之间，因而某些构件达不到安全效能；柱径过细不及《法式》规定；转角铺作手法特殊，尚属孤例；抄栱出跳，里外跳递减是早期特征之一；通达两缝之托脚，是首次见到；大角梁及仔角梁做法形式，均甚古朴洗练；两山超长出际，同期实例未见。在构件方面：大莲瓣覆盆柱础，疑为五代原物；栱头齿形，与南禅寺及北齐窟檐表现颇似；半翼形式耍头此前知应县木塔最早，此例可证唐末五代已有之；架内驼峰达八种之多，同期遗构罕见[1]。

柴泽俊先生认为：大云院历经千载，屡次修补，变化甚大，然而大殿却古貌仍旧，原构依然，呈现出苍劲宏伟的雄姿。屋顶瓦条垒脊，柱头卷杀和缓，侧角升起显著，尚存早期遗风；柱头施普柏枋一道，与阑额叠架一起，致断面呈"⊤"字形，乃古建筑用普柏枋之始。斗栱比例雄大，制作规整严谨；托脚长及两架穿过攀间枋抵平梁头，构造独特；三层攀间枋承下平榑，负重省去四椽栿一架，精巧简练；丁栿内高外低，形成顺扒梁规制；两山出际2.84米，为现存早期歇山出际之最；架内驼峰八种，为别处所罕见[2]。

李会智先生认为：大殿"是五代晋天福五年（940年）遗构，距今1066年。殿面阔三间、进深六架椽，平面近方形，单檐九脊顶。梁架似属四椽栿后对劄牵用三柱，内柱比檐柱高两足材，四椽栿及劄牵搭于铺作之上。下平榑为枋材，由要头向内跳头及其上斗枋顶承。四椽栿及劄牵之上设驼峰与栌斗承平梁，平梁之上置驼峰立蜀柱，柱头设捧节令栱替木承脊榑，并设叉手捧饯捧节令栱两侧。托脚饯于平梁端部攀间捧节令栱外侧，中下部承下平榑，脚踏劄牵与铺作正心素枋内侧，整体梁架简洁大方"[3]。

4.   形制与特征

大云院大佛殿单檐九脊殿（歇山式屋顶），面阔三间，六架椽屋，面宽11.5米，进深10.5米，

[1] 杨烈《山西平顺县古建筑勘察记》，《文物》1968年第3期，第40～51页。
[2] 柴泽俊《山西几处重要的古建筑实例》，《柴泽俊古建筑文集》，文物出版社，1999年，第157～159页。
[3] 李会智《山西现存早期木结构建筑区域特征浅探（上）》，《文物世界》2004年第2期，第28、29页。

呈宽大深小之略近方形的平面。周檐用柱12根，内柱两根，皆木质圆形。柱头制出覆盆式卷杀，柱式呈下大上小的收分之势，柱下施莲瓣覆盆式柱础。台基高约1.3米，青砖砌筑，周遭以青条石压檐，前檐正中设石阶级五步。檐墙垒砌至阑额之下，肩墙抹斜，上为土坯外披红泥，下以青条砖砌垒隔减。前檐心间安置板门两扇，两梢间各为直棂窗。灰布筒板瓦覆顶，正、垂脊皆以瓦条垒筑，吻兽皆黄绿琉璃造。

结构形制

大佛殿，六架椽屋，四椽栿对乳栿三柱造，栿背施驼峰大斗承平梁，托脚跨攀间缝架插入平梁下大斗口内抵平梁头。平梁上设驼峰、侏儒柱与叉手承令栱、替木共负脊槫。后槽丁栿入内柱铺作，前槽斜搭梁背之上以驼峰压之。斗栱分设柱头、补间及转角，皆五铺作出双抄，一跳偷心，二跳头置令栱交出耍头，上施替木承橑风槫；各间设补间一朵，形制如柱头，唯耍头式样不同；转角正侧与柱头同制，45°角线一跳出华栱二跳下出角昂，昂上平出耍头。斗栱里转：柱头增出一跳华栱承梁栿；补间三抄承攀间枋和承椽枋。

唐代特征

大佛殿与其他五代建筑一样，保留了许多唐代特点。如：阑额至角不出柱外的手法；平梁与下栿间用驼峰大斗隔架的方式；平梁头不伸出大斗外，而是将托脚伸入驼峰上之大斗内斜抵住梁头的做法；大角梁斜置在下平槫和橑风槫交接点上的形制等，都是南禅寺大殿以来唐代建筑的年代特征[1]。在构件式样方面，大佛殿的耍头式样有两种：短促式批竹型用于柱头铺作和转角铺作与南禅寺大殿形制相一致，翼型用于补间铺作与佛光寺东大殿相仿。转角铺作45°角线上二跳角昂的式样，也与佛光寺的平齐式批竹型相一致。

五代新制

底层梁栿的变革：唐代小型殿堂是通檐二柱造形制，而大佛殿则是两栿对接栿下设内柱支承的二栿三柱造。梁栿与铺作结构关系的变化：唐代是梁栿出外制成华栱的"组合型"，而大佛殿则是四椽栿和乳栿压在铺作之上的"搭压型"。丁栿结构位置的变易：唐代是两根劄牵都平置于栿背之上，而大佛殿的丁栿，一根平置，交于内柱铺作；另一根斜置，搭在栿背之上。铺作里转的变通：唐代是里转减为一跳，大佛殿斗栱五铺作出双抄，里转增出为三跳承栿。构件的创新：普柏枋和华头子都是唐代没有的创新构件。

5. 转型与发展

我们说，在中国建筑发展史上，五代是一个继往开来的时代，承唐启宋是五代建筑的风格特征。事实上，在每一座五代建筑上即可以看到唐代风格的承袭又可以看到宋代样式的先兆。可以说，宋代早期的结构形制和构件式样，都能在五代建筑中找到原型。通过对几座有明确年代实例的形制与特征的梳理和考察，大云院大佛殿在创新改革方面远胜于对唐代制度的继承，对技术的更新和结构的改进表现得最为突出。在结构改进方面：铺作与梁栿分离为独立的结构层；底层梁栿改为二栿对接用三柱。在技术更新方面：普柏枋在柱头结构中的应用，华头子在用昂铺作中的出现。需要讨论的是，这

[1] 广仁王庙龙王殿采用的宋代以后惯见的大角梁平置，梁尾置于下平槫下，梁背安隐角梁的角梁结构形制，疑为后代添改。

一系列的改进和更新，对中国木构建筑的发展和宋代建筑的转型，具有怎样的影响和作用。

二栿三柱造

所谓二栿三柱造，是小型殿堂（四架和六架椽屋）大木构架的结构形制之一，即最下一层承重梁由两根梁栿对接，下设内柱支承在两栿的交接处。略如《法式》规定"六架椽屋乳栿对四椽栿用三柱"的大木构架制度。在唐代，南禅寺和广仁王庙大殿都是"一栿二柱造"，亦可称之为"二柱通檐造"，《法式》称之为"四椽栿通檐用二柱"，即最下一层只用一根梁栿通达前后檐柱，殿内无内柱之设的梁架结构形制。唐五代采用一栿二柱造的有天台庵弥陀殿、龙门寺西配殿和镇国寺万佛殿（六椽栿），到宋初的高平崇明寺和早期的游仙寺大殿当是一栿二柱造形制的尾声。五代大云院大佛殿是采用二栿三柱造的首个实例，余例是具有五代建筑风格的布村玉皇庙、小张碧云寺和潞城原起寺大殿。宋代以后，二栿三柱造成为当地小型殿堂木构架的主要结构形制。

《法式》举出四种殿阁地盘分槽形式，分别是（简称）：分心斗底槽、金厢斗底槽、单槽和双槽。值得注意的是：四种形式的"槽"都是在"身内"区分的；其二，从分心斗底槽、单槽、双槽看，即是指柱子的排列方式；其三，"身内"是指一周檐柱围合成的殿内空间；其四，除"分心斗底槽"外，都是"副阶周匝""副阶"即是在"身外"增出的廊，"周匝"即回廊；其五，从柱网布局看，"金厢斗底槽"实际上是柱子围成渐次缩小的三个口字形组成的。佛光寺东大殿由檐柱和内柱围合成两个口字的回字形地盘，也就是说没有副阶，从构架方式看，是由南禅寺通檐二柱造，前后用乳栿拓展空间的。如果需要进一步扩大进深，则再增设副阶。可以认为，通檐二柱造是唐代以来横架结构的基本单元，二栿三柱造是五代的创新样式，与《法式》厅堂构架略同（图78）。

丁栿斜置式

所谓丁栿，系指"五脊殿（庑殿）"和"九脊殿（歇山）"在梢间与梁架成"丁字形"搭交，用以支承山面出际的梁栿。所谓斜置型，系指丁栿一根平置搭交于内柱铺作上，一根斜置搭压于栿背之上的结构形式。在唐代，南禅寺的两条丁栿平直搭放在四椽栿背，实是一条并不负重的联系横向梁架与山面铺作和檐柱的梁，即劄牵；广仁王庙大殿，没有出际梁架，两根劄牵也是平直置放。五代，镇国寺也是两根平置丁栿，不同的是有了支承出际的结构功能，碧云寺也是此种结构方式。大云院首次采用了两根丁栿一斜置、一平置支承出际的新样式，玉皇庙也是此种形式；原起寺则是广仁王庙和天台庵的沿续。宋代以后，丁栿一平一斜支托出际缝架成为小型殿堂的主要结构形制。

《法式》出际之制曰：若殿阁转角造，即出际长随架。于丁栿上随架立夹际柱子，以柱槫梢；更于丁栿上，添阁头栿。所谓出际：即槫从山面梁架向外悬挑出一段距离的做法；夹际柱子：立在丁栿上用来支撑各槫向外悬挑的矮柱；阁头栿；架在两山丁栿背上，用以支承檐椽尾和梢间平梁的梁栿。可以看出，丁栿与梁架呈"丁"字形结构，是用以支承出际结构的纵架构件。从唐代南禅寺和广仁王庙看，丁栿都不负重，按《法式》的说法是"劄牵"。南禅寺是在角内施衬角栿上立矮柱支承出际梁架，承山面披檐椽的"阁头栿"搭在下平槫上；广仁王庙则没有出际缝架，檐椽尾钉在梢间平梁外侧的承椽枋上；大云院丁栿一平一斜，"出际平梁"。这些手法都与《法式》规定不同（图79）。

铺作搭压法

所谓铺作搭压法，是铺作与梁栿结构关系的类型之一，即梁栿搭压在铺作斗栱之上，分别为两

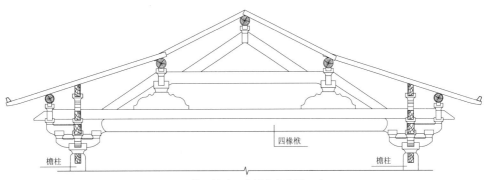

1. 一栿二柱造·南禅寺大佛殿·唐

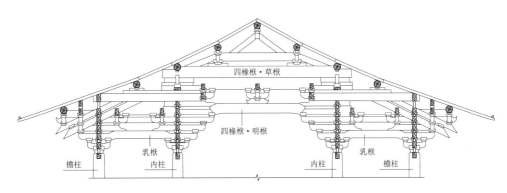

2. 一栿二柱造·佛光寺东大殿·唐

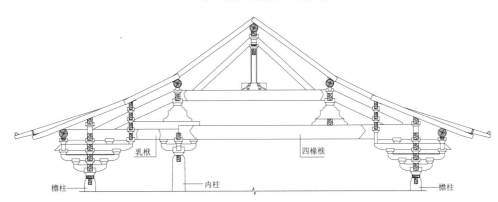

3. 二栿三柱造·大云院大佛殿·五代

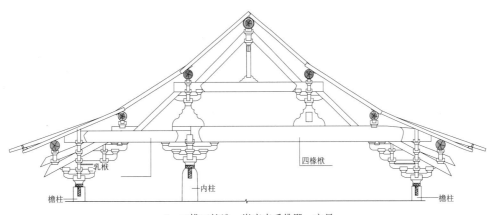

4. 二栿三柱造·崇庆寺千佛殿·宋早

图78 五代—宋代二栿三柱造示意图

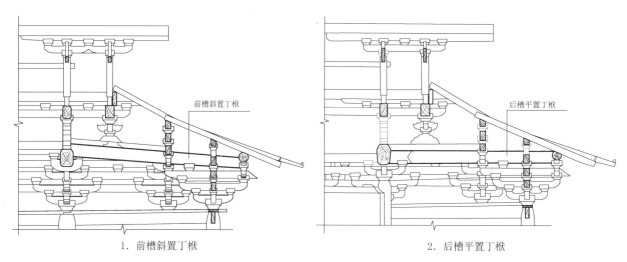

1. 前槽斜置丁栿　　　　　　　　　2. 后槽平置丁栿

图79　大佛殿丁栿形制示意图

个独立的结构层。在唐代，铺作与梁栿为组合型，即梁栿延长至檐柱向外伸出制成华栱，成为铺作的构件，互为结构，不可分割。南禅寺和广仁王庙大殿四椽栿伸出檐柱外制成二跳华栱，佛光寺东大殿是将乳栿伸出檐柱外制成二跳华栱。天台庵大殿和龙门寺西配殿都是四椽栿伸出前后檐柱外制成一跳华栱，玉皇庙前殿梁架"二栿三柱造"，四椽栿、乳栿外出制成二跳华栱，原起寺大殿"二栿三柱造"，四椽栿、劄牵制成一跳华栱。宋代以后，此种组合型结构形制已罕见。大云院大佛殿首次将四椽栿和乳栿压在铺作之上，宋代中期以后，此种铺作与梁栿的搭压型关系成为主要结构形制。

《法式》对梁栿与铺作的结构关系没有明确专门的表述，大木作制度图样显示，殿堂草架侧样表现出两个特点，一是殿内都安有平棊；二是昂尾入内支挑在草栿下。厅堂造除了一例铺作用昂造，余例都是四铺作斗栱出单栱，梁栿和劄牵外出制成要头。厅堂八架椽屋乳栿对六椽栿用三柱侧样，是唯一厅堂造铺作用昂的样例，斗栱六铺作单抄双下昂，"昂身于屋内上出"至下平槫，要头"随昂势斜杀，放过昂身。"衬方头施于要头之上，"前至撩檐方，后至昂背"是所见唯一的标准形制。重要的是，铺作里转华栱支托乳栿，栿项背随昂势斜杀，压在昂身之下。此种结构方式与我们所见南禅寺"组合型"和大云院"搭压型"不同，而是宋代中期已不多见的镇国寺式的"搭交型"。

加跳承栿制

所谓加跳承栿，是铺作斗栱里转的结构方式之一，即在铺作里转增加出跳抬高铺作层以承梁栿或其他结构的做法。在唐代，南禅寺和广仁王庙大殿都是五铺作斗栱，都是四椽栿外出制成二跳华栱，故里转减为一跳华栱承于四椽栿底；佛光寺东大殿是乳栿外出做二跳，里转减为一跳承乳栿。《法式》有"若铺作数多，里跳恐太远，即里跳减一跳或两铺"；从大木作制度图样看，六、七铺作里转减一铺，八铺作减二铺。显然《法式》的"减铺"与唐代的减跳，是完全不同的结构形制。大云院大佛殿梁栿压在铺作层上，要头在外不出跳，里转制成三跳华栱承栿，成为首个铺作里转增铺加跳的实例。考五代和五代风格的遗物，镇国寺和碧云寺大殿是里外均跳，余例都是南禅寺式的减跳承栿方式。

通过对唐五代铺作里转结构情况的考察可知，有减跳、均跳和增跳三种形式，实是由梁栿与铺作

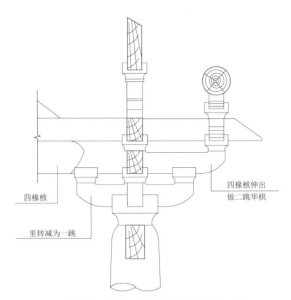

1. 组合型·里转减跳·南禅寺大佛殿·唐

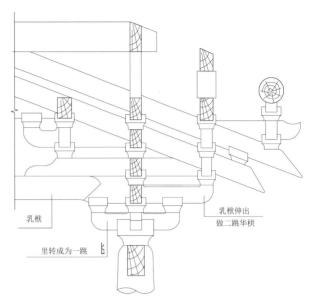

2. 组合型·里转减跳·佛光寺东大殿·唐

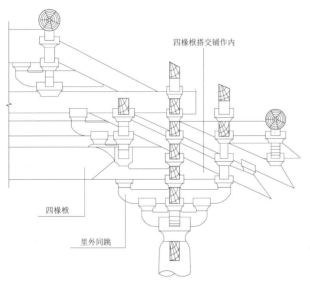

3. 搭交型·里外同跳·镇国寺万佛殿·五代

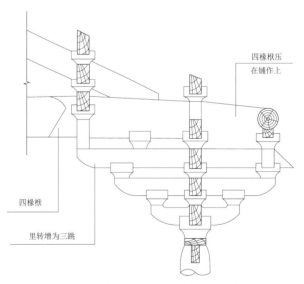

4. 搭压型·里转增跳·大云院大佛殿·五代

图80　唐五代梁栿与铺作组合关系示意图

的结构关系所决定的，是分别与唐代的"组合"，五代的"搭交"和"搭压"三种类型相对应。组合型：梁栿伸入铺作内，外出制成二跳华栱，故里转只有一跳承于栿底，此种方式在五代仍有延续，宋代以后就很少见到了。搭交型：是用昂铺作的特殊做法，梁栿伸入铺作，栿项背随昂势斜杀压在昂身下，华栱里转出跳承于栿下，此种形制在宋代早期尚有承袭，中期以后已不多见。搭压型：梁栿完全压在铺作的令栱和耍头之上，故里转需增铺加跳方可承梁栿，此种形制成为宋代早期以后的典型结构方式。可以认为，铺作里转出跳的增减是随梁栿与铺作结构关系的改变而变化的（图80）。

柱头阑普型

所谓柱头阑普型，是柱头结构形式的类型之一，即檐柱柱头之上以阑额贯通一周，并在栌斗和

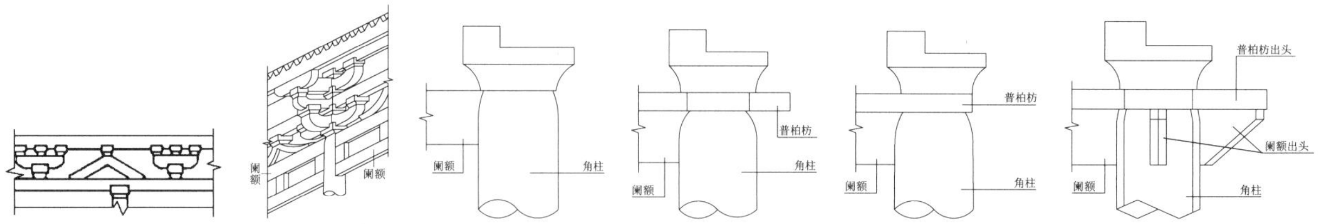

1. 排架（一斗三升＋人字栱）·北魏早期（引自傅熹年《傅熹年建筑史论文集》）

2. 重楣·敦煌321窟壁画廊庑·初唐（引自萧默《敦煌建筑研究》）

3. 阑额型·南禅寺大佛殿·唐

4. 阑普型·大云院大佛殿·五代

5. 阑普型·崇庆寺千佛殿·宋早

6. 阑额型·龙门寺大雄宝殿·宋中

图81　唐—宋代柱头结构示意图

柱头之间安施了一道"普柏枋"，与阑额在柱头上相叠成"T"形结构，被称之为"阑普型"。在唐代，南禅寺、广仁王庙、佛光寺大殿都是在檐柱的柱头间只用阑额贯通一周，而不用普柏枋。其醒目的特点，是阑额至角柱并不伸出柱外，故有"栌斗坐在柱头上，阑额不出头"的说法，我们称之为"阑额型"，是唐代建筑典型特征之一。至五代，龙门寺西配殿、镇国寺大殿以及五代风格的玉皇庙、碧云寺、原起寺、宋初的崇明寺大殿都严格地遵守着唐代的制度。大云院大佛殿首次有了在栌斗之下、柱头之上增施一道"普柏枋"与阑额组合的柱头结构方式。宋代以后，阑普型迅速普及，最终取代了阑额型，成为柱头结构的标准式样。

在外檐柱头之间用额的结构方式，最早见于北魏石窟的窟檐，做法是在柱头上施大斗，斗内安额枋，枋上施一斗三升和人字栱，之上再安枋的形式，被称之为"排架式"结构。这种额枋不直接联系柱头，无助于加强建筑的整体性[1]。但是在敦煌初唐壁画中仍然可看到这种古老的排架式形制。在太原天龙山隋代窟檐我们看到，原先在柱头上的额枋向下移至柱头间，并在其下又施一道，在敦煌隋代壁画中也出现了相同的形式。这种两层阑额的结构方式都被称之为"重楣型"，在敦煌盛唐至宋代壁画中绝大多数都是绘出重楣的形式。关于普柏枋，名出《法式》平坐条，梁思成先生认为，西安唐玄奘法师塔（669年）檐下砌成普柏枋"可知普柏枋之用，于唐初已极普遍"[2]。但实例显示，普柏枋的普及在中原的宋代早期和北方的辽代后期（图81）。

昂下华头子

所谓华头子，是宋式大木作铺作结构中的构件名称。用于昂下，与昂斜批相搭，于斗口外作卷瓣出头，身后作华栱，故名华头子，是宋代以后铺作组合中常见的构件。《法式》飞昂曰："若从下第一昂，自上一材下出，斜垂向下；斗口内以华头子承之。华头子自斗口外长九分；将昂势均分。刻作两卷瓣，每瓣长四分，如至第二昂以上只于斗口内出昂。"又如"角内足材下昂造，（慢栱）即与华头子出跳相列""出一跳谓之四铺作，或用华头子上出一昂"。可知，华头子只用于第一昂下；伸出斗口外的样式为两卷瓣；有慢栱与华头子相列制度。然而，唐代佛光寺、五代镇国寺、宋初崇明寺大殿的昂下都未见到华头子。大云院大佛殿斗栱五铺作出双抄，转角铺作的正侧身也是双抄，而角线位却是单抄单下昂，重要的是昂下首次出现了类似华头子的构件。

[1]　萧默《敦煌建筑研究》，机械工业出版社，2003年，第223页。

[2]　梁思成《中国建筑史》，中国建筑工业出版社，2005年，第127页。

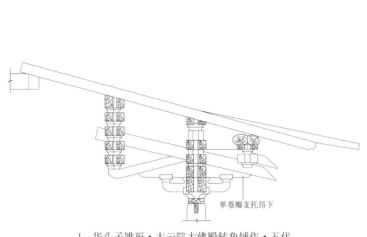

1. 华头子雏形·大云院大佛殿转角铺作·五代

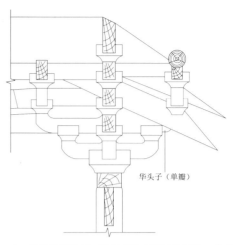

3. 单卷瓣华头子·游仙寺毗卢殿柱头铺作·宋早

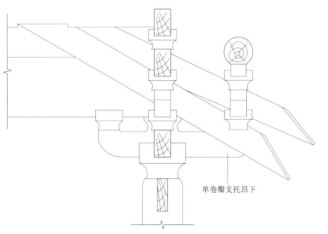

2. 华头子雏形·碧云寺大殿柱头铺作·推判五代

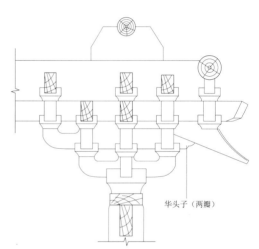

4. 双卷瓣华头子·九天圣母庙圣母殿柱头铺作·宋晚

图82 华头子演变示意图

　　具有五代风格的碧云寺大殿，在昂下也出现一只类似华头子的构件。大殿斗栱看似四铺作单下昂，但栌斗口内伸出一只"华头子"，与下昂并出一跳，与昂尖斜批相搭，制成与大云院一样的单卷瓣，在内是里转华栱。其结构形制与宋代所见华头子更加接近，唯自大斗口外伸出一跳之长和刻作单卷瓣略有不同。高平游仙寺大殿斗栱五铺作，单抄单下昂耍头昂型，看上去像是六铺作单抄双下昂，第一昂 "斜垂向下；斗口内以华头子承之"。是首例符合《法式》规制的华头子，唯自斗口外未刻作两卷瓣，而是与大云院、碧云寺一样，刻作单卷瓣。宋代早、中期单瓣华头子是昂下的标志性构件，而《法式》两卷瓣的样式，直到宋代晚期的平顺九天圣母庙圣母殿才得见。由此看来，五代有了华头子的雏形，宋代早期单卷瓣华头定型，晚期以后《法式》两卷瓣样式流行（图82）。

6. 结语

　　大云院大佛殿的建造较龙门寺西配殿晚了十多年，平梁上同样增设了驼峰和侏儒柱。在继承唐制方面：一是架间采用了驼峰、大斗的结构方式；二是平梁头不出驼峰上的大斗口，而是托脚入斗抵

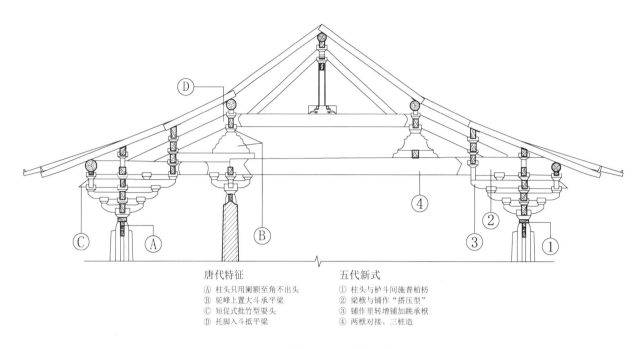

唐代特征　　　　　　　　　五代新式
Ⓐ 柱头只用阑额至角不出头　　　① 柱头与栌斗间施普柏枋
Ⓑ 驼峰上置大斗承平梁　　　　　② 梁栿与铺作"搭压型"
Ⓒ 短促式批竹型耍头　　　　　　③ 铺作里转增铺加跳承栿
Ⓓ 托脚入斗抵平梁　　　　　　　④ 两栿对接、三柱造

图83　大佛殿新旧制度示意图

梁；三是大角梁与南禅寺和佛光寺一样斜搭在两架槫缝的交接点上。与唐制不同的是：梁架有了四椽栿和乳栿二栿对接用三柱的形制，并将梁栿完全搭压在铺作的耍头之上，铺作里转需再增加一跳方能承栿，并且在柱头和栌斗间添加了一道普柏枋。重要的是，这些唐代未见的新形制和新样式都被宋代建筑所接纳（图83）。

（三）万佛殿的过渡

1. 概况

镇国寺，原名为京城寺，位于平遥县城东北约13公里的郝洞村北，寺院周边地势平坦，农田环绕，视野宽广。景色随着季节的转换，或绿意盎然，或黄土饶沃，或白雪皑皑，古寺兀立其间，别有一番情趣。寺依山门向北铺展，红墙围合之内，黛瓦之下、楼阁错落、殿宇重叠，意味益然。最为醒目的是山门内耸立的龙槐，东西分合，两相对植，老枝横疏，盘曲而上。苍迈的躯干，新枝的破出，印证着庙堂的年华，倾诉着寺院的过往。有诗曰："何年老树影婆娑，万转盘纡岁月多；古寺幽栖谁借问，秋霜春露饱经过。"[1]

镇国寺坐北朝南，由前后两进院落组成，涂成朱红色的砖墙围合至南端的山门两边，门前广场宽阔，古槐耸立。山门号称天王殿，殿广三间悬山屋顶，心间两扇板门，梢间开高窗安直棂条。左右砖砌小洞门，内有东、西钟鼓二楼。一进院，中坐大殿三间，歇山式屋顶，檐下额书"万佛殿"，东侧有二郎殿，东碑亭和三侯祠；西边是土地殿、西碑亭和福财神殿。大殿两山墙后侧各设圆洞式小腋门。二进院，正中是广三间下为窑洞上是悬山顶前出厦棚的三佛阁，两边是东、西经堂，庭院东有观

---

[1]　庚午科解元 大陵苏捷卿眉仙氏沐手谨撰，大清嘉庆十八年岁次癸酉十月十六日。七言绝句。存于万佛殿南壁。

音殿和东厢房，西有地藏殿和西厢房（图84）。

万佛殿创建于五代的北汉天会七年（963年），此时已是赵匡胤在东京开封府建立大宋王朝改元后的建隆三年。大殿面阔三间，单檐九脊顶。灰陶烧制的筒板瓦覆盖屋面，正脊是绿琉璃的素脊筒，垂脊、岔脊都是灰陶素脊筒；脊兽、套兽都是黄绿琉璃烧制，正吻龙口吞脊，一条小龙盘曲成尾，已是清代的式样。条砖垒筑的檐墙涂成朱红色砌至阑额下，心间安六抹隔扇门，两梢间是隔扇窗，都是晚近的式样。然而它平直而深远的屋檐，微曲而略翘的翼角，都是南禅寺和大云院风格的延续，七铺作出两昂的斗栱，也颇具其东大殿的气势。

万佛殿内宽大的佛坛居中，几乎占据了殿面之半。佛台平面方形，青砖叠砌。坛上正中设须弥座，释迦结跏趺坐，阿难、迦叶左右侍立，力士、菩萨分列两侧，前有二天王护法，中间两供养菩萨半蹲半跪。台上计有彩塑十一尊，造像神态生动，面相丰满，唐风犹存，是与大殿同时期的五代作品。我国五代彩塑多已不存，除敦煌莫高窟外，在佛寺道观中已是孤例。主佛背后有明代塑绘观音、善财、龙女三尊，佛殿两山和后檐墙有清代绘制的"千佛图"约50平方米。天王殿、三佛楼和地藏殿等都保存有明、清两代的彩塑和壁画。

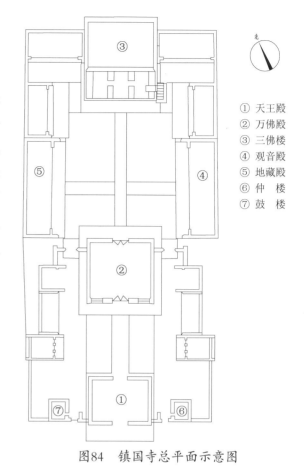

① 天王殿
② 万佛殿
③ 三佛楼
④ 观音殿
⑤ 地藏殿
⑥ 仲楼
⑦ 鼓楼

图84 镇国寺总平面示意图

2. 沿革

关于寺名：镇国寺原名京城寺，据万佛殿前坡下平槫攀间下附板所书题记：大明嘉靖十九年（1540年），京城寺改名镇国寺。为何改名镇国寺，我们不得而知，但初名京城寺却有缘由。据唐《元和郡县图志》载："中都故城在今平遥西南十二里。中都为春秋古邑，西汉置县，北魏初废。"《史记·秦本纪》："惠文君后九年（前316年）'伐赵取中都'即此。汉置中都县，汉文帝为代王时都中都、武帝元封四年幸中都均此。又京陵城，亦称金陵城。"《城塚记》云："周宣王命尹吉甫为将伐狁时所筑，王莽时更名致城，后复称京陵。"《山西历史地名录》："……王莽致城，后称京陵，晋因之，故址在今平遥东北五公里京陵村。镇国寺初名京城寺，盖取中都古城或京陵城在此之意。"

创始年代：万佛殿脊槫下墨题："维大汉天会七年岁次癸亥叁年建造"；清乾隆十七年（1752年）《镇国寺重建东廊碑记》载：余乡镇国寺建自有汉；清嘉庆十八年（1813年）《补修古寺记》载：郝洞村古寺创始于北汉；嘉庆十八年《龙槐记》载：始建于北汉天会七年，时宋太祖建隆三年也；嘉庆二十一年（1816年）《重修镇国寺第二碑》载：寺创建于北汉孝和帝天会七年；光绪三十年

（1904年）《补修镇国寺》载：我村旧有镇国寺一所，创自北汉天会七年；另《平遥县志》记：肇自五代北汉天会七年。以上记载只有殿内墨题为五代，其余都是清代。此外，殿内前坡下平槫下攀间附板有：大金天德三年（1151年）岁次辛未七月补修和大明嘉靖十九年（1540年）岁次庚子二月补修的墨书题记。由此看来，镇国寺（京城寺）和万佛殿始建于五代无疑。

布局演变：寺内现存有关修建的史料最早是乾隆十七年《重修东廊碑记》，文称：东殿设像大士阿□，颓然圮坏，住持重新修建。乾隆四十六年（1781年）《重修西廊房碑记》载：西廊房地藏，风雨侵坏，重新修建。嘉庆二十一年《重修镇国寺第二碑》记：于中殿前新建左右碑亭各一，又于庙西得社房十三间，庙东旧有元坛一所。光绪三十年《补修镇国寺并九间庙碑记》曰：光绪二十一年（1895年）诸处旧葺补，惟有村中大街南北门三灵候福财神庙，咸丰初年建修，光绪二十四年（1898年）五月分移于大寺东西碑亭之北。从上述记载看，镇国寺除大殿外，中轴线上山门和三佛阁等都是明代之前所建，东西碑亭建于清嘉庆二十一年。三灵候祠和福财神庙为清咸丰间建，光绪二十四年迁于寺内。

修缮情况：据前述记载，镇国寺和万佛殿始建于北汉天会七年。关于大殿的修缮情况，殿内梁架上有四条墨书题记，其中前坡有三条：① 上平槫下有"大金天德三年岁次辛未七月补修"；② 下平槫下有"大明嘉靖十九年（1814年）岁次庚子二月补修"；③ 上平槫下另有"大明嘉靖二十年（1815年）岁次乙亥三月重修"。这些题记并未对修缮内容做出说明，唯庙内嘉庆二十一年《重修镇国寺第二碑》记：先是殿之墙宇虽圮而基址如故，遂固其旧而葺之，勤垣墉，涂墍茨，凡栋梁之摧折者皆易焉，而更令设色之工施以藻绘，恰与脊槫下四椽栿上有"扶中梁功德之……施银柒拾两，大明嘉靖二十年菊月谨法"相符。据此我们认为，万佛殿的檐墙包砖、隔扇门窗都是此次修缮时所为。

3. 发现与研究

1954年《文物参考资料》第11期发表了由杜仙洲先生执笔的《镇国寺》，文中指出：大殿外观斗栱硕大，檐柱上不用普柏枋，阑额在四角并不出头；柱子比例肥硕，角柱有升起，柱头制成覆盆状，皆有侧角；斗栱有柱头、补间和转角3种，材分约合宋制四等材，各栱头卷杀均为四瓣；梁架结构殿内彻上明造，大小梁枋精细整洁，六椽栿搭在前檐柱柱头铺作上，山面丁栿与六椽栿交，转角斜施递角栿和隐衬角栿，大角梁和仔角梁斜置于槫背上，屋顶举折1:3.65，比佛光寺大殿较高，屋顶各脊皆用脊筒纯明、清做法，脊兽琉璃皆为清代；门窗装修与槛框和斗栱极不协调，当是清代所制。值得一提的是，杜先生认为大殿木材极新，可能是一座保存了原状的新建筑[1]。

柴泽俊先生认为：殿宇四周檐柱十二根，无金柱之设。柱皆圆形木质，颇显粗壮，疑为重葺时截去下端腐朽部分继用之。檐柱内侧，角柱生起5厘米。柱头卷杀和缓，柱间用阑额联系，无普柏枋，栌斗直接坐在柱头上，角柱上阑额不出头，沿袭唐代规制。万佛殿斗栱庞大复杂，柱头七铺作，双抄双下昂，斗栱总高超过柱高之半。而三间殿宇用七铺作斗栱，繁复之至，盖属当时建筑上的最高品位。补间为五铺作，与佛光寺东大殿做法相同。殿内彻上露明造，梁架为六椽栿两道叠构，直抵前后檐

[1] 祁英涛、杜仙洲、陈明达《两年来山西省新发现的古建筑》，《文物参考资料》1954年第11期，第52、53页。

外，平梁上侏儒柱和大叉手承负脊槫。槫间置驼峰、大斗垫托，梁端用托脚支撑。结构严谨，用材规范，手法古朴，时代特征显著。殿顶脊饰吻兽，业经清嘉庆间修葺时更换，亦非原貌[1]。

李会智先生认为：万佛殿梁架结构的主要特点是，平梁之上设蜀柱顶承脊部，且蜀柱立于驼峰之上，梁栿之间设驼峰及纵横交构的"十字"出跳斗栱隔承，栿头与令栱相接不出头，由托脚斜戗，托脚与梁栿结构形成梯形构架，此结构特点及形制与唐代遗构相较，除托脚用材规格变小外，余皆雷同。四椽栿之上设小驼峰及纵横相交的斗栱承垫平梁，这种栿间以纵横相交斗栱垫承的承重构件，是目前已发现最早的遗构实例。在晋中地区的宋代建筑及金代部分建筑中多用之，是山西中部五代、宋至金代最明显的地域特征，反映了这一地区木构建筑的传承性。万佛殿是山西中部地区目前唯一保存至今的五代木结构遗物，其结构反映了北部和中部建筑上继唐、下传辽宋，具有过渡性的代表遗构[2]。

2013年，清华大学出版社出版了刘畅、廖慧农、李树盛编著的《山西平遥镇国寺万佛殿与天王殿精细测绘报告》。报告分为四个章节；概述前人工作，本次测绘的原则、方法、计划以及核心成果；整理归纳有关万佛殿木作、瓦石作、彩画作及与建筑相关的壁画和佛作的测绘；整理归纳有关天王殿木作、瓦石作、彩画作的测绘成果；测绘总结：具体内容是综合研讨通过万佛殿、天王殿精细测绘所能够得出的推论，梳理万佛殿、天王殿现状所反映出的镇国寺营造史，并总结测绘基本情况、罗列测绘图纸。确立统计分析推算研究的"推荐结论水平""假说水平"和"猜想水平"三层标准，切实消化实测数据，在此基础上，测绘报告得以提升和深化对于万佛殿和天王殿的科学价值的认识[3]。

4. 形制与特征

斗栱形制

大佛殿斗栱按部位分柱头、补间和转角3种。柱头斗栱：七铺作双抄双下昂，一跳偷心，要头批竹型与令栱交出，上安替木承橑风槫；里转出双抄承六椽栿。补间斗栱：一跳华栱出自首层柱头枋，外出双抄，跳头安令栱交出批竹型要头，上施替木承罗汉枋；里转出双抄承罗汉枋。转角铺作：正侧身样式如柱头，同为双抄双下昂，平置型的批竹型要头安于跳头之上；里转内角出双抄承在"递角栿"下，昂身上彻屋内压在"隐衬角栿"下。扶壁栱：泥道栱与华栱交于栌斗口内，之上垒叠素枋六道，再施承椽枋。与佛光寺东大殿的斗栱相比，在铺作规制次序和形制方面有着一脉相承的特点，唯要头的样式不同，东大殿转角出由昂，柱头施翼型、补间批竹型，镇国寺则一律用都是批竹型平置要头。

梁架结构

万佛殿六架椽屋，梁架六椽栿通檐二柱造。六椽栿采用复合梁法，首层插入前后檐柱头铺作里转的结构中，二道六椽栿交压于第五层柱头枋上，身下压住上彻屋内的昂尾，栿背上施十字出跳之斗栱以承四椽栿。四椽栿背又施驼峰大斗以承平梁，梁两端各安托角抵住梁头，平梁正中施驼峰，上安侏儒柱以承大斗和捧节令栱，两面各顺平梁斜安叉手承负脊槫。两山面柱头铺作上安丁栿，向内交于六

[1] 柴泽俊《山西几处重要古建筑实例》，《柴泽俊古建论文集》，文物出版社，1999年，第160页。
[2] 李会智《山西现存早期木结构建筑区域特征浅探（上）》，《文物世界》2004年第2期，第27、28页。
[3] 刘畅、廖慧农、李树盛著《山西平遥镇国寺万佛殿与天王殿精细测绘报告》，清华大学出版社，2013年。

橑枋（二层）以承阑头枋（榑），上受山面披檐椽，并支托出际缝平梁。大殿翼角是转角铺作和角梁的组合结构，铺作里转出双抄承"递角栿"，两只下昂尾支承"隐衬角栿"，栿背承托下平榑的交接点；大角梁前压在橑风榑背，尾在下平榑相交攀间内，梁前安仔角梁，后安隐角梁（图85）。

唐代特征

万佛殿建于五代，或者说是宋初，距大唐覆亡50余年。从更早的龙门寺西配殿和大云院大佛殿可以看出，这一时期的建筑虽然在结构创新和功能改良方面都大有作为，但都没有完全摆脱唐代旧制。从万佛殿看，柱头只用阑额，而不施普柏枋，阑额至角柱不出头；平梁头不出驼峰上大斗的斗口，而是将托脚上端伸入斗内抵住梁头，都是3例唐构的共存形制；底层梁栿通檐造，而不设内柱的做法，是唐代南禅寺和广仁王庙小型殿堂的构架形式。柱头斗栱七铺作出双抄双下昂，一跳偷心；补间出自首层柱头枋，五铺作里外出双抄承罗汉枋；转角铺作里转承"递角栿"和"隐衬角栿"都是佛光寺东大殿方式的延续。在细节方面，平齐式批竹昂，短促式批竹型耍头都是南禅寺和佛光寺的式样。

五代新制

万佛殿同其他五代建筑一样，一方面继承和延续了唐代的制度，同时又在构件式样和结构方式方面进行着改革与创新。在梁架方面：同样是二柱通檐造，但在唐代是将底层梁栿伸出檐外制成二跳华栱，万佛殿则是插入铺作，栿项斫斜压于昂下；同样是驼峰大斗支承平梁，在唐代是大斗内出令栱上施替木承平榑，万佛殿则是增出了一层十字栱，纵栱向外斫斜抵住托脚。同样是大角梁斜置法，唐代是前段压在橑风上，后尾压在下平榑上，万佛殿则是将梁尾插在下平榑的交角下，梁背上增施了一条隐角梁。同样是补间斗栱五铺作里外出双抄，在唐代是里外均出双抄承罗汉枋，万佛殿则是一跳里转不出抄栱，二跳为里一跳，耍头里转为二跳抄栱承罗汉枋。这些创新对宋代的转型都产生了重要的影响。

5. 创新与发展

按照历史纪年，从907年大唐的灭亡至960年北宋的建立，五代仅存在了53年。而实际情况要复杂许多，如果从唐王朝失去实际控制权开始，到大宋灭北汉实现大一统，有近百年的历史。从我们可以看到的几座中晚唐实例，结合唐代敦煌和墓葬壁画以及砖、石塔和石窟寺等反映建筑情况的资料看，盛唐以后建筑制度完善、形制规范、风格定型。进入五代，所见遗物都保留有唐代制度的痕迹，又有了唐代未见的构件样式和结构形制创新。这种情况一直延续到10世纪末，唐代风格消失，宋代制度的确立。所以，五代建筑的风格游离于唐、宋之间，具有鲜明的承上启下的过渡特征。考察镇国寺万佛殿，柱头阑额型、平梁斗内型等都恪守着典型的唐代制度；又与龙门寺西配殿和大云院大佛殿一样，表现出技术更新与结构改进的特点。

底层梁栿搭交型

所谓搭交型，是梁栿与铺作结构关系的形式（类型）之一。镇国寺万佛殿是此种形制的首例。大殿柱头斗栱七铺作双抄双下昂，殿内梁架六椽栿通檐用二柱，梁栿直达前后柱头铺作，栿底由里转双抄支托，栿项向外斫斜压在昂身下，与铺作的结构关系是搭交方式，故名"搭交型"。唐代南禅寺和广仁王庙大殿斗栱五铺作出双抄，梁架也都是通檐用二柱，不同的是，它们将栿项压在一跳华栱

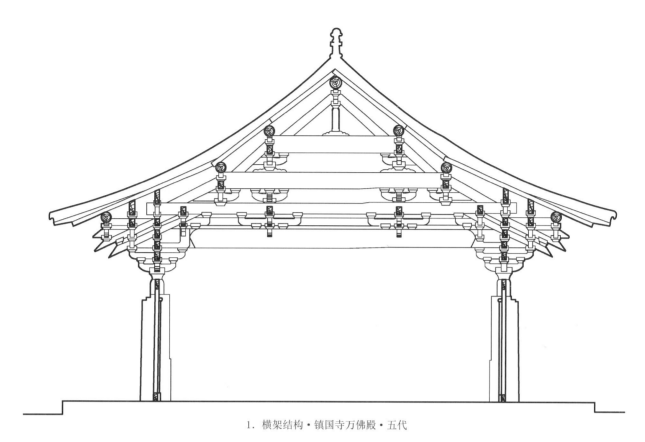

1. 横架结构·镇国寺万佛殿·五代

2. 纵架结构·镇国寺万佛殿·五代

图85　镇国寺万佛殿横、纵结构示意图

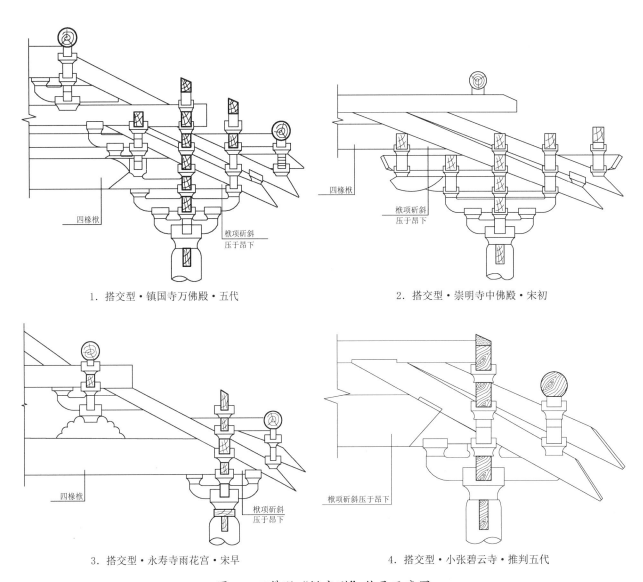

1. 搭交型·镇国寺万佛殿·五代

2. 搭交型·崇明寺中佛殿·宋初

3. 搭交型·永寿寺雨花宫·宋早

4. 搭交型·小张碧云寺·推判五代

图86 万佛殿"搭交型"传承示意图

之上，向外延长过柱头制成二跳华栱，梁栿与铺作互为构件组合结构，故名"组合型"。五代大云院大佛殿，柱头斗栱五铺作出双抄，里外匀跳，要头批竹型与令栱交出，殿内梁架四椽栿对乳栿柱用三柱，四椽栿、乳栿向外压在要头之上，梁栿与铺作各为独立结构层，与铺作的结构关系是搭压方式，故名"搭压型"。镇国寺万佛殿的搭交型是南禅寺和大云院之后，又一种新的结构形制。

万佛殿之后，在晋东南五代风格的碧云寺正殿和宋初崇明寺中佛殿（971年），晋中榆次永寿寺雨花宫（1008年）和金代文水则天庙大殿（1145年）等都继承和沿续了万佛殿底层梁栿与铺作"搭交型"的结构模式。宋代早期高平游仙寺（990年）和中期的开化寺（1073年）大殿都是将四椽栿和乳栿压在铺作层之上的"搭压型"的方式。在易县奉国寺大雄宝殿（1020年）和应县木塔（1056年）等辽代建筑中也可看到万佛殿搭交型结构方式的应用。同为五代的福州华林寺大雄宝殿（961年），是《法式》"八架椽屋前后乳栿用四柱"的标准侧样，重要的是，它的所有乳栿都是向内插于柱内，向外搭交于铺作里转之内。宋代宁波保国寺（1013年），后檐乳栿、两山丁栿；福州元妙观三清殿（1015

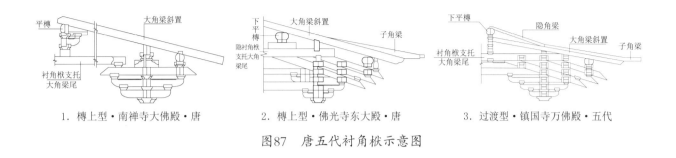

1. 榑上型·南禅寺大佛殿·唐　　2. 榑上型·佛光寺东大殿·唐　　3. 过渡型·镇国寺万佛殿·五代

图87　唐五代衬角栿示意图

年）前后檐乳栿；元代浙江金华天宁寺大殿等，也都传承了华林寺的形制（图86）。

隐衬角栿明梁造

《法式》卷五造梁之制有："凡角梁之下，又施隐衬角栿，在明梁之上，外至撩檐方，内至角后栿项。"杜仙洲先生说，万佛殿"四个转角，均于四十五度角线上，斜施递角栿和隐衬角栿，栿上置十字相交的令栱，以承山面和正面的下平榑。大角梁和仔角梁则斜置榑背上"。万佛殿斗栱七铺作双抄双下昂，殿内无平棊，即"彻上明造"。梁架结构虽然是一览无余，但是要厘清层叠交构的关系还是要费些功夫的。大殿转角由四道斜梁构成，自下而上，首层为"递角栿"向外搭在里转的角华栱上，栿项斫斜压在昂身下，向内搭在六椽栿上；二层为复合梁，结构方式与首层梁一样；第三层是"隐衬角栿"，向外压在昂尾上，栿背支托下平榑和阑头栿（榑）；最上一层是大角梁。

对照佛光寺东大殿的转角结构，角乳栿（递角栿）与转角铺作的结构关系是组合型，而镇国寺是搭交型，其二东大殿在栿上施平棊，也没有二层复合梁。显然，东大殿是名副其实的"隐衬角栿"，而万佛殿是"明梁"造。对照南禅寺大殿，斗栱五铺作出双抄没有下昂，所谓"递角栿"向外搭在里转华栱上，向内压在四椽栿上，与万佛殿的做法相同。不同的是栿背上安蜀柱、小斗，支顶在下平榑与山面平梁的交角下，功能作用与隐衬角栿相同。从名称上看，隐者，藏也。衬者，托也。可以说，南禅寺和镇国寺大殿支托下平榑的梁，都应当称之为"衬角栿"，而佛光寺东大殿施于平棊之内，与《法式》规定的隐衬角栿相符合。而东大殿和万佛殿转角的首层梁栿应当是角乳栿或角劄牵（图87）。

角梁结构的启蒙

所谓角梁，系指庑殿和歇山式建筑在前后檐和两山交汇处的结构。《法式》造角梁之制有大角梁，子角梁和隐角梁，其结构组合是："大角梁自下平榑至下架檐头，子角梁随飞檐头外至小连檐下，斜至柱心。"隐角梁"自下平榑至子角梁尾"，我们所见宋代以后的实例皆因此制。然而，唐代南禅寺大殿却只有一根大角梁向前压在橑风榑的交角处，向后压在下平榑的交点上，未施隐角梁和子角梁。佛光寺东大殿同样是只用一根大角梁搭在两缝榑架上，不同的是梁前增施了子角梁。显然，唐代角梁构造与《法式》造角梁制度不同，正是唐、宋角梁结构的差异。唐代大角梁的结构方式被称之为"斜置型"[1]，出橑风榑与正身椽的斜度一致，由于梁高大于椽径，故角椽需渐次升高以适梁背，因此檐角曲势平缓，微微上翘，与宋代以后檐角扬起的造型迥然有别。

进入五代，只有大云院大佛殿和具有五代风格的碧云寺正殿延续了南禅寺和佛光寺大殿的大角梁斜置型的做法。唐代广仁王庙龙王殿有了《法式》制度的角梁结构形制，其结构方式是，大角梁平

[1]　李会智《山西现存早期木结构建筑区域特征浅探（下）》，《文物世界》2004年第2期，第29页。

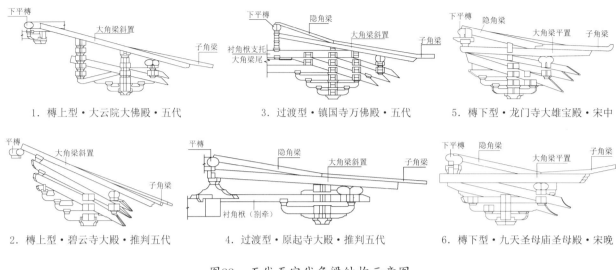

1. 槫上型・大云院大佛殿・五代　　3. 过渡型・镇国寺万佛殿・五代　　5. 槫下型・龙门寺大雄宝殿・宋中

2. 槫上型・碧云寺大殿・推判五代　　4. 过渡型・原起寺大殿・推判五代　　6. 槫下型・九天圣母庙圣母殿・宋晚

图88　五代至宋代角梁结构示意图

直置放，梁尾搭压在四椽栿背，梁背又施隐角梁，尾部搭在下平槫上，相对于斜置型而言，此制被称之为"平置型"。之后的天台庵大殿，五代风格的玉皇庙、宋初的崇明寺、早期的游仙寺、中期的开化寺大殿都是大角梁平置，但梁尾的结构方式却各不相同。实例显示，大角梁平置唐代已有，五代延续，宋代盛行，似乎符合类型学连续性、稳定态的原则。然而从发展演变的情况看，广仁王庙和天台庵的角梁结构并非原状[1]。镇国寺万佛殿的大角梁尾即不在槫上也不在梁背下，是插在下平槫交接点下的攀间栱内，梁背再施隐角梁，应当是大角梁由斜置向平置的过度形式[2]（图88）。

驼峰隔架的改良

《法式》造梁之制曰：凡屋内彻上明造，梁头相叠处须随举势高下用驼峰。又曰：凡平棊之上须随槫栿用方木矮柱敦桥，随宜枝樘固济。是《法式》规定的两种梁栿间的隔架结构形式。考察唐代南禅寺和广仁王庙大殿，都是在四椽栿背前后施驼峰，上安大斗承顶平梁，斗内出令栱、替木支托平槫。佛光寺东大殿平棊造，草架内四椽栿背前后施长方形木块，其上与南禅寺一样安大斗、令栱承顶平梁和平槫。恰与《法式》彻上明造用驼峰，平棊造草架内用方木的规定相吻合，这两例早于《法式》100多年的隔架方式，可以看作是《法式》制度的原型。但从《法式》殿堂和厅堂侧样看，略有不同的，是殿堂草架内的方木上都不安放大斗，而厅堂梁栿间驼峰大斗上都是两材造攀间与梁头相交。

五代有明确创建年代的龙门寺西配殿、大云院大佛殿和镇国寺万佛殿都是唐代彻上明造的驼峰大斗型隔架方式。不同的是，镇国寺在大斗内增出十字栱，向内支托在平梁下，向外将栱头斫去斜批在托脚内侧，之上在安令栱承平槫。具有五代风格的玉皇庙和原起寺大殿都是驼峰大斗型，碧云寺正殿则与镇国寺相近同，只是里外出卷头支托平梁不用托脚。由此看来，五代的三种隔架方式中，西配殿等是唐制的延续；碧云寺式在蓟县独乐寺山门等辽代遗物中有见；万佛殿样式在入宋以后有太谷安禅寺（1001年）、榆次永寿寺（1008年）、长子崇庆寺（1016年）、五台延庆寺（1035年）、忻州金洞寺（1093年）以及太原晋祠圣母殿（1102年）等被传承下来，成为有宋一代的流行（图89）。

---

[1]　关于广仁王庙和天台庵大殿的角梁结构，疑为后代改制，天台庵大殿在修缮工程中得到证实。

[2]　原起寺大雄宝殿的角梁结构与镇国寺万佛殿的相近。

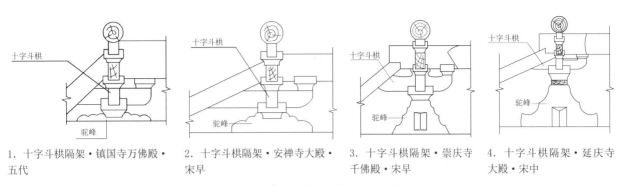

1. 十字斗栱隔架·镇国寺万佛殿·五代

2. 十字斗栱隔架·安禅寺大殿·宋早

3. 十字斗栱隔架·崇庆寺千佛殿·宋早

4. 十字斗栱隔架·延庆寺大殿·宋中

图89　万佛殿隔架方式传承示意图

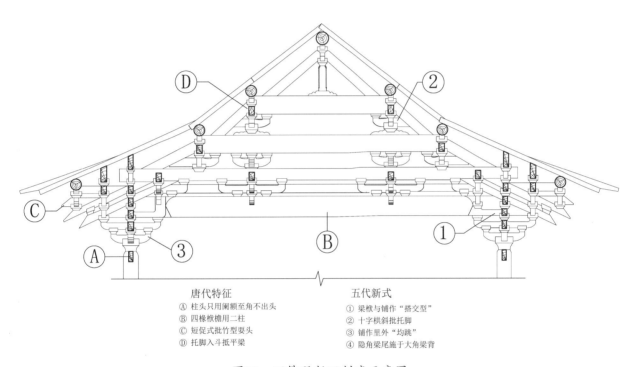

唐代特征
Ⓐ 柱头只用阑额至角不出头
Ⓑ 四椽栿檐用二柱
Ⓒ 短促式批竹型耍头
Ⓓ 托脚入斗抵平梁

五代新式
① 梁栿与铺作"搭交型"
② 十字栱斜批托脚
③ 铺作里外"均跳"
④ 隐角梁尾施于大角梁背

图90　万佛殿新旧制度示意图

6. 结语

镇国寺万佛殿营建之时大宋王朝已改元，只因北汉未亡，故仍被视为五代遗物。与龙门寺西配殿和大云院大佛殿一样，平梁上以驼峰、侏儒柱和叉手共负脊重。与南禅寺相比，一是檐柱柱头间皆以阑额贯通而不用普柏枋；二是梁架皆为四椽栿通檐用二柱，不同的是栿首并不伸出制成华栱，而是将项背斫斜压于昂尾之下；三是平梁与四椽栿间以驼峰、大斗隔架，不同的是在大斗内又出十字出跳斗栱，并将栱斗斫斜抵住托脚；四是大角梁斜置于两槫缝的交接处的攀间内，不同的是梁尾并未搭在槫上而是插在两槫交接处，并在梁背增施了隐角梁。重要的是这些不同恰又被宋代建筑所吸纳（图90）。

（执笔：贺大龙）

四 五代建筑风格

长期以来，我们一直致力于长治元代以前建筑的年代考察，力求探索唐代以来的发展演变规律，构建起一个类型序列框架，使我们的断代工作有所依据。虽然山西存世有纪年的唐代和五代遗物都仅有3例，但完全可以让我们区分它们在构件样式和结构形制上的差别和异同，为《晋东南早期建筑专题研究》[1]奠定了基础。在类型学框架下，我们将布村玉皇庙前殿、小张碧云寺正殿、潞城原起寺大雄宝殿和高平崇明寺中佛殿置放于演变序列中进行考察，初步判定它们是具有五代风格的遗构，并将研究成果汇编成《长治唐五代建筑新考》[2]。

五代，从历史纪年的角度看，从907年唐亡至960年宋朝建立，仅存在了53年。而历史的实际情况要复杂许多，如果从唐王朝失去实际控制权开始，到宋灭北汉实现大一统，有近百年的历史。从实例看，平遥镇国寺万佛殿（963年）、福州华林寺大雄宝殿（964年）都是北宋元年以后的遗物。以类型学观点考量，五代建筑具有游离于唐、宋之间的风格特征。宋代早期，形成了式样统一、形制规范的年代样式，完成了脱离唐风的转型。所以，对于前述几座兼具唐、宋特征的遗物，如果一定要给出一个年代的概念，就是五代风格。

1. 年代学的意义

夏鼐先生说："考古学是'时间'的科学。因此，在整理从调查发掘中所得的各种资料时，最基本的一环，是要判断遗迹和遗物的年代。这便是考古学上的'年代学'。考古学的年代，可分为'相对年代'和'绝对年代'。前者是指各种遗迹和遗物在时间上的先后关系，后者是指它们的作成距今已有多少年，严格说来，两者属于不同的概念。断定相对年代，通常是依靠地层学和类型学的研究，这是考古学范围内的两种主要的断代法。"[3]被誉为"中国建筑考古学第一人"的杨鸿勋说：建筑考古学是区别于建筑学和考古学的一门学问，是专业性很强的专门考古学，具有自身的认识论和方法论[4]。曹汛先生说：把史源学年代学考证用到古代建筑和建筑历史研究上，就是建筑考古学。考证样式源流及其发展演变以及精确的年代鉴定，归根到底是为了解决建筑史的难题[5]。

平顺天台庵弥陀殿是一座没有明确纪年的遗物。因此，对其现存年代就有了唐代或五代的不同看法。以类型学观点看，其"栌斗坐于柱头上，阑额不出头"，平梁不出大斗、托脚入斗抵梁、梁架通檐二柱造、四椽栿伸出檐外制成华栱等，都是中唐南禅寺大殿（782年）的典型特征。与五代西配殿（925年）相比，同样是平梁上用侏儒柱、叉手组合结构承脊槫的形式，最显著的差异就是其"斗

[1] 贺大龙《晋东南早期建筑专题研究》，《长治五代建筑新考》，文物出版社，2015年。
[2] 贺大龙《晋东南早期建筑专题研究》，《长治五代建筑新考》，文物出版社，2015年。
[3] 夏鼐、王仲殊《考古学》，《中国大百科全书·考古学》，中国大百科全书出版社，1986年，第13页。
[4] 杨鸿勋《建筑考古学论文集》，文物出版社，1987年，序言第1页.
[5] 曹汛《走进年代学》，《名师论建筑史》，中国建筑工业出版社，2009年，第152页。

口跳"中没有半栱式替木。如果侏儒柱是后添，构架无疑是唐制；如果是原制就有两种可能：或是唐代已有此柱；或者大殿是五代遗构。弥陀殿四椽栿背承顶平梁用蜀柱，是当地宋代中期才有的隔架形式，而柱脚直接坐在栿背上，则是到元代晚期以后才有的做法，无疑是后代添改的。在弥陀殿结构中，没有典型的宋代样式，其年代下限应在五代，"相对年代"在中唐至五代区间。

芮城广仁王庙龙王殿是创自唐大和六年（832年）的遗物。同样，在年代问题上有不同的看法。最惹人注目的是墙体、屋面以及屋顶脊饰等，都是当地晚清或民国时期的手法和式样。据村民说，这些都是在1958年最后一次修缮时形成的。然而，在结构形制方面，除了那些与南禅寺、佛光寺、天台庵共存的特征外，其铺作跳头不施令栱和耍头的做法，可在敦煌盛唐壁画中看到同类；其"单栱单枋重复型"扶壁栱，可以在敦煌初唐壁画和日本奈良药师寺东塔（730年）等早期遗物中觅得上源。最为重要的是，平梁上有了五代以后才有的侏儒柱，与唐代制度不符；其角梁结构与南禅寺和佛光寺的形制不同，是大角梁、子角梁和隐角梁组合的结构形式，令大殿的翼角高高翘起，加之并不深远的屋檐，看上去与唐代建筑的风格相去甚远。所以，对其原状的研究颇显重要。

20世纪30年代，以梁思成、刘敦桢等为代表的营造学社先贤们，在极艰难的条件下完成了中国人自己构建的建筑史研究体系。祁英涛先生在继承营造学社研究的基础上，总结出"两查两比"的中国古代建筑的断代方法[1]，至今仍是判定古建筑年代的基本方法。徐怡涛先生认为：时下古代建筑断代的研究思路只能说在宏观上是正确，但方法上存在缺陷，断代的主观性、随意性较大，停留在经验判断层面；因忽视地域差异而产生的误解和误判；缺乏连续精确的分期研究[2]。王贵祥先生说：建筑考古学研究及个案考证理论的滞后、方法的粗疏，导致我们的建筑史学思维，还停留在一个相当传统的路子上。单体文物建筑的研究不足，如何能为我们的保护工程提供技术支持[3]。这是当今建筑史学研究的窘况。

曹汛先生说，他做的学问为史源学年代学考证，就是建筑考古学。其宗旨是"把史源学年代学考证用到古代建筑鉴定和建筑历史研究上"通过"考证样式源流及其发展演变以及精确的年代鉴定，归根结底还是为了解决建筑史基础史学的难题，解救垂危的建筑史学科"。进而提出："没有建筑考古学，建筑史支撑不起来，也维持不下去。反过来说，无论建筑考古学，还是建筑史基础史学，在我看来，她的根基只能是史源学年代学考证。"[4]在中国木构建筑发展的历史长河中，五代是极为短暂的时期，但它却是由唐而宋转型发展的重要历史阶段。可以说，不懂五代何以识宋。所以，以类型学、年代学方法，对每一个五代实例进行源流考证，演变考察，正确把握"绝对年代"和"相对年代"，积极推进学术讨论、学术批评，才是学者们对学问、对历史负责任的担当。

2. 类型学与风格
考古类型学（又称标型学）

---

[1] 祁英涛《怎样鉴定古建筑》，文物出版社，1981年，第2页。

[2] 徐怡涛《文物建筑形制年代学研究原理与单体建筑断代方法》，《中国古代建筑史论汇刊》，第二辑，清华大学出版社，2011年，第488页。

[3] 王贵祥《中国建筑史学的困境》，《名师论建筑史》，中国建筑工业出版社，2009年，第94页。

[4] 曹汛《走进年代学》，《名师论建筑史》，中国建筑工业出版社，2009年，第152页。

夏鼐先生说："类型学断代的要旨，是将遗物或遗迹按型式排比，把用途、制法相同的遗物（或遗迹）归成一类，并确定它们的标准型式（或称标型），然后按照型式的差异程度的递增或递减，排出一个'系列'，这个'系列'可能便代表该类遗物（或遗迹）在时间上的演变过程，从而体现了它们之间的相对年代。"[1]苏秉琦先生进一步将考古类型学的应用归纳为几条基本法则：① 典型器物的种类型式；② 典型器物的发展序列；③ 多种典型器物发展序列的共存、平行关系；④ 多种器物的组合关系[2]。

艺术风格

《辞海》对风格是这样解释的："作家、艺术家在创作中所表现出来的创作个性和艺术特点。具有主客观两个方面的内容。主观方面是作家的创作追求，客观方面是时代、民族乃至文体对创作的规定性。由于生活经历、艺术素养、思想气质的不同，作家、艺术家们在处理题材、结构布局、熔铸主题、驾驭体裁、描绘形象、运用表现手法和语言等艺术手段方面都各有特色，这就形成作品的个人风格。个人风格是在时代、民族的风格的前提下形成的；时代、民族的风格又通过个人风格表现出来。"[3]

建筑艺术

李格尔说："我在《风格问题》中第一次提出了一种目的论的方法，将艺术作品视为是一种明确的有目的性的艺术意志的产物。艺术意志在和功能、原材料及技术的斗争中自己开道。"并认为："就存在或出现的次第来说，建筑也是一门艺术。"[4]王振复说："建筑首先是一种技艺、工艺。任何建筑物，从史前最原始的茅屋到现代感十分强烈、结构非常复杂的摩天大楼，都是'人对自然的加工改造'，体现出一定的技术与技巧，因而，说建筑是一种广义'艺术'，是合乎逻辑的。"提出："建筑独立于其他文学艺术门类。"[5]

建筑风格

美国考古学家罗斯对类型、风格和过程的概念提出以下思考：① 文化不等于文物，后者只是特定文化背景下古人行为的产物；② 类型与风格可以反映左右古人行为的文化。类型是指器物制作者努力使其作品符合的形式；风格是一社群中影响器物制作者行为的一种审美标准；③ 遗物是具体的，类型和风格只是考古学家设置并认为可以代表古人思想的概念；④ 遗物很少具有历史意义，而对类型与风格则可作历史的研究；⑤ 在历史研究中，类型与风格在时间中的内在连续性和它们在空间上的差异性是同等重要的[6]。

3. 唐代建筑的特征

唐代是中国封建社会的鼎盛时期，在疆域一统、政治稳定、国力强盛的背景下，建筑的发展迎来了汉代以来的又一个高峰。资料显示，唐代在对隋大兴城基础上完善扩建的长安城"是中国古代营

---

[1] 夏鼐、王仲殊《考古学》，《中国大百科全书·考古学》，中国大百科全书出版社，1986年，第14页。
[2] 苏秉琦《苏秉琦考古学论述选集》，文物出版社，1984年，第237页。
[3] 《辞海》，上海辞书出版社，1999年。
[4] 〔奥地利〕李格尔著，陈平译《罗马晚期的工艺美术》，湖南出版社，2001年，第50页。
[5] 王振复《建筑美学笔记》，百花文艺出版社，2005年，第2、3页。
[6] 引自张光直《考古学》，三联书店，2013年，第6、7页。

建的规模最巨大、规划最严整、分区最明确的伟大都城"[1]，也是当时世界上最大的都城。高宗、武后时期大规模的宫室建设，推动了建筑业的快速发展，南北朝以来土木混合结构逐步被淘汰，木构建筑基本定型。敦煌壁画显示，盛唐之时"斗栱得到迅速发展，形制丰富、结构严谨，已进入完全成熟的阶段"。值得注意的是，用昂的斗栱在转角处，直至晚唐都没有画出由昂，其正侧身以及柱头斗栱中，也没有画出要头。此后斗栱虽继续演化，但总体上终不脱离盛唐的窠臼[2]。

五台南禅寺大佛殿

大佛殿面宽三间，单檐歇山式，重修于唐德宗三年（782年），是国内遗存最古老的木构建筑。大殿虽经历过后代的修葺，但斗栱、梁架基本保持了唐代的原状，其主要特点如下：檐柱间不用普柏枋以阑额贯通；斗栱五铺作出双抄，不施补间；转角斗栱与柱头同制；要头批竹型短促平直式。梁架四椽栿通檐用二柱，栿项外出做二跳华栱；栿背施驼峰大斗承平梁，梁上不安侏儒柱，以两只叉手承脊榑；平梁头不出斗口，两端托脚入斗抵梁。大角梁斜置，搭压在两缝榑架之上，大角梁之下安衬角栿一道，上施矮柱小斗支承出际缝架。丁栿搭在铺作与栿背上，但只是一条不负重的劄牵。1974年大殿进行全面修缮，并对台基月台、墙体门窗、屋顶脊饰脊部叉手和出檐进行了复原[3]。

芮城广仁王庙大殿

俗称龙王殿，面阔五间，单檐歇山式，重修于唐大和六年（831年）。与南禅寺的斗栱、梁架形制相比较，相同的是：斗栱五铺作，不设补间；栌斗坐在柱头上，柱间只用阑额；梁架四椽栿通檐用二柱，栿项伸出檐柱缝外制成二跳华栱；四椽栿与平梁间用驼峰、大斗隔承；平梁两端不出斗口，两侧托脚伸入斗内抵住梁头；丁栿不负重，实为劄牵。不同的是：斗栱方面，不施令栱，不出要头，二跳华栱的小斗上直接安替木承橑风榑；柱头壁栱（扶壁栱）由栱、枋为单元组合叠构；两种样式都在敦煌初唐、盛唐壁画中可以见到原型，当是古制之遗痕。梁架方面：平梁正中添加了侏儒柱；大角梁前压橑风榑尾搭在四椽栿上，梁背施隐角梁搭压在下平榑上；都与已知的唐代样式不符。

五台佛光寺东大殿

1937年，梁思成先生携妻子林徽因与社友在五台山找到了令他魂牵梦萦的唐代木构，随后撰著了洋洋数万言的调查报告，打破了中国已没有唐代木构建筑的"断言"，是世界建筑史上的一次旷世发现[4]。大殿建于唐大中十一年（857年），面阔七间，单檐庑殿式，斗栱七铺作双抄双下昂，八架椽屋四椽栿前后乳栿用四柱。与南禅寺和广仁王庙相比，内槽同样是四椽栿通檐用二柱，外槽用乳栿跨两椽来扩展空间，反映出当时梁架构造的基本形式。与南禅寺相一致的是：平梁上只用大叉手承脊；大角梁一根斜搭在两缝榑架上；角内安（隐）衬角栿；泥道栱上垒叠素枋。三例相同的是：柱头只用阑额；平梁头不伸出大斗口；托脚入斗抵平梁；栿项伸出檐柱缝外制成二跳华栱。

关于唐代建筑的研究，前辈学者们做了大量的工作，并取得了丰硕的成果。虽然这仅存的3座唐构不能代表和全面反映唐代建筑的情况，但通过它们所共存的构件样式和结构形式，与唐代壁画等形象资料的对照，我们还是可以清晰地看到它们共存的典型形制。通过对前期成果的梳理和对遗物的再认

[1] 傅熹年主编《中国古代建筑史·第二卷》，中国建筑工业出版社，2001年，第328页。
[2] 萧默《敦煌建筑研究》，机械工业出版社，2003年，第230页。
[3] 中国文物研究所编《祁英涛先生论文集》，华夏出版社，1992年，第325页。
[4] 梁思成《记五台山佛光寺建筑》，《营造学社汇刊》，第七卷，第13~60页。

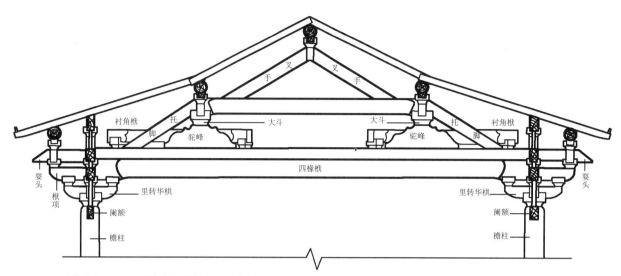

唐代特征：1. 叉手相抵承脊槫　2. 驼峰大斗承平梁　3. 平梁不出斗口外　4. 托脚入斗抵梁头　5. 梁栿斗栱组合型　6. 栿项外出制华栱　7. 里转减跳承梁栿　8. 耍头平置批竹式　9. 一栿通檐用二柱　10. 两山丁栿不负重　11. 柱头阑额贯周檐　12. 衬角栿承下平槫　13. 大角梁斜搭槫上　14. 角椽铺钉斜列式

图91　南禅寺大佛殿·唐代典型式样

识，对唐代建筑的重要特征有如下认识：四椽栿通檐用二柱上叠平梁是梁架的基本结构单元，栿项外出制成华栱的组合（型）结构。平梁与下栿间，明栿用驼峰，草栿用方木；梁头在斗内（型）托脚入斗（型）抵梁；平梁上以叉手（型）承脊；大角梁斜置（型）于两槫缝之上。据此与五代、辽、宋时期的实物进行比较，可以梳理出9世纪以后中国木构建筑的发展与演变轨迹（图91）。

4. 五代建筑的风格

907年中国古代历史进入了五代时期。此期已发现的有明确年代的木结构古建筑有4座，即：平顺龙门寺西配殿（925年）、平顺大云院千佛殿（940年）、平遥镇国寺万佛殿和福州华林寺大雄宝殿。其中，华林寺大雄宝殿为南方建筑体系的遗物，与山西同期遗物在类型和风格方面表现出较大的差异，故只可作为研究之参照或旁证。2014年11月2日和7日天台庵弥陀殿维修工程时先后发现了"长兴四年（933年）地驾……"和"大唐天成四年（929年）创立"的题迹。也就是说其创建年代在西配殿和大云院之间。重要的是，我们解剖了平梁上驼峰、侏儒柱、大斗承令栱以及与叉手组合的结构关系，判定其结构真实，成为西配殿之后侏儒柱登上平梁的又一新证。

龙门寺西配殿

这是一座面宽三间的单檐悬山式建筑，是之前唐代和五代实例所见唯一式样。斗栱作"斗口跳"亦新见形制，但同样是四椽栿通檐二柱造构架的做法，将栿项延长伸出柱缝外制成华栱，与我们所见唐代南禅寺和广仁王庙大殿的形制相一致，可以认为是唐代小型殿堂梁架制度的延续。这座小殿去唐仅18年，一方面具备了诸多唐代建筑的典型特征，另一方面也出现了形制的改良和式样的创新。首先，是平梁之上多了一根柱脚用驼峰承垫的侏儒柱[1]。其次在托脚与平梁的结构形式上，不像南禅寺

[1]　柴泽俊"平梁上增驼峰及侏儒柱，乃五代新构"见《山西几处重要古建筑实例》，《柴泽俊古建筑文集》，文物出版社，1999年，第155页。

和广仁王庙大殿那样，将托脚插入大斗口内斜抵在梁头上，而是将平梁头伸出大斗口外与托脚交构。值得关注的是，此殿在栌斗内华栱和柱头枋下前后左右各出"半栱式替木"[1]。

大云院千佛殿

大殿创建已进入五代33年，但仍旧保留着诸多南禅寺大殿的年代特征。隔架方式：驼峰大斗承平梁，平梁不出斗口；托脚入大斗内抵住梁头。角梁结构：大角梁一根斜搭在下平槫和橑风槫的交接点上。与五代西配殿相比，延续了平梁上添加侏儒柱与叉手共负脊重的做法。在创新方面：首次采用了"四椽栿后对乳栿用三柱"的新型构架式样，梁栿不再伸出檐外做抄栱，而是完全搭压在柱头铺作之上，分别成为两个独立的结构层；其次，在柱头与栌斗间添加了一道普柏枋，一改之前檐柱柱头之间仅以阑额贯通一周，栌斗坐在柱头上的做法。值得关注的是，此殿斗栱五铺作出双抄，而转角45度却出单抄单昂，并且在昂下有了"华头子"之雏形[2]。

镇国寺万佛殿

大殿创建之时已入宋三年，与其他同期实例一样，保留着诸如柱头只用阑额，而不施普柏枋；平梁不出斗口，托脚入斗抵梁等唐代的旧制。在创新与改制方面，首先是梁栿与铺作的关系：其一，梁栿不伸出檐柱外制成华栱，也不是完全搭压在铺作层上，而是将栿项斫斜搭交在铺作里转的结构中。其二是平梁与下栿的结构：虽然是沿袭了唐代栿背施驼峰上安大斗承平梁的做法，但不同的是在大斗内增出了十字栱，向内安斗托梁，向外斫斜抵住托脚，之上再安令栱承梁的新式样。其三是角梁结构：之前误以为与南禅寺一样，一根大角梁斜搭在两缝槫的交接点上，其实不然，其大角梁尾是插在下平槫下的攀间斗栱内，梁背又施隐角梁，梁尾搭在下平槫上，比《法式》制度早了整整140年[3]。

天台庵弥陀殿

关于弥陀殿的年代问题，一直有唐代和五代之说的争议难以定论，由于支持唐代说的学者居多，故被认为是仅存的四座唐代木构之一。维修工程中脊槫下"大唐长兴四年地驾……"墨题的发现，成为五代创建的重要根据。考察弥陀殿现存结构中，除了蜀柱隔架和角梁结构都是后代添改外，与其他同期实例一样，既有四架椽屋通檐用二柱、四椽栿伸出檐外制成华栱；平梁不出斗口，托脚入斗抵梁；柱头只用阑额而不用普柏枋等唐代制度的传承和延续。还有平梁上施驼峰和侏儒柱与叉手共负脊槫；扶壁栱首层以柱头枋贯通等五代新制。最为重要的是，其翼角结构中采用的平行、辐射"复合法"[4]铺钉角椽的方式，是继南禅寺之后，平行椽向辐射椽转型的又一种过渡形式。

以唐代年代样式为标尺，我们不难发现，每座五代建筑都有唐代制度的传承，同时还有改良与创新的特点。梳理上述五代实例的情况：西配殿，首开在平梁上添加侏儒柱与叉手共同承负脊槫和将平梁头伸出斗口外与托脚交构，是对唐制的两项改革。大云院，在构件方面出现了两个新样式，一是在柱头上添加了"普柏枋"，二是在角昂下添加了"华头子"；在结构方面：有了梁架"二栿三柱造"和梁栿完全搭压在铺作层之上两种新的结构形制形式。镇国寺，在构件方面：大角梁背新添了"隐角梁"；驼峰大斗上新增一组十字出挑的斗栱；在结构方面：有了将栿项搭交在铺作层内

---

[1] 梁思成"在栌斗中用一根替木，作为华栱下面的一个附加的半栱"见《图像中国建筑史》，百花文艺出版社，2001年，第204页。
[2] 华头子，《法式》卷四飞昂：用于第一昂下，出斗口刻作两卷瓣，大云院千佛殿首次用于角昂下，刻单卷瓣。
[3] 以往认为，镇国寺万佛殿角梁结构与佛光寺东大殿一样，由大角梁与子角梁组合，无隐角梁之设。
[4] 所谓"复合"角椽法是檐椽过正身后，角椽仍与正身椽铺钉，之后采用辐射椽法铺钉，首见于天台庵弥陀殿。

的新做法。天台庵则有了平行辐射复合式的角椽法。重要的是，这些新样式、新形制是否使旧制消失，并且取而代之。

5. 宋代建筑的转型

郭黛姮先生说："在建筑界也有人模糊唐宋建筑之间的差异，笼统地称之为'唐宋建筑'，这在学术上很不确切。两者各具特点，但在建筑艺术上若论艺术性的哲理内涵之深邃、艺术风格之细腻、工巧方面宋代则远胜前期。在建筑技术方面也是绝对超过了唐朝，并且领先于世界。尽管唐代建筑技术是宋代技术发展的基础，但唐代使劳动者产生创造性劳动的环境不如宋代。这就是为什么'中华文化之演进造极于赵宋之世'的缘故。"[1]实际上，宋代建筑在构件样式、结构形制乃至装饰细部方面都发生了巨大的变化。然而，由于长期以来我们对五代建筑研究和认识的不足，以至在由唐而宋发展演变的"谱系图"中形成空白和缺环。

五代更新

通过与唐代建筑的比较，我们可以梳理出五代发生了哪些变化，见表一：

表一　唐代主要类型与五代新样式比较

构造类型 名称 年代		① 脊部组合		② 平梁做法		③ 架间结构			④ 底栿构造		⑤ 梁栿铺作			⑥ 柱头形式		⑦ 柱头形式	
		叉手型	蜀柱型	梁头斗内型	梁头斗外型	驼峰大斗型	蜀柱大斗型	驼峰铺作型	二柱造	三柱造	组合型	搭压型	搭交型	阑额型	阑普型	大角梁型	隐角梁型
南禅寺大殿	782	●		●		●			●		●			●		●	
广仁王庙龙王殿	832		☆	●		●			●		●			●			☆
龙门寺西配殿	925		▲	●	▲	●			●		●			●			*
天台庵弥陀殿	933		△	●			☆		●		●			●			☆
大云院弥陀殿	940		△	●		●				▲		▲			▲	●	
镇国寺万佛殿	963		△	●			▲	●					▲		▲		▲

说明："●"表示唐代类型；"▲"表示五代新型；"△"表示重复类型；"☆"表示疑似改制。"*"表示无角梁结构。

类型比较

从我们遴选的七个能够反映唐代建筑主要结构特征的类比项看，在五代建筑中，大多都被保留下来，与此同时我们还可以看到，在每个比较项中都有新的式样出现。按照类型学原理，新样式、形制的认定，必须具备两个基本条件：一是旧有的类型失去意义或消亡；二是新的（类型）具有稳定性。也就是说，新类型首先是具有区别于旧制的显著特征，同时具备一致性、重复出现和稳定态的共存性质。列表显示，进入五代首先是唐代大叉手承脊的形制消失，代之以与侏儒柱组合承负脊槫的方式，符合一致性和重复性共存原则。那么，其他几个新的结构类型变化，是式样突然改变的孤例？或者是

[1] 郭黛姮《伟大创造时代的宋代建筑》，《建筑史论文集》（第15辑），清华大学出版社，2002年，第48页。

一种新式样、形制的出现？抑或是后代修缮时添改的结果？需要我们做进一步的比较研究。

五代转型

五代对唐制进行了全面的改良与创新，那么新式是否取代旧制、具有转型的意义，我们将宋代早期的同类项纳入做进一步的比较。见表二：

表二　唐至宋代早期主要类型比较表

名称	年代	①承脊方式		②平梁做法			③架间结构		④底栿构造		⑤梁栿铺作			⑥铺作里转			⑦丁栿位置		⑧柱头形式	
		叉手型	蜀柱型	梁头斗内型	梁头斗外型	驼峰大斗型	蜀柱大斗型	驼峰铺作型	二柱造	三柱造	组合型	搭压型	搭交型	减跳型	加跳型	同跳型	平置型	斜置型	阑额型	阑普型
南禅寺　大殿	782	●		●		●			●		●			●			●		●	
广仁王庙龙王殿	832		☆	●		●			●		●			●			●		●	
龙门寺　西殿配	925		▲	▲		●			●		●			●				*	●	
天台庵　弥陀殿	933		△	●		●	☆		●		●			●			●		●	
大云院　大佛殿	940		△	●		●				▲		▲			▲			▲		▲
镇国寺　万佛殿	963		△	●				▲	●			▲			▲	●	●		●	
玉皇庙　前殿	五代		△	●		●				△		●			●			△	●	
原起寺大雄宝殿	五代		△	●		●				△					●		●		●	
碧云寺　正殿	五代		△				△			△			△			△	●			△
安禅寺　藏经殿	1001		△	●				△		△	●			△				*		△
永寿寺　雨花宫x	1008		△	●		△				△					△		△		△	
崇庆寺　千佛殿	1016		△			△				△					△		△		△	
延庆寺　大佛殿	1035		△			△				△					△		△		△	

说明："●"表示唐代类型；"▲"表示五代新型；"△"表示重复类型；"☆"表示疑似改制或有疑问；"*"表示无此构或不详；"x"表示雨花宫出斗型、入斗型共存。

类型比较

我们将五代新类型增至八个比较项，通过类比可以获得以下认识：首先，自西配殿在平梁上立侏儒柱，开启了对唐制的改革，此后唐代大叉手承脊的方式完全消失。其次，在这100多年的风格交替和过渡期，铺作与梁栿的结构关系有唐代的组合型，五代的搭交型和搭压型三种形制共存；铺作里转承栿同样有减跳，均跳和增跳三种方式共存。第三，架间结构有驼峰大斗、蜀柱大斗和驼峰铺作三种形式，而实际情况是，蜀柱大斗是后代添改的，驼峰铺作是五代新式样，成为宋代早期的流行。第四，在由唐而宋转型中最重要的，是由一栿二柱造的梁栿与铺作组合结构，到二栿三柱造的梁栿与铺作搭压关系的转变。第五，将五代新式组合成一个完整构架，便是宋代早期标准的梁架结构样式（图92）。

6. 艺术风格的变迁

梁思成先生认为：中国建筑"整个结构都是功能性的，但在外表上却极富装饰性。这种双重品质

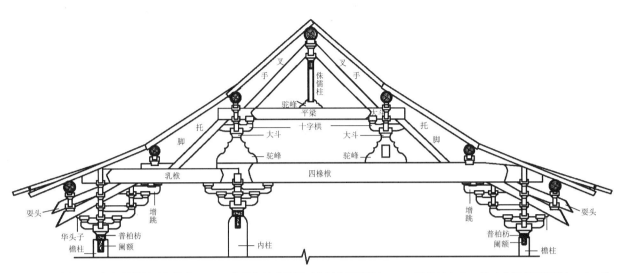

宋代早期特征（五代新制的继承与整合）：1. 侏儒柱叉手承脊（龙门寺西配殿） 2. 平梁伸出斗口外（龙门寺西配殿） 3. 驼峰斗棋承平梁（镇国寺万佛殿） 4. 托脚斗外托梁头（原起寺大雄宝殿） 5. 梁栿压在铺作上（大云院大佛殿） 6. 里转增跳承梁栿（大云院大佛殿） 7. 耍头斜置下昂式（碧云寺正殿） 8. 华头子斜批昂下（碧云寺正殿） 9. 二栿对接用三柱（大云院大佛殿） 10. 两山丁栿承出际（大云院大佛殿） 11. 阑普组合施柱间（大云院大佛殿） 12. 隐角梁斜搭槫上（镇国寺万佛殿） 13. 昂尾素枋托角梁（大云院大佛殿） 14. 角椽铺钉复合型辐射法（天台庵弥陀殿）

图92 崇庆寺千佛殿·宋代早期典型式样

是中国建筑结构体系的最大优点所在"。他说："中国建筑本身已造成一个艺术系统，许多建筑物便是我们文化的表现，艺术的大宗遗产。"[1]王世仁先生说：中国传统建筑是整个中华民族艺术体系中的一个重要门类。同时，提出了"审美三层次"，即美的形式—意味；造型—知觉；象征—知识。知觉是人对艺术比较深入的审美层次，对建筑艺术的审美知觉，主要是从造型中获得。式样是造型的直接显现，也是建筑风格美的最主要因素，在这"初看千篇一律，细看却是千变万化"中，获得中国建筑造型艺术创造出的高级审美境界，而重要的不是结论而是过程[2]。

（1）飞檐翼角的历程

审美追求：

大屋顶是中国传统木构建筑最醒目、最突出的艺术风格特征之一。它曲媚优雅的轮廓——美轮美奂；惟妙惟肖的脊兽——多姿多彩；如鸟斯飞的翼角——出神入化。其实，在"上古之世……有圣人作，构木为巢以避群害"（韩非《五蠹》）。"昔者先王未有宫室，冬则营窟，夏则居橧巢"（《礼记·礼运》）。周代之时，那首脍炙人口的"如跂斯翼，如矢斯棘。如鸟斯革，如翚斯飞"（《诗经·小雅·斯干》）的描绘被理解成"言檐阿之势，似鸟飞也。翼言其体，飞言其势也"（《法式》疏）。"反宇业业，飞檐辙辙"（《西京赋》）。这表明，我们的祖先从模仿鸟的栖息方式——构木为巢，到崇拜鸟的展翅飞翔——飞檐翼角，对厚重的大屋顶变得轻盈美丽起来的审美追求由来已久。

檐角初翘：

从已知的材料中我们可以看到：东周（春秋、战国）时期的建筑造型和外观形象是由平直的线

---

[1] 梁思成《图像中国建筑史》，中国建筑工业出版社，2005年，第2、189页。
[2] 王世仁《中国传统建筑审美三层次》，《理性与浪漫的交织》，百花文艺出版社，2005年，第94~109页。

条和几何型构成；到两汉，有些陶楼有了在屋角的端头以瓦头向上翘起的方式收结，可以理解为起翘的启蒙；北朝时期云冈第10和第12窟出现了屋檐由明间向次、梢间渐次升高成曲线状的屋脊和檐口，至龙门石窟古阳洞之时，则表现出凹曲面屋脊和屋面的形式；北齐义惠慈小石屋刻出了大角梁和仔角梁、椽子与飞子的组合结构，具备了后世屋角起翘的初级技术形态；隋代李静训墓石椁雕出了屋角起翘的形象，但未表现出结构形式。这漫长的一系列的细节变化，预示着建筑整体外观和风格上的重大变化。

飞檐翼角：

所谓飞檐翼角，即建筑的屋檐自平柱向外渐次升高至角向上扬起，形若鸟翼势如欲飞的外观形象。南禅寺大殿是我国木构建筑的首个实物，其大角梁尾在下平槫上，斜度与正身椽相同，而梁厚超过正身之倍，故椽子过正身后需渐次抬高以适梁背，同时又渐次向大角梁方向外撇以至梁侧，加之角柱较平柱增高，屋檐呈曲势至屋角微微翘起，令厚重的大屋顶变得飘逸而轻柔。宋代以后，大角梁尾改在下平槫下，梁与正身椽形成了夹角，梁头在角线前伸超出正身。此时，角椽要逐个抬高至梁背，并要逐个伸长至梁头，还要斜出向角梁靠拢。这样一来"那格外显得轻盈舒展的屋角，会给人以飞鸟展翅的联想"。实现了如翼如飞的审美追求。

综上所述：从汉到隋，只是用瓦头垒砌出上翘的形象，并没有实现结构意义上的"飞檐翼角"，南禅寺与佛光寺大殿是利用大角梁与正身椽的高差，实现了形式上的翼角翘起。宋代以后通过大角梁的"生起"和"生出"以及角椽的扇形布置等技术手段，完成了结构意义上的屋角起翘。那么，自诗经以来对屋檐"如鸟""斯飞"的描述又作何解释呢。萧默先生说，这些描述缺乏坚实的理由和结构逻辑上的依据[1]。杨鸿勋先生则认为是当时人们的一种"联想"或"赞美"[2]。只是古人从"构木为巢"的行为模仿，到"如鸟似飞"的心理崇尚，直到宋代之时方才如愿以偿。

（2）尾吻图式的变幻

起源的讨论：

关于鸱尾的起源前辈们已有探讨，其中以日本学者村田治郎的研究较为详尽。其对鸱尾形成的时期，依据文献考据提出了《吴越春秋》说，汉武帝时说和东晋说。在名称问题中，其认为"'鸱尾'这一名称，最早见于东晋的记载，唐代开始有了鸱吻的称呼，一直沿用至近代"[3]。祁英涛先生认为，"鸱尾起源于汉代的说法是值得怀疑的"，依据是《北史·宇文恺传》"自晋以前未有鸱尾"[4]。显然，尾、吻发生的年代和图示的原型喻意至今未有确论。资料显示，春秋战国之时，房子的正脊之上已开始有了装饰，到汉代对正脊以及两端进行装饰已成流行，北魏以后鸱尾有了固定统一的样式，唐代敦煌和墓葬壁画中的鸱尾以及西安大雁塔门楣线刻等鸱尾的形象，也表现出高度的程式化倾向。

鱼尾的传说：

一直以来因《唐会要》说"汉柏梁殿灾后越巫言海中有鱼虬尾似鸱，遂作其象于上"。于是鸱

[1]　萧默《屋角起翘缘起及其流布》，《建筑历史与理论》（第二辑），江苏人民出版社，1981年，第17页。
[2]　杨鸿勋《中国古典建筑凹曲屋面与发展问题初探》，《建筑考古论学论文集》，文物出版社，1987年，第282页。
[3]　村田治郎（学凡译）《中国鸱吻史略（上）》，《中国古建园林技术》1998年第1期，第57页。
[4]　祁英涛《中国古代建筑的脊饰》，《文物》1978年第3期，第62页。

尾鱼的形象被普遍认同，"从4世纪到8世纪五百年左右，鸱尾几乎是同一类型保持不变。"[1] "鱼尾两歧"被认定为唐代风格。虽然有人对鱼尾说一直有疑义，却无法摆脱字义的注解和隐喻的困扰。但是，由于在《说文》和《尔雅》等典籍中找不到"鸱"的恰当解释。所以，一直以来鸱尾的原型在鸟和鱼之间纠结着，加之《吴越春秋》所记"南门上反羽为两鲲鳞"，《拾遗记》也说"《汉书》越巫请以鸱尾厌火灾，今鸱尾即此鱼也"，《唐会要》又说"东海有鱼虬，尾似鸱，因以为名""乃大起建章宫，遂设鸱鱼之像于屋脊。"这些鸱尾即鱼的记载，不断强化着鸱尾的原型——鱼。

鱼鸟的时代：

到了宋辽时代，明确的鱼和鸟的形象被安上了屋顶正脊的两端。如辽代大同华严寺壁藏和南宋金山寺佛殿上的鱼形吻；南宋福建太宁甘露庵蜃楼的鸟形吻；辽代蓟县独乐寺山门的鸟喙形吻。可见，这是一个鱼、鸟"共生"的时代，加之五代以后正吻下部都是龙口吞脊的形象，恰与"鱼虬，尾似鸱"（可以理解为鱼身尾似鸟？）的记载相吻合。那么，之前是否有鸟的形象存在呢。再说"反羽为鲲鳞"最直接的理解就是：将反羽作成鲲鳞的形象，再看东汉河南桐柏县出土陶楼屋脊两端相向面立的鸟，当是"反羽"的最好诠释。或可说明，鸱尾出现之前，当有反羽之说，此"反羽"即东汉陶楼上相向而立的鸟，而"反宇"当是汉代脊部坡度大，檐部上反的屋盖式样[2]。

综上所述：春秋战国时期已经开始了对殿堂正脊的装饰，两汉时最明确的形象就是鸟，并出现了两鸟相向立于脊端的"反羽"的形象。北魏或可说整个北朝，正脊两端有了下宽上窄内外缘圆和，向脊内弯曲相对而立的，形似一片羽叶或树叶式样统一的脊饰。河南隋代洛阳陶屋上所饰形象与北魏大致相同，但在顶弯向内伸出了长喙，外缘饰"鳍"。然而，忻州九原岗壁画墓大屋正脊所饰形象与陶屋一致，唯通体绘出羽片相叠的图案，无疑是鸟首的形象。西安与渤海国出土脊饰，整体形象较齐隋相似度很高，向内伸出的弯尖明确制成鸟喙的形象。以此推测，外缘所饰当为羽毛而非"鱼鳍"，对照敦煌壁画，形象相近，唯"两鳍"更象"双翅"，离"鱼尾"的形象远矣。

（3）飞昂抄栱的美化

批竹昂的奇幻：

佛光寺东大殿斗栱五铺作双抄双下昂，其"昂面平直"恰如《法式》"自斗外斜杀至尖者，其昂面平直者，谓之'批竹昂'"之制，亦与唐代壁画所示相一致；在转角铺作，亦如《法式》"角昂之上别施由昂"的制度，是唐代壁画中所未见的。五代，大云院大佛殿斗栱五铺作出双抄，在转角铺作的一跳华栱上出了一只"昂面平直"的下昂；布村玉皇庙前殿在柱头铺作的双抄上出了下昂，与东大殿不同的是，昂面中线隆起了一道锋棱，端头被研尖，成"棱尖"样式；正定文庙大成殿也将平出的批竹型要头制成棱尖样。小张碧云寺不仅是棱尖式批竹昂，更是将昂栱并出一跳，要头亦出昂，四铺作斗栱看似单抄双下昂，转角铺作在由昂上又出由昂，居然有了东大殿七铺作三昂叠出的气势。由此看来，五代对昂的美化和组合形式的灵活应用，开启了一种新的艺术风尚。

斜面栱身的俏美：

《法式》曰：栱，五曰栾。斗，三曰栌。"栾，柱上曲木，两头受栌""以斗栱层数相叠出跳多

---

[1] 村田治郎（学凡译）《中国鸱吻史略（上）》，《中国古建园林技术》1998年第1期，第57页。

[2] 杨鸿勋《中国古典建筑凹曲屋面与发展问题初探》，《建筑考古学论文集》，文物出版社，1987年，第272页。

寡次序，谓之'铺作'"。战国漆器中有了斗、栱组合成一斗二升的形象[1]。汉代斗栱还处于百花齐放与继续发展的阶段，栱的外型有矩形、折线、曲线、人字、龙首等，异彩纷呈[2]。北魏云冈石窟显示，栱头一律卷曲成圆和状，没有明显的上留和平出；北齐则在卷头上刻出内凹的颐瓣。唐代南禅寺和佛光寺铺作形制规范、结构严谨，进入斗栱技术形态高度发达阶段，在斗栱的装饰上，继承了北齐以来分瓣卷杀的手法，但是入瓣已变浅。五代，大云院是南禅寺的传承，镇国寺是佛光寺的承继，恪守了唐代严整的制度和质朴的风格。玉皇庙和碧云寺则将令栱的看面斫斜，同样刻出颐瓣，令原本豪迈遒劲的气质，变得轻俏曼妙，开启了栱栾造型艺术的新风。

斗底弞颐的古韵：

《法式》造斗之制：栌斗上八分为耳，中四分为平，下八分为弞。斗底四面各杀四分，弞颐一分。即上部开口留高为耳，下为斗底向内杀斜，并制成内凹的曲面——颐。斗分四种，栌斗弞颐一分，余皆半分。柱头安置栌斗至迟在周初，而战国中山国出土的陶斗是目前已知最早的实用斗[3]。由于材质所限陶斗各细部表达不甚清晰，但更早的"四龙四凤铜方案"则表现出明确的耳、平、弞三分，弞部出颐，斗底垫皿板，是此期斗栱技术水平的真实反映。汉代、北魏和齐隋石刻中，都在斗弞颐下刻出皿板的形象，最早的皿板实物见自北齐库狄回洛墓，南禅寺扶壁栱和玉皇庙前檐柱头上，都施用了皿板，之后就不再见了。五代出现了被认为是皿板遗痕的"皿斗"[4]，其做法是斗弞颐向外撇出并在底部留出边棱，酷似加垫了皿板，令弞颐变得更加优美，古意悠长。

综上所述，斗栱、铺作是中国古代独创的建筑构件和结构体系，与美仑美奂的大屋顶同为中国建筑文化突出的外部艺术特征。关于斗栱的发生，由"板状物进化""梁端构造""擎檐柱蜕变"等等演化而来的。从《法式》栱有六名，斗、昂五名，要头四名看，斗栱的起源并不简单。我国木构建筑的实物起自唐代，之前反映建筑形象、结构片断的主要是东周的铜器刻划、两汉的屋楼明器、北朝的石窟前廊和敦煌壁画等资料中，反映了斗栱发展演变的基本脉络。南禅寺和佛光寺的铺作形制严整、制度规范，表现出高度发达的技术形态。五代是承唐启宋的转型过渡时期，以往的考察研究，更多是关注技术的进步和功能的改良，而忽略了在细部装饰、构件美化方面对有宋一代艺术风格影响的观察。

7. 结语

有学者认为，长期以来学界对建筑年代考证的方法理论停滞在梁思成、祁英涛等前辈学者的基础上。遗憾的是，梁先生只发现了一座疑似五代的正定文庙大成殿，祁先生的《怎样鉴定古建筑》中恰缺五代一节。事实是，在每座五代建筑上都能找到唐代的遗风，而到宋代则踪迹皆无；另一方面，每一座五代建筑都有创新，而这些新式恰都成为宋代结构形制的原型，具有与唐代样式分界的标志性意义。无疑，承唐启宋、创新改革就是五代建筑的风格。

[1] 杨鸿勋《中国古典建筑凹曲屋面与发展问题初探》，《建筑考古论学论文集》，文物出版社，1987年，第257页。

[2] 刘叙杰《汉代斗栱与演变初探》，《文物资料丛刊》（2），文物出版社，1978年，第223页。

[3] 陈应祺、李士连《战国中山国建筑用陶斗浅析》，《文物》1989年第11期，第79～82页。

[4] 傅熹年先生认为：斗底有凸出的斜棱，下有一垂直的窄边，是皿板蜕化的残迹。《傅熹年建筑史论文选》，百花文艺出版社，2009年，第33页。

　　五代是中国建筑发展史上的重要历史时期，有趣的是，政权更迭、战乱乃频、社会动荡，竟然导致了营造制度一系列的技术改良和形制创新。不可思议的是，宋代早期加以整合成制脱离了唐风。五代的每一项创新都是一个转型的标志，具有标尺意义和界标价值。通过类比，我们基本厘清了从公元782年至1008年间发展演变的基本脉络[1]，完全可以构建起一个类型序列。可以说我们的考察与认知是对唐、五代和宋代早期建筑研究的一次推进或突破。

　　此文原收于《长治唐五代建筑新考》，通过天台庵弥陀殿维修时的新发现和新认识，进行了调整和补充，进一步提升了我们对唐代、五代、宋代建筑整体风格特征差异的认识。弥陀殿的保护维修工程是对《中国文物古迹保护准则》"研究应当贯穿在保护工作全过程"以完善之前"其他尚未被认识的价值"的一次重要的践行，并被中国古迹遗址保护协会、中国文物报社授予全国优秀古迹遗址保护项目。

（执笔：贺大龙）

---

[1]　建于1008年的雨花宫，在梁架间仍保留了唐代"平梁不出大斗，托脚入斗抵梁"的做法。

五 弥陀殿建筑形制分析

（一）概况

天台庵弥陀殿，被认为是国内仅存的四座唐代建筑之一，它位于山西省平顺县东北25公里的实会乡王曲村内。寺院现址规模不大，坐落在村中的黄土台地之上，周边农舍环绕。寺内现存建筑仅有唐殿一座[1]，背北面南孤存于庭院之中；石碑一通，竖立于殿前东侧，碑面漫漶文字已不可辨识。因无其他史料可稽，故弥陀殿之始建年代以及天台庵初创时的原状（特别是从殿后西侧入庵的原因）我们都已无法确知。

弥陀殿宽三间，深四椽，单檐九脊顶，是一座宽深不足7米略呈方形的小型殿堂。屋面以青灰色陶制筒板瓦覆盖，用瓦条垒筑各脊，吻兽脊饰皆是琉璃制成。料石台基，条石压檐，踏步三阶由条石垒叠，不设垂带。殿内条砖墁地，佛台、佛像都已无存。殿身外墙以青砖砌筑，仅露出阑额。柱头以阑额贯通一周，至角柱不出头，与现存三例唐构做法一致。前檐心间设置小板门两扇，梢间各安直棂窗，形式仍循古制。

弥陀殿周檐用柱12根，木质圆形，柱身被包裹于墙内，柱头制出卷杀如覆盆样。各柱头之上施栌斗，向外只出华栱一跳，跳头安替木承橑风槫，不设令栱，不施耍头，被称之为"斗口跳"，做法未收入《营造法式》（以下简称《法式》）总铺作次序之列。前后檐外跳华栱是由四椽栿伸出檐外制成，与南禅寺和广仁王庙大殿由四椽栿外出制成二跳华栱的做法一致。转角斗栱形制如柱头，补间斗栱只一朵，设在前檐心间，疑为后添[2]。

弥陀殿梁架与南禅寺和广仁王庙一样，同为四椽栿"通檐二柱造"；同样是在两山面施以劄牵而不用丁栿。不同的是，在四椽栿背前后立蜀柱，上安大斗承顶平梁，而不是唐例的驼峰大斗。平梁上设侏儒柱，两侧斜安叉手；大角梁背施隐角梁和子角梁组合结构；两山不设出际梁架，都与南禅寺不同，恰与广仁王庙相一致。角椽的排布方式：南禅寺是斜列法，广仁王庙是后世惯见的辐射法，弥陀殿则是平行、辐射的复合法。

需要指出的是：南禅寺和佛光寺大殿都是大叉手独立承负脊槫，而弥陀殿和广仁王庙大殿的做法相同，是平梁之上以大叉手和侏儒柱组合承脊的方式，被认为是五代以后才出现的新式样。其二，在已知的唐、五代实例中，平梁与四椽栿间都是以驼峰+大斗隔架，而弥陀殿用蜀柱+大斗隔架，是当地宋代中期以后流行的结构方式。其三，在原本是安置首层泥道栱的位置，却用了一条素枋贯通各栌斗，并隐刻出泥道栱。

---

[1] 1988年公布为第三批全国重点文物保护单位，公布时代：唐。

[2] 刘致平先生认为：弥陀殿"当心间有铺作，显然此物年代较晚"。见刘致平《内蒙、山西等处古建筑调查纪略（下）》，《建筑历史研究》第二辑，中国建筑科学研究院建筑情报研究所，第1页。

（二）类型研究

祁英涛先生提出："鉴定古代建筑的年代要通过'两查、两比'并将现存结构与已知年代的建筑或法式进行对比确定年代。"[1]杨鸿勋先生说：建筑史学……只有和考古学结合起来，才能解决古代建筑发展的中心课题[2]。曹汛先生说：把史源学年代学考证用到古代建筑鉴定和建筑史研究上，就是建筑考古学[3]。考古学是"时间"科学最基本的一环，是要判断遗迹和遗物的年代，即"年代学"[4]，王贵祥先生说：我们的建筑考古学和史学研究，还只是一个开始，"对于每一建筑个案的创建年代，加以更为深入与坚实的考订，这是建筑考古学与年代学在建筑历史研究中的重要趋势"[5]。弥陀殿的推测年代为晚唐，我们试以考古类型学方法，对大殿的结构形制与已知年代的唐至宋代早期的实例进行类比，并进一步探索其渊源与年代样式。

1. "阑额型" 柱头结构

弥陀殿周遭施檐柱12根，栌斗直接坐在柱头之上，未施普柏枋；柱头之间以阑额贯通，至角柱不伸出柱外，与后世普遍采用的在柱头与栌斗间又施普柏枋的结构形式完全不同，故谓之以"阑额型"和"阑普型"以示区别。外檐用额的形式最早见于北魏石窟的窟檐，施于廊柱柱头之上的栌斗内，被称之为"额枋"，枋上施以一斗三升和人字栱，之上再安枋组合成"排架式"结构。齐隋有了出跳的华栱，但排架式仍很流行。

（1）从敦煌壁画看

自初唐到晚唐，敦煌壁画中所绘建筑形象都是柱头之上施大斗，柱间以阑额贯通一周，阑额至角不伸出柱头外。重要的是，大多数中唐以前的建筑形象显示，在阑额之下又施一额，即使用了两重阑额，被称之为"重楣"，是柱头结构组合的一种类型，我们称之为"重额型"。在敦煌壁画中，这种制度沿用至宋代。然而，在北方地区的实例中只有敦煌的几座宋代窟檐保留了"重楣"制的痕迹，也许可是因为敦煌地处偏远，故古制犹存（图93）。

（2）从唐代实例看

五台南禅寺大佛殿（782年）、芮城广仁王庙龙王殿（831年）、佛光寺东大殿（857年）都是"栌斗坐在柱头上、阑额至角不出头"的"阑额型"柱头结构形式。在这些唐例中，都未见壁画中所示的"重额型"。由此可知，"阑额型"是继"重额型"之后一种新的柱头结构形式。实例显示，南禅寺以降，"重额型"只在南方早期实例中有所保留。而在北方，"阑额型"取而代"重额型"成为中唐以后的标准样式。

（3）从五代实例看

平顺龙门寺西配殿（925年）、平遥镇国寺万佛殿（963年）、正定文庙大成殿，以及新发现的

---

[1]　祁英涛《怎样鉴定古建筑》，文物出版社，1981年，第2页。

[2]　杨鸿勋《建筑考古三十年综述》，《建筑考古学论文集》，文物出版社，1987年，第286页。

[3]　曹汛《走进年代学》，《名师论建筑史》，中国建筑工业出版社，2009年，第152页。

[4]　夏鼐、王仲殊《考古学》，《中国大百科全书·考古学》，中国大百科全书出版社，1986年，第12页。

[5]　王贵祥《中国建筑史学的困境》，《名师论建筑史》，中国建筑工业出版社，2009年，第9～96页。

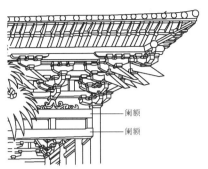 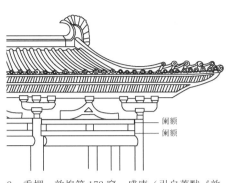 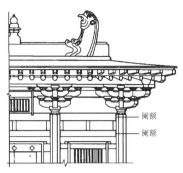

1. 重楣·敦煌第 431 窟·初唐（引自
萧默《敦煌建筑研究》第 231 页

2. 重楣·敦煌第 172 窟·盛唐（引自萧默《敦
煌建筑研究》第 227 页

3. 重楣·敦煌 437 窟窟檐·宋代（引
自萧默《敦煌建筑研究》第 346 页

图93 敦煌"重额型"柱头结构示意图

布村玉皇庙、小张碧云寺和潞城原起寺大殿[1]，都延续了南禅寺以来的"阑额型"模式。需要指出的
是，平顺大云院大佛殿（940年）与前举唐五代实例不同，在栌斗之下的柱头和阑额之上，添置了一
道与阑额成"T"形结构的"普柏枋"，是已知"阑普型"的首个实例。可知，五代有了普柏枋，但
"阑普型"仍是柱头结构的主流式样。

（4）从宋代实例看

宋初高平崇明寺中佛殿（971年）延续了"阑额型"模式，保持了五代的风格[2]。在晋东南，高平
游仙寺（994年）[3]是"阑普型"的首个宋例，此后长子崇庆寺（1016年）、陵川南吉祥寺（1030年）
和小会岭二仙庙大殿（1063年）；在晋中，太谷安禅（1001年）、榆次永寿寺（1008年）；在晋北，
五台延庆寺（1035年）和忻州金洞寺（1093年），都是"阑普型"。显然，入宋以后"阑普型"取代
了"阑额型"，成为柱头结构的标准形制。

（5）结论

通过对敦煌唐代壁画的建筑形象和唐、五代及宋代木构实例柱头结构形制发展演变情况的考察，
我们可以得出如下结论：① 壁画显示，初唐至中唐为"重额型"模式，中唐有了"阑额型"，至宋代
与"重额型"同时共存；② 实例中，中唐以后"重额型"在北方地区消失，"阑额型"成为定式；③
五代出现"阑普型"，但"阑额型"仍很盛行；④ 宋代以后"阑普型"成为定式；⑤《营造法式》
（以下简称《法式》）规定"凡平坐铺作下用普柏枋"与实例柱头施用的做法不同；⑥ 弥陀殿是"阑
额型"，可排列在唐代或五代序列中（图94）。

2. "斗口跳"铺作制度

弥陀殿柱头施栌斗，斗口内只出华栱一跳，跳头施小斗、替木承橑风榑，同期实例有龙门寺西
配殿和原起寺大雄宝殿。但是，这种斗栱样式《法式》总铺作次序中未予收录，而是在"卷十七·大

---

[1] 此三例建筑均无年代可考，但斗栱、梁架风格介于唐代与当地宋代早期之间，又与五代建筑特征相近同。参见贺大龙《长治五代
建筑新考》，文物出版社，2008年10月。《潞城原起寺大雄宝殿年代新考》，《文物》2011年第1期，第59页。

[2] 此殿建于北宋初年，四椽栿以上改动较大已非原制，但铺作及铺作与梁栿的结构关系都延续了五代风格。参见贺大龙《一座宋代
大殿的困惑》，《长治唐五代建筑新考》，文物出版社，2015年，第252页。

[3] 史料载，高平游仙寺创建于北宋淳化年间，即990～994年，故以最晚994年为年代参照标记。

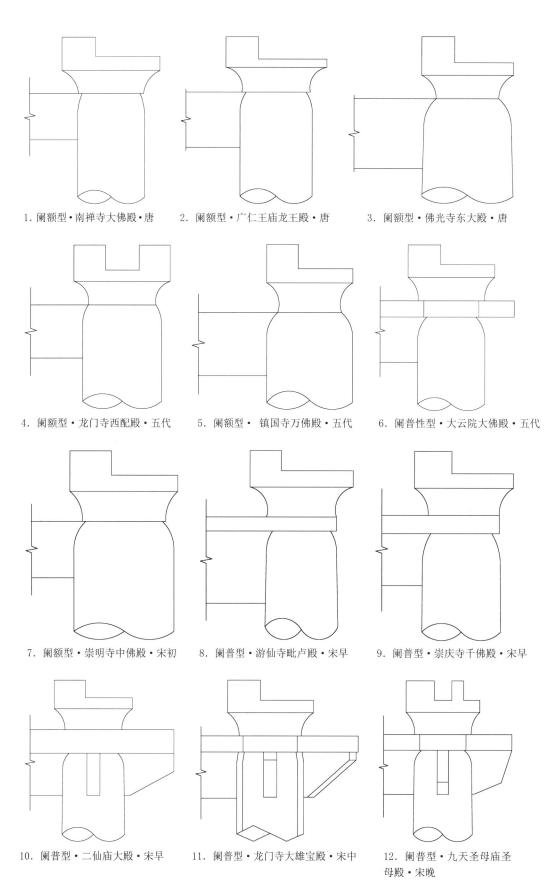

1. 阑额型·南禅寺大佛殿·唐　　2. 阑额型·广仁王庙龙王殿·唐　　3. 阑额型·佛光寺东大殿·唐

4. 阑额型·龙门寺西配殿·五代　　5. 阑额型·镇国寺万佛殿·五代　　6. 阑普性型·大云院大佛殿·五代

7. 阑额型·崇明寺中佛殿·宋初　　8. 阑普型·游仙寺毗卢殿·宋早　　9. 阑普型·崇庆寺千佛殿·宋早

10. 阑普型·二仙庙大殿·宋早　　11. 阑普型·龙门寺大雄宝殿·宋中　　12. 阑普型·九天圣母庙圣
母殿·宋晚

图94　唐—宋代柱头结构传承和演变示意图

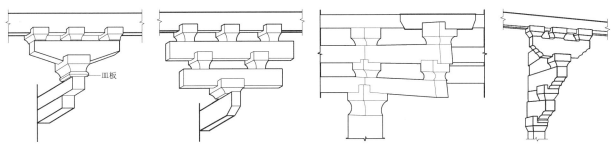

1. 一斗三升斗栱·河北三门
峡出土明器·汉代　　　2. 重叠无卷杀出跳斗栱·河北
望都出土明器·汉代　　3. 两跳华栱承檐·九原岗大屋·北朝　4. 两跳华栱承檐·响堂
山1窟窟檐·北齐

图95　早期斗栱发展演变示意图

木功限"中列出"斗口跳""泥道栱，一只；华栱头，一只；栌斗，一只……"显然，在宋人眼中，这种斗栱结构不是完整的铺作形式，与"把头绞项作"（泥道栱，一只；耍头，一只；栌斗，一只……）一样都是柱头结构中的特殊做法。但我们从斗栱发展演变的情形看，斗口跳是出跳斗栱初级阶段的技术形态。

（1）从汉代陶楼看

在汉代陶楼中，承檐采用了以一斗二升或一斗三升为基本单元的结构形式，承挑的结构方式有单杆（栱）式、曲杆式、直杆式、斜撑式等做法。其中"单杆式"在形式上与"斗口跳"的结构相类似。不同的是，此种挑杆（栱）之下并无栌斗，从结构上推测是出自墙身或柱身，是斗栱挑檐的最早形式。这种挑杆栱与横栱组合承檐的结构方式，被称之为"插栱造"，反映了斗栱发展初级阶段的技术形态。杨鸿勋先生认为：插栱技术是由擎檐柱演化而来，战国已有了插栱与横栱的组合，至汉代成为普遍使用的撑檐技术[1]。

（2）从北朝石窟看

北朝时期的石窟窟檐显示，檐柱柱头上安大斗，斗内施大檐额贯通各斗，额上排列一斗三升与人字栱，之上再施檐额承檐，被称之为"排架型"承檐技术。然在北魏云冈石窟多层塔的塔檐下有了一种新的挑檐形式，即在额枋之上实拍叠出两层枋杆（栱）承挑塔檐；北魏龙门石窟古阳洞后壁雕刻的建筑形象上同样是实拍（栱）叠出的挑檐形式；隋代李静墓石椁的檐角下也是此种形式的延续。进一步忻州九原岗大屋、邯郸响堂山石窟、洛阳陶房、日本玉虫厨子有了在柱头栌斗口内出两跳或三跳华栱承檐的近乎"完美"的斗栱技术形态（图95）。

（3）从唐代壁画看

在敦煌初唐壁画所绘斗栱中，仍有与齐隋时期相近同的一斗三升与人字栱组合的排架型承檐方式，如第431窟。而同是初唐的第329窟楼阁上层的转角栌斗向正侧各出一跳华栱上施一斗三升承檐，看似是汉代的挑檐形式的延续，但不同的是，挑杆变成了华栱并出自于栌斗，变为独立的承檐结构，较汉代依附于墙、柱的技术进步是显而易见的。当插栱与栌斗组合并前后出跳，显示出铺作形成的先兆，进一步与横栱十字相交完成了铺作的雏形。陕西初唐永泰公主墓壁画（701～705年）单阙顶檐下，柱头栌斗上华栱与泥道栱交出，跳头安替木承檐，是"斗口跳"承檐形式的最早形象。

[1]　杨鸿勋《建筑考古三十年综述》，《建筑考古学论文集》，文物出版社，1987年，第286页；《斗栱起源考察》，第254页。

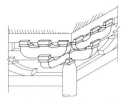 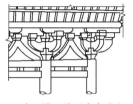 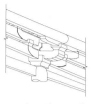 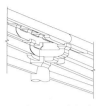 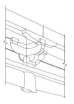 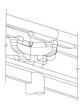

1. 斗口跳·敦煌329窟 壁画·初唐　　2. 斗口跳·陕西永泰公主 墓壁画·初唐　　3. 斗口跳·天台 庵弥陀殿　　4. 斗口跳·龙门寺 西配殿·五代　　5. 斗口跳·易 县开元观音 阁·辽代　　6. 斗口跳·华严 寺海会殿·辽代

图96　斗口跳形制发展演变示意图

（4）从五代实例看

五代平顺龙门寺西配殿和原起寺大雄宝殿都是"斗口跳"，不同的是，西配殿与南禅寺一样，华栱是四椽栿伸出前后檐制成，原起寺则是由四椽栿与乳栿制成。相同的是，在栌斗口内，华栱和柱头枋之下，又横纵交出"半栱式替木"。从结构技术层面上看，如果在半栱上添加上小斗，就是五铺作出两跳，可以认为此种做法是五铺作斗栱的简化形式。在小张碧云寺正殿承平梁的十字栱下，也采用了这种大斗口出替木承栱的方式。弥陀殿同为"斗口跳"，但斗口内没有替木，与永泰公主墓所绘制样式相同，或许是有别于五代的年代特征。

（5）从辽代实例看

大同华严寺海会殿和易县开元寺观音阁是辽代建筑中斗口跳制度的两个实例，巧合的是如同前述五代实例一样，都在栌斗内出半栱式替木[1]。此外，我们在应县木塔和辽代万部华严经塔、中京大明塔的木构塔檐下，都可见到半栱式替木的应用。梁思成先生当年考察海会殿时说："在栌斗中用了一根替木，作为华栱下面附加的半栱。这种特别的做法只见于极少数辽代建筑，以后即不再见。"[2]今天看来，这种结构形式不是辽代建筑独有的"特别做法"，而是在晋东南的五代建筑中最先出现的。

（6）结论

通过对斗栱挑檐技术发展演变的考察，我们可以获得以下认识：① 汉代以依托墙体或柱子的"插栱造"，上施一斗二升或三升擎檐的形式，是斗栱出跳的启蒙；② 齐隋时期自栌斗口内出数层纵栱挑檐，反映了斗栱出跳初级阶段的技术形态，是华栱的雏形；③ 初唐所见在转角正侧用"斗口跳"方式撑檐，标志着斗栱出跳技术的成熟；但未见角华栱，表明角栱技术尚未完善；④ 在"斗口跳"下添加半栱式替木的方式，是五代和辽代的"特别做法"。⑤ 天台庵弥陀殿"斗口跳"的华栱下未施半栱，可能是早于五代的唐代做法（图96）。

3. "组合型"结构关系

弥陀殿斗栱只有一跳华栱，重要的是，这只华栱是由四椽栿延长至前后檐柱的柱头栌斗内，再伸出檐外制成的。而这种结构形制是我们所见唐代小型殿堂南禅寺和广仁王庙大殿的做法，与弥陀殿不同的，是四椽栿伸出檐外制成二跳华栱。由于中唐之前的木构已无实例可考，傅熹年先生凭借反映建筑片断和局部形象的相关史料，依据斗栱、木构架发展演变规律，认为唐代以前大木构架是纵架结

[1] 此两例都已毁失，我们只能凭借当年营造学社的资料获得其形制情况。

[2] 梁思成《大同的两组建筑》，《图像中国建筑史》，百花文艺出版社，2001年，第202页。

构。由此推测，将梁栿外出制成华栱的做法，可能是由纵架向横架转型之时，将原来牵制檐柱的短梁（劄牵）延长成四椽栿，并伸出柱外制成华栱的新型构架形制，应当是横架结构的最初形态。

（1）从汉代斗栱看

傅熹年先生认为：秦汉时期建筑"有中心'都柱'，四周为夯土或土坯墙，墙身内外用壁柱加固，用为承重外墙"[1]。所以汉代陶楼中所见斗栱的结构意义都是撑挑屋檐，"由于斗栱本身未有出跳"以斗和栱组合成的"一斗二升"或"一斗三升"只是撑檐结构中的组合构件，而承挑斗栱的杆件则是出自柱子抑或墙身上的单向悬臂梁，被称之为"插栱"，故而这种撑檐的结构形式被称之为"插栱造"[2]。从构造上看，"插栱"是依附于墙、柱的结构形式，其功能与作用仅仅是撑托屋檐，而非建筑主体结构的必须。由此看来，此期斗栱的功能只是擎檐，与梁栿并无关联和结构关系。

（2）从魏齐窟檐看

北魏云冈和北齐天龙山石窟的窟檐，都是在廊柱的栌斗内施大额枋，上置一斗三升和人字栱，之上再施大额的结构形式。傅熹年先生认为：此期的木构架是纵架构造，其发展演进是由最初的"房屋四壁都是厚墙……墙顶为斗栱、叉手组成的纵架，上承屋顶"[3]。再到摆脱墙承重的全木构纵架的过程。大同雁北师院北魏墓群M5出土的一座石棺椁，在前檐一斗三升的栌斗口内安置了一条向屋内而出插入墙壁（或柱子）内的杆件。有趣的是，杆件前端的出头处制成勾槽头，恰卡在栌斗斗平的外边缘，起到了防止廊部外倾的结构作用。为我们提供了北朝承檐排架的内部结构情况。

（3）从齐隋斗栱看

前述响堂山窟檐刻出的两层出跳华栱，隋代洛阳陶房表现出的连出三跳的"华栱"[4]，2012年发现的忻州九原岗北朝后期[5]壁画墓"大屋图"柱头上绘出两层斗栱。重要的是，首层出挑的栱皆出自柱头之上的栌斗口内，表示出有别于汉代依附于墙体和柱子的结构形式，这无疑是完成了出跳华栱的外跳结构方式。由于资料的缺乏对于它们里转的结构情况进行推测：一、如宋绍祖墓石椁那样，将里转延长插入内墙或内槽柱；二、像佛光寺东大殿那样延长为内柱的里转华栱；三、如南禅寺大殿一跳里转承栿，二跳通达前后檐出华栱。当然，这些都是推测，真实情况尚未可知。

（4）从唐代实例看

南禅寺和广仁王庙大殿都是将四椽栿伸出前后檐外制成二跳华栱，一跳华栱里转出卷头承于栿下；佛光寺东大殿则是将乳栿向外延长出檐柱，向内过内柱外制成二跳华栱，相当于跨两椽的南禅寺式通檐用二柱的形式。可以认为，在唐代是将梁栿制成华栱参与到斗栱的结构之中，互为构件，共同组合成铺作结构，我们将这种梁栿与斗栱的结构关系定名为"组合型"。从结构技术发展演变的角度推测，这种将梁栿延伸出檐外制成华栱承挑屋檐的结构形式，是木构建筑由纵架转变为横架结构时的技术形态和结构形制。从《法式》制度凡屋内彻上明造者，梁两头造要头或切几头看，并无外出作

[1]　傅熹年《中国古代建筑史　第二卷　三国、两晋、南北朝、隋唐、五代建筑》，《傅熹年建筑史论文选》，百花文艺出版社，2009年，103页。

[2]　刘叙杰主编《中国古代建筑史》第一卷，中国建筑工业出版社，2003年，第534页。

[3]　傅熹年《中国古代建筑史　第二卷　三国、两晋、南北朝、隋唐、五代建筑》，《傅熹年建筑史论文选》，百花文艺出版社，2009年，第121页。

[4]　张家泰《隋代建筑若干问题初探》，《历史建筑与研究》第一辑，第166页。

[5]　九原岗墓群考古队《我国北朝墓考古一项重大发现》，《中国文物报》2014年1月10日首版。

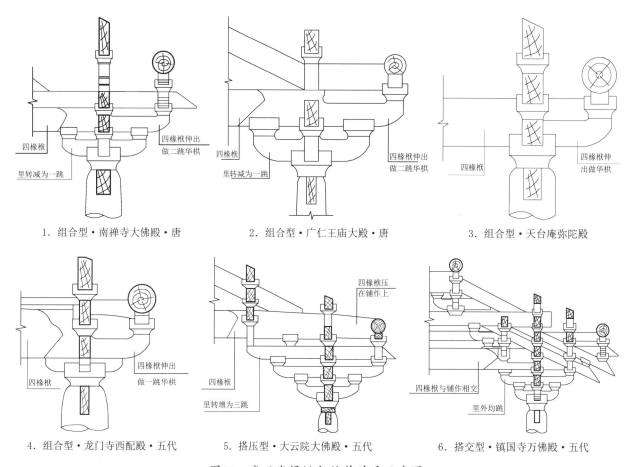

1. 组合型·南禅寺大佛殿·唐　　2. 组合型·广仁王庙大殿·唐　　3. 组合型·天台庵弥陀殿

4. 组合型·龙门寺西配殿·五代　　5. 搭压型·大云院大佛殿·五代　　6. 搭交型·镇国寺万佛殿·五代

图97　唐五代梁栿与铺作关系示意图

华栱之法。

（5）从五代实例看

龙门寺西配殿的斗栱与弥陀殿一样都是"斗口跳"，同样前后檐外一跳华栱是由四椽栿伸出檐外制成，潞城原起寺大殿"斗口跳"，华栱由四椽栿和劄牵外出制成；布村玉皇庙前殿是四椽栿与劄牵伸出制成二跳华栱；正定文庙大成殿前后劄牵外出制成二跳华栱，与东大殿乳栿做法相仿；都是唐代模式的延续。重要的是，大云院出现了梁栿完全压在铺作之上的"搭压型"，镇国寺出现梁栿插入铺作结构中的"搭交型"，入宋以后，唐代"组合型"已不在见，"搭压型"和"搭交型"同时共存（图97）。

（6）结论

通过对汉代以来斗栱发展演变的考察，我们可得到以下认识：① 汉代以"插栱"方式擎檐，其挑出的栱依托于墙体或柱子，与内部的梁栿没有结构关系；② 北魏、北齐是纵架时代，前檐以"排架"式结构承檐，由劄牵式构件与内部结构联系；③ 齐隋时出现斗栱挑檐，其里转结构与梁栿的结构关系尚不可知；④ 初唐有了斗栱前后左右出跳的组合形式，是铺作制度的初级阶段[1]；⑤ 中唐以后斗栱技术高度发达，梁栿伸出檐外做华栱，是此期的标准形制；⑥ 弥陀殿四椽栿外出做华栱是唐代制度，年代下限当为五代。

---

[1] 萧默《敦煌建筑研究》，机械工业出版社，2003年，第226页。

4. "复合型"角椽布置

弥陀殿角椽的铺钉方式与我们已知的平行、斜列和辐射椽法不同，具体做法是：自角梁（隐角梁）尾起先采用"平行法"铺钉，即每根椽椽尾独立排列在角梁上，椽子与槫垂直，与正身椽平行；自第6、7根之后采用后世惯见的"辐射法"铺钉，是平行和辐射布椽的混合做法。根据其有别前述布椽方式的特点，我们将这种翼角椽铺钉方式定名为"复合型"角椽法，可以认为是由平行椽向辐射椽转型的过渡形式。角椽的铺钉方式，具有鲜明的时代性，平行椽法被认为是唐代以前的方式，辐射法是宋代以后的模式。

（1）从早期角椽看

汉代到齐隋的资料显示，角椽布置大多都是"平行法"，即椽檐至角转过，角椽还是与槫架垂直，与正身椽平行排列的铺钉方式。然而在汉代已有少数石阙反映出辐射状布椽的形象，北魏云冈第2和第39窟中心塔柱的塔檐同样也有看似辐射状布置角椽的做法，但是这些斜出的椽子在檐内的构造情况我们尚不清楚。平行椽法的实物可以在日本飞鸟时代的建筑遗例中见到，如奈良法起寺三重塔等。由此我们可知，这种与正身椽平行排列布置的"平行型"角椽法，是我们目前所知翼角椽铺钉方式的最早样式。

（2）从唐代实例看

南禅寺大殿翼角椽从外檐看与汉阙和北魏塔檐的辐射状形象并无太大的差别，而从内部结构看，角椽自大角梁尾开始，椽头略向角梁方向外撇，但自第5、6根起，椽头向角梁方向外撇幅度加大，但椽尾并不像后世"辐射椽"那样杀斜贴靠在一起，而是与平行椽做法一样，独立搭扣在大角梁上，被认为是居于"平行"和"辐射"法之间的"第三种式样"[1]。由此推测，此前所见汉代与北魏辐射状角椽形象的内部构造，很有可能就是南禅寺布置角椽的做法，我们将之定名为"斜列型"角椽法。

（3）从五代实例看

当我们首次见到弥陀殿平行与辐射复合法铺钉角椽的方式时，最容易想到的就是后代修缮时改造的结果。然而，当我们看到镇国寺、小张碧云寺、潞城原起寺大殿都是此种"复合型"布置角椽时，我们完全有理由相信，它是五代时期普遍采用的结构类型之一。进一步考察可以发现，这些实例的角椽由平行布椽转而向辐射布椽的起始点各不相同，镇国寺万佛殿自转角铺作外二跳华栱跳头为起点，碧云寺和原起寺大殿都是自转角栌斗起。从技术演进角度看，弥陀殿等五代"复合型"角椽法，恰反映了平行椽向辐射椽的转型过程。

（4）从《法式》制度看

《法式》角椽铺钉没有专门的制度。角梁：若厦两头造，则两梢间用角梁转过两椽。椽：若四装回转角者，并随角梁分布，令椽头疏密得所，过角归间，并随上架取直，并无具体的做法。从太原晋祠圣母殿、正定隆兴寺摩尼殿和朔州崇福寺弥陀殿的翼角情况看，先将第一根椽与正身椽平行铺钉，之后的角椽后尾两侧斫斜，逐个相贴钉在角梁的两侧[2]，椽尾排列紧密，椽头向角梁靠拢呈辐射状散

---

[1] 祁英涛、柴泽俊《南禅寺大殿修复》，《文物》1980年第11期，第67页。

[2] 张静娴《飞檐翼角（下）》，《建筑史论文集》第四辑，1980年，第73页。

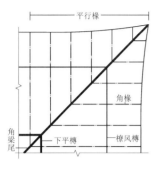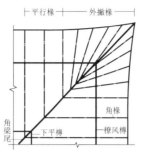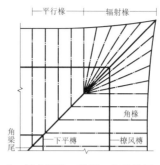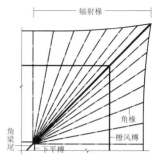

1. 平行椽法　特征：角椽与槫架垂直、与正身椽平行铺钉

2. 斜列椽法　特征：角椽初始平行，至角5～6根向角梁方向外撇·椽尾独立排列

3. 复合椽法　特征：自角梁尾起，先平行再辐射排布

4. 辐射椽法　特征：椽尾交于一点，椽头向外呈辐射状散开

图98　角椽铺钉方式示意图

开，是宋代以后翼角布椽的模式。梁思成先生在《清式营造则例》[1]的翼角图中阐明了辐射椽的原理。

（5）结论

通过对角椽铺钉方式的考察，我们可以获得如下认知：① 翼角布椽有4种结构类型；②"平行椽法"是我们已知翼角布椽的最早样式；③"斜列椽法"见于现存最早木构遗物南禅寺大殿，是平行椽向辐射椽过渡的形式；④"复合椽法"始见于五代，也是"平行椽"向辐射椽过渡的一种样式；⑤"辐射椽法"是宋代以后角椽铺钉的标准模式，并通过"生出"和"起翘"等技术手段，成为中国建筑最具魅力的艺术特征之一；⑥ 弥陀殿翼角布椽从技术层面上看，辐射布椽法已经成熟，只是起点不在角梁尾，其年代下限为五代（图98）。

5. "重枋型"柱头壁栱

《法式》曰："凡铺作当柱头壁栱，谓之'影栱'。又谓之'扶壁枓（栱）'。"是柱头栌斗上由栱和枋相垒叠与出跳华栱（昂）交构的组合结构。弥陀殿扶壁栱由两层素枋（柱头枋）叠构间以散斗，首层与华栱交出栌斗，枋上隐刻出泥道栱，跳头上施小斗承上层枋，枋上又刻出慢栱上置小斗安置承椽枋。这是《法式》制度中没有收录的扶壁栱式样，与所见南禅寺、广仁王庙和佛光寺东大殿的结构方式不同，我们给这种样式定名为"重枋型"。

（1）从齐隋壁画和陶屋情况看

忻州九原岗壁画墓中的"大屋图"和郑州博物馆藏洛阳陶房，是已知最早华栱与柱头枋交出的形象资料。"大屋图"柱头栌斗口内施素枋贯通各栌斗与外出的一跳华栱相交；枋栱交接点上坐心斗，交出二层柱头枋与华栱。洛阳陶房檐下亦施两层素枋，但与柱头和华栱的关系表现得不够清晰，或许日本"玉虫厨子的檐下枋木置于栌斗之上，可能正是洛阳陶房所要表现的原形"[2]。这是我们所见最早的由素枋垒叠而成的扶壁栱样式。

---

[1]　梁思成《清式营造则例》，中国建筑工业出版社，1981年，图版拾叁。

[2]　张家泰《隋代建筑若干问题初探》，《历史建筑与研究》第一辑，第170页。

（2）从唐代壁画和现存实例看

在敦煌唐代壁画中，初唐之时"在檐下，正心一线一栱一枋为一组，若出两跳则叠用两组"[1]。即柱头壁首层施泥道栱，其上施枋为一个结构单元，若出两跳再施枋的一栱一枋的形式，我们称之为"栱枋重复型"，广仁王庙龙王殿即是此形制的最早实例。中唐以后出跳斗栱的扶壁栱有了首层使用泥道栱，二层以上垒叠数层素枋的结构，我们称之为"单栱重枋型"。已知的唐代遗构南禅寺大殿和佛光寺东大殿的扶壁栱都是此种类型。

（3）从唐代窟檐和塔檐情况看

太原天龙山唐代窟檐有大斗内首层出枋并在枋上隐刻出泥道栱的形象；长子法兴寺唐大历八年（773年）燃灯塔，檐下柱头栌斗内首层同样是以枋贯通各柱头并隐刻出泥道栱的做法，但均未表现出上一层结构的情况。河北赞皇唐天宝八年（749年）三层五檐石塔塔檐下的扶壁栱，明确地反映出首层用柱头枋之上又垒叠二或三层素枋，并隐刻出泥道栱和慢栱的形式。表明，盛唐仍然有柱头缝用单枋或重枋隐刻出泥道栱和慢栱的方式。

（4）从五代和五代风格的实例看

已知最早的五代遗物是龙门寺西配殿，其扶壁栱的结构形制与弥陀殿的做法完全相同，都是在首层施素枋并隐刻出泥道栱，在二层又施素枋并隐刻出慢栱。此期首层施素枋并隐刻出栱者还有小张碧云寺和潞城原起寺大殿，不同的是在二层结构中都采用了真实的泥道栱（慢栱），故称之为"枋栱型"。而大云院和镇国寺大殿的扶壁栱都采用了与南禅寺大殿相同的，在泥道栱上垒叠数重素枋的"单栱重枋型"，是后世的主要类型。

（5）结论

通过对扶壁栱的考察，我们有以下认识：① 柱头壁用素枋垒叠的结构方式，应当是汉代"井干壁"演化而来的，是扶壁栱技术的初级形态；② 北朝晚期有了自栌斗口施柱头枋与出跳的华栱交出的结构形式；③ "重枋型"扶壁栱是所见最早的样式；④ 敦煌唐壁画中始见与南禅寺和佛光寺相同的"单栱重枋型"式样；⑤ "枋栱型"是五代的创新式样，还是更早的做法，尚未可知；⑥ 弥陀殿"重枋型"与龙门寺西配殿形制相同，故其年代下限当在五代（图99）。

6. "入斗型"结构方式

弥陀殿四架椽屋四椽栿通椽用二柱，栿上立蜀柱上安大斗承托平梁，"并于梁首向里斜安托脚"，其功能作用除了防止平梁移位，还有分散荷载的作用。值得注意的是，平梁入大斗但梁头不伸出斗口外，托脚的上端伸入大斗斗口内斜抵平梁头，下端斜插于四椽栿背。重要的是，这种平梁头不出斗口、托脚入斗抵梁，与唐代南禅寺、广仁王庙和佛光寺东大殿的做法相一致，我们将这种结构方式称之为"斗内型"。问题是，弥陀殿平梁与四椽栿的架间结构是蜀柱大斗，与上述唐例用驼峰或方木大斗承梁的形制不同。

（1）从唐代实例看

傅熹年先生说："在隋代前后，木构架由以纵架为主的方法向横向梁架为主的方法的改变过

---

[1]　萧默《敦煌建筑研究》，机械工业出版社，2003年，第228页。

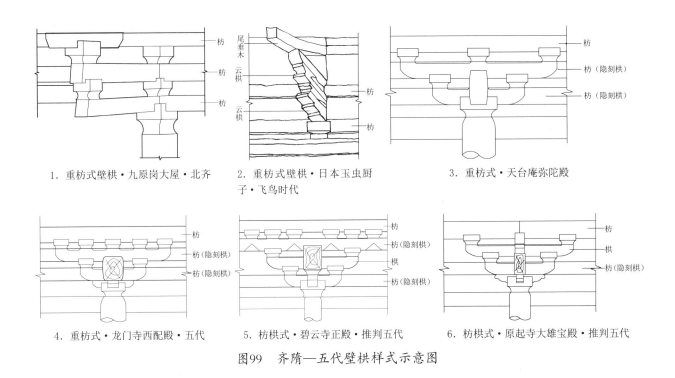

1. 重枋式壁栱·九原岗大屋·北齐　　　2. 重枋式壁栱·日本玉虫厨子·飞鸟时代　　　3. 重枋式·天台庵弥陀殿

4. 重枋式·龙门寺西配殿·五代　　　5. 枋栱式·碧云寺正殿·推判五代　　　6. 枋栱式·原起寺大雄宝殿·推判五代

图99　齐隋—五代壁栱样式示意图

程。"[1]南禅寺、广仁王庙大殿和佛光寺东大殿是完成纵架向横架转型的最早实例，其构架方式是：四椽栿上施驼峰或方木（平棊内）上安大斗承平梁，梁上以两只大叉手承脊槫，并在梁的两端斜安托脚，是唐代大木构架的基本结构形制。我们关注到的是，平梁不出斗口，托脚入斗抵梁，是3例唐构的标准样式。由于更早史料的缺失，故平梁"斗内"、托脚"入斗"的方式，是所见最早的平梁与托脚结构关系。

（2）从五代实例看

五代，大云院和镇国寺大殿都延续了唐代平梁"斗内型"的结构方式，龙门寺西配殿将平梁头伸出大斗外与托脚交构[2]，是平梁"斗外型"的首个实例。有趣的是，平梁头由上至下，托脚自下而上斜向各自制成锯齿状，两相抵触，相互咬合，形如锯齿交错，故称之为"锯齿式"结构方式。布村玉皇庙和原起寺大殿是西配殿的"斗外型"，不同的是托脚上角开曲尺口将平梁头的下角嵌入开口之内，在功能上恰与西配殿有异曲同工之意。碧云寺大殿平梁同样伸出斗口外，但两端末未施托，是此时期的唯一个例。

（3）从宋代实例看

宋初所建崇明寺中佛殿是平梁"斗外型"，托脚与平梁的结构方式是在梁头开卯将托脚上端（头）插入卯口内的"插梁式"做法；宋代早期的崇庆寺千佛殿也是"斗外型"，结构方式是梁头下角开曲尺口，托脚上端抵在口内的"托梁式"。晋中太谷安禅寺藏经殿、榆次永寿寺雨花宫和晋北忻州金洞寺转角殿，则是延续了南禅寺型的唐式旧制。宋代中期在晋东南出现了平梁与下栿间以蜀柱承顶平梁的新型隔架方式。值得关注的是，这些蜀柱隔架实例中，有平梁两端不使用托脚的情况，反映

[1]　傅熹年《中国古建筑十证》，复旦大学出版社，2004年，第163页。

[2]　李会智《山西现存元代以前木结构建筑区域性特征》，《山西文物建筑保护五十年》，山西省文物局编，2006年11月，第61页。

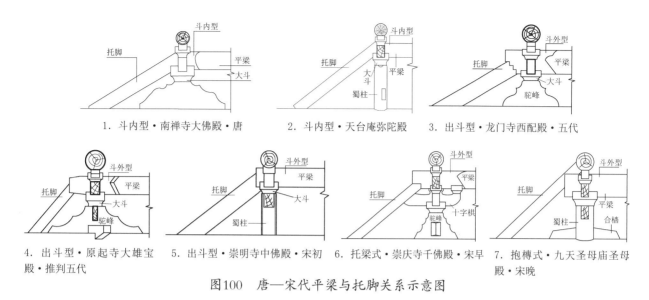

1. 斗内型·南禅寺大佛殿·唐　　2. 斗内型·天台庵弥陀殿　　3. 出斗型·龙门寺西配殿·五代

4. 出斗型·原起寺大雄宝　　5. 出斗型·崇明寺中佛殿·宋初　6. 托梁式·崇庆寺千佛殿·宋早　7. 抱槫式·九天圣母庙圣母
殿·推判五代　　　　　　　　　　　　　　　　　　　　　　　　　　　　　　　　　　殿·宋晚

图100　唐—宋代平梁与托脚关系示意图

出有宋一代架间结构的地域差异。

　　（4）从《法式》规定看

　　《法式·卷五》大木制度二·侏儒柱有曰"凡中下平槫缝，并于梁首向里斜安托脚……从上梁角过抱槫，出卯以托向上槫缝"。从这段文字中我们可以看出：托脚是越过梁头上角斜抵在槫侧的做法，与我们所见唐至宋代平梁与托脚的结构方式截然不同。宋代晚期的平顺九天圣母庙圣母殿（1100年）、太原晋祠圣母殿（1102年）等，有了遵循《法式》从上梁角过抱槫的做法，值得关注的是，这些实例都略早于《法式》颁布的时间，由此可知，宋代晚期"托脚抱槫"的结构方式是受到《法式》影响的外来样式。

　　（5）结论

　　通过对托脚与平梁结构方式的考察，我们有以下认识：① 平梁"斗内"和托脚"入斗"是唐代实例中同时共存的典型年代特征，具有标尺意义；② 五代有了平梁"出斗"，而"斗内型"并未消失，是新旧形制的交替共存阶段；③ 入宋平梁"斗内型"在晋东南已消失，"斗外型"托脚与平梁结构的方式具有多样性特点；④《法式》规定了托脚越过平梁头抵在槫侧的具体做法，托脚兼顾了"扶"槫的结构功能；⑤ 宋代晚期有了《法式》"托脚抱槫"的做法，至金代成为流行；⑥ 弥陀殿梁与托脚结构形制的年代下限当在五代（图100）。

7. 歇山式特殊做法

　　弥陀殿的屋顶形制为歇山式，《法式》称之为"厦两头造"或"九脊殿"，与庑殿（五脊殿）、悬山和硬山同为中国木构建筑的主要屋顶形式。梁思成先生说：中国建筑的"构造对其外形的制约作用比任何别种式样的欧洲建筑都大"[1]，道出了建筑结构形制与外观造型的关系。也就是说，大木构架的结构形制决定了建筑屋顶的样式，然而弥陀殿的梁架结构形式却与《法式》制度和我们常见的歇山构架方式略有不同。

---

[1]　梁思成《图像中国建筑史》，百花文艺出版社，2001年，第62页。

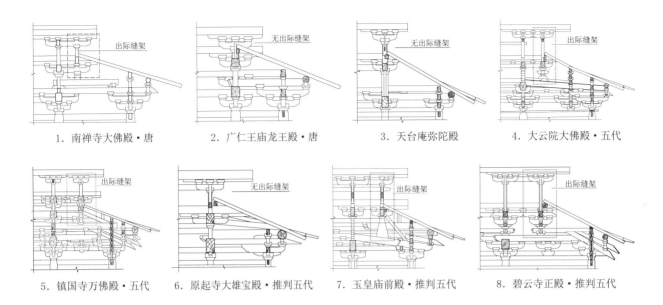

1. 南禅寺大佛殿·唐　　2. 广仁王庙龙王殿·唐　　3. 天台庵弥陀殿　　4. 大云院大佛殿·五代

5. 镇国寺万佛殿·五代　　6. 原起寺大雄宝殿·推判五代　　7. 玉皇庙前殿·推判五代　　8. 碧云寺正殿·推判五代

图101　唐五代歇山构架示意图

（1）从唐代实例看

考察现存唐代实例的屋顶形式和结构方式：佛光寺东大殿是庑殿顶，在次间脊部缝架外"另安太平梁一缝"以托脊槫挑出的部分；南禅寺大殿是歇山顶，在心间梁架外增出一道"平梁"以承槫架挑出部分；广仁王庙大殿也是歇山顶，但在平梁外未施承挑槫架增长部分的梁栿，并在梁的外侧贴梁设承椽枋，以受山面椽尾。这样看来，佛光寺和南禅寺都在梢间的脊部增出了一缝支托槫架外出部分的"梁"，而广仁王庙则未设此梁。

（2）从五代实例看

在山西现存的五代实例中，没有庑殿式形式，但却有了龙门寺西配殿唯一的一例悬山式构架式样。在歇山实例中，镇国寺、大云院、玉皇庙、碧云寺大殿的梁架构造都与南禅寺大殿的结构方式相近同，即在心间两缝梁架外，增出一缝与平槫相交支托向外增长槫架的"平梁"，独原起寺大殿沿袭了广仁王庙和天台庵大殿的形制。由此看来，五代时期的歇山式建筑与唐代一样，有设或者不设支托槫架"平梁"的两种构架同时共存。

（3）从宋代实例看

宋初创建的高平崇明寺和早期的游仙寺、小会岭二仙庙、陵川南吉祥寺、长子崇庆寺等；中期的高平开化寺、晋城青莲寺、平顺龙门寺等；晚期平顺九天圣母庙、泽州崇寿寺等歇山式遗构，都采用了南禅寺大殿在心间梁架外增设支承槫架增长部分"平梁"的结构方式。可以看出，五代以后晋东南宋代有明确年代的歇山式建筑中，广仁王庙和天台庵大殿的结构方式消失。南禅寺增设出际缝架支撑增长槫架的歇山结构形制定型。

（4）从《法式》规定看

《法式》卷五·栋，"凡出际之制，若殿阁转角造，即出际长随架。于丁栿上随架立夹际柱子以柱槫梢；或更于丁栿背上添阁头栿。"所谓"阁头栿"系"架在两山丁栿背上，用以支承披檐椽尾和山面平梁的梁栿，取其有封闭厦两头造屋顶山面的意思，所以得名。"[1]由此可知，《法式》歇山出际结构的做法，是于丁栿上或立柱或在平梁外增设"阑头栿"以支承槫架增长的部分，但实例中在丁栿上立"夹际柱子"支托出际槫稍的做法并不多见。

（5）结论

通过上述讨论，我们有以下收获：① 《法式》制度出际，是指槫架增出部分。阑头栿系支托出际"平梁"的构件；② 广仁王庙、天台庵和原起寺大殿无出际缝架的方式，是歇山结构的初级技术形态。③ 南禅寺大殿设出际缝架，但无阑头栿之设；④ 五代镇国寺院有了《法式》意义的歇山构架方式；⑤ 清式《则例》称阑头栿为"采步金"，并明确了其结构功能；⑥ 结合晋东南宋代歇山式结构的情况，弥陀殿的形制年代下限应在五代（图101）。

（三）问题分析

1．侏儒柱的问题

梁思成先生说：佛光寺东大殿"平梁的上面安大叉手而不用侏儒柱，两叉手相交的顶点与令栱相交，令栱承托替木和脊槫。日本奈良法隆寺的回廊，建于隋代，梁上也用叉手，结构与此完全相同；更溯而上之，则汉朱鲔祠也在三角形的石板上隐出梁和叉手的结构（宋代梁架则是叉手侏儒柱并用）。佛殿所见是我们多年调查所得的唯一孤例，恐怕也是这做法之得以仅存的实物了"[2]。傅熹年先生说："大叉手"式构架汉代已有之[3]。

（1）侏儒柱的疑问

事实上，南禅寺大殿在发现之时，也是侏儒柱与叉手组合的西配殿模式，现状中的"大叉手构架"是在20世纪70年代维修时，经勘察测试并依据评估结论"恢复了唐代建筑的原样"[4]。然而另一例有明确年代的唐构广仁王庙龙王殿的平梁之上也立有侏儒柱，由此引发的问题是：如果龙王殿的侏儒柱是初创时的原构，无疑将颠覆侏儒柱与叉手组合构架之五代说，与此同时"大叉手构架"是唐代脊部构造模式的定论也将被质疑。

（2）侏儒柱的出现

弥陀殿平梁之上不仅有两只大叉手，更有驼峰、侏儒柱、大斗、令栱和替木共同承负脊槫，这与我们所认知的佛光寺东大殿只用一对人字形叉手以承托脊槫的唐代脊部构造模式不同。问题是，龙门寺西配殿平梁之上的侏儒柱被认为是"五代新构，开平梁上置驼峰、侏儒柱之先河"[5]。弥陀殿平梁上的驼峰、侏儒柱是后代添加的，还是创建时的原状，成为年代问题之关键。如果是原构，即可判定为唐物；如果是后添加则可能是五代遗物。

[1]　徐伯安、郭黛姮《宋〈营造法式〉术语汇释》，《建筑史论文集》，清华大学出版社，2002年，57页。
[2]　梁思成《记五台山佛光寺的建筑》，《梁思成全集》，中国建筑工业出版社，2001年，第380页。
[3]　傅熹年《麦积山石窟中所反映出的北朝建筑》，《傅熹年建筑史论文集》，文物出版社，1988年，第131页。
[4]　祁英涛、柴泽俊《南禅寺大殿修复》，《文物》1980年第11期，第75页。
[5]　柴泽俊《山西几处重要古建筑实例》，《柴泽俊古建筑文集》，文物出版社，1999年，第155页。

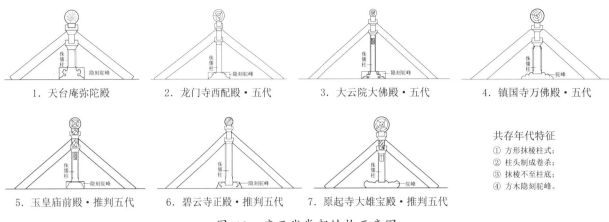

1. 天台庵弥陀殿　　2. 龙门寺西配殿·五代　　3. 大云院大佛殿·五代　　4. 镇国寺万佛殿·五代

5. 玉皇庙前殿·推判五代　　6. 碧云寺正殿·推判五代　　7. 原起寺大雄宝殿·推判五代

共存年代特征
① 方形抹棱柱式;
② 柱头制成卷杀;
③ 抹棱不至柱底;
④ 方木隐刻驼峰。

图102　唐五代脊部结构示意图

(3) 结论

南禅寺大殿修缮时,发现柱子和驼峰与叉手的材质不同,对脊部构造解剖,又发现柱子、驼峰、平梁间并没有卯榫结构,可以断定是后代添加上去的。略晚的佛光寺东大殿也是平梁上只用两只大叉手承槫的方式。五代三个有年代的实例,平梁上都立有侏儒柱。由此看来,对于广仁王庙和天台庵两座唐代大殿平梁上侏儒柱真实性(原状)的考察与研究就颇显重要。特别是于天台庵而言,成为关乎唐五代脊部构造和破解大殿年代的核心问题(图102)。

2. 架间蜀柱问题

唐代南禅寺与广仁王庙大殿的梁架都是四椽栿通檐用二柱,梁栿之间都是驼峰之上施加大斗隔架。五代时期北方遗例都严格地遵循了唐制"驼峰+大斗"的模式,另有镇国寺和碧云寺是"驼峰+大斗"又出十字栱之"铺作式"。天台庵弥陀殿同样是四椽栿通檐用二柱,不同的是在栿背上安置了两根蜀柱,柱头上再施大斗以为隔架结构,被称之为"蜀柱大斗型"。问题是,此种隔架形制是唐代已有,五代新制,还是后代添改的(图103)。

(1) 宋代实例

在晋东南,自天台庵弥陀殿之后,这种蜀柱隔架的方式从宋初的高平崇明寺,早期的陵川南吉祥寺和小会岭二仙庙;中期的高平开化寺、泽州青莲寺、平顺龙门寺;晚期的平顺九天圣母庙、泽州崇教寺等,乃至金元时期的大殿都延续了弥陀殿的方式。这样看来,"蜀柱大斗型"似乎是一种自晚唐以来不曾间断的承继关系明确的结构类型。然而,在晋南、晋北和晋中的宋代建筑仍然都恪守着驼峰大斗的隔架方式,难道蜀柱隔架是晋东南现象的区域特征(图104)。

(2) 样式疑问

梁架间用矮柱的实例始见于五代龙门寺西配殿的平梁之上,为了区别梁栿间所用矮柱,我们分别称之为"侏儒柱"和"蜀柱"。侏儒柱安于平梁上以驼峰承垫,柱头上安斗,与令栱、替木和叉手承负脊槫。考察细节,柱脚有驼峰和方木隐刻驼峰两种,柱式皆方形,柱身抹棱,柱头卷杀,是此期的标准模式。对照架间蜀柱,按年代先后有柱脚直接坐梁、有斜肩式合楂、方木和驼峰,柱式有圆形和方形,故它们的真实性有待研究(图105)。

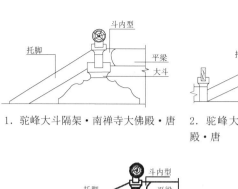
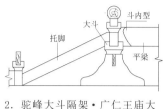
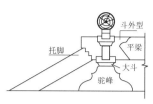

1. 驼峰大斗隔架·南禅寺大佛殿·唐

2. 驼峰大斗隔架·广仁王庙大殿·唐

3. 驼峰大斗隔架·玉皇庙前殿·推判五代

4. 驼峰大斗隔架龙门寺西配殿·五代

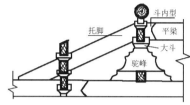
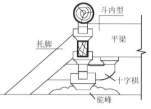
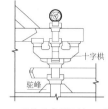
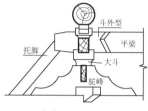

5. 驼峰大斗隔架·大云院大佛殿·五代

6. 驼峰十字栱隔架·镇国寺万佛殿·五代

7. 驼峰十字栱隔架·碧云寺正殿·推判五代

8. 驼峰大斗隔架·原起寺大雄宝殿·推判五代

图103　唐五代隔架结构示意图

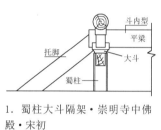
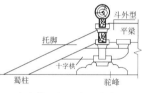
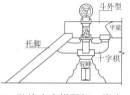
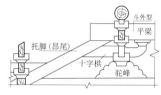

1. 蜀柱大斗隔架·崇明寺中佛殿·宋初

2. 十字栱隔架·安禅寺大殿·宋早

3. 驼峰十字栱隔架·崇庆寺千佛殿·宋早

4. 驼峰十字栱隔架·永寿寺雨花宫·宋早

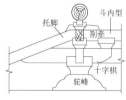
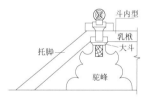
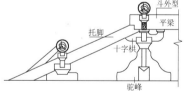
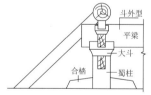

5. 驼峰十字栱隔架·忻州金洞寺转角殿前槽·宋代

6. 驼峰大斗隔架·稷王庙大殿·宋代

7. 十字栱隔架·延庆寺大佛殿·宋中

8. 蜀柱大斗隔架·九天圣母庙圣母殿·宋晚

图104　宋代隔架结构示意图

（3）结论

宋代早期的斗栱都采用了五铺作单抄单下昂，一跳偷心耍头昂式的统一样式。而侏儒柱、蜀柱的柱式、柱脚结构却形式多样，不符合发展演变的规律。对照唐五代的隔架方式一律是驼峰+大斗，形制统一规范，唯独弥陀殿是蜀柱+大斗。由此看来，弥陀殿的蜀柱是首例，还是后世改制的，不仅关乎其年代判定，更是构建晋东南梁栿间隔架结构演变序列的重要环节。因此，对弥陀殿隔架结构的真实性和年代判定，是弥陀殿研究的主要内容之一。

3. 角梁结构问题

《法式》阳马曰："凡堂厅（厅堂）若厦两头造，则两梢间用角梁转过两椽。"阳马即角梁，

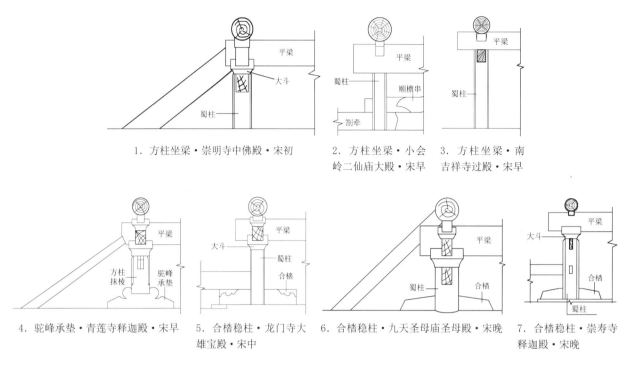

1. 方柱坐梁·崇明寺中佛殿·宋初　　2. 方柱坐梁·小会　　3. 方柱坐梁·南
岭二仙庙大殿·宋早　　吉祥寺过殿·宋早

4. 驼峰承垫·青莲寺释迦殿·宋早　　5. 合楂稳柱·龙门寺大　　6. 合楂稳柱·九天圣母庙圣母殿·宋晚　　7. 合楂稳柱·崇寿寺
雄宝殿·宋中　　释迦殿·宋晚

图105　晋东南宋代蜀柱隔架示意图

是支承歇山和庑殿式建筑前后与两山面出檐交接处转角结构构件的统称。《法式》造角梁之制中有大角梁、子角梁和隐角梁，其结构组合是："大角梁自下平槫至下架檐头，子角梁随飞椽头外至小连檐下，斜至柱心。"隐角梁"自下平槫至子角梁尾"。然考察实例有两种形制：南禅寺与佛光寺大殿只用大角梁一根，搭压在下平槫和橑风槫上，不设隐角梁，我们称"大角梁型"；而宋代以后则皆因《法式》之制谓"隐角梁型"。

（1）实例情况

天台庵弥陀殿的翼角结构是由大角梁、子角梁和隐角梁组合的《法式》形制，同样介于南禅寺与佛光寺之间的广仁王庙龙王殿也是此种形制。考山西唐代以降，大云院和碧云寺大殿，皆是南禅寺式的"大角梁型"。而五代镇国寺和五代风格的玉皇庙、原起寺以及宋初的崇明寺，皆是广仁王庙式的"隐角梁型"。以时间维度看，晚唐至宋初似乎是两种形制同时共存的阶段。然而，南禅寺式的大云院和碧云寺形制规范、技术成熟；广仁王庙式的实例大角梁梁尾的结构形式却呈多样性，尤其弥陀殿将大角梁尾插入蜀柱更是值得关注的特例。

（2）模式疑问

事实上，《法式》对大角梁后尾的结构处置并未明确交代，对于这样一个重要的构造部位难道是由匠师们"约度处置"吗？从实例看，广仁王庙插搭在四椽栿背的驼峰之上；弥陀殿插在蜀柱内；玉皇庙承挑在"阑头栿"下；镇国寺和原起寺插搭在槫下令栱内；崇明寺以衬角栿为之，由角昂和补间里转支托。宋代以后角梁结构规范，早期是沿袭大云院角昂、转角铺作里转支托大角梁，中期则是碧云寺式以角华栱与昂尾承大角梁的形制。由此可见，唐五代"隐角梁型"的结构形制不一，是原制还是后改有待研究（图106）。

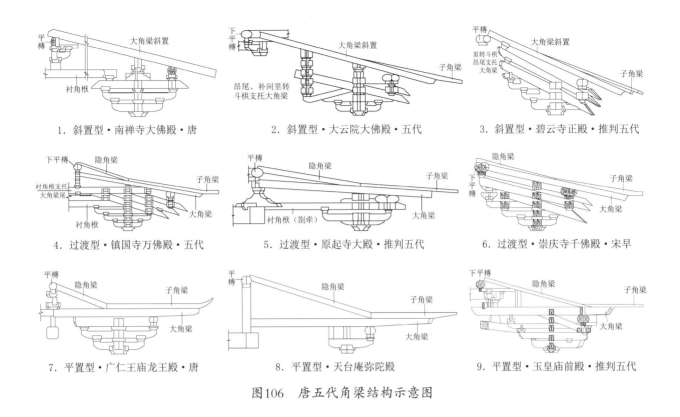

1. 斜置型·南禅寺大佛殿·唐　　　　2. 斜置型·大云院大佛殿·五代　　　　3. 斜置型·碧云寺正殿·推判五代

4. 过渡型·镇国寺万佛殿·五代　　　　5. 过渡型·原起寺大殿·推判五代　　　　6. 过渡型·崇庆寺千佛殿·宋早

7. 平置型·广仁王庙龙王殿·唐　　　　8. 平置型·天台庵弥陀殿　　　　9. 平置型·玉皇庙前殿·推判五代

图106　唐五代角梁结构示意图

（3）结论

按照大角梁尾与下平槫的结构位置，可以分为"槫上"和"槫下"两种类型，当大角梁尾搭压在下平槫之上，梁呈斜置状态，而置于槫下时，呈平置状态，采用此种分类方法，又可分为"平置"和"斜置"两种类型[1]。事实上，大角梁尾的位置决定了檐角的外观造型。"斜置型"大角梁与正身椽斜度一致，只是由于梁背略高于椽子上皮，故檐角微曲略翘，是唐代特征；"平置型"大角梁与正身椽形成较大的夹角，故檐角上曲高扬，是宋代风格。弥陀殿角梁结构即非唐式也非宋式，是需要研究的主要问题之一。

（四）年代推定

1. 关于年代的讨论

天台庵弥陀殿被发现以来，即引起学界的广泛关注，其中最为重要的是大殿现存结构或唐或五代的研讨一直未能定论。一是缺乏史证，二是后代扰乱，加之建筑考古学、类型学和年代学研究的滞后，致使建筑个案的年代的研判缺乏坚实的理论基础。

（1）唐代说

柴泽俊先生认为："现存殿宇造型结构，由柱子到梁架、斗栱，几乎全部都呈现出明显的唐代特征。斗栱、梁架构为一体，简练有力，与中唐时期重建的五台南禅寺大殿相同。为我国唐代小型

---

[1]　李会智《山西现存元代以前木结构建筑区域性特征》，《山西文物建筑保护五十年》，山西省文物局编，2006年11月，第61页。

佛殿中的佳作，是全国仅存的四座完整的唐代建筑之一。"[1]

　　傅熹年先生认为："大殿的创建年代不可考，只能大致定在唐代。除此之外，殿身构架中未发现更多的比例关系，有可能在金代重修时，因构件朽坏，有的被截短，致使构件尺寸改动较大，如柱高、举高、出檐等，直接影响了天台庵大殿作为唐代实例的研究价值。"[2]

　　（2）晚唐说

　　1954年，北京古代建筑修整所在中央文化部与山西省文化局联合组织山西文物普查试验中，在对晋东南进行普查时发现了天台庵弥陀殿。杜仙洲先生认为："此殿在建筑结构上，在有些地方近似南禅寺正殿，在风格上具有不少早期建筑的特征，可能是一座晚唐建筑。"[3]

　　王春波先生认为："天台庵大殿虽创建年代不详，但从平面到立面到内部结构形式，均与五台南禅寺大殿相似，无论是从基础的素土夯实，檐柱的比例，柱头铺作的制作手法，还是从屋架举折，翼角飞椽的排布，处处显示着唐代的建筑风格。"[4]

　　（3）五代说

　　李会智先生认为："根据该殿梁架结构的整体和局部结构特点，建筑部件的制作手法，尤其是平梁及四椽栿之间设蜀柱，平槫攀间隐刻栱、泥道隐刻栱的制作手法等特点，笔者认为平顺王曲村天台庵正殿为五代遗构。"[5]持五代说的还有曹汛先生[6]。

2. 大殿年代的推测

　　学界前辈祁英涛先生在《怎样鉴定古建筑》一书中提出了"两查、两比，确定年代"的方法。所谓两查：一查现存结构情况；二查文字记录资料。两比：一与已知实物和《法式》对比，二与文献资料对比。以此确定古代建筑年代的理论与方法一直被沿用至今。由于建筑在使用过程中受到的自然侵蚀和人为改动，损坏修缮，使得现状的实际情况复杂多样，故祁先生又说"关键在于保留主体结构的情况如何"。于木构建筑而言，梁架、斗栱即是其主体。天台庵弥陀殿没有文字记录可依，也曾屡经修葺"对于这类建筑物，一般只能称为属于某一时代的建筑"[7]。在弥陀殿年代的诸说中，唯王春波的考据较为详尽，余皆停留在风格判断层面。

　　（1）唐代特征遗存

　　弥陀殿现存结构中具有的唐代特征如下：① 柱头结构"阑额型"：檐柱上不施普柏枋，柱头以一条阑额贯通，至角柱不出柱外，是3例唐构的典型特征。② 大木构架"二柱造"：四椽栿通达前后檐柱，无内柱之设，与南禅寺和广仁王庙相一致，是唐代小型殿堂的标准构架模式；③ 梁栿与铺作"组合型"：梁栿伸出前后檐柱缝外制成华栱，梁栿与铺作互为构件组合结构，是3例唐构的标准结构形

[1]　柴泽俊《山西几处重要古建筑实例》，《柴泽俊古建筑文集》，文物出版社，1999年，第152～153页。
[2]　傅熹年主编《中国古代建筑史·第五卷》，中国建筑工业出版社，2001年12月，第499页。
[3]　古建筑修整所《晋东南潞安、平顺、高平和晋城四县的古建筑》，《文物参考资料》1958年第3期，"天台庵"，杜仙洲执笔，第34～35页。
[4]　王春波先生《山西平顺晚唐建筑天台庵》，《文物》1993年第6期，第34～43页。
[5]　李会智《山西现存元代以前木结构建筑区域性特征》，《山西文物建筑保护五十年》，山西省文物局编，2006年11月，第61页。
[6]　曹汛先生说："平顺天台庵旧定唐代，我考订是五代后唐。"《中国建筑史论汇刊》第五辑，中国建筑工业出版社，2012年，第487页。
[7]　祁英涛《怎样鉴定古建筑》，文物出版社，1981年，第9页。

制；④ 托脚 "入斗型"：平梁枨项在隔架驼峰上的大斗内不出斗口，两侧托脚上角伸入斗口斜抵梁头，是3例唐构的共存结构方式。重要的是，这些典型结构类型在五代仍有传承，而至宋代早期时方消失殆尽。也正是这些年代特征，成为大殿唐代说的主要依据。

（2）唐代未见形式

弥陀殿结构中除了上述唐代主要特征外，同时还有以下唐例未见的特殊结构形式：① 脊部构造 "侏儒柱型"：平梁正中立侏儒柱，两侧顺梁斜安叉手承脊，被认为是五代龙门寺西配殿的新制；② 柱头壁栱 "重枋型"：扶壁栱由两层柱头枋叠构，并在枋上刻出泥道栱与慢栱，是《法式》未收录的与五代西配殿相一致的特有形式；③ 翼角布椽 "复合型"：之前的考察我们将翼角椽铺钉分为四种类型，其中 "复合型" 为五代镇国寺大殿等五代遗构的共存样式。从发展演变的角度看：脊部用侏儒柱的做法，是五代以后的流行样式；扶壁栱用重枋，是齐隋已有样式，应当是汉代井干扶壁方式的延续；"复合椽法" 与南禅寺 "斜列椽法" 一样，都是介于 "平行" 和 "辐射" 椽法的过渡形式。

（3）后代改制推断

弥陀殿梁架结构中与唐五代特征的主要差异有两项：一是隔架结构，唐代的做法是以 "驼峰+大斗" 承顶平梁，弥陀殿则是 "蜀柱+大斗"；二是翼角结构，唐代的做法是大角梁尾搭在下平槫上，而弥陀殿则是将梁尾插入槫下的蜀柱内的做法，宋金元三代，罕有同例。在之前对隔架结构类型的比较研究中，我们得出的结论是："蜀柱大斗型" 是宋代中期以后出现的结构形制；考察柱脚结构方式，弥陀殿蜀柱 "坐梁式" 的排序在元代晚期；从柱式的发展演变看，弥陀殿在柱头上斫出 "砍杀" 的是明代的流行手法。由此我们判定：弥陀殿梁架中的蜀柱隔架结构是元代晚期或明代改添的结果，将大角梁尾插在蜀柱内当是与蜀柱同时完成的。

（4）大殿年代探讨

在各位学者对天台庵弥陀殿的研究中，关于大殿的年代问题有唐代和五代两种推判。事实上，五代是唐、宋风格转型的过渡时期，五代建筑具有承唐启宋的特点，所以每座五代建筑都具有唐代特征的传承。这正是与宋代建筑所不同的特性。通过对弥陀殿结构形制的考察可知：大殿在梁架、斗栱和柱头结构方面具有典型的唐代特征，这也正是唐代说的有力证据。其次，弥陀殿结构中的侏儒柱承脊和扶壁栱用重枋，都与五代龙门寺西配殿相一致，但并不能排除是早于西配殿即唐代晚期已有的做法。第三，弥陀殿斗栱 "斗口跳"，而五代和辽代的做法都是在栌斗内出半栱式替木，如此鲜明的差异，恰巧给弥陀殿贴上了唐代样式的标签。因此，在没有其他史料佐证的情况下，多数证据支持唐代说。

（五）结语

此文原收录于《长治唐五代建筑新考》一书，并认为弥陀殿为唐代遗物的可能性更大，此次又做了进一步的修改。不巧的是，弥陀殿维修工程中发现了五代 "长兴四年九月二日地驾" 的题记。也就是说长兴四年，即933年创建弥陀殿概无大谬。这样一来，之前讨论中作为困扰其唐代说的侏儒柱，反成了支持五代创建的重要证据之一。弥陀殿的建造时间在龙门寺西配殿和大云院大佛殿之间，3例在时间上的间隔不出10年，在距离上相隔也不足10公里，还有隔河相望的原起寺大雄宝殿，加之长子布村玉皇庙和小张碧云寺大殿，对研究唐代至宋代风格转型的承继关系，渊源与流向的探索，有着非同寻常的意义。

（执笔：贺大龙　赵朋）

六 弥陀殿结构问题探讨

天台庵弥陀殿是我国仅存的4座唐代建筑之一，但也有学者认为是五代遗物。五代建筑在继承唐制的同时又有功能改造和技术更新，形成了承唐启宋的风格特征。考察弥陀殿，柱头只施阑额不用普柏枋；平梁不出大斗，托脚入斗抵梁头；四椽栿通檐用二柱，栿项伸出檐外做华栱等等，都是唐代的典型做法。但是，补间斗栱、角梁、蜀柱和侏儒柱的年代问题，都有商榷的必要。之前我们在《弥陀殿建筑形制分析》中有所涉及，此次修缮过程中年代题记的发现，为进一步研究和探讨上述问题提供了新的证据。

（一）补间斗栱的疑问

天台庵弥陀殿在前檐心间施用了一朵由栌斗、华栱、替木组合，承挑檐风槫的补间斗栱。观察发现，这组斗栱无论从结构形式、工艺手法等方面都与柱头斗栱存有差异，故当对其真实性加以考察，为保护工程的评估提供依据。

《营造法式》（以下简称《法式》）曰："凡于阑额上坐栌斗安铺作者，谓之'补间铺作。'"又曰"出一跳为四铺作"由"华栱一只、泥道栱一只，令栱两只，两出耍头一只，衬方头一只，栌斗一只……"组合构成次序之制。弥陀殿的斗栱只有"泥道栱一只，华栱一只，栌斗一只……"从《法式》的制度看，此种斗栱形制不在铺作制度序列中，只是柱头斗栱的特殊做法之一。所以，弥陀殿是斗和栱的简单组合，不存在《法式》铺作次序之列。

1. 补间铺作的使用情况

（1）早期情况考察

20世纪70年代初，山东临淄出土了一件东周时期绘有建筑图案的漆盘，可以看到在柱头上施用了栾栱；两汉建筑明器中，有了用一斗二升或三升擎檐的方式，北魏石窟的窟檐采用柱头施额枋，枋上一斗三升间施人字栱的排架承檐方式，北魏后期和齐、隋时期柱头与一斗三升对位，人字栱成为补间；唐代资料显示，初唐用人字栱或蜀柱为补间；盛唐有了出跳的补间斗栱（图107）。

（2）唐代补间铺作

在唐代实例中，南禅寺和广仁王庙大殿都未在柱头间设置补间铺作，佛光寺东大殿于各柱头间施用补间铺作一朵。在五代实例中，平顺龙门寺西配殿与五代风格的潞城原起寺、长子布村玉皇庙前殿和碧云寺正殿都未设置补间铺作[1]；平顺大云院大佛殿和平遥镇国寺万佛殿与佛光寺东大殿一样，在

---

[1] 此三例没有明确年代的遗构，是新考证为具有五代风格的遗物，参见贺大龙《潞城原起寺大雄宝殿年代新考》，《文物》2011年第11期和《长治唐五代建筑新考》，文物出版社，2015年。

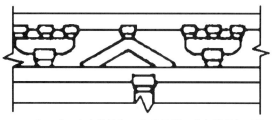

1. 一斗三升＋人字栱排架·北魏早期（引自傅熹年《傅熹年建筑史论文集》）

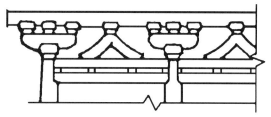

2. 柱头对位一斗三升·北魏晚期（引自傅熹年《傅熹年建筑史论文集》）

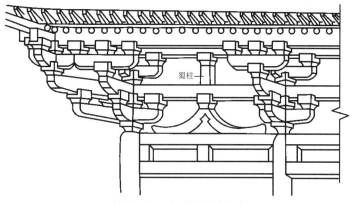

3. 补间用蜀柱·大雁塔门楣石刻

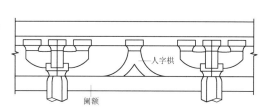

4. 补间用人字栱·净藏禅师塔

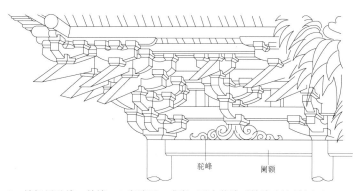

5. 补间用驼峰·敦煌172窟壁画·盛唐（引自萧默《敦煌建筑研究》）

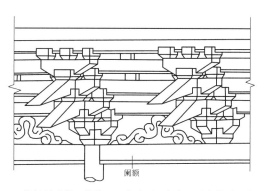

6. 补间用斗栱·敦煌231窟壁画·中唐（引自萧默《敦煌建筑研究》）

图107　早期补间斗栱发展演变示意图

各柱头间都施用补间铺作一朵。

（3）宋代补间铺作

在晋东南，宋代初年的高平崇明寺中佛殿和宋代早期的高平游仙寺毗卢殿同样是在各间施用了一朵补间斗栱；长子崇庆寺千佛殿未施补间铺作；陵川南吉祥寺过殿于前后檐各间施用补间铺作一朵，两山只在心间设补间铺作一朵；陵川小会岭二仙庙正殿只在各檐的心间施用了补间铺作一朵（表三）（图108）。

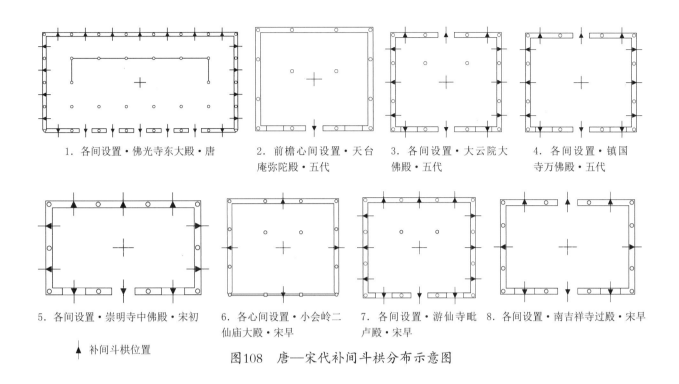

1. 各间设置·佛光寺东大殿·唐

2. 前檐心间设置·天台庵弥陀殿·五代

3. 各间设置·大云院大佛殿·五代

4. 各间设置·镇国寺万佛殿·五代

5. 各间设置·崇明寺中佛殿·宋初

6. 各心间设置·小会岭二仙庙大殿·宋早

7. 各间设置·游仙寺毗卢殿·宋早

8. 各间设置·南吉祥寺过殿·宋早

▲ 补间斗栱位置

图108　唐—宋代补间斗栱分布示意图

表三　唐至宋代补间铺作使用情况比较表

时代	名称	历史纪年	公元	柱头铺作				补间铺作					补间里转					
				七铺作	五铺作	四铺作	斗口跳	五铺作	斗口跳	斜栱造	各间遍用	心间	里外均跳	里转增高	里外增长	增铺加跳	里转承枋	无结构
唐代	南禅寺大殿	建中三年	782		●			━━━━										
	广仁王庙龙王殿	大和五年	831		●			━━━━										
	佛光寺东大殿	大中十一年	857	●				●					●				●	
五代	龙门寺西配殿	后唐同光三年	925				●	━━━━										
	天台庵弥陀殿	后唐长兴四年	933		●			●										●
	大云院弥陀殿	后晋天福三年	938		●			●			●					●	●	
	镇国寺万佛殿	北汉天会七年	963	●				●			●			●			●	
	玉皇庙　前殿	五代			●			━━━━										
	碧玉寺　正殿	五代				●		━━━━										
	原起寺大雄宝殿	五代			●			━━━━										
宋代早期	崇明寺中佛殿	开宝四年	971	●				●			●				●		●	
	游仙寺毗卢殿	淳化二年	991		●			●								●	●	
	崇庆寺千佛殿	大中祥符九年	1016		●			━━━━										
	南吉祥寺过殿	天圣八年	1030		●			●			●	★				●	●	
	小会岭二仙庙正殿	嘉祐八年	1063		●						●							
宋代中期	开化寺大雄宝	熙宁六年	1073		●			━━━━										
	青莲寺释迦殿	元祐四年	1089		●			━━━━										
	龙门寺大雄宝殿	绍圣五年	1098		●			━━━━										
注："━━"表示无补间铺作。																		

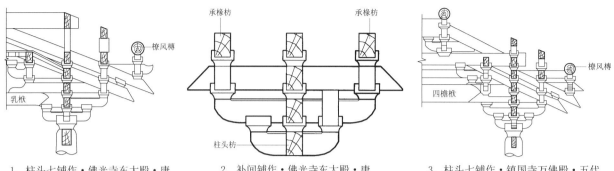

1. 柱头七铺作·佛光寺东大殿·唐　　2. 补间铺作·佛光寺东大殿·唐　　3. 柱头七铺作·镇国寺万佛殿·五代

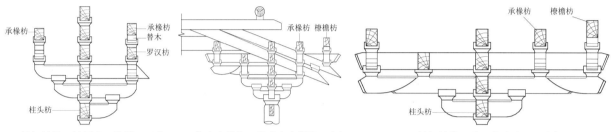

4. 补间铺作·镇国寺万佛殿·五代　　5. 柱头七铺作·崇明寺中佛殿·宋初　　6. 补间铺作·崇明寺中佛殿·宋初

图109　唐—宋初柱头七铺作补间斗栱示意图

（4）小结

通过对实例的考察，我们可以获知以下情况：

① 唐代只有柱头施七铺作斗栱者，于各间施用补间铺作一朵；

② 五代以降，有了柱头五铺作斗栱于各间施补间铺作一朵；

③ 由唐至宋代早期，凡补间皆五铺作出双抄，耍头平置；

④ 由唐至宋代早期，只在前檐心间设补间铺作，唯弥陀殿一例。

2. 重要实例的结构形式

（1）佛光寺型

佛光寺东大殿是首个施用补间铺作的实例。补间斗栱五铺作里外出双抄，耍头平置批竹型短平齐式，于里外交出令栱，外承罗汉枋，内承平棊枋，从结构功能上并无承挑屋檐荷重之意图。重要的是，里外一跳与柱头枋交出，而敦煌壁画中，盛唐补间下施驼峰大斗，中唐时大斗安于阑额之上。

（2）镇国寺型

镇国寺万佛殿补间斗栱亦是五铺作里外出两抄。不同的是，首层柱头枋下安了一只小斗承一跳华栱，二跳华栱承罗汉枋，枋上"单斗只替"支托承椽枋。里转一跳出自二道柱头枋，外耍头里转为二跳华栱，跳头安令栱，上施素枋承椽，有了不同于佛光寺支承椽枋和错层抬升的特殊结构形式。

（3）崇明寺型

崇明寺中佛殿补间斗栱亦如前例为五铺作，里外跳皆出自首层柱头枋，不同的是，二跳里外增长两跳距，在外与耍头直达橑风槫下，栱头同样制成蚂蚱头看似双耍头，里跳同制跳头承罗汉枋。重要的是，补间斗栱向外的增长，成为橑风槫中间的支承，有了不同于前例的结构意义（图109）。

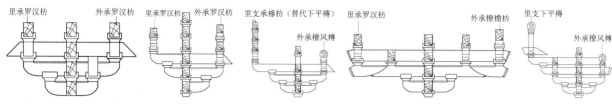

里承罗汉枋　外承罗汉枋	里承罗汉枋　外承罗汉枋	里支承橼枋（替代下平槫）　外承橼风槫下	里承罗汉枋　外承橼檐枋	里支下平槫　外承橼风槫
1. 佛光寺型·补间不做铺作槫中支点·佛光寺东大殿·唐	2. 佛光寺型·补间不做铺作槫中支点·镇国寺万佛殿·五代	3. 大云院型·补间做槫中支点·大云院大佛殿·五代	4. 大云院型·补间做槫中支点·崇明寺中佛殿·宋初	5. 大云院型·补间做槫中支点·游仙寺毗卢殿·宋早

图110　补间斗栱结构改良演变示意图

（4）小结

通过对3例高等级铺作使用补间情况的考察可知：

① 敦煌壁画中，出跳补间皆出自大斗，或坐驼峰或坐阑额之上；

② 佛光寺补间铺作出自首层柱头枋，与壁画表现的形式不同；

③ 五代镇国寺和宋初崇明寺继承了东大殿的基本形制；

④ 东大殿里外均跳，万佛殿里转增跳升高，中佛殿里外增长。

3. 补间铺作的结构意义

（1）大云院型

大云院大佛殿建造于940年，是五代后晋天福五年的遗存。柱头斗栱五铺作出双抄，与佛光寺东大殿一样在各间施补间铺作一朵，补间与柱头同制也是五铺作出双抄。补间外跳与崇明寺一样承于橼风槫下，里转与镇国寺一样，以外要头里转为第三跳，跳头施令栱上安三重素枋承橼。这种外跳承檐、里转挑承橼枋（替代下平槫）的结构方式，可以有效地防止橼风槫下垂，并兼顾到下平槫的承载，为六架橼屋的普及推广提供了技术支持。

（2）游仙寺型

高平游仙寺创建于北宋淳化年间，即990～994年，毗卢殿是寺内唯一保存下来的宋代遗构。大殿的木构架部分改动较大，而其铺作斗栱却是晋东南宋代早期风格形成的标志。大殿各柱头间施补间铺作一朵，五铺出双抄要头蚂蚱头型。与大云院一样，外跳要头与令栱交出，上安替木承橼风槫，里转为第三跳抄栱，之上增出第四跳，跳头施矮柱支承下平槫。此种与大云院一脉相承的里转增铺加跳的形式，成为宋代早期铺作的典型特征（图110）。

（3）斜华栱造

在晋东南，宋代早期建筑中出现斜栱造形制的补间铺作，即在正身华栱两侧，又出斜向华栱的形式。分别是陵川南吉祥寺过殿和小会岭二仙庙正殿。南吉祥寺在前后檐施于各间，两山只用于心间，二仙庙只在前檐心间以斜栱造为补间铺作。梁思成先生认为：辽重熙七年（1038年）的华严寺薄伽教藏殿壁藏，是所见最早的斜向华栱实例[1]。萧默先生说：敦煌五代第146窟壁画中补间铺作很可能是"斜栱"做法[2]（图111）。

[1]　梁思成《图像中国建筑史》，百花文艺出版社，2001年，202页。

[2]　萧默《敦煌建筑研究》，机械工业出版社，2003年，239页。

 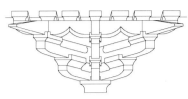 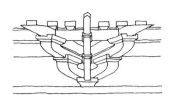

1. 补间"斜华栱造"敦煌146窟壁画·五代（引自萧默《敦煌建筑研究》第240页）

2. 补间"斜华栱造"华严寺薄伽教藏殿壁藏·辽代

3. 补间"斜华栱造"陵川南吉祥寺过殿·宋早

4. 补间"斜华栱造"小会岭二仙庙正殿·宋早

图111　补间铺作类型示意图

（4）小结

通过对五代和宋代早期补间铺作的考察，我们可以获得如下认识：

① 镇国寺和崇明寺补间都是佛光寺形制，但都有了支撑槫中点的结构改良；

② 大云院外承橑风槫，里支下平槫，完成了槫中支点的结构补偿；

③ 以游仙寺为代表的宋代早期，补间都是大云院形制的延续和传承；

④ 宋代在补间有了斜栱造的新形制，具有鲜明的审美和装饰意义。

4. 大殿补间的年代问题

（1）以往的认识

自从1954年杜仙洲先生发现平顺天台庵弥陀殿"可能是一座晚唐建筑"起[1]，弥陀殿便引起了学界的注目。特别是柴泽俊[2]、傅熹年[3]、曹汛[4]、李会智[5]、王春波[6]等，对大殿都有过考察。其中最有影响力的是王春波先生的《山西平顺晚唐建筑天台庵》，但都未涉及补间斗栱的年代问题。

（2）年代的误解

萧默先生在《敦煌建筑研究》中认为"出跳斗栱的补间铺作和柱头铺作相同的实例，以前只知最早的是山西平顺唐末天台庵大殿。故曾有文认为，此种做法'大约从晚唐开始'"[7]。显然，萧先生在关注弥陀殿补间铺作结构意义的同时，认为补间斗栱与殿之建造同期。

（3）现状的考察

弥陀殿补间各斗的颐深和曲势与柱头的明显不同；替木为直头造，而原物皆制卷杀；出跳栱头斫制圆和，而原物皆是四瓣卷杀；里转华栱空悬于扶壁栱上，以铁件稳固。上述情况表明，弥陀殿补间斗栱与大殿柱头斗栱并非同一时代，不是大殿原有的结构（图112）。

（4）小结

对弥陀殿补间斗栱的考察我们可知：

[1] 杜仙洲执笔《晋东南潞安、平顺、高平和晋城四县的古建筑》，《文物参考资料》1958年第3期，第34~35页。

[2] 柴泽俊《山西几处重要古建筑实例》，《柴泽俊古建筑文集》，文物出版社，1999年，第152~153页。

[3] 傅熹年主编《中国古代建筑史·第五卷》，中国建筑工业出版社，2001年，第499页。

[4] 曹汛先生说："平顺天台庵旧定唐代，我考订是五代后唐。"《中国建筑史论汇刊》第五辑，中国建筑工业出版社，2012年，第487页。

[5] 李会智《山西现存早期木结构建筑区域性特征（上）》，《文物世界》2004年第2期，第29页。

[6] 王春波《山西平顺晚唐建筑天台庵》，《文物》1993年第6期，第34~42页。

[7] 萧默《敦煌建筑研究》，机械工业出版社，2003年，第236页。

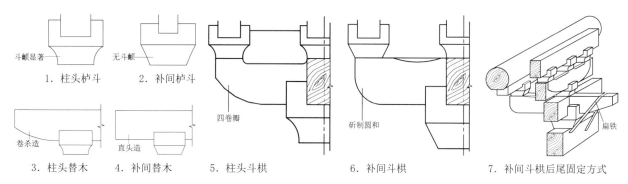

图112 天台庵弥陀殿柱头与补间斗栱特征比较示意图

① 以往学者们的研究大多对弥陀殿补间斗栱的年代问题未予关注；

② 萧默先生认为弥陀殿补间斗栱与大殿年代相同的看法有误；

③ 弥陀殿补间斗栱的构件样式、工艺手法等与柱头有明显差别；

④ 以同期补间斗栱的使用情况和年代样式比较，弥陀殿补间不是原构。

5. 结论

通过对弥陀殿补间斗栱材质情况、工艺手法、装饰特征与柱头斗栱进行比较，对照唐至宋代早期补间铺作的使用情况、组合形式、结构位置等，推断弥陀殿补间斗栱为后代添加，年代可能与蜀柱和角梁的改制同时。

（二）隔架方式的错乱

天台庵弥陀殿在四椽栿上立了两根蜀柱，柱头上施大斗承接平梁。这与我们所知的唐五代建筑的结构方式完全不同。故有必要进行深入考察与研究，厘清其年代的真实性，进一步评估保护措施的可行性。

我们所要讨论的隔架方式，是指支承在平梁与下栿之间的结构。《法式》曰："凡屋内彻上明造者，梁头相叠处须随举势高下用驼峰。"又曰："凡平棊之上，须随槫栿用方木及矮柱敦桥，随宜挂撑固济。"考查现存实例的情况发现，唐代和辽代遗物的做法都如《法式》规定的那样或驼峰或方木上加大斗。山西五代都是驼峰大斗，而弥陀殿蜀柱大斗的方式，在有宋一代至金元两代不曾间断。但是宋代中期以前实例的柱子式样和柱脚结构混乱，真实性令人生疑。

1. 架间结构
（1）唐代模式

在唐代，南禅寺大殿四椽栿通檐二柱造，栿背前后安置驼峰与大斗承顶平梁，广仁王庙龙王殿同样也是此种做法。佛光寺东大殿四椽栿（草栿）上则是用了一块长方形木块，上安大斗承顶平梁。从结构意义看，驼峰与方木的功能是一样的，只是造型和式样的不同而已。对照《法式》，恰与规定的明栿用驼峰、草栿用方木相吻合，当是《法式》制度的最早原型。

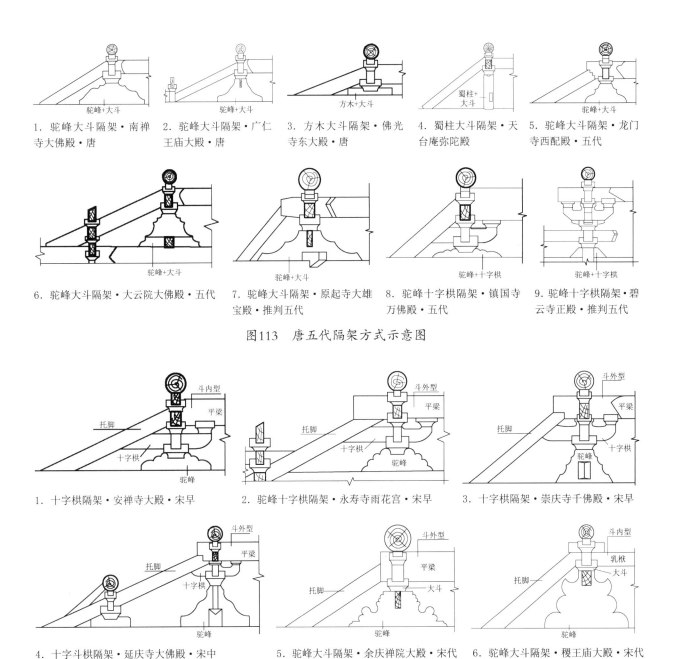

1. 驼峰大斗隔架·南禅寺大佛殿·唐　2. 驼峰大斗隔架·广仁王庙大殿·唐　3. 方木大斗隔架·佛光寺东大殿·唐　4. 蜀柱大斗隔架·天台庵弥陀殿　5. 驼峰大斗隔架·龙门寺西配殿·五代

6. 驼峰大斗隔架·大云院大佛殿·五代　7. 驼峰大斗隔架·原起寺大雄宝殿·推判五代　8. 驼峰十字栱隔架·镇国寺万佛殿·五代　9. 驼峰十字栱隔架·碧云寺正殿·推判五代

图113　唐五代隔架方式示意图

1. 十字栱隔架·安禅寺大殿·宋早　2. 驼峰十字栱隔架·永寿寺雨花宫·宋早　3. 十字栱隔架·崇庆寺千佛殿·宋早

4. 十字斗栱隔架·延庆寺大佛殿·宋中　5. 驼峰大斗隔架·余庆禅院大殿·宋代　6. 驼峰大斗隔架·稷王庙大殿·宋代

图114　宋代早期隔架方式示意图

（2）五代新型

五代，龙门寺西配殿、大云院大佛殿、原起寺大雄宝殿、布村玉皇殿前殿、都延都续了南禅寺驼峰大斗的模式。镇国寺万佛殿和碧云寺正殿则是在驼峰上的大斗内增出十字栱，之上再安令栱。不同的是，碧云寺大斗内的纵栱上两安散斗支托平梁，梁两端未安托脚；镇国寺则是将纵栱向外一端的栱斫斜，制成丁头栱抵住托脚，都是有别于唐代只用令栱的新样式（图113）。

（3）宋代模式

入宋以后，从晋中宋代早期的太谷安禅寺藏经阁、榆次的永寿寺雨花宫，到晋东南的长子崇庆寺千佛殿，再到五台的延庆寺大佛殿，都是镇国寺结构方式的延续。这种连续重复出现、同时共存的情

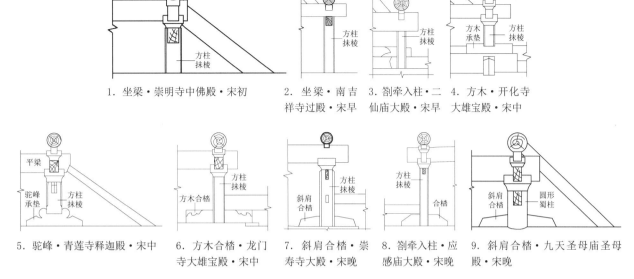

1. 坐梁·崇明寺中佛殿·宋初　　2. 坐梁·南吉祥寺过殿·宋早　　3. 劄牵入柱·二仙庙大殿·宋早　　4. 方木·开化寺大雄宝殿·宋中

5. 驼峰·青莲寺释迦殿·宋中　　6. 方木合楂·龙门寺大雄宝殿·宋中　　7. 斜肩合楂·崇寿寺大殿·宋晚　　8. 劄牵入柱·应感庙大殿·宋晚　　9. 斜肩合楂·九天圣母庙圣母殿·宋晚

图115　宋代蜀柱柱脚结构比较示意图

况表明，镇国寺型是宋代早期隔架结构的主要类型之一。值得关注的是晋南万荣宋代稷王庙和夏县司马光墓余庆禅院还是唐代驼峰大斗模式的延续（图114）。

（4）蜀柱模式

天台庵弥陀殿是唐五代时期唯一在四椽栿背立蜀柱，上施大斗承平梁的隔架结构方式，其后有宋初的崇明寺中佛殿，宋代早期的游仙寺毗卢殿、南吉祥寺过殿、小会岭二仙庙正殿等延至金、元两代。但宋代实例的柱脚结构方式、构件式样却各不相同，而宋代中期的蜀柱形制恰与五代侏儒柱的发展演变规律相一致。由此认为蜀柱大斗的隔架方式发端于宋代中期[1]（图115）。

（5）小结

通过对唐至宋代早期实例架间结构的考察可知：

① 唐代四椽栿与平梁间，彻上明造用驼峰大斗，平棊造用方木大斗；

② 五代继承了唐代模式，并有了在大斗内添加十字栱的新式样；

③ 镇国寺以丁头栱抵托脚的结构方式，成为宋代早期的隔架模式；

④ 弥陀殿和宋代早期的蜀柱大斗隔架方式疑为后代添改。

2. 类型比较

（1）分类方法

平梁是中国传统建筑木结构体系的顶层构架，与下层梁栿的结构方式，《法式》给出了彻上明造用驼峰和平棊造时用方木或矮柱的方式。实例显示，彻上明造小型殿堂有驼峰和矮柱两种类型。对照实例，驼峰型下有在令栱下安十字栱承梁和纵栱斫斜搭托脚两种形式。蜀柱型，有柱脚下承垫驼

---

[1] 弥陀殿以及宋代早期的蜀柱有方形、圆形，柱脚结构有合楂、有直接坐梁等，与侏儒柱方形柱式，柱脚由方木隐刻驼峰和驼峰承垫不同，而宋代中期实例恰与侏儒柱的特征相符，由此推判蜀柱发端于此期。参见贺大龙《晋东南早期建筑专题研究》，文物出版社，2015年，第102~115页。

峰者、安合楷者，还有柱脚直接坐梁的形式。为了便于比较，我们按构造性质分为承垫和支顶两个系列，之下再分型式按三级分类法进行类比。

（2）**类型排序**

表四　唐至宋代平梁下结构方式演变表

时代	名称	历史纪年	公元	类型									
				承垫结构				支顶结构（蜀柱）					
				驼峰型		斗栱型		垫脚型		固脚型			坐梁型
				驼峰大斗	方木大斗	出跳斗栱	杀斜斗栱	方木	驼峰	方合木沓	斜肩合木沓	连体合木沓	柱梁结构
唐代	南禅寺大殿	建中三年	782	●									
	广仁王庙龙王殿	大和五年	831	●									
	佛光寺东大殿	大中十一年	857		●								
五代	龙门寺西配殿	后唐同光三年	925	●									
	天台庵弥陀殿	后唐长兴四年	933										●
	大云院弥陀殿	后晋天福三年	938	●									
	镇国寺万佛殿	北汉天会七年	963				●						
	玉皇庙前殿	五代		●									
	碧云寺正殿	五代				●							
	原起寺大雄宝殿	五代		●									
辽代	独乐寺观音阁	辽统和二年	984		●								
	独乐寺山门	辽统和二年	984			●							
宋代早期	崇明寺中佛殿	开宝四年	971										●
	游仙寺毗卢殿	淳化二年	991	●							●		
	安禅寺藏经殿	咸平四年	1001				●						
	永寿寺雨花宫	大中祥符元年	1008				●						
	崇庆寺千佛殿	大中祥符九年	1016				●						
	南吉祥寺过殿	天圣八年	1030										●
	延庆寺大佛殿	景祐二年	1035				●						
	小会岭二仙庙大殿	熙宁二年	1063									●	
宋代中期	开化寺大雄宝殿	熙宁六年	1073					●					
	青莲寺释迦殿	元祐四年	1089						●				
	龙门寺大雄宝殿	绍圣五年	1098							●			
宋代晚期	九天圣母庙圣母殿	元符三年	1100								●		
	成汤庙汤帝殿	大观元年	1107								●		
	北义城玉皇庙玉皇殿	大观四年	1110								●		
	崇寿寺释迦殿	重和二年	1119								●		
	武乡应感庙龙王殿	宣和五年	1123								●		
注：游仙寺毗卢殿前后隔架方式不同。													

（3）**类型分析**

类比表显示：驼峰型：共计9例，其中驼峰大斗式7例，集中在唐、五代，最晚1例在宋代早期；方木大斗式2例，分属唐代和辽代。斗栱式：共有3例，2例出跳式分属五代和辽代；1例杀斜栱式属五代，此后被传承了七十多年。蜀柱型：五代和宋代早期5例，有柱梁式2例，斜肩合楂2例和连体合楂1例，宋代中期由方木、驼峰承垫到固脚型方合楂，再到晚期斜肩式合楂定型，与五代侏儒柱的发展演进规律相吻合。

（4）**小结**

通过对架间结构的分类比较我们可知：

① 唐代，规制严谨，有驼峰和方木两种承垫方式；

② 五代，恪守唐制，出现增添十字栱的两种新样式；

③ 宋代早期，镇国寺杀斜栱式和蜀柱承顶式共存；

④ 宋代中期，蜀柱柱形统一，晚期柱形和柱脚结构定型。

3．蜀柱误读

（1）**柱脚结构**

一般认为，梁架间用矮柱始于龙门寺西配殿，即在平梁正中施驼峰，上立侏儒柱又施大斗、捧节令栱，两侧斜安叉手承负脊槫，成为中国木构建筑结构体系中脊部构造的标准形制。从柱脚结构看，龙门寺西配殿和大云院大殿都是以驼峰和方木隐刻驼峰混用，镇国寺则是全都用驼峰承垫。显然，柱脚施驼峰或方木承垫是五代的结构特征。宋代晚期，侏儒柱和蜀柱共同进入了以合楂稳固柱脚的时代，从结构和技术的角度看，合楂在功能上是优于驼峰的。

（2）**首例蜀柱**

类型表显示，天台庵弥陀殿是首个在四椽栿背前后立蜀柱，柱头安大斗支顶平梁的结构方式。重要的是，此后这种隔架方式一直被延续下来，成为当地小型殿堂的隔架方式之一。然而，弥陀殿四椽栿背残存有疑似安施驼峰的卯洞；另一方面，弥陀殿架间蜀柱的柱形和柱脚的结构方式，都与平梁上的侏儒柱迥然不同。由此我们认为，弥陀殿平梁与四椽栿的架间结构可能是后代改制的。我们将实例按年代进行排序，试图对蜀柱隔架的年代予以考察。

（3）类型分期

表五　侏儒柱与蜀柱柱脚构造形式对照表

时代	名称	历史纪年	公元	侏儒柱·承垫型·方木隐刻	侏儒柱·承垫型·驼峰	侏儒柱·承垫型·方木垫墩	侏儒柱·稳固·斜肩式驼峰	侏儒柱·稳固·方形合楷	侏儒柱·稳固·斜肩式合楷	侏儒柱·无·坐梁	蜀柱·承垫型·方木隐刻	蜀柱·承垫型·驼峰	蜀柱·承垫型·方木垫墩	蜀柱·稳固·方形合楷	蜀柱·稳固·斜肩式合楷	蜀柱·无·坐梁
五代	龙门寺西配殿	后唐同光三年	925	●	●											
	天台庵弥陀殿	后唐长兴四年	933	●												●
	大云院弥陀殿	后晋天福三年	938	●	●											
	镇国寺万佛殿	北汉天会七年	963		●											
	玉皇庙　前殿	五代		●												
	碧玉寺　正殿	五代			●											
	原起寺大雄宝殿	五代			●											
宋代早期	崇明寺中佛殿	开宝四年	971						●							●
	游仙寺毗卢殿	淳化二年	991						★							★
	崇庆寺千佛殿	大中祥符九年	1016		●											
	南吉祥寺过殿	天圣八年	1030						●							●
	小会岭二仙庙正殿	嘉祐八年	1063						●							▲
宋代中期	开化寺大雄宝	熙宁六年	1073			●							●			
	青莲寺释迦殿	元祐四年	1089		●							●				
	龙门寺大雄宝殿	绍圣五年	1098	●											●	
宋代晚期	九天圣母庙圣母殿	元符三年	1100						●						●	
	成汤庙汤帝殿	大观元年	1107				●	●							●	
	北义城玉皇庙玉皇殿	大观四年	1110				●								●	
	崇寿寺释迦殿	重和二年	1119						●						●	
	武乡应感庙龙王殿	宣和五年	1123						●						●	
金代早期	陵川龙岩寺过殿	天会七年	1129						●						●	
	长子西上坊成汤庙汤帝殿	皇统元年	1141						●						●	
	长治县赵村观音堂	皇统二年	1142						●						●	
	长治县洪福寺眼光殿	大定三年	1163						●						●	
金代晚期	泽州岱庙天齐殿	大定二十七年	1187						●						●	
	长子下霍三嵕庙大殿	明昌五年	1194						●						●	
	陵川白玉宫大殿	大安二年	1210						●						●	
	长子韩坊尧王庙大殿	兴定二年	1218						●						●	

注：“★”表示前、后槽形式不同。

（4）小结

从上表的排序比较我们可以获知：

① 五代侏儒柱的柱脚是由驼峰或方木（隐刻驼峰）承垫；

② 宋代早期，侏儒柱和蜀柱柱脚结构混乱；

③ 宋代中期，侏儒柱和蜀柱柱脚与五代一样由驼峰或方木承垫；

④ 宋代晚期至元代，侏儒柱、蜀柱柱脚以斜肩式合楷稳固。

4. 年代问题

（1）以往的认识

王春波先生认为：弥陀殿四椽栿上立蜀柱，平梁上之驼峰、侏儒柱，从形制上看，与其他构件的风格截然不同，在这次勘测中，也发现四椽栿上蜀柱位置两侧有榫卯结构痕迹，结合清代筒瓦上的记载，可断定为大定二年重修的遗物[1]。傅熹年先生提出：殿身构架有可能在金代重修时，构件尺寸改动较大，如柱高、举高、出檐等，直接影响大殿作为唐代实例的研究价值[2]。李会智先生说：根据弥陀殿梁架整体和局部结构特点，部件制作手法，尤其是平梁及四椽栿间设置蜀柱等特点，认为殿是五代遗物[3]。这样看来弥陀殿的蜀柱及隔架结构有五代原物和金代添改二说。

（2）时代的变迁

在之前的讨论中我们获知，在唐和五代平梁与四椽栿间都是以驼峰隔架，弥陀殿原本也应是驼峰。那么蜀柱是被何时换上去的呢，我们将其排列在蜀柱隔架发展演变的序列中，便不难获得其改制的年代区间。入宋以后，晋中、晋北遵循了镇国寺的隔架方式，晋东南多用蜀柱但式样混乱，且与侏儒柱形制不一，而同期的崇庆寺大殿却是镇国寺模式；在宋代中期的遗例中，我们看到了与侏儒柱相同的柱式和承垫方式；宋代晚期侏儒柱和蜀柱进入了标准化时代；金代有了圆形柱式，但柱头是宋金流行的卷杀样式，柱脚依旧是斜肩合楷。显然，弥陀殿的蜀柱形制不在此期。

（3）年代的推判

从筒瓦的题记看，弥陀殿在金、元、明、清时期都有过修缮，但详情不知。弥陀殿蜀柱结构有几个特点：一是圆形柱式，二是柱头制成"砍杀"，三是柱脚直接坐在四椽栿背。在排除了金代改制后，再看元代的情况，柱子样式：前期是方柱和圆柱同时共存，后期圆柱渐多；柱脚结构：前期恪守宋代晚期以来用斜肩式合楷稳柱的方式，后期有了驼峰式合楷和直接坐梁的形式，但并未流行；柱头形式：前期依旧是宋金流行的卷杀式样，后期有了不做卷杀的直头柱式。将柱头制成砍杀的仅见于长治郊区的张村府君庙，但其柱脚是驼峰式合楷。从晋东南实例看，元代并无与弥陀殿形制相同的实例。

（4）小结

通过上述分析讨论，我们有以下认识：

① 弥陀殿的蜀柱隔架结构有五代说和金代说；

② 弥陀殿蜀柱结构形制不在五代和金代序列中；

③ 元代晚期出现了弥陀殿柱头砍杀和柱脚坐梁的做法；

④ 弥陀殿蜀柱样式的时间上限在元代晚期。

5. 结论

综合以上对侏儒柱、蜀柱形制发展演变情况的考察，我们认为：蜀柱隔架的发端在宋代中期。对照弥陀殿蜀柱柱形，柱式和柱脚结构的年代特征，可以肯定，弥陀殿架间结构的年代不在金代，而是在元代晚期以后重修时添改的。

[1] 王春波《山西平顺晚唐建筑天台庵》，《文物》1993年第6期，第38页。

[2] 傅熹年主编《中国古代建筑史·第五卷》，中国建筑工业出版社，2001年，第499页。

[3] 李会智《山西现存早期木结构建筑区域性特征（上）》，《文物世界》2004年第2期，第29页。

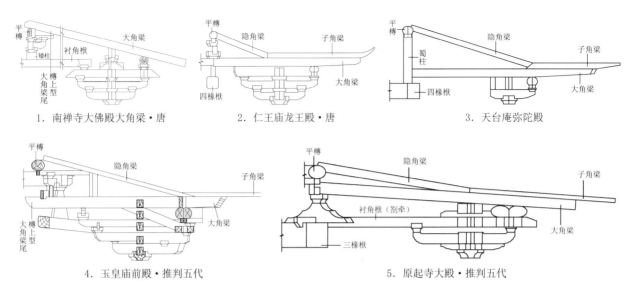

1．南禅寺大佛殿大角梁·唐

2．仁王庙龙王殿·唐

3．天台庵弥陀殿

4．玉皇庙前殿·推判五代

5．原起寺大殿·推判五代

图116　唐五代无昂斗栱与角梁结构关系示意图

（三）翼角结构的剖析

　　天台庵弥陀殿大角梁尾插在蜀柱内，结构奇特，形制罕见，也是造成大殿四角高昂翘起，与南禅寺、佛光寺形象不同的原因。对其结构方式考察研究，厘清翼角结构现状的成因，为原状考证提供依据。

　　翼角一词出自《清工部工程做法则例》中"翼角檐椽"等木构件名称，是人们对庑殿、歇山式建筑前后和两山屋面交接形成的檐角，其体如翼、其势如飞形象的称呼。转角结构通常是指下平槫交结点至橑风槫以及翼角椽的组合构造。就整体组成而言，包括45°角线上的大角梁、子角梁、隐角梁和随梁铺钉的角椽以及转角铺作。它是中国传统木构建筑中最具复杂结构和造型艺术的部位，也是中国建筑技术与建筑艺术最精彩的部分之一。

1．实例情况

（1）无昂实例

　　宋代以前不用昂的实例有：南禅寺、广仁王庙和布村玉皇庙，斗栱都是五铺作出双抄，天台庵和潞城原起寺是"斗口跳"。这些实例的转角铺作与角梁的结构关系可以分为两种形式：南禅寺只用大角梁一根，广仁王庙则是由大角梁、子角梁和隐角梁组成。从转角辅作里转与角梁的结构关系看，南禅寺里转二跳上支托"角栱"一道，向内搭在四椽栿背的小斗上，栿背安直斗支承在下平槫的交角下。广仁王庙里转二跳支托大角梁，向外搭在橑风槫上，前安子角梁；向内同样搭压在四椽栿上，梁背施隐角梁，梁尾搭下平槫上。天台庵、玉皇庙和原起寺都是三梁组合的形式，天台庵将大角梁尾插入蜀柱内，玉皇庙在下平槫和四椽栿间，原起寺则在下平槫下攀间斗栱内（图116）。

（2）用昂实例

　　在宋代风格形成之前，铺作用昂者有5例：佛光寺、镇国寺和崇明寺都是七铺作双抄双下昂；大

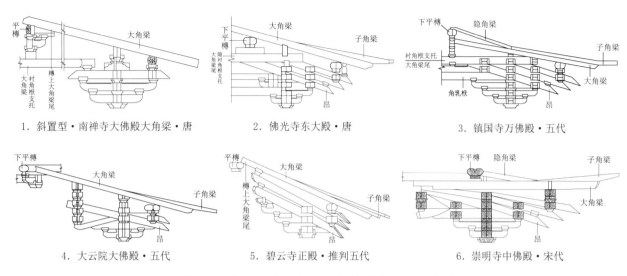

图117 唐五代用昂斗栱与角梁结构关系示意图

云院柱头、补间皆五铺作出双抄，只在转角增出了一道下昂；碧云寺四铺作栱昂并出一跳。这些实例的大角梁结构同样是有南禅寺和广仁王庙两种形式，而转角斗栱与角梁的结构关系也不尽相同。佛光寺和镇国寺[1]与南禅寺相似，大角梁一根搭跨两架槫缝，之下的"角栿"由里转的抄栱和昂尾支托，上承下平槫交接点；大云院同样是只用大角梁，补间铺作里转和昂尾承托素枋支承大角梁，无"角栿"；碧云寺也是只用大角梁，用昂尾和增出的丁头栱支托在大角梁下，无"角栿"；崇明寺是广仁王庙型，大角梁支托下平槫，梁背安隐角梁搭在下平槫上，里转由昂尾支托在大角梁下（图117）。

（3）特殊构件

实例显示：转角铺作与大角梁的结构关系有托"角栿"和托大角梁两种形式。南禅寺角华栱上施"角栿"一道，支托下平槫；佛光寺平棊造，明"角栿"两重，首层向外出角柱，二层至昂下，里转向里过内角柱制成华栱，草架内角栿向外抵住罗汉枋，向内过内柱出耍头。镇国寺也用了两重"角栿"，下层以里转华栱、上层用昂尾支托，与佛光寺结构相近同。问题是《法式》没有"角栿"，而是在造梁之制中有"凡角梁下，又施隐衬角栿，在明梁之上，外至橑檐方，内至角后栿项"。对照佛光寺草架内的"角栿"，恰符合"隐衬角栿"的规制，镇国寺无平棊，"角栿"未被隐匿故当是此制的明栿造，以此推及南禅寺的"角栿"，都是未被《法式》收录的"衬角栿"（明栿造）。

（4）小结

通过对实例的考察我们有以下认识：

① 宋代以前无昂实例，大角梁尾的结构呈多样性特点；

② 宋代以前用昂实例，有昂尾承衬角栿和承大角梁两种方式；

③ 南禅寺衬角栿和佛光寺隐衬角栿，是唐代特有的构件；

④ 弥陀殿大角梁插柱是同期中的孤例，应是后代改制的结果。

---

[1] 镇国寺万佛殿大角梁尾插搭在下平槫下令栱交角内，此处主要考虑转角结构与斗栱关系。

2. 类型分析

（1）分类方法

对唐代实例翼角结构的情况，我们可以从三个方面进行考察：一、结构组合：南禅寺只用大角梁一根，广仁王庙是大角梁、子角梁、隐角梁组合，佛光寺是大角梁和子角梁组合，三种组合形式。二、结构方式：南禅寺大角梁尾搭压在下平槫上，梁下有衬角栿；广仁王庙大角梁尾压在四椽栿背，隐角梁尾在槫上，两种结构方式。三、结构位置：南禅寺无隐角梁，大角梁尾在下平槫之上，广仁王庙有隐角梁者大角梁在下平槫之下，大角梁呈现出斜置和平置两种结构状态。依据结构构件组合和结构位置情况，分别有大角梁、隐角梁型；槫上和槫下型；斜置型和平置型的分类表述。然而，五代的镇国寺和原起寺大殿梁背施隐角梁，大角梁却是斜置的新样式。

（2）檐角形态

梁思成先生说：中国的建筑是一种高度"有机的结构，其中每个部件的规格、形态和位置都取决于结构上的需要"[1]，角梁的构造决定了翼角的外部形象。从上述讨论可知，南禅寺的大角梁斜置，其外部形象表现出檐角微微上翘的特点，是唐代建筑的风格特征。广仁王庙大殿的大角梁是平置式，表现出檐角高高扬起的形象，是宋代以后的风格。我们从角梁的构造特征看：大角梁型的角梁搭压在两缝槫架上，与正身椽的斜度相同，由于梁厚大于椽径，故角椽需渐次升高以适梁背，形成曲线状微微翘起的外形。隐角梁型的大角梁尾在下平槫下，伸出橑风槫外与正身椽形成较大的夹角（高差），角椽顺势铺钉令檐角高翘扬起；形成了两种不同的外观形象（图118）。

（3）艺术形象

《诗经·小雅》是描写中国建筑之美的最早佳作，然而其"如跂斯翼，如矢斯棘，如鸟斯革，如翚斯飞"的描绘留给了人们无尽的遐想和费解。孔颖达说：言檐阿之势，似鸟飞也。翼言其体，飞言其势。《说文》：宇屋边也。《义训》：屋垂谓之宇。《释名》：宇，羽也，如鸟羽自蔽覆者也。最容易理解的是，在我们先民的眼中，房子就像一只展翅欲飞的大鸟，其体如翼，其势若飞。难怪东周铜器建筑画的屋脊上，都排列着张开翅膀的大鸟，两汉陶屋（楼）和画像石的屋顶上，都塑绘出形象鲜明的大鸟。然而，东周的大屋顶的檐口和屋角都是平直无翘的。就是在五代，仍然有像南禅寺那样檐口微曲屋角微翘的形象。而像广仁王庙和天台庵那样的飞檐翼角，直到宋代以后才普遍流行。

（4）小结

通过对大角梁结构的分类和比较，我们可知：

① 角梁结构有大角梁和大角梁与隐角梁组合的两种结构类型；

② 大角梁尾的结构位置决定了翼角的外观造型；

③ 唐代大角梁斜置，屋角微翘，宋代以后平置，屋角上扬；

④ 广仁王庙和弥陀殿高翘上扬的翼角疑为后代改制的结果。

3. 角椽类型

（1）典型类型

最早能够反映角椽形象的资料是汉代石阙，北魏、齐隋石塔和石刻等，这些史料显示，汉魏时檐

---

[1] 梁思成《图像中国建筑史》，百花文艺出版社，2001年，第62页。

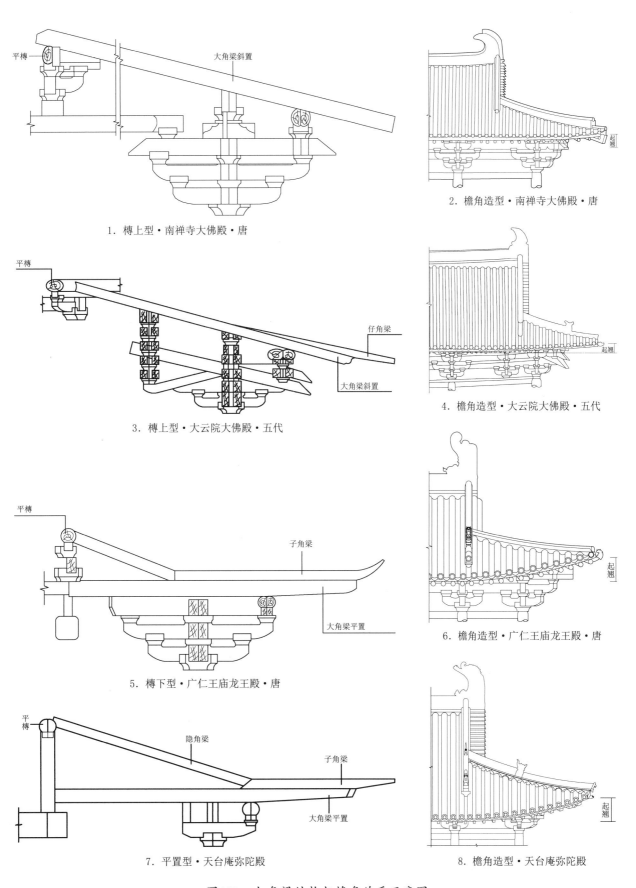

1. 槫上型·南禅寺大佛殿·唐

2. 檐角造型·南禅寺大佛殿·唐

3. 槫上型·大云院大佛殿·五代

4. 檐角造型·大云院大佛殿·五代

5. 槫下型·广仁王庙龙王殿·唐

6. 檐角造型·广仁王庙龙王殿·唐

7. 平置型·天台庵弥陀殿

8. 檐角造型·天台庵弥陀殿

图118 大角梁结构与檐角关系示意图

角大多只有大角梁和椽，齐隋时子角梁和飞子的使用渐多。南禅寺无子角梁和飞子，广仁王庙有子角梁和飞子，佛光寺有子角梁没有飞子。从角椽铺钉的排列方式看，一种是与正身椽平行排列布置的，被称之为"平行椽"或"直屋椽"，实物在日本奈良法起寺三重塔等飞鸟时代的遗物中得见。 一种是过正身椽后向角梁方向外撇呈辐射状，被称之为"辐射椽"或"扇形椽"，是唐代以后习见的样式。梁思成先生在《清式营造则例》中绘制出一幅"翼角椽结构图"，以大角梁为第一根椽的中心线，表示角椽的排列，它们的后尾都交于一点，阐明了辐射法铺钉角椽的原理[1]。

（2）过渡形式

祁英涛、柴泽俊先生在《南禅寺大殿修复》[2]中提出：翼角椽的铺钉式样，过去已知的有两种：平行椽法和辐射椽法，南禅寺"大殿翼角椽铺钉的方法，恰居于上述两种之间。自翼角翘起处逐根逐渐向角梁处靠拢，但椽子的中心线后尾却不交于一点，此种式样也可以说是上述两种式样的过渡形式，也可以说是第三种式样"。南禅寺大殿只施大角梁一根，无子角梁和飞子，所以角椽每侧15根，全都钉在梁背两侧的凹槽内。而角椽的铺钉都像平行椽那样，每根椽的尾部都是独立的排列在大角梁的两侧，不同的是自大角梁尾开始，角椽头都是向大角梁方向外撇。其主要特点是，椽尾独立排列保留了平行椽的做法，恰是与辐射椽的显著差异，斜出的角椽在檐外看与辐射并无明显的差别。

（3）五代新样

王春波先生在《山西平顺晚唐建筑天台庵》一文中提出：翼角椽在唐代以前多是直屋椽，以后多是扇形椽，而天台庵恰居于两种之间。角椽自起翘处开始，前5根为直屋椽，余下则逐渐向角梁靠拢，但椽尾的中心线却不交于一点。可以想象为上述两种式样的过渡形式，或都说是第三种形式，最容易理解为可能的过渡结构[3]。施工时揭露屋面可见，自大角梁尾角椽与正身椽平行排列，5、6根之后，有了像那样辐射椽将椽尾的一边抹斜每根相贴，与辐射椽相近似的做法。考察五代镇国寺、碧云寺、原起寺的角椽铺钉都是此种样式。有趣的是，由平行布置转向辐射铺钉的起始点各不相同，镇国寺自外二跳华栱，碧云寺和原起寺自转角栌斗，都是与南禅寺不同的角椽铺钉新样式（表六）。

表六　唐至宋代角梁类型与角椽铺钉方式对照表

名　称	时　代	大角梁		翼角椽		
类型		角梁斜置	角梁平置	斜列式	平辐复合式	辐射式（扇形椽）
五台南禅寺大殿	唐代	✓		✓		
芮城广仁王庙大殿	唐代		✓			✓
平顺天台庵弥陀殿	唐代		✓		✓	
平顺大云院弥陀殿	五代	✓				✓
平遥镇国寺万佛殿	五代	✓			✓	
长子碧云寺正殿	五代	✓			✓	
潞城原起寺大雄宝殿	五代	✓			✓	
长子玉皇庙前殿	五代		✓			✓
高平崇明寺中佛殿	宋初		✓			✓
高平游仙寺毗卢殿	宋早		✓			✓
平顺龙门寺大雄宝殿	宋中		✓			✓
平顺九天圣母庙圣母殿	宋晚		✓			✓

[1] 梁思成《清式营造则例》，中国建筑工业出版社，1981年，第115页。

[2] 祁英涛、柴泽俊《南禅寺大殿修复》，《文物》1980年第11期，第67页。

[3] 王春波《山西平顺晚唐建筑天台庵》，《文物》1993年第6期，第42页。

（4）小结

通过对翼角椽铺钉方式的分类比较，可以获得如下认识：

① 一般认为角椽有平行法和辐射法两种铺钉方式；

② 南禅寺椽尾独立、斜列铺钉角椽的方式，是唐代式样；

③ 弥陀殿平行、辐射铺钉角椽的方式，是五代式样的首例；

④ 南禅寺和天台庵的角椽是平行椽向辐射椽转变的过渡形式。

4．分期研究

（1）唐代模式

之前，我们注意到，佛光寺东大殿草架中，首次有了《法式》"凡角梁下，又施隐衬角栿"的做法。从《法式》规定看，它的结构位置在"明梁之上，外至橑檐枋，内至角后栿项"。剖析东大殿翼角结构，平棊下明栿两道（角乳栿），首层通达内外角柱，出柱缝制成二跳华栱；二层在外压在昂身下，向内制成内柱里转的三跳华栱。平棊上草栿两道，上层是大角梁，斜压在橑风槫和下平槫的交接点上；下层向外抵在压槽枋交角内，向内过内角柱出耍头，符合《法式》隐衬角栿与大角梁的结构关系。从结构角度来看，东大殿的隐衬角栿支托在下平槫下交角下，而其上恰是大角梁尾；南禅寺大殿彻上明造，衬角栿同样是支托在下平槫下大角梁尾搭压在槫上的模式。从结构功能看，衬托角栿的作用在于承载角梁后尾的荷重，是唐代特有的角梁构件。

（2）五代变通

五代是由唐而宋风格转型的时期，在翼角结构方面同样进行着技术更新和结构改良的探索。这其中正是大角梁、衬角栿、隐角梁结构方式的衍变，最终实现了飞檐翼角的优美造型。以南禅寺大殿为标尺，大角梁斜搭在下平槫和橑风槫上，衬栿搭在里转角华栱和四椽栿上，栿背安直斗支托下平槫和槫上的大角梁尾。大云院和碧云寺大殿大角梁是南禅寺式，但梁下未施衬角栿，前者以角昂和补间斗栱，后者以角昂和丁头栱支托大角梁。镇国寺和原起寺大殿将大角梁尾从槫上移至槫下的攀间内，梁上设置了隐角梁。镇国寺的衬角栿保留了佛光寺的支托方式，原起寺没有出际缝架衬角栿就成了不承重的剳牵。创建于宋初的崇明寺中佛殿，其大角梁由昂尾支托，梁背承负下平槫，结构方式与镇国寺衬角栿相一致，只是将前端伸出檐外，栿背上安放了隐角梁，变成了大角梁。从镇国寺到崇明寺完成了向宋代转型的技术条件。

（3）宋代转型

梁思成先生说：唐之风格，以倔强粗壮胜，五代赵宋开始华丽细致。这其中最引人注目的就是，原本平缓微翘的屋角变得高昂扬起，崇明寺中佛殿恰反映出这一转变的过程。崇明寺中佛殿创建于北宋初年的971年，但此时宋代早期式样统一，形制规范的风格尚未形成，故中佛殿的构件样式和结构形制尚未完全脱离五代的风格特征。中佛殿的柱头斗栱与佛光寺和镇国寺的形制一脉相承，而在补间却将二跳华栱增长，与耍头叠构直达橑风槫下，改变了唐代东大殿檐部无中间支承点的结构缺陷。在翼角结构方面，一改镇国寺梁栿层层叠构的形式，而是将衬角栿伸出檐外变成了大角梁。宋代早期进一步改良优化，完成了以昂尾（如碧云寺式）和罗汉枋（大云院式）支托大角

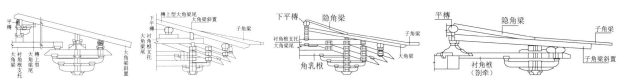

1. 斜置型·南禅寺大佛殿 大角梁·唐　　2. 斜置型·佛光寺东大 殿·唐　　3. 过渡型·镇国寺万佛殿·五代　　4. 过渡型·原起寺大殿·推判五代

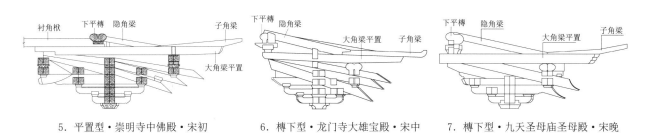

5. 平置型·崇明寺中佛殿·宋初　　6. 槫下型·龙门寺大雄宝殿·宋中　　7. 槫下型·九天圣母庙圣母殿·宋晚

图119　隐衬角栿结构示意图

梁，梁尾托下平槫，梁背施隐角梁（镇国寺式）的统一形制。至此，我们可以看到大角梁由槫上而槫下的转型过程（图119）。

（4）小结

通过翼角结构的分类与比较我们获得了以下认识：

① 唐代大角梁尾压在下平槫上，以衬角栿支托于槫下；

② 五代槫上型大角梁有了以昂尾和补间斗栱支托于梁下的形式；

③ 镇国寺和原起寺有了隐角梁，但大角尾下移至槫下攀间内；

④ 宋式大角梁的结构方式，可能是由衬角栿演化而来的。

5. 结论

通过对唐五代角梁、角椽形制的考察，我们认为：弥陀殿的大角梁结构形制不是唐五代式样，是被后代改造过的，其翼角椽也被重新铺钉过，但布椽方式仍然保持了五代的样式。

（四）脊部构造的讨论

天台庵弥陀殿平梁以上的结构被泥皮包裹着，山花处隐约可见驼峰、侏儒柱、叉手组合的脊部结构形制。所以，带给我们的遐想是，像南禅寺那样用两只大叉手承负脊槫，中间的驼峰和柱子是后人安上去的。

《法式》造蜀柱之制曰"凡屋彻上明造，即于蜀柱（侏儒柱）之上安斗，斗上安攀间，或一材，或两材""两面各顺平梁，随举势斜安叉手"。然而，唐代遗构南禅寺大殿和佛光寺东大殿在平梁之上只用两只斜撑即叉手承负脊槫，而不用侏儒柱，与《法式》的规定不符。故，五代龙门寺西配殿被认为是首个早于《法式》规定的在平梁上施用侏儒柱，并与叉手组合共同承负脊重的结构方式。最重

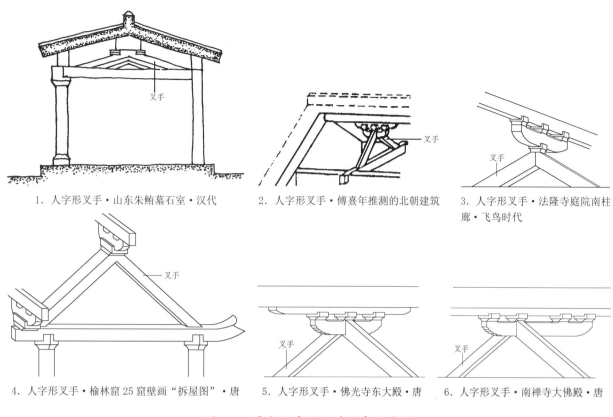

1. 人字形叉手·山东朱鲔墓石室·汉代　　2. 人字形叉手·傅熹年推测的北朝建筑　　3. 人字形叉手·法隆寺庭院南柱廊·飞鸟时代

4. 人字形叉手·榆林窟25窟壁画"拆屋图"·唐　　5. 人字形叉手·佛光寺东大殿·唐　　6. 人字形叉手·南禅寺大佛殿·唐

图120　早期人字形叉手形象示意图

要的是，此制成为后世顶层构架的标准模式。

1. 唐代形制

（1）佛光寺的发现

梁思成先生当年发现佛光寺东大殿时，探得"梁架上部古法叉手之制实为国内木构孤例。似此得意，如获至宝"。认为"从结构演变阶段的角度看，这座大殿的最重要之处就在于有着直接支承屋脊的人字形构架；在最高一层梁的上面，有互相抵靠着的一对人字形叉手以撑托脊槫，而完全不用侏儒柱。这是早期构架方法留存下来的一个仅见的实例。过去只在山东金乡县朱鲔墓石室（公元1世纪）雕刻和敦煌的一幅壁画中见到过类似的结构。其他实例，还可见于日本奈良法隆寺庭院周围的柱廊。佛光寺是国内现存此类结构的唯一遗例。"[1]傅熹年先生说："现在所能看到的隋以前建筑的梁架形象大多是两架梁，上加叉手。"[2]据此认为，唐代平梁上不用侏儒柱（图120）。

（2）大叉手的复原

南禅寺大殿发现之初，在平梁正中有驼峰、侏儒柱、大斗与两侧叉手共同组合成脊部构架。"这一组构件，在最早勘查时已发现它的式样与制作手法，同殿内其他构件并不一致。当时曾认为可能是后代增加的。这次修缮是以保存现状为主，这一部分最初的设想并不计划复原。施工中当卸除顶部瓦

[1]　梁思成《记五台山佛光寺建筑》，《营造学社汇刊》第七卷第一、二期，第15页。
[2]　傅熹年《中国古代建筑十论》，复旦大学出版社，2004年，第155页。

件、泥背等重量后，这一组构件自动脱离，整体梁架仍然支撑不动，同时又发现短柱上大斗与叉手相交也无榫卯。说明这一组是可有可无的构件。细察原做法中两个叉手搭交牢固，经过力学计算和现场模拟试验，证明现有叉手断面的荷载能力是安全的。据此在安装过程中取消了后加的这一组构件，恢复了唐代建筑的原样"[1]。至今已40余载，大叉手结构安然无恙。

（3）南禅寺的意义

南禅寺大殿修缮工程经过考古勘探和反复修订修缮方案，多次组织专家论证，最终选择了"恢复原状"的保护方案。南禅寺的修缮"对中国文物建筑的理论和实践做的诸多尝试，对中国文物建筑保护理念的发展以及保护理论体系的建立无疑都具有重要意义。'恢复原状或者保存现状'这一文物建筑的保护原则，在随后1982年颁布的《中国文物保护法》中被一并表述为'不改变文物原状'。由于对'原状'的不同理解以及改革开放后西方国家保护理念的引入等原因，关于中国文物建筑保护原则的探讨和争论始终没有停止"[2]。然而，南禅寺复原工程确是当时建筑史和文物保护界保护原则的一次大讨论，代表和体现了当时"中国式保护"的主流理念。

（4）小结

从上述考察我们可知：

① 在木构架顶层以两只大叉手承脊是汉代已有的"古法"；

② 佛光寺东大殿顶层的大叉手构架是国内所见最早实物；

③ 南禅寺大殿大叉手结构的复原依据真实可靠；

④ 广仁王庙大殿的脊部构架中的侏儒柱可能是后代添加上去的。

2．重要实例

（1）南禅寺型

南禅寺大殿在修缮时去除了平梁上的侏儒柱，恢复了唐代制度的原状。进一步考察叉手结构的细部可以看到，两只叉手抵在捧节令栱的两侧，上端恰抵在令栱上小斗的底边并与之平齐，下端在令栱下相抵，也就是说叉手的材高与令栱相同。与之后略晚的佛光寺东大殿在结构形制乃至细节特征方面都完全相同，特别是两叉手在捧节令栱下角，呈闭合状态，是有别于后世的主要特征。解剖内部结构，叉手上部将两角斫去，各开曲尺口，恰将捧节令栱嵌合在内，两下角相抵闭合。有趣的是，前槽叉手沿底边延长留出三角形小榫，后槽叉手开出卯口成榫卯结构，是一个非常重要的细节。

（2）西配殿型

龙门寺西配殿是进入五代的最早遗例，其最引人注目的结构意义就是"开平梁立侏儒柱之先河"[3]，之后是略晚的大云院大佛殿和镇国寺万佛殿，支持了西配殿的"先河说"。三例都是在柱脚下采用了承垫的方式，只是西配殿在两心间的侏儒柱下以驼峰承垫，而在两山却是在一块方木上刻出了驼峰，而大云院与西配殿刚好相反，镇国寺则用了四只驼峰。三例的柱式都是正方形，都是将四个边棱抹去成小八角柱式，并都在下部保留了方形底座，在柱头还都制出了卷杀；叉手上端都不是唐代

[1] 祁英涛、柴泽俊《南禅寺大殿修复》，《文物》1980年第11期，第73页。

[2] 高天《南禅寺大殿修缮与新中国初期文物建筑保护理念的发展》，《古建园林技术》2011年第2期，第19页。

[3] 柴泽俊《柴泽俊古建筑文集》，文物出版社，1999年，第155页。

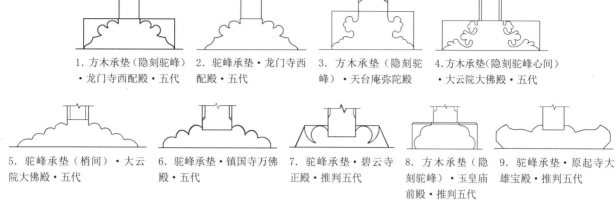

1. 方木承垫（隐刻驼峰）·龙门寺西配殿·五代　2. 驼峰承垫·龙门寺西配殿·五代　3. 方木承垫（隐刻驼峰）·天台庵弥陀殿　4. 方木承垫（隐刻驼峰心间）·大云院大佛殿·五代

5. 驼峰承垫（梢间）·大云院大佛殿·五代　6. 驼峰承垫·镇国寺万佛殿·五代　7. 驼峰承垫·碧云寺正殿·推判五代　8. 方木承垫（隐刻驼峰）·玉皇庙前殿·推判五代　9. 驼峰承垫·原起寺大雄宝殿·推判五代

图121　五代侏儒柱柱脚承垫示意图

的与斗底平齐，而是将上角超出小斗底抵在斗颤处，斗欹半嵌在叉手内。3例形制相同，手法一致。成为此期的年代式样（图121）。

（3）天台庵型

之前，我们认为弥陀殿是一座晚唐建筑，勘测时脊部内侧被泥皮包裹着，外侧下部被博脊遮挡着，只可见侏儒柱上部和叉手的组合。为了探究脊部结构形制的真实情况，我们将涂抹在山花中间的黄泥小心清理掉，当脊部结构被揭露时我们看到的是：脊槫之下，平梁之上，驼峰、侏儒柱、小斗、令栱、替木、两侧叉手一应俱全；所有结构部位结构严谨，榫卯完整，无疑都是原配。在细节方面：柱脚下由有隐刻出驼峰样式的长方形木块承垫；侏儒柱方形，柱身抹去边棱，下部保留了方形底座，柱头被斫制成卷杀；叉手的上角将小斗欹颤嵌入。无疑，弥陀殿的脊部结构形制，细部手法都与五代实例完全相同。

（4）小结

通过上述实例的考察，我们可以获得以下认识：

① 弥陀殿侏儒柱与叉手组合结构严谨规范，当是原构；

② 弥陀殿侏儒柱方形，四边抹棱，柱头卷杀，是五代式样；

③ 弥陀殿侏儒柱柱脚以方木上刻出驼峰支承，是五代特征；

④ 弥陀殿叉手与小斗"斗底半嵌式"，是五代做法。

（5）结论

弥陀殿平梁上叉手、侏儒柱组合结构真实，在柱形、柱式、柱脚承托方式，乃至细部手法方面都与较早的龙门寺西配殿和略晚的大云院大佛殿的做法相一致。表明，五代造侏儒柱已经有了统一的模式。

3. 脊部构造

（1）关于叉手

叉手，是中国传统木构建筑中最早出现的具有结构功能的构件之一，经历了漫长的发展过程，演变成为大叉手构架。它是古代先民在长期的营造活动实践中，在对几何不变体系的认知和应用过程中总结和创造出的稳定结构体系。在早期，叉手是大木构架中的重要组成构件，从叉手的发生到大叉手构架的形成，再到侏儒柱的加入，它们结构形式、组合方式的演变，反映了中国传统建筑结构体系嬗变和发展的过程，具有鲜明的时代特征。对叉手和侏儒柱进行深入探讨和研究，认识和梳理各时代平梁以上的结构特征，可以帮助我们厘清抬梁式建筑脊部构造发展的基本脉络，进而探索演变序列框架的构建，为众多没有明确纪年遗构的时代认定，提供相对准确、科学的依据。

（2）叉手起源

杨鸿勋先生认为大约在距今7000年前的母系氏族公社时期，黄河流域的建筑"下部是挖掘出来的，上部是构筑起来的"。其构造是利用室内的中心柱，使用树枝杆作为骨干构筑顶部围护，这些木骨就是叉手的雏形。"进一步发展中心柱偏离室中心，采用基本椽与柱悬臂交接，由椽头提供其余诸椽的顶部支点的方式，这正是大叉手屋架的启蒙"进而向抬梁式屋架过渡。氏族社会晚期，大叉手屋架"增加了拉杆——联系梁"，随后在梁上设立短柱，使之转变为承重梁，完成了向抬梁式屋架过渡的第一步；当"大梁之上承栿（短柱），栿上置栌（大斗）以承二梁，这便初步完成了后世所谓的抬梁的结构方式"[1]。可见，叉手、大叉手屋架是中国传统建筑抬梁式构造的启蒙。

（3）发展演进

傅熹年先生说：两晋南北朝三百年间是中国建筑发生较大变化的时期。此前，是土木混合结构；此后，是全木构架。两种风格和构造方法间的演进就发生在这三百年里，是汉风衰竭，唐风兴起的过程。进一步对云冈和龙门石窟等所雕建筑形象进行考察与研究，推测复原出五种房屋内部结构类型。结果显示：这一时期的木构梁架是纵向构架；屋架的顶层已经有了与东大殿相同的平梁上安大叉手承脊的构架形制；隋代前后表现出木构架由纵架向横架方式改变的过程[2]。南禅寺大殿和佛光寺东大殿是我们已知的由纵架向横架转型的最早木构架样式，它们的顶层构架都是隋代以来大叉手承脊的形式，五代龙门寺西配殿首次在平梁上安施侏儒柱，成为脊部构造的新样式。

（4）小结

通过对脊部构造发展演进的考察我们有以下收获：

① 叉手起源甚早，大叉手是抬梁式结构体系的启蒙；

② 据推测魏晋南北朝时期梁架的顶层是平梁上安大叉手；

③ 平梁上只用大叉手承脊槫是唐代实例所见的结构模式；

④ 五代有了侏儒柱与叉手组合的脊部构架的新样式。

4. 年代问题

（1）大殿年代

1956年4月，由文化部和山西省文化局联合组织的文物普查试验工作队对天台庵进行了调查，发现并考察了这座重要的遗物。杜仙洲先生认为："此殿在建筑结构上，在有些地方近似南禅寺正殿，在风格上具有不少早期建筑的特征，可能是一座晚唐建筑。"此论一出，引起了学界和社会的普遍关

---

[1] 杨鸿勋《中国早期建筑的发展》，《中国古建筑学术讲座论文集》，中国展望出版社，1986年，第31页。

[2] 傅熹年《两晋南北朝时期木构架建筑的发展》，《傅熹年建筑史论文选》，百花文艺出版社，2009年，第102~141页。

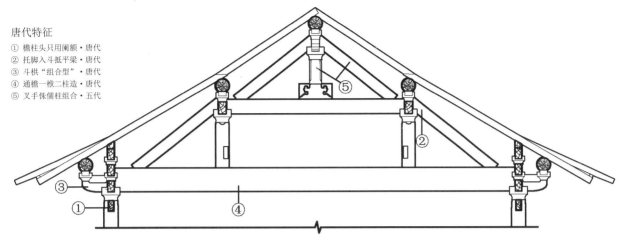

图122 弥陀殿唐五代特征图

注，中国古建筑又添一例唐代木构。由于缺乏史料证据，加之后代修缮扰动，弥陀殿的年代问题有不同的看法，主要有唐代、晚唐和五代三种观点。持唐代说者：柴泽俊先生认为，是全国仅存的四座完整的唐代建筑之一；傅熹年先生认为，只能大致定在唐代；王春波先生的研究认为，大殿是一座晚唐建筑。李会智先生认为，天台庵正殿为五代遗构，持此观点的还有曹汛先生。需要指出的是，在各家的研究中，都未对脊部构造中的侏儒柱予以特别的关注。

（2）唐代样式

在之前的考察和研究中，我们获知弥陀殿柱头之上只安阑额，无普柏枋之设的"阑额型"结构形式；托脚上角插入平梁之下大斗口内斜抵平梁头的"入斗型"结构做法；华栱由四橡栿伸出檐柱缝外制成的"组合型"结构方式；四橡栿通达前后檐柱无内柱之设的"一栿二柱型"构架模式。这些都与南禅寺、广仁王庙大殿和佛光寺东大殿一脉相承，严格的遵循着唐代制度，是判定殿为唐物的重要证据。至于弥陀殿结构中，蜀柱隔架、大角梁平置等与唐制不符的问题，经过考察研究，被判定为后代的添改。因此，如果没有确凿的创建年代证据，根据其主要结构特征，弥陀殿大殿所具有的风格特征只能排列在唐代。特别值得一提的是，虽然弥陀殿平梁上叉手和侏儒柱组合承脊，与3例五代遗构的形制做法都完全相同，但并不能排除是唐代已有的结构方式（图122）。

（3）重要意义

弥陀殿的脊部架构是五代的标准样式，如此一来，使得大殿的年代问题更加扑朔迷离。进一步，我们对唐代以降梁架顶层结构予以考察，以期厘清发展演变的基本脉络。从叉手结构位置看：唐代，叉手上角与令栱上小斗的斗底平齐；五代将小斗的欹颐嵌入；宋代将小斗完全嵌入；金代早期叉手的上角抵在替木上，晚期抵在槫上；元代有了抱在槫两侧的形式。从柱脚结构方式看：五代以方木隐刻驼峰和驼峰承垫；宋代早期是驼峰承垫；中期有了方形的半合楷过渡；晚期有了斜肩式合楷稳固；金元两代斜肩式合楷盛行；明代以后流行驼峰式合楷。侏儒柱的式样：五代是方形抹棱，柱头四面卷杀；金代晚期有了圆柱和覆盆式卷杀；明代则流行"砍杀"。通过这一系列的比较研究，我们可以构建起唐代以来平梁以上结构形制发展演变的序列框架（表七）。

表七　叉手侏儒柱演变分期表

时代 类型		唐代	五代	宋代早期	宋代中期	宋代晚期	金代早期	金代晚期	元代
柱式	方形	███	███	███	███	███	███	███	███
	圆形							███	███
攀间型	斗底平齐式	███							
	斗底半嵌式		███	███	███				
	斗底嵌入式					███			
脊槫型	栱替交构式						███	███	
	替槫交构式							███	███
	抱槫扶脊式							███	███

（4）小结

关于弥陀殿年代问题的讨论我们有以下认识：

①弥陀殿现存结构中有着鲜明的唐代特征；

②弥陀殿顶层架构的结构形制与五代实例相一致；

③弥陀殿是唐代或者是五代的年代问题尚不能定论；

④对弥陀殿的考察，我们收获了脊部构造发展演变的基本情况。

4．结论

通过对脊部构造的讨论我们认为，弥陀殿的脊部结构形制符合五代时期的年代特征。引发的问题是：侏儒柱制度唐代已有；弥陀殿原本就一座五代遗物。施工中创建年代的发现，唐、五代之争理当休矣！

（五）结语

《中国文物古迹保护准则》是在文物保护法规体系的框架下，对文物古迹保护工作进行指导的行业规则和评价工作成果的主要标准，提出："研究应贯穿保护工作全过程，所有保护程序都要以研究成果为依据。"在这一背景下，保护工程如何贯彻执行"不改变文物原状"原则，如何实现"真实、全面地保存并延续其历史信息及全部价值"的目的，就取决于工程实施者对"保存现状和恢复原状两方面内容"研究与认知的评估。

在对弥陀殿结构问题的研究中，我们首先对现存结构中与唐代具有年代特征的构件式样和结构形制进行了比较研究，确认了补间斗栱、隔架方式、翼角结构和脊部构造与唐代的制度不符。接下来，我们对这些构件和结构细节所反映的年代特征予以考察，推判其原状及改制年代。事实上，我们的研究从前期的勘察测绘到之后的修缮施工"贯穿在保护工作的全过程"，得到国家文物局专家组的好评，并获得了2018年全国优秀古遗址保护项目的殊荣。

（执笔：贺大龙　赵朋）

七　弥陀殿创修年代发现

（一）天台庵与弥陀殿

　　天台庵，位于山西省平顺县城东北25公里的实会乡王曲村内。寺院现址规模很小，坐落在村中的黄土台地之上，四周被农舍环绕围合。寺内仅存弥陀殿一座，背北面南孤兀而立；殿东建有一排廊屋，是近几年进行环境治理时添建的；殿前左侧立有碑一通，碑面漫漶字迹难辨；庵院志书无载，又无其他史料可稽，故弥陀殿之创建年代以及天台庵之前的原状我们都已无从知晓。弥陀殿被认为是国内仅存的四座唐代建筑之一[1]，天台庵因此名扬海内外，并备受学界关注。

　　弥陀殿面宽三间，进深四椽，单檐九脊顶，是一座宽深不足7米略呈方形的小殿。屋面以青灰色陶制筒板瓦覆盖，各脊都以瓦条垒筑，正脊两端是琉璃制成的大吻，龙口吞脊，尾爪扬起，形制色彩都与龙门寺西配殿（925年）和大雄宝殿（1098年）相近，疑为元代遗物。台基以稍事加工的料石垒砌，周边以条石压檐，前檐正中设踏步三级，亦用条石垒筑，无垂带石之设，台明铺墁条砖。心间设两扇小板门，两梢间各安直棂窗。两山及后檐墙以条石为基，青条砖砌筑至阑额之下（图123）。

　　弥陀殿周檐用柱12根，柱头以阑额贯通，梁架四椽栿通檐用二柱，梁头外出制成华栱，都与唐代制度相一致。四椽栿背立蜀柱，上安大斗承顶平梁，是唐五代未见式样。平梁头不出斗口，两端

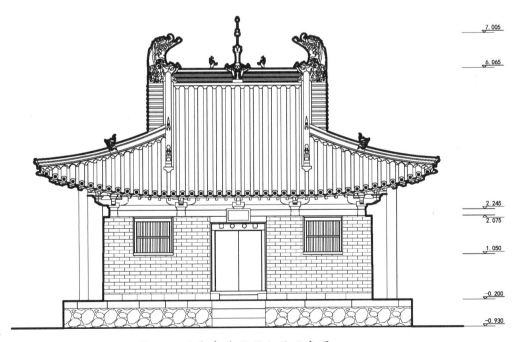

图123　天台庵弥陀殿立面示意图

[1]　1988年公布为第三批全国重点文物保护单位，公布时代：唐。《山西重点文物保护单位》，山西省文物局编，2006年，第25页。

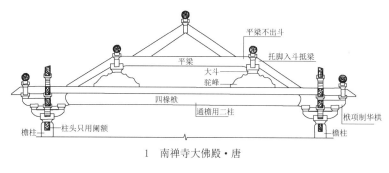

1　南禅寺大佛殿·唐

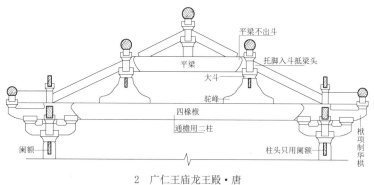

2　广仁王庙龙王殿·唐

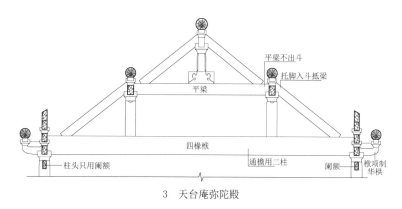

3　天台庵弥陀殿

图 124　弥陀殿唐代特征示意图

托脚入斗抵梁，也是唐代的做法；梁上立侏儒柱与叉手共负脊槫，是五代新制。两梢间不设出际缝架，山面椽尾搭在平梁外侧的承椽枋上，故丁栿实为劄牵平置于山面柱头斗栱和四椽栿背，与唐代的广仁王庙和五代原起寺大殿[1]形制近同。大角梁尾插在架间蜀柱内，梁背安子角梁和隐角梁，与唐代大角梁斜跨两槫缝的做法不同（图124）。

弥陀殿檐下施柱头斗栱一周，斗栱只出华栱一跳，跳头上安替木承橑风槫，未施令栱，不设耍头。《营造法式》（以下简称《法式》）称之为"斗口跳"，是不入铺作次序的简易做法。前檐心间设补间斗栱一朵，形制与柱头斗栱相同，疑为后添[2]。值得关注的是，华栱是四椽栿延长伸出檐柱外砍制而成，与唐例制成二跳华栱的做法相一致。引人注目的是，泥道栱非真实之栱，而是由一条贯通各栌斗隐刻出栱形的柱头枋交出华栱，与3例唐构泥道栱交出华栱的做法不同，形制独特。

（二）年代讨论

1956年4月，由文化部和山西省文化局联合组织的文物普查试验工作队对天台庵进行了调查，发现并考察了这座重要的遗物。杜仙洲先生认为："此殿在建筑结构上，在有些地方近似南禅寺正殿，在风格上具有不少早期建筑的特征，可能是一座晚唐建筑。"[3]此论一出，引起了学界和社会的

---

[1]　原起寺大雄宝殿公布年代为宋，考其特征与当地宋代不符，恰与龙门寺西配殿和天台庵弥陀殿有诸多相似之处，故推判为五代风格的遗物。参见贺大龙《潞城原起寺大雄宝殿年代新考》，《文物》2011年第1期，第59～74页。

[2]　补间斗栱形制与柱头一样，但材质与手法都相去甚远。王春波先生也认为心间补间斗栱为后代添加。见《山西平顺晚唐建筑天台庵》，《文物》1993年第6期。

[3]　杜仙洲执笔《晋东南潞安、平顺、高平和晋城四县的古建筑》，《文物参考资料》1958年第3期，第35页。

普遍关注，我国古代建筑又添一例唐代木构。

柴泽俊先生认为：弥陀殿现存殿宇造型结构，由柱子到梁架、斗栱，几乎全部都呈现出明显的唐代特征。斗栱、梁架构为一体，简练有力，与中唐时期重建的五台南禅寺大殿相同。为我国唐代小型佛殿中的佳作，是全国仅存的四座完整的唐代建筑之一[1]。

傅熹年先生认为：大殿的创建年代不可考，只能大致定在唐代。除此之外，殿身构架中未发现更多的比例关系。有可能在金代重修时，因构件朽坏，有的被截短，致使构件尺寸改动较大，如柱高、举高、出檐等，直接影响了天台庵大殿作为唐代实例的研究价值[2]。

王春波先生认为：弥陀殿从平面到立面到内部结构形式，均与五台南禅寺大殿相似。又从大殿的当心间材分值，每架椽的水平长度材分值，屋架举折趋势……柱高、铺作高、总举高等三者之间的比例关系等都与五台佛光寺大殿相似，所以天台庵是晚唐建筑无疑[3]。

李会智先生认为：根据该殿梁架结构的整体和局部结构特点，建筑部件的制作手法，尤其是平梁及四椽栿之间设蜀柱、平槫攀间隐刻栱、泥道隐刻栱的制作手法等特点，笔者认为平顺王曲村天台庵正殿为五代遗构[4]。同样持五代说观点的还有曹汛先生[5]。

可以看出，弥陀殿的年代有唐代说、晚唐说和五代说。需要指出的是，现有的史料不能提供大殿创建年代的证据。所以，对于弥陀殿的年代只能通过类型学方法进行比较研究，作出一个相对年代区间的推断。重要的是，对于一座单体建筑能引发出不同的学术评论，是少见且难得的，也正是当今学界所缺乏的学术争论和学术批评。

（三）重要发现

2011年山西省古建筑保护研究所受平顺县文物旅游发展中心的委托，对天台庵进行了勘测和修缮方案设计，2013年8月山西省文物局对保护方案的实施作出批复，2014年3月完成工程招投标，2014年4月18日正式开工。工程启动前，省文物局白雪冰处长陪同国家局专家组张之平教授、李永革高级工程师等专家考察时提出，弥陀殿维修工程应当充分考虑到它的特殊性，不要受工期的制约，应当是建立在科学研究基础上的保护工程，考察原状和后代改制情况是重点研究方向。

开工后，除了按照相关规定和施工组织设计进行施工，并在施工前对进场的所有施工及参与人员进行了安全、文明施工以及各工种的操作程序和保护理念等方面的培训工作。特别强调了对文物信息发现与保护的要求，举出了以往施工中常见发现和易毁失信息的部位与事例，并着重强调了文物不可再生的特殊性，提出了精心操作，严格规范，不赶进度的基本原则，对重点部位提出了特殊要求和管理办法。

11月1日，弥陀殿屋面拆卸工作完毕，检查脊槫基本完好，无折断、开裂、糟朽等安全隐患，本

[1] 柴泽俊《山西几处重要古建筑实例》，《柴泽俊古建筑文集》，文物出版社，1999年，第152、153页。
[2] 傅熹年主编《中国古代建筑史·第五卷》，中国建筑工业出版社，2001年，第499页。
[3] 王春波《山西平顺晚唐建筑天台庵》，《文物》1993年第6期，第43页。
[4] 李会智《山西现存早期木结构建筑区域性特征浅探（上）》，《文物世界》2004年第2期，第29页。
[5] 曹汛先生说："平顺天台庵旧定唐代，我考订是五代后唐。"《中国建筑史论汇刊》第五辑，中国建筑工业出版社，2012年，第487页。

着尽量少干预原则，决定保持现状。然而，压在我们心头的弥陀殿年代问题的困扰总是挥之不去，一直寄希望于在修缮中能有所发现。于是抱着一试的心态，做出打开脊榑查看有无题迹的调整。果然在转天的11月2日，令人振奋的情况出现了，在脊榑与替木间"长兴四年九月二日地驾……"的墨书赫然而现。长兴乃五代后唐明宗李嗣的年号，时933年，距大唐王朝灭亡已26年。

11月7日，清理飞子的工作接近尾声，然而当东南角南侧飞子拆卸至第14根时，奇迹又出现了，紧接着第15、16根飞子上都依稀可见墨书痕迹。当我们小心翼翼地把那些百年弥尘清除干净之后"大唐天成四年建创立，大金壬午年重修，大定元年重修，大明景泰重修，大清康熙九年重修"的墨书题记再次惊现。梳理这些

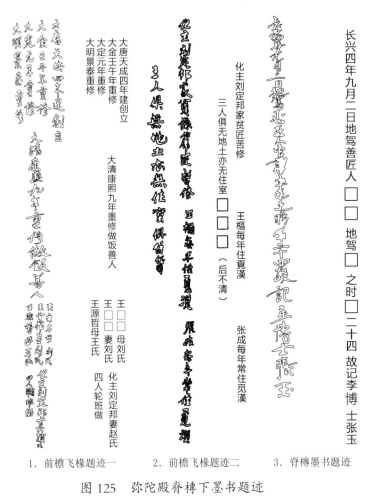

1. 前檐飞椽题迹一　　2. 前檐飞椽题迹二　　3. 脊榑墨书题迹

图 125　弥陀殿脊榑下墨书题迹

题迹，天台庵与弥陀殿创建、修缮的历史清晰起来。天成也是后唐明宗的年号，四年即929年创立了天台庵，长兴四年弥陀殿立架上梁。之后历金代、明代、清代皆有重修（图125）。

至此我们可以确知，弥陀殿是一座创建于五代后唐的遗物。但是考察大殿之风格特征：其柱头之上只用阑额，无普柏枋之设的"阑额型"结构方式；其托脚入平梁下之大斗内斜抵梁头的"入斗型"结构做法；华栱由四椽栿伸出檐外制成的"组合型"结构形制；四椽栿通达前后檐殿内无立柱的"一栿二柱型"结构模式，都与南禅寺和广仁王庙大殿一脉相承，依然严格地遵循着唐代的制度。重要的是，以类型学和年代学观点看，弥陀殿所具有的风格是唐代而非宋代。因此，如果没有创建年代证据的发现，根据上述主要结构特征的排序，给出的相对年代只能是唐代。

（四）冷静思考

当我们从发现弥陀殿年代证据的兴奋中冷静下来之时，回想当初，如果不打开脊榑，如果不仔细清理构件，这一切就都不会发生。如果不是秉持着研究性保护的信念，抱着多一事不如少一事的态度，大殿创建年代的秘密只能待以后的修缮中才有可能被揭晓。如果不是高度的责任心和严谨的工作方法，飞子抑或被丢弃，那些前人的墨书就会永远不被人知。无疑，正确的保护理念、科学的施工方

法、严谨的管理程序和负责任的工作态度是发现和保护历史信息的根本保障。

时下，党和政府高度重视文化遗产的保护工作，社会各界和广大公众都非常关注古代建筑的保护情况。近年来国家投入大量的保护资金，使得山西一大批元代以前的木构古建筑得到有效保护。然而作为参与或从业人员，面对这"一片大好"的形势都应当静下心来，认真思考怎样的保护才符合《中国文物古迹保护准则》的要求，如何让保护工程成为一次重新认识和再次研究的过程，是我们当下维修工程中必须认真思考和面对的问题。

事实上，每一次工程干预都或多或少地损伤乃至毁失历史信息。所谓历史信息也并非只是文字遗迹，从历代构件样式、结构模式的认知，到后世修改、添加的识别，从官式制度的规定到地方做法的惯用，乃至从脊兽瓦件的制作方法到泥背窋瓦工艺的传承等等；各种历史的、工艺的、技术的、材质的信息无处不在，如何仔细考察发现有价值意义的信息，并妥善有效地保护传承，是对每一个保护工作参与者的能力和责任心的考量。

不容回避的是，一方面当前施工单位和技术人员的能力水平参差不齐，另一方面勘察时的条件限制，设计人员的研究能力所限等等的先天不足，也都是保护工作的风险因素。从管理的角度出发，应当把发现与研究、认识与收获纳入到工程考评体系中去，用以强化和提升保护理念、认识水平和研究能力。否则，我们的文物保护工程可能将永远在"排除安全隐患"保证不塌不漏的水平上徘徊，并且存在着丢失历史信息乃至"保护性破坏"的风险。

（五）题迹之谜

弥陀殿首次发现题记是王春波先生，公开发表于1993年《文物》第6期，原文如下：这次考查在屋顶东山出际曲脊里发现有一清代刻画的素混筒瓦，上题："重修天台庵创立不知何许年重修如大定二年中有大明二百□十五年先有大元四十年限今又是大清二十六年康熙九年重修三百有余岁矣壶关县泥匠程可弟修造。"该题记为壶关县泥匠程可弟在"大清二十六年康熙九年"即1670年维修天台庵弥陀殿时所记。从这段题记中，我们大致可以获得如下信息：① 不知创建于何年；② 记录了金、元、明、清重修；③ 其中元、明之修的具体年代不详。王文亦未作说明与解释。

前段时间与王春波先生提及发现五代题迹之事，他认为题迹只是旁证，再者唐建五代重修也不是没有可能，关键还是看建筑本身所保存的时代特征。此言不差，本来晚唐与五代相去不远，在宋代风格形成之前，必然唐风尚在。从这一点看，暴露出我们建筑历史研究的缺憾与不足。虽然前代学者们在北方地区的调查、考证、研究的基础上，唐至元代的时代特征，主要风格基本清晰。然而从谱系学的角度看，区域文化、发展序列、演变过程的研究并未展开，导致建筑个案年代断定停留在风格论的基础之上。显然，王春波先生对弥陀殿仅凭题记的发现判定其五代创立的存疑也不无道理。

此外，王春波先生认为："四椽栿上立蜀柱，平梁之上驼峰、侏儒柱，从形制上看，与其他构件的风格截然不同，在这次勘测中，也发现四椽栿蜀柱位置两侧有榫卯结构痕迹，结合清代筒瓦上的记载，可断定为金大定二年重修的遗物。"[1]傅熹年先生也提出了类似的疑问，他认为："殿身构架

---

[1]　王春波《山西平顺晚唐建筑天台庵》，《文物》1993年第6期，第38页。

中未发现更多的比例关系。有可能在金代重修时，因构件朽坏，有的被截短，致使构件尺寸改动较大。"[1] 可以看出两位先生的观点基本一致，一方面认可弥陀殿的唐代风格。同时认为大殿梁架部分在金代的修缮时做了较大的添改。但是，根据蜀柱柱式和结构形式，我们认为金代之说值得商榷。

（六）题迹梳理

我们将发现的题记归纳列表进行分析和研究。列表如下（表八、表九）：

表八　王春波发现题迹一览表

时代	纪年	公元	位置	题　迹
金代	大定二年	1162	筒瓦背	重修（如大定二年）
大元			筒瓦背	先有大元四十年
大明			筒瓦背	中有大明二百□十五年
大清	康熙九年	1670	筒瓦背	今又是大清二十六年

表九　施工中新发现题迹一览表

时代	纪年	公元	位置	题迹
五代	天成四年	929	飞子上	"天成四年创立"
五代	长兴四年	933	脊檩下	"长兴四年地驾"
金	大定元年	1161	飞子上	"大定元年重修"
金	大定二年	1162	飞子上	"大金壬午重修"
明	景泰		飞子上	"大明景泰重修"
清	康熙九年	1670	飞子上	"大清康熙九年重修"

从列表中我们可以看出，① 从题迹部位看：可以分为槫题、瓦题和飞题；② 除脊槫下可能是五代创建大殿时所题，余皆大清康熙九年维修时分别由瓦匠和木匠题写；③ 瓦题"重修天台庵，创立不知何许年"，而飞题"天成四年创立"，何以创立之年瓦匠不知，而木匠却知；④ 关于金代重修瓦题"大定二年"，飞题"大定元年重修""大定壬午重修"，壬午是大定二年，当是工起于元年，工毕于二年；⑤ 瓦题有"大元"重修，飞题中未见元代重修之记；⑥ 瓦题"大明二百□十五年"，飞题"大明景泰重修"。梳理这些题记，瓦、飞互为补证，或者可以破解这些年代的谜团。

（七）纪年之谜

在飞题和瓦题中，有几个年代问题需要厘清。飞题中：大明景泰重修，景泰共计七年，但不知何年。瓦题：明确了大定二年至康熙九年508年间，中有大明二百□十五年，先有大元四十年，限今又是大清二十六年康熙九年重修，三百余岁矣。在这里恰恰是大明和大元都没有给出明确的年代，而是给了二百□十五年和四十年两个数字，不巧的是中间还缺少了一个数，是故意为之，还是岁月剥蚀，不得而知。事实上，这个三百多年前的有趣的壶关瓦匠给我们弄了个数字游戏。刻题中"限今又是大清

---

[1] 傅熹年主编《中国古代建筑史·第五卷》，中国建筑工业出版社，2001年，第499页。

二十六年，康熙九年"或许是程瓦匠给出的解题方法。大清立朝是世祖顺治元年1644年，26年后的公元1670年，恰是康熙九年。由此看来，破解年代之谜似乎并非难事。

然而，我们看"中有大明二百□十五年"，大明自世祖洪武元年1368年至思宗崇祯十七年1644年，立朝276年。如果按所缺数字从二百一十五至二百七十五年间推算，分别是万历、天启、崇祯三朝，没有飞题中所记景泰，显然方法不对。我们再以"重修如大定二年"推算，金大定二年是1162年，从二百一十五年推至九十五年，是1457年，恰是大明景泰八年。问题是，景泰八年发生了"夺门之变"[1]英宗复位，改元天顺。重要的是，"宫变"发生在1457年的正月十七日，改元在正月二十一日，也就是说景泰八年存在了21天，按理，碑刻中不应再有景泰八年的纪年，但不排除消息在民间滞后的可能。然而，我们再以康熙九年向前推二百一十五年恰是景泰六年，即公元1455年。由此看来，景泰六年应更符合史实。

我们再看"先有大元四十年"，按照之前的方法大定二年向后40年尚未入元；康熙九年向前推40年是明崇祯三年；按景泰六年向前推40年是明永乐十三年。而按大清二十六年是康熙九年之法，大元建元是世祖忽必烈至元八年，即1271年，40年后是至大四年，即1311年。然而，问题并未就此完结，"康熙九年重修三百有余岁"何解？以康熙九年向前推300年是1370年明洪武三年，问题出在余岁，若以至大四年向后推算至康熙九年间隔359年。既然至大四年已明确，那么这三百余岁又有何意义呢，或许瓦匠在告诉我们推算应以康熙九年（限今）计。据此，明代应以景泰六年计。梳理题记：重修天台庵，创立不知何时，重修有金大定二年，元至大四年，明景泰六年，今康熙九年（表一〇）。

表一〇　天台庵弥陀殿题迹一览表

时代	纪年	公元	瓦题	檩题	飞题	题迹内容
五代	天成四年	929			✓	天成四年创立
五代	长兴四年	933		✓		长兴四年地驾
金代	大定元年	1161			✓	大定元年重修
金代	大定二年	1162	✓			重修如大定二年
金代	大定二年	1162			✓	大金壬午重修
元代	至大四年	1311	✓			先有大元四十年
明代	景泰六年	1455	✓			中有大明二百□十五年
明代	景泰六年	1455			✓	大明景泰重修
清代	康熙九年	1670	✓			大清二十六年
清代	康熙九年	1670			✓	大清康熙九年重修

（八）改制分析

弥陀殿与其他五代建筑一样，具有在继承唐代制度的同时，又有创新和改良的特征，并且自创建以来，有明确记录的重修有四次。因此，我们的考察就有了唐代的式样，五代的创新和后代的添改三个方面的内容。除开唐代特征，主要有以下几方面：① 平梁之上立有侏儒柱，与学界共识的大叉手与

---

[1]　明正统十四年（1449）英宗在"土木之变"中被俘，于谦等大臣拥立其弟（代宗）为帝，次年英宗释归，被禁于南宫奉太上皇，景泰（1457）八年正月，帝痛不能临朝，石亨等大臣发动政变，拥英宗位，又称"南宫复辟"。

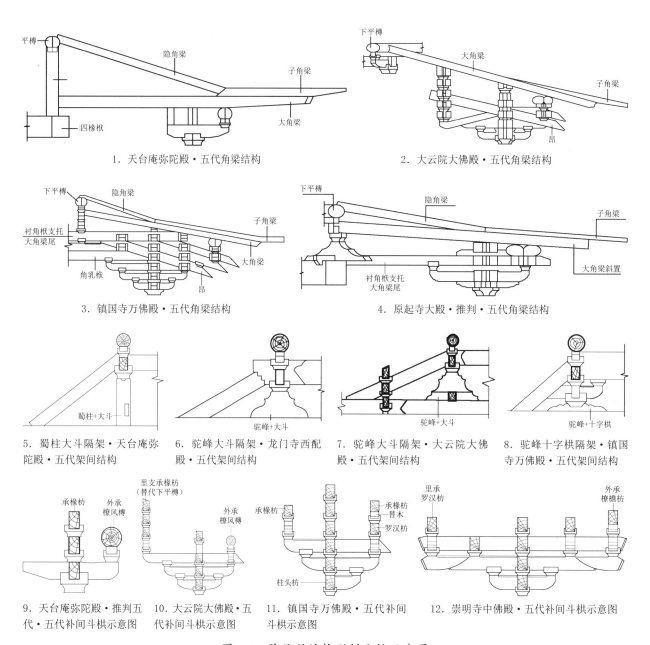

1. 天台庵弥陀殿·五代角梁结构　　　　　　　2. 大云院大佛殿·五代角梁结构

3. 镇国寺万佛殿·五代角梁结构　　　　　　　4. 原起寺大殿·推判·五代角梁结构

5. 蜀柱大斗隔架·天台庵弥陀殿·五代架间结构　6. 驼峰大斗隔架·龙门寺西配殿·五代架间结构　7. 驼峰大斗隔架·大云院大佛殿·五代架间结构　8. 驼峰十字栱隔架·镇国寺万佛殿·五代架间结构

9. 天台庵弥陀殿·推判五代·五代补间斗栱示意图　10. 大云院大佛殿·五代补间斗栱示意图　11. 镇国寺万佛殿·五代补间斗栱示意图　12. 崇明寺中佛殿·五代补间斗栱示意图

图126　弥陀殿结构形制比较示意图

捧节令栱支撑脊槫的唐代模式不符，与五代遗例相一致。② 四椽栿与平梁间以蜀柱大斗为隔架结构，与唐制和五代皆以用驼峰大斗的做法不同。③ 心间设置一朵补间斗栱，形制与柱头斗栱一致，但从用材用料和制作手法，特别是里转悬空的结构情况看，当是后添无疑。④ 大角梁尾叉在蜀柱之上，结构位置处于下平槫之下，与唐代将大角梁搭压在两架槫缝上的做法不同。由此看来，蜀柱隔架和角梁结构被改添的可能性最大，其年代是弥陀殿改制的核心问题（图126）。

关于弥陀殿结构的改制问题，其中最受关注的即是蜀柱大斗隔架问题，同时还注意到由于结构的改变所引起的建筑比例的变化。从大殿四椽栿背上残存的卯洞可以断定，蜀柱不是原构。对于其何时进行的添改，王春波先生提出：结合瓦题记载"断定为金大定二年重修的遗物"[1]，同样傅熹年

[1]　王春波《山西平顺晚唐建筑天台庵》，《文物》1993年第6期，第43页。

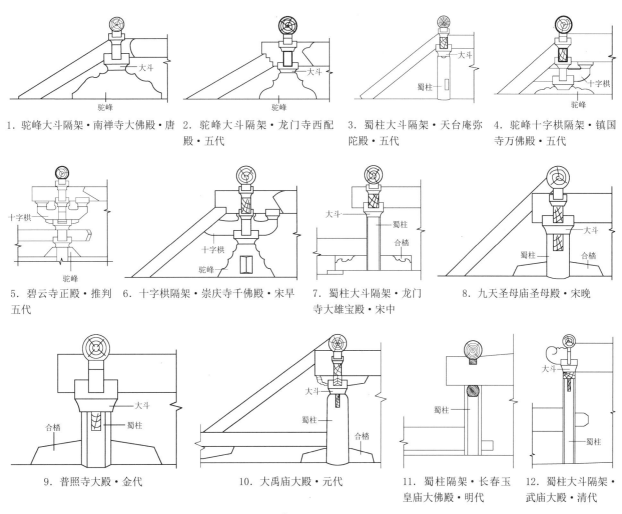

1. 驼峰大斗隔架·南禅寺大佛殿·唐　　2. 驼峰大斗隔架·龙门寺西配　　3. 蜀柱大斗隔架·天台庵弥　　4. 驼峰十字栱隔架·镇国
殿·五代　　　　　　　　　　　　陀殿·五代　　　　　　　　寺万佛殿·五代

5. 碧云寺正殿·推判　　6. 十字栱隔架·崇庆寺千佛殿·宋早　　7. 蜀柱大斗隔架·龙门　　8. 九天圣母庙圣母殿·宋晚
五代　　　　　　　　　　　　　　　　　　　　　　　寺大雄宝殿·宋中

9. 普照寺大殿·金代　　　　10. 大禹庙大殿·元代　　　11. 蜀柱隔架·长春玉　　12. 蜀柱大斗隔架·
　　　　　　　　　　　　　　　　　　　　　　　　皇庙大佛殿·明代　　　武庙大殿·清代

图127　唐—清代隔架结构演变示意图

先生也认为"大殿梁架部分在金代的维修时做了较大的改动，以至在建筑比例方面失去了唐代研究价值"[1]。的确，当地金代建筑遗物中普遍采用了蜀柱大斗隔架的结构方式。然而，通过进一步的考察，特别是采用类型比较的方法，比照当地金、元、明三代蜀柱大斗结构中柱形、柱式的细部做法，以及柱脚结构组合方式，我们认为，弥陀殿隔架结构不是金代"重修的遗物"。从发展演变的角度考察，弥陀殿架间结构现状中不支持金代说的证据有以下几个方面：

从隔架结构的发展序列看：现存彻上明造的实例显示，唐代是"驼峰大斗型"；五代在继承唐代"驼峰大斗型"模式的同时，有了"十字斗栱式"和"斜杀斗栱式"两种新样式；宋代早期"斜杀斗栱式"为主流样式；宋代中期有了"蜀柱大斗型"；晚期定型，之后成为金、元、明、清的主要隔架结构模式。弥陀殿的重修恰经历了这四个时代，但确认改制的年代还需要进一步考证（图127）。

从柱子式样的演变情况看：平顺龙门寺西配殿是梁架间（平梁上）用短柱的首个实例，其柱式与弥陀殿和五代诸例一样，都是方形抹棱；宋代中期当地出现的四椽栿上立蜀柱承平梁的实例都是方形抹棱式。金大定年间的沁县普照寺大殿是首个圆形柱式，其柱头形制与檐、内柱一样都是"覆盆

[1]　傅熹年主编《中国古代建筑史·第五卷》，中国建筑工业出版社，2001年，第499页。

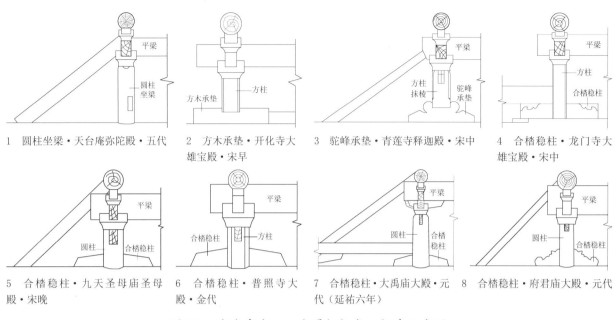

1　圆柱坐梁·天台庵弥陀殿·五代　　2　方木承垫·开化寺大雄宝殿·宋早　　3　驼峰承垫·青莲寺释迦殿·宋中　　4　合楷稳柱·龙门寺大雄宝殿·宋中

5　合楷稳柱·九天圣母庙圣母殿·宋晚　　6　合楷稳柱·普照寺大殿·金代　　7　合楷稳柱·大禹庙大殿·元代（延祐六年）　　8　合楷稳柱·府君庙大殿·元代

图128　宋代中期—元代蜀柱柱式、柱脚示意图

式"，而弥陀殿的圆形蜀柱将柱头正背面杀斜的做法是当地明代的流行。

从柱脚结构的组合方式看：在五代，自西配殿以降，侏儒柱的柱脚都是由平梁上的方木隐刻出驼峰或驼峰承垫，弥陀殿亦是方木隐出驼峰手法。宋代中期的蜀柱柱脚同样也是以方木隐刻驼峰和驼峰承垫，宋代晚期出现了以斜肩式合楷稳固柱脚的结构方式，成为金元两代流行的标准模式。而弥陀殿柱脚直接坐在四椽栿背之上，是当地元代晚期出现、明代才渐多的做法（图128）。

梳理上述比较分析我们以金代为标尺，进一步考察研判。弥陀殿隔架结构的年代问题。① 柱式：金代方形柱式是主流式样，大定以后有了圆形柱式，与弥陀殿的特征相符；② 柱头装饰：金代圆柱柱头皆制成覆盆式卷杀，弥陀殿则是明代流行的砍杀；③ 柱脚结构：金代以斜肩式合楷稳固柱脚是标准模式，而弥陀殿则是明代以后多见的柱脚直接坐于梁背。结合发现的重修题记，弥陀殿架间结构是明景泰六年维修时改添的。

（九）结语

发现题迹之后，我们向柴泽俊老师汇报了此次发现的经过与情况。柴老放下端详了许久的题迹，连声说道："重要发现，重要发现"，接着又说："弥陀殿保存了许多与南禅寺和广仁王庙大殿的相同特征，更何况，创建时距唐亡仅20多年，有些匠师都还是唐人。所以，一直以来普遍认为它是一座唐代小殿，也理所当然。今天，你们揭开了它尘封千年的面纱，为它的真实年代找到了证据。这不仅是保护工程的一项重要发现，也是建筑史研究的一项重要发现。你们的考证，为保护工程考古发现和原状研究做出了表率，希望能再接再厉，把弥陀殿的修缮做成具有研究意义的保护工程。"

（执笔：帅银川　贺大龙）

（此文曾发表于《中国文物报》2017年3月17日。此次略作删改）

保 护 篇

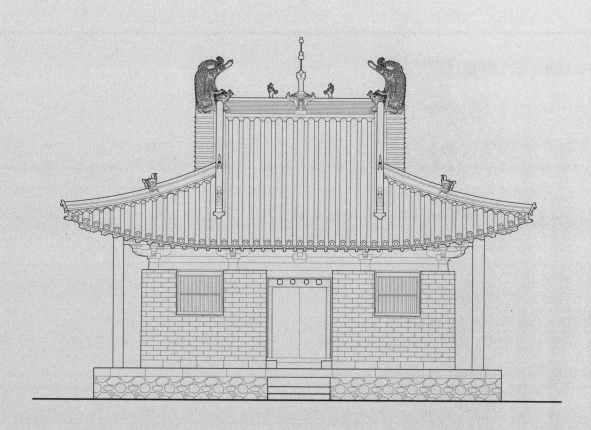

一   勘察与设计

天台庵现状勘察报告

项目名称：平顺县王曲村天台庵修缮保护工程

项目地址：平顺县北25公里王曲村的坛形土崖之上

项目内容：对天台庵现存弥陀殿及寺院周边环境等进行全面勘察测量并制定抢险修缮保护方案

一   综述

（一）地理概况

平顺县现属长治市，东与河南省林州市接壤，西和潞城市、长治市区相连。南同壶关县相傍，北与黎城县及河北省涉县毗邻。平顺县地处黄土高原，全境地势东南高，西北低。属温带大陆性季风气候，冬季寒冷少雪，春季干燥多风，夏季较短，雨热同季，秋季温和凉爽。昼夜温差大是平顺气候的最大特点。

天台庵位于平顺县北25公里的王曲村。

（二）天台庵概况

天台庵位于王曲村中的坛形土崖之上，寺南、东、西为村落宅院，北依过村道路。寺院东西宽约14.2米，南北长约31.68米，总占地面积约450平方米。1986年8月被山西省人民政府公布为省级重点文物保护单位，1988年1月被国务院公布为第三批全国重点文物保护单位。

天台庵保护范围：南至土地岸边20米，北至路边76米，东至民房46米，西至路边60米。建设控制地带：自保护范围向东、南、西、北各延伸50米。

寺院坐北朝南，现存弥陀殿一座、石狮二尊及唐碑一通，后人用机砖砌筑花孔矮墙围成院落。现入院通道在弥陀殿后西北角一狭小空间拾阶而上，从后人建造的小门进入。院内地面现状为毛石墁地，并依地势组织无序排水系统。寺院内外已无有效防范的安保屏障。

（三）历史沿革及建筑年代考证

平顺县王曲村天台庵的创建年代及其沿革，可能由于地处偏僻，寺宇规模较小，不是县邑名刹，故志书上不见记载。人们至此，总想从唐碑上觅得建年，惜碑已风化过甚，漫漶不清；殿内木构件受烟熏污染而有些变色。然而苍古的殿宇，已较明确地告诉人们，天台庵在唐代已存在。现存殿宇由柱到梁架、铺作，其造型、结构几乎全部都呈现出明显的唐代特征。现存的天台庵是一处至少已跨越了数百年历史长河的宝贵文化遗产。

目前已无确切的文字记录来考证弥陀殿的始创年代。就建筑做法、形制而言，前檐檐柱高2.445米（台明至柱顶），柱高不越间广。正殿平面接近正方形。殿正侧面明间开间较大，两次间仅及明间之半，这在我国现存早期建筑平面中是极为少见的。以斗口跳承托荷载的实例，可见于平顺回龙寺大殿（金）、平顺龙门寺西配殿（925年，五代）、大同华严寺海会寺（1038年，辽代）等早期建筑，在唐代尚属首例。华栱后尾为四椽栿两端伸至前后檐外制成，铺作、梁架构为一体，简练有力，与中唐时期重建的五台山南禅寺大殿相同。柱头卷刹较宋制和缓。柱头阑额至转角处不出头，阑额上不施普柏枋，显然为唐制。建筑的屋架高跨3.33：1的比率，与《营造法式》"三分中举一分，或四分中举一分"的规定也基本吻合，与大多明清等晚期高耸的屋架相较，可谓举折平缓。综合分析，天台庵弥陀殿构架，简洁纯朴，相交严实，既无重叠构件，也无虚设之弊，造型、手法与五台南禅寺大殿相同，为我国唐代小型佛殿中的佳构。

二 主要建筑形制概述

弥陀殿

弥陀殿坐北朝南，面阔三间，进深三间六架椽，单檐歇山筒板瓦顶，平面接近正方形，建筑占地面积98.27平方米，是院内现存的唯一建筑。

1. **平面** 当心间面阔3.16米，两侧次间1.875米，通面阔6.91米；山面当心间进深3.135米，两侧次间进深1.875米，通进深6.885米。地面用条砖单顺横纹铺墁。该殿四周设台明，台明毛石垒砌。南端由一层断面38.5厘米×20厘米的青条石压阑，前檐下出檐1.4米。四周外侧由一层条石和条砖自下而上垒筑而成；其余墙体一层条石及土坯垒筑，外侧墙体收分2厘米，内壁白灰抹面（下部后人用水泥抹面）。墙厚56厘米，台明下角无散水。

2. **柱网** 该殿檐柱一周用木柱12根，外部后支顶木柱6根，内部后支顶木柱6根。檐柱皆为圆形，均裹置于墙内，柱底以自然料石作柱础。柱头卷刹高度6～8厘米，卷刹较为和缓。殿内原无柱，现后人支顶6根木柱。前檐檐柱高2.445米（台明至柱顶），柱高不越间广。经勘察，角柱无侧角与生起。柱头上有阑额相互联系，无普柏枋，至角柱不出头。

3. **梁架** 四椽栿通达前后檐，厅堂彻上露明造。出檐用檐椽及飞椽。经勘察，虽经历代修葺、更换，但仍保留着一些有柔美卷杀的早期檐椽。四椽栿上设蜀柱承大角梁及丁栿后尾，蜀柱上置大斗负重平梁及平槫。平梁两端设托脚，平梁之上有驼峰、蜀柱、叉手和捧节令栱承负脊槫和脊部荷载。两山施丁栿，内端插于蜀柱中，外端伸至撩檐槫内皮作亲枋头。转角处设大角梁和子角梁挑承，大角梁后尾插于蜀柱中，子角梁后尾隐于续角梁底皮。四椽栿断面规格22.5厘米×39厘米，平梁断面规格17厘米×24厘米。前后撩檐槫的水平距为7.735米，出檐1.19米，步架总举高2.32米，其中脊部为6.51举，檐部6.9举，总高跨之比约合1：3.33。

4．**内外檐铺作**　共计22组，其中檐部柱头铺作8组、平槫下铺作4组、脊槫下铺作2组、檐部转角铺作4组、檐部补间铺作4组。柱上铺作简洁，以斗口跳承托檐部荷载，即栌斗口内出华栱一跳，跳头上设替木承撩檐槫，无令栱，亦无耍头。华栱后尾为四椽栿两端伸至前后檐外制成，铺作、梁架构为一体，简练有力。补间铺作，四周只当心间一组，在柱头枋上隐刻着令栱，略似"一斗三升"之制。转角铺作由正侧两面柱头枋外端制成华栱搭交，无角栱和由昂之设，简练至极。栱枋用材高18厘米，宽12厘米，栔高8.5厘米，约合《营造法式》六等材尺度。

5．**屋面**　经实测，正殿的正脊、垂脊均为瓦条砌筑，正脊灰泥皮抹面雕花（已基本脱落），正吻为琉璃烧制。屋面筒板瓦，每面筒瓦各42垄。屋顶投影面积113.07平方米。经勘查，屋面勾头现有2种规格，檐部勾头16厘米×31厘米，排山勾头14厘米×32.5厘米；滴水的形制为重唇形。木基层的椽前、后、东坡各40根，飞40根；西坡椽41根，飞41根。合计椽161根，飞161根，粗细不等，约在8～10厘米。博风板厚4厘米，望板为望砖、木板两种做法，厚2厘米。

6．**装修**　前檐两次间置有直棂窗，棂条断面4厘米×2厘米，中设承棂串。前檐明间设木板门。

7．**其他**

彩画　经勘察，弥陀殿内梁架等木构件满绘清代旋子彩画，色调均模糊不清。

壁画　山花处绘人物、山水图案，面积约5平方米。由于年久失修，画面已模糊。根据绘画情节分析，应为清代遗作。

碑碣　寺院内存有唐碑一通，由于年久风化，字迹均不清。

石狮　弥陀殿前檐左右各一尊，年久风化。

三　建筑现状及成因与残损状况

弥陀殿的残损主要表现在屋面瓦及脊部掰裂、木柱糟朽、梁架歪闪、墙砖裂缝松动、地面破碎、人为改制等。具体状况如下：

平面　室内地面条砖破碎面达98%，后人改动5.36平方米。现存前檐的压阑石石面也多有浅表的风化。毛石台明后人用水泥砌筑，其上亦用水泥抹面，四周已无散水。墙体开裂三处，缝最宽2.5厘米，墙砖松动、缺失。

柱网　墙内木柱下段均有不同程度的糟朽，30～50厘米。后人支顶12根木柱。

梁架　撩檐槫均有外滚现象，前檐撩风槫两头下弯2厘米。梁架中大多数槫栿等大木构件皆伴有干缩裂缝。其中前坡平槫通裂，缝最宽处0.15厘米×2厘米深；后坡平槫通裂，缝最宽处0.5厘米×3厘米深；后坡襻间通裂，缝最宽处1厘米×1.5厘米深；西北侧托脚通裂，缝最宽处0.2厘米×1厘米深；西南侧托脚通裂，缝最宽处0.15厘米×1厘米深；西南侧大角梁劈裂，缝最宽处0.15厘米×1厘米×50厘米；西北侧大角梁通裂，缝最宽处0.2厘米×1厘米；东南侧大角梁断裂；各槫栿、枋等构件，在出际处均有不同程度的干缩裂缝及糟朽。

铺作　普遍存有程度不等的干缩裂缝及糟朽。前檐明间西缝柱头铺作：齐心斗劈裂一处，缝宽0.1厘米；华栱通裂，缝宽0.5厘米；替木通裂，缝宽0.2厘米。前檐明间东缝柱头铺作：齐心斗劈裂，缝宽0.1厘米；华栱通裂，缝宽0.5厘米；替木通裂，缝宽0.3厘米。前檐明间补间铺作：栌斗、华栱、交互斗均为后人更换，且栌斗劈裂；华栱内拽用铁件与阑额拉结，并支顶木棍。后檐西侧柱头铺作：华栱外拽下倾，交互斗脱节。后檐东侧柱头铺作：华栱外拽下倾，栌斗缺失耳一处。西坡明间南缝柱头铺作：华栱及内外交互斗为后人更换。西坡明间北缝柱头铺作：华栱通裂，缝宽0.1厘米。东坡明间南缝柱头铺作：外交互斗为后人更换。东坡明间北缝柱头铺作：华栱通裂，缝宽0.15厘米。前檐西侧转角铺作：华栱通裂一处，缝宽0.1厘米。前檐东侧转角铺作：栌斗破损。后檐转角铺作：外拽构件下沉。

屋面 正吻下沉，与正脊掰裂，东部缝宽4.5厘米，西部缝宽10厘米。正脊呈蛇形扭曲状，扭曲5厘米，脊筒上抹灰雕花脱落。在正脊下脚出现拉扯状裂缝。四坡屋面瓦均有浸渍现象，且生长杂草。前坡檐头勾头缺失3块，破损2块，滴水破损55%，飞头糟朽30%，屋面瓦破损15%。后坡檐头勾头缺失4块，滴水破损35%，飞头糟朽100%，屋面瓦破损30%。西坡檐头勾头缺失3块，滴水破损15%，飞头糟朽10%，屋面瓦破损60%，排山勾、滴脱落2处。东坡檐头勾头缺失1块，滴水缺失2块，破损60%，飞头糟朽10%，连檐、瓦口缺失2米，屋面瓦破损10%。两侧排山的搏风板糟朽不堪，劈裂、糟朽达90%。在殿内举目观察屋顶，望板应为望砖，但后人在修缮过程中，用木望板修补大半。

装修 前檐明间木板门，板门开裂，缝宽1厘米；门簪缺失一处。两次间板棂窗，均破损、缺失，西次间棂条及承棂串全部缺失，东次间棂条缺失6条，承棂串断裂。

四 价值评估与现状管理评估

（一）价值评估

1. **历史价值** 古建筑上的斗栱，是我国建筑发展演变进程中的时辰表，时代特征极为明显。天台庵弥陀殿上的斗栱，形式简洁，手法苍古，栱枋用材断面颇不一致。材高16~21厘米，材宽10.5~13.5厘米，栔高8.5厘米。五台唐建南禅寺大殿，材高22~29厘米，差额7厘米，材宽14~19厘米，差额5厘米。由此看来，唐时建筑上的模数—材栔比例还未普及，至少在偏僻山村还没有统一规格。天台庵和南禅寺两殿，均成为历史的佐证。这些发现对于我们研究和认识唐代建筑中材栔模数的演进，认识《营造法式》中统一建筑模数（即材栔标准）对我国建筑业的贡献，是颇有价值的。其次，现存天台庵弥陀殿阑额至转角不出头、襻间枋的使用、柱头处的卷刹的风格等等迹象皆透射出唐代的建筑风格特征。其特殊的建筑形制，蕴含着无比珍贵的历史信息，是唐代建筑形制研究的实物资料，保存了传统建筑发展演变的重要历史信息。

2. **艺术价值** 王曲村天台庵规模虽小却纤巧雅致，殿阁不高却大气端庄。景观设计意境独特。正殿体量虽小，斗栱用材简朴而不失精美，展示着时代的美感。

3. **科学价值** 建筑造型和结构模数的形成与发展，经历了漫长的历史时期，至唐代已逐渐规范化、科学化。五台佛光寺晚唐重建东大殿，京都女弟子布施营造、高僧主持监修，确切地证实了这一发展进程。但某些偏僻山区，限于经济、文化、技术等方面的条件，进化稍慢，未规范化前的一些做法不可避免地要反映出来。天台庵弥陀殿恰是这样，这也正是它的早期时代特征和较古老的艺术、科学价值所在。

（二）现状与管理评估

天台庵建筑及寺院内外环境，都应得到进一步保护。目前建筑残损程度已达到Ⅳ类，局部破损，建筑外强拉照明线路，保存现状不容乐观。自公布为省级文物保护单位以来，天台庵仅有义务看管人员一名，保护资金缺乏，相关的文物资料没有系统化整理。由于缺乏专业技术人员、管理经费及有效的管理措施，天台庵现有的管理不能满足全国重点文物保护单位的需求。院门不存，仅设一铁门。入口处狭小，难以形成总体维护功能，危及文物建筑安全的险情隐患已满目皆是，已根本不具备与全国重点文物保护单位相适应的周边环境。

五　勘察结论与建议

（一）勘察结论

天台庵孤立于村中的土崖之上，附近没有危害文物安全的工业、企业。灾害性气候主要是干旱、冰雹、霜冻、干热风等，气候环境对庙宇不构成直接的危害。建筑墙体酥碱和开裂、屋面瓦浸渍，无疑使建筑加重险情。分析诸残损现状的成因，其根源无外乎自然与人为的双重破坏。该寺院所处地形的地下水位较深，土质较坚硬，排水较通畅，故建筑物不会产生自陷，故建筑基础保存尚好。

弥陀殿　天台庵自80年代村中组织过对屋面及檐口漏雨部分、台明部分局部维修，至今，除了自然的损伤，几乎没有进行过正规的维修。

屋面　建筑屋面皆有不同程度的损伤。檐头瓦件缺失、屋面瓦件松散、杂草滋生、木基层不同程度的糟朽是所有现存建筑普遍涵盖的现状。脊饰残缺、脊部歪闪缺失、相应的衔接部位脱节开裂，是促发相应木构件糟朽程度扩大的主流病源之一。

墙体　建筑墙体皆有呈不同程度开裂、酥碱及松动。前檐墙外西侧下脚裱砖开裂，高1200毫米，宽450毫米，东侧下脚高500毫米，宽1000毫米，10毫米≤缝宽≤25毫米；后檐墙外侧上部裱砖松动3皮；西山墙外南侧下脚裱砖开裂，高1200毫米，宽450毫米，10毫米≤缝宽≤25毫米；东山墙外侧上部裱砖缺失；内墙下部1200毫米，后人用水泥抹面。

梁架　构件短缺、檩条滚动、构件开裂及断裂、柱网不同程度的糟朽是建筑存在的隐患。

人为影响　由于资金匮乏，后人在修缮过程中随意支顶及加固，严重损害建筑原貌。建筑架设照明明线，对建筑造成了极大的安全隐患。

综上所述，建筑残损等级已达Ⅳ级，属重点修复范畴，急需抢救、抢险性维修。对改制部分进行有据复原。

（二）建议

1. 因天台庵南、东、西三面近邻民居，现阶段拆迁不太可能。要严格依据天台庵文物保护规划中的要求进行总体改造。

2．为防止水土流失造成垮塌，西侧加设石砌挡土墙，下铺设散水，确保其安全。

3．对施工中替换下来的旧木构件及残存瓦件等进行系统整理，并设立专门地点妥善保存，以便为后人提供原始数据和相关资料。

此次现场勘察，我们对王曲村天台庵的历史沿革、文物价值、建筑形制、年代特征、现存状态、损伤程度、拆改状况、残损成因、环境危害、安全评估等几方面做了认真全面的调查研究。我们认为，天台庵弥陀殿虽历经千余年风雪侵蚀、地震灾害、人为摧残，仍依然如故，成为全国仅存几座完整的唐代木构建筑之一。它蕴含了珍贵的历史信息，涵盖了很高的文物价值。

（执笔：曹钫　赵朋）

天台庵保护修缮工程设计说明

2011年7月，山西省古建筑保护研究所受平顺县文物局的委托，对平顺县王曲村天台庵的现状进行全面勘察，并制定相应的修缮设计方案。以下就其修缮依据、原则、修缮工程项目与做法、各类病害的针对性处理措施及寺院周围环境工程等叙述如下：

一　修缮设计依据

1．《中华人民共和国文物保护法》有关规定。

2．《中华人民共和国建筑法》有关规定。

3．《中国文物古迹保护准则》有关规定。

4．《古建筑木结构维护与加固技术规范》（GB50165－92）有关规定。

5．《文物保护工程勘察设计文件编制深度规定》

6．《山西省平顺县王曲村天台庵现状勘察报告》

7．其他相关的政策、法规等。

二　修缮设计原则

1．不改变文物原状的原则：遵照《中华人民共和国文物保护法》规定："对不可移动文物进行修缮、保养、迁移，必须遵守不改变文物原状的原则"和"文物工作贯彻保护为主、抢救第一、合理利用、加强管理的方针"，在修缮时遵循"整旧如旧"的理念，尽最大可能利用原有材料，保存原有构件，使用原有工艺，将有害于古建筑历史风貌的构筑物等予以必要的搬迁，使文物建筑的历史原状得以最大限度的恢复。

2．安全为主的原则：文物的生命与人的生命都是不可再生的，在整个修缮工程中要始终坚持确保文物与施工人员二者生命双安全的原则，制定行之有效的规章制度，杜绝安全事故发生。安全为主的原则，是文物修缮过程中的最低要求。

3. 质量第一的原则：文物修葺，质量第一。在修缮过程中要强化质量意识，从工程材料、工艺做法、施工程序等方面加强管理，确保工程质量符合国家相关的法规标准。

4. 修缮过程的可逆性、可再处理性原则：在修缮过程中，坚持修缮过程的可逆性，保证修善后的可再处理性，尽量选择和使用与原构件材料相同、相近或兼容的材料，尽最大可能使用传统的工艺技法，为后人的研究、处理、修缮提供更多更准确的历史信息。

5. 尊重传统，保持地方风格的原则：不同地区有不同的建筑风格与传统技法，在修缮过程中要审慎甄别，承认建筑风格的多样性，尊重传统工艺的地域性和营造手法的独特性，注重与之的保留与传承。

三 修缮工程目的

以积极科学的态度，保护修缮王曲村天台庵的文物建筑，综合整治寺内庭院和周边环境，标本兼治，彻底排除与根治存在于寺内各建筑及庭院周边的各种残损、病变、险情、隐患（见《山西省平顺县王曲村天台庵现状勘察报告》），使其延年益寿；忠实地保存稀有的建筑特点和传递上千年建筑信息的连续性。为我们科学的研究历史文化，建筑艺术提供真实的实物资料，为文物的保护、开发和利用创造条件，为我国新时期社会主义精神文明的建设做有益服务。

四 修缮工程性质

王曲村天台庵修缮工程的性质，概括地说属于文物保护修缮工程。但由于寺内建筑残损的成因与程度不尽相同，工程性质也相对有别。大致分为：环境治理工程、防护加固工程、保护修缮工程等。

（一）**环境治理工程** 不干预文物本体，排除隐患，清除影响安全和破坏总体环境的因素。其主要工程项目：

1. 清理寺院周围的不利因素，依现存建筑的特点修复寺院围墙。

2. 根据寺院周围的特点，拆除寺院北侧仓库及门面房。重新砌筑入寺踏步，增设北侧护坡（要求按总体保护规划进行治理）。

3. 重新设置院门，使之与现存建筑风貌相谐调（要求按总体保护规划进行治理）。

4. 整修铺墁院面，整治疏理排水系统。

5. 院落内外的绿化、电缆、照明、消防工程按总体保护规划进行设计施工。

（二）**防护加固工程** 主要是寺院消防、防雷设施工程。

（三）**保护修缮工程** 王曲村天台庵保护修缮工程主要由以下项目组成：

1. 弥陀殿：天台庵弥陀殿构架，简洁纯朴，相交严实，既无重叠构件，也无虚设之弊，造型、手法与五台南禅寺大殿相同，为我国唐代小型佛殿中的佳构。故弥陀殿保护修缮工程为重点修缮复原工程。揭顶不落架大修（梁架采用打隼偷梁换柱法进行修缮）。

2．壁画保护修缮工程：弥陀殿壁画现场保护。

五 主要建筑修缮项目与范围

1．弥陀殿

① 台明部分：依现存风格形制拆砌整修台基、台明；依现存形制补配压阑石。铺墁建筑周边散水。② 墙体部分：依现存墙体形制，择砌、补配裂缝及松动、缺失的外墙砖（约200块墙砖）；铲除内墙水泥墙裙，按上部黄泥抹灰墙形制重新抹面（22.96平方米）。③ 梁架部分：保护所有原有构件，实施局部落架的形式，校核拨正歪闪的构架；依《山西省文物构件管理办法》，更换已失稳不可续用的撩檐槫二根，大角梁一根。整修、剔补、加固所有虽残损但可继用的柱、额、枋、槫、栱等所有大木构件以及椽等木基层构件；依遗留构件加工补配缺失或严重缺损不可续用的柱、额、枋、槫栱以及椽等所有相关构件。加固完成后，依现存唐代建筑形制，去除部分影响建筑风格的支顶构件。④ 铺作部分：整修、剔补、加固虽残损但可续用构件；补配、更换丧失承载力及后人更换的与现存构件相差甚远的构件。⑤ 屋顶部分：揭顶翻瓦整个屋面（163.02平方米），整修、加固、补配各类缺损的瓦件、脊兽构件、博风等，其中补配走兽2份、套兽4份、嫔伽4份、整修瓦件约30％，补配瓦件约30％，补配博风构件100％。⑥ 地面部分：剔除室内原有碎砖，按现存形制重新用条砖铺墁地面。合计40.77平方米。⑦ 装修部分：依现存构件形制补配门窗缺失部分。

2．护坡工程 王曲村天台庵西侧为土质护坡，不利于文物保护。解决方法：根据寺院周围的特点，重新用毛石砌筑西侧护坡。护坡工程规模为43.5延长米。包括三大内容：① 土方开挖及外运。② 基础砌筑工程。主要包括清理场地、基槽开挖、基土夯实、毛石砌筑、渣土外运等项目。③ 护坡砌筑工程。主要包括毛石砌筑、坡面勾缝、压面石铺筑等项目。

3．院门工程 依照总体规划要求，重新设置院门，使之与现存建筑风貌相协调。

4．寺院整修铺墁 王曲村天台庵的寺院整修铺墁，院内外排水系统的整治疏理属环境治理工程。工程规模为院内507.58平方米。

5．围墙砌筑 王曲村天台庵的围墙夯筑属环境治理工程。依总体保护规划进行。

6．寺内及周边范围内的绿化美化：此项属环境治理工程。依总体保护规划进行。

7．拆除有碍文物建筑保护的项目：此项属环境治理工程。主要是拆除对文物危害严重的照明线路的治理。

8．寺外院面硬化：属环境治理工程。依总体保护规划进行。

9．附属文物的保养维护：揭取加固正殿山花约5平方米的壁画。对寺内现存的唐碑一通、石狮两尊进行日常的保养维护。

10．保护性设施建设工程：主要是消防、安全防护设施建设工程。

六　各类病害的针对性处理措施

病害分析及保护维修措施

病害BH12-01：台明水泥砌筑、水泥抹面	
·病害分类： 成因分析：后人不当修缮。 ·弥陀殿台明	
·保护维修措施：1．拆除水泥砌筑台明；2．夯实垫层；3．依现存台明形制，重新砌筑（砌筑用灰：细石掺灰泥，灰：黄土＝3：7）；4．台明下铺设毛石散水。	

病害分析及保护维修措施

病害BH12-02：院面墁地破损、排水不畅	
·病害分类： 成因分析：年久失修，没有日常养护。 ·寺院内	
·保护维修措施：1．拔除院面植物；2．夯实垫层；3．条砖重新铺墁地面；4．台明下铺设散水。	

病害分析及保护维修措施

病害BH12-03：墙体开裂、缺失	
·病害分类： 成因分析：年久失修，没有日常养护和维护。 ·弥陀殿前檐东西下脚开裂，四壁上部缺失	
·保护维修措施：1．对开裂部位进行择砌；2．对于缺失墙砖，按现有砖样重新烧制，打磨并做旧。	

病害分析及保护维修措施

病害BH12-04：水泥抹面	
·病害分类： 成因分析：后人不当修缮。 ·弥陀殿内墙	
·保护维修措施：去除水泥抹面，按上部现存抹面形制重新抹面。	

病害分析及保护维修措施

病害BH12-05：地面铺墁残损	
·病害分类： 成因分析：年久失修，没有日常养护和维护及人为损坏。 ·弥陀殿室内	
·保护维修措施：1．拆除地面条砖；2．依残存条砖规格重新烧制；3．清理垫层，铲除煤渣垫层；4．3：7灰土夯实找平后重新铺墁；5．打磨并做旧。	

病害分析及保护维修措施

病害BH12-06：柱底糟朽	
·病害分类： 成因分析：年久失修。 ·弥陀殿檐墙内12根木柱	
·保护维修措施：1．用墩接的方法，锯换糟朽部位；2．在接口两头用2根50×6铁箍箍牢；3．木柱涂防腐剂，铁件涂防锈漆。	

病害分析及保护维修措施

病害BH12-07：椽栿下支顶木柱	
·病害分类： 成因分析：椽栿失修，后人改制。	
·弥陀殿平梁及四椽栿下	
·保护维修措施：1. 除去裂缝内污尘，灌注改性环氧树脂；2. 两根四椽栿下粘120×10通长扁铁，设六道60×6铁箍箍牢；平梁设三道60×6铁箍；3. 待构件变形稳定后，撤除后支顶柱。	

病害分析及保护维修措施

病害BH12-08：构件开裂	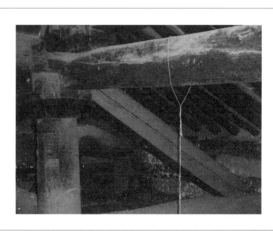
·病害分类： 成因分析：年久失修，没有日常养护和维护。	
·弥陀殿内部分构件	
·保护维修措施：1. 清理朽木，清除裂缝中的积尘、杂物；2. 木条镶嵌缝隙，用改性环氧树脂粘牢；3. 较大的裂缝部位加设60×6铁箍束固，之后铁件做防腐处理。	

病害分析及保护维修措施

病害BH12-09：构件断裂	
·病害分类： 成因分析：年久失修。	
·弥陀殿东南大角梁后尾	
保护维修措施：1. 依现存大角梁材质、规格及式样进行更换；2. 桐油钻生。	

病害分析及保护维修措施

病害BH12-10：铺作构件劈裂、失稳	
·病害分类： 成因分析：年久失修，后人改制。 ·见铺做大样图	

·保护维修措施：1．缺失、失稳及后人更换的构件根据现存的同类构件的规格、手法、材质进行制作；2．糟朽构件依现存构件剔补；3．劈裂构件用改性环氧树脂嵌缝。

病害分析及保护维修措施

病害BH12-11：屋面残缺、变形	
·病害分类： 成因分析：年久失修，瓦件脱节、浸渍，导致木基层糟朽、脊扭曲、吻掰裂。 ·弥陀殿屋面	

·保护维修措施：1．揭顶、亮椽，重修瓦顶；2．残缺构件依现存式样、质地烧制补配；3．四坡及排山瓦垄排布方式应保持原样。

病害分析及保护维修措施

病害BH12-12：木装修残缺	
·病害分类： 成因分析：自然破坏及人为损害。 ·弥陀殿木门窗	

·保护维修措施：1．依据残存构件，仔细辨别细部起线的做法；2．按残存构件进行恢复，要求起线均匀，无戗槎、锤印，榫卯结构牢固。

七　工程做法

王曲村天台庵弥陀殿为我国现存早期木结构建筑之一，修缮工程要最大限度使用原有构件。梁架、檐柱、额枋、铺作等大木构件不要更换，否则就不成其为唐代建筑，而成为唐代建筑模型了。就木材材质而言，由于多种因素，本次勘察不能进行相应的检测。但在修缮过程中，可作为科研项目，对其进行科学的检测。木构件劈裂和糟朽部分，对非加固性的构件，采用传统的粘接胶进行嵌补；对需加固的构件，用改性环氧树脂等化学材料粘接加固，铁活束紧。已缺失构件或经后人更换亦非原制的个别构件，依原制补齐。槫、椽、望板、枋材、连檐、瓦口等小型构件，残损过甚而无法加固，或经加固已无法继用者，照原样制作安装，严格保持我国唐代建筑的原貌。

墙体灰浆及苫背，原则上采用原建筑材料及配比，对强度太低的配比，适当予以调整，适量增加白灰的比例。施工中尽量采用原工艺进行作业。对部分糟朽或裂缝不太严重的构件，需剔朽粘补、灌浆及铁件加固延续使用。在对墙体拆砌、加固及揭瓦屋顶时，必须严格按照原有风格实施，不得改变原状，保证历史的真实性。本次修缮主要是现状修整、重点修复和环境治理三部分。

（一）现状修整、重点修复部分

1．必要拆除工程（屋面部分）　一般而言，拆除解体工序与立木修建的步骤相逆，自上而下依序进行。即先拆除门窗装修，再拆卸屋脊—瓦件—椽望—檩槫—梁架—斗栱—柱额—墙体等。

拆除解体时，要求做到各种构件分类有序的码放，以便检修加固。对于榫卯结构易损伤的木构件，严禁强行拉拔和野蛮撬撬，以避免对构件外表或榫卯结构造成新的伤害。对外表施有彩绘和雕刻的构件及易损易碎构件，应加设必要的保护垫层后，才能实施拆卸和装运。

2．台基的翻修、整修　台基的整修加固，包括对后人用水泥砌筑的毛石台明拆除、重砌，前檐压檐石的整修安放，毛石散水的铺墁等工程，主要为砖石构件。为保持原有建筑风貌，尽量使用原有构件，如原有构件缺失残损、短缺或不可继用时，则按原存构件补配。砌筑方法和工艺按现存形制进行。散水的铺墁除留有一定的泛水外，其下要打筑二层三七灰土。

台基的整修加固，要求所有补配的砖石材料构件，材质、规格、尺度与原构件相同，色泽基本相近，不得有明显反差。

3．地面、院面铺墁　王曲村天台庵建筑的室内地面，有些已经被后人改动，并非原样。主要有一种类型，弥陀殿的室内为条砖横顺纹铺墁。寺院墁地为片石铺墁。

所有的地面和院面在铺墁前，要将原土夯实，铺筑一步三七灰土，底泥为3∶7的白灰黄土，淌白灰缝施月白灰，糙墁地面为砂灰扫缝。室内地面铺墁时四周齐平，台明台面铺墁时按设计要求留出泛水，院面铺墁时按设计要求作出流水走向至排水口。

4．墙体工程　对于整个墙体保持较好，但下部局部残缺、倾闪或裂缝的墙体，可采用局部拆砌整修的方法进行修缮。择砌时，必须边拆边砌，一次择砌的长度不应超过1米。

对于整个墙体保持较好，但墙体下部局部酥碱残缺或裂缝的墙体，可采用剔凿挖补和局部拆除择砌整修的方法进行修缮。

墙体的加固、整修或重新砌筑所用的材料，要与原材质、规格、尺度、形制一致，按现存形制进行加工、补配、复制。

5. 大木构件的加固整修　王曲村天台庵弥陀殿建筑的大木构件，根据现状勘察，风化、断裂、弯垂、糟朽、崩裂、残损及后人支顶等情况较为普遍，这些情况还需在揭顶后逐一认真复查，复查时应特别注意采用敲击检查方法探查构件内部是否存在中空、虫蛀，是否还有朽损趋势等隐患。

关于大木构件的加固保护修缮，我国古代匠师在长期的具体实践中积累和总结了丰富的成功经验。诸如剔朽嵌补、截损墩接、榫卯拉揪、缴贴拼合、组合粘接、箍捆套结等方法。现代加固技术中的螺栓、铁箍、拉筋等加固技术手段也可在修缮中恰当使用。

对于缺失、残损、断裂不可继用的大木构件，按原材质、规格、尺度进行加工补配复制，尽量使加工工艺和水平接近原风格形制。如已不可续用的弥陀殿东南侧大角梁等。

对于出现腐朽，但不影响受力的大木构件，只对腐朽部分进行剔除，然后对剔除部分进行补贴加固。补贴之木质与原构件材种相同。贴面内可用现代的环氧树脂粘贴，并加制木钉卯固，外表做旧。补贴加固面较大者，可紧束铁箍加固。如弥陀殿檐墙内柱等。

对于崩裂、自然裂缝但不影响其荷载能力的大木构件，则对裂缝予以嵌补黏合加固。对于崩裂或自然裂缝较大，可能影响其荷载能力的大木构件，则在对裂缝予以嵌补黏合加固后，还应紧缩铁箍加固，以增强承载能力。如弥陀殿襻间枋等。

对于椽栿下支顶构件，如四椽栿、平梁等，需加固处理变形完毕后，撤除支顶构件。

加固时，首先除去裂缝内污尘，灌注改性环氧树脂。两根四椽栿下粘120毫米×10毫米通长扁铁，设六道60毫米×6毫米铁箍箍牢；平梁设四道60毫米×6毫米铁箍，待构件变形稳定后，撤除后支顶柱。

大角梁与子角梁间置两道60毫米×6毫米铁箍箍牢。

6. 铺作构件的加固检修　相对于大木构件而言，铺作各分件的体量较小，但数量最多，结构复杂，卯口挤裂、栱昂劈裂折断、斗耳断裂、小斗脱落丢失、榫头断裂、遇水糟朽等情况常有发生。

对于缺失、残损、断裂不可继用的斗栱构件，则按原材质、规格、尺度、形制进行加工补配复制。

对于劈裂未断或断为两半断纹能够对齐的斗栱构件，进行除尘粘接，或断面拼合暗设木钉粘接。之后继用。

对于榫头断裂或糟朽的斗栱构件，要剔朽补损，进行化学粘接，辅以螺栓加固。补配或更换斗栱的材料，要选择与原斗栱构件相同材料的干燥木材，精工细作，结构紧密，工艺手法及造型要符合原构件形制风格。

7. 木基层的加固整修　王曲村天台庵弥陀殿建筑的椽、飞、连檐、瓦口等木基层构件，残损数量最大、残损程度最严重。主要呈现弯曲、断裂、糟朽、沤损等几种形式。可继用率极低。大部分需作补配复制。

对于因弯曲、断裂糟朽、沤损等残损情况或规格不符不可继用的椽、飞等木基层构件，则按现存形制进行加工补配复制。为了提高椽、飞的利用率，可以将木椽两端受损的部位截除，长改短调换使用。如檐椽改做花架椽，花架椽改做脑椽，充分利用原有构件，尽可能多地保留使用原始构件。对经过采取加固整修措施，仍可继用的椽、飞等木基层构件，尽量原制原位使用，以最大程度保持建筑的原真性。

更换已沤损残破的博风板、连檐瓦口等。在进行加工补配复制时，尽量使加工工艺水平接近原制风格，保持其地方特色。

为防止各架檩条的滚动，增强屋面的整体刚度，在每间口内设两根拉杆椽予以固定。各架椽子铺钉殿内部分采用"乱搭头"，两山出际部分则采用"斜搭掌"法。各间口拉杆椽的铆钉，以直径为100~120毫米长杆螺栓与檩条紧固，上下加设40毫米×40毫米×5毫米的方形铁垫片。各架椽子的卯钉，则用200毫米长的人工打制方形铁钉。

补配或更换的椽、飞等木基层构件材料，要选择干燥的轴心材，含水率控制在20％以下。要求精细操作，卯钉牢固，工艺手法要符合原构式样风格，制成的形象与原构协调。

8. 屋顶工程　王曲村天台庵弥陀殿建筑的屋面残损较为严重，瓦件脊兽等各构件残损者甚多。屋面的修缮是本次保护修缮工程的重要项目之一。

施工中尽量采用原工艺进行作业。在揭瓦过程中，特别注意原有屋面铺设方式及材料材质、配比等原有施工手法。必须严格按照原有风格实施，不得改变原状，保证历史的真实性。

各脊砌筑的位置尺度要准确，正吻、正脊加设脊桩，脊筒内填充白灰木炭过半以稳固。各脊稳固后以青白麻刀灰勾缝。檐口勾头、排山勾头加设瓦钉卯固。

各种瓦件用当地黄土过筛澄淋后制坯烧造。保证尺度准确，棱角规整、色正音纯无纹裂。新瓦上架前要进行堵砂眼、防渗水的灰浆浸泡过程，可继用的旧瓦要进行"剔补擦抹"，将残留的灰浆块清净。

9. 装修　王曲村天台庵弥陀殿建筑为明间木板门、次间板棂窗。修缮中，严格按槛框上遗留原有卯口及设计要求进行加工制作。装修的木材要选择上等干燥且与现存装修材料相同，含水率一般不超过15％。要做到用材顺直、尺度准确、榫卯规范、起线均匀、安装牢固、开启自如。造型符合传统风格。

10. 油饰断白做旧　油饰断白做旧是王曲村天台庵弥陀殿建筑修缮工作中一项重要的、不可或缺的保护工序。根据现状勘察，建筑有油饰，本次修缮，只对新更换和补配木构件进行防腐、油饰、断白、做旧处理，对旧有彩画只做现状保护，不做补绘处理。

在油饰断白前，先对新木构件涂刷生桐油2~3道做防腐处理。其中1~2道可在安装前进行，以使榫卯和隐蔽部位也能渗透。

在对新旧木构件进行油饰、断白、做旧处理时，应遵循新补配构件在总体上与相邻的旧构件色调相仿、质感相近的原则。技术措施可采用表面做旧（如适当的划痕、打磨、雨渍等表面处理）、着色技巧（如调配颜料、着色退光等）、化学封护（如用胶矾水或有机硅溶剂封护等）等传统和现代技术手段。具体操作时，要采取先局部试验，观察效果，比较试样，调整优选，确定实施方案，进而全面推进的办法实施。

11. 附属文物　在对建筑揭顶前，对建筑物内的彩画先行用草纸、棉花、海面、塑料、油毡、板条、铅丝、铁钉等材料进行裹扎式保护，以避免磕碰污染等损伤。

12. 其他工程 包括庙院内的绿化美化、碑碣等附属文物的日常保养、消防、安全防护设施建设工程。具体方案另行制定。

（二）修缮复原部分

1. 平梁上部复原

（方案一）勘察中发现，平梁中线上的驼峰、蜀柱、座斗的规格与唐制相异，其材质、形状也不相同显系元、明时代遗物。两侧叉手直承捧节令栱和脊槫（不用蜀柱），此制与我国唐建实物——五台南禅寺及佛光寺东大殿均相符合。此次修缮过程中，要特别注意平梁上卯口部位，如发现可复原的有力依据，建议予以复原。

（方案二）为传承建筑历代修缮的历史信息，对与唐代风格不符的构造措施，进行现状保护。

2. 望板 经勘察，弥陀殿内望板应为望砖做法，后人在修缮中，在东西两坡、檐部及出际处用木望板修补。为体现建筑的整体性，修缮中予以复原。望砖尺寸：200毫米×200毫米×20毫米

（三）环境治理部分

寺院西侧侧增设毛石护坡。护坡的基础砌筑，按图纸设计要求进行。必须将基槽开挖到设计深度或冻层以下，基址夯实和筑打2步3：7灰土。基础砌筑要内外放脚，分层砌筑，交错咬缝，灰浆灌注（护坡为新建保护工程，且在院外，故基础砌筑可以使用钢筋混凝土等现代建筑材料）。内外填土要隔日进行，小木夯夯实，切勿挤动砌体。

护坡的砌筑，主要材料为毛石，按设计要求，分层砌筑用水泥稳固（每500毫米内置φ6拉筋），坡面缝隙用青灰勾缝。要注意护坡收分符合设计要求。压面石铺筑按设计要留出足够的泛水坡度，并做防渗处理。

护坡的内里回填为2：8灰土，亦需分层夯实。夯筑程序与砌体隔日进行使用小木夯，切勿挤撑墙体，影响工程质量。其余部位依总体保护规划要求。

八 保护修缮中应注意的几点事项

在王曲村天台庵保护修缮工程的具体实施过程中，除了上述事宜外，在工程技术方面，还应注意以下几点事项：

1. 严格保护原有构件 做好此次的修缮工作，必须树立保护好建筑上每个构件的意识。在施工过程中，对每个构件从拆除、检查、加固、及至安装，必须加强保护意识，加大保护投入，采取切实可行的有效保护措施，全程严格保护原有构件的安全。应多加固，少更新。尽最大可能保留原有构件中润含的历史信息和文物价值。

2. 严格保护构件彩画题记 在施工过程中，在对每个构件进行严格保护的同时，更要认真注意保护附于构件表面上的彩画题记等历史遗迹和信息。从拆除、存放、检查、加固、直到安装，必须加强保护力度，精心呵护。备足保护材料，采取行之有效的保护措施，全程保护附于构件表面上的彩画题

记的安全。

3．建立健全完善的修缮档案　在施工过程中，要指定具有一定专业水准的专职技术人员负责修缮过程中文物科技资料的收集、整理工作。其主要工作内容是逐日填写施工日志，以图文影像等手段对施工过程进行方位的真实记录，主要内容包括：测量绘制建筑构件现状图和榫卯结构图，记录和破解建筑构造内部的技术内涵，寻找和记录建筑构造内部暗藏的图画、文字、题记和工匠所绘图形墨迹等信息，记录构件的残损状况和加固措施、方法，补充勘测设计的不足，完善文物保护技术档案。为日后王曲村天台庵的保护研究提供真实、全面、可靠的信息。

九　精心选材保证工程质量

施工用材的优劣，直接影响修缮的成败。王曲村天台庵建筑的修缮，必须精心施工，加强管理。

所有木构件的选材使用严格遵照国家标准《古建筑木结构维护与加固技术规范》的相关规定。所有承重结构的木材不得有腐朽、死节和虫蛀。在受弯原木上在任何一面（或沿周长）任何150毫米长度所有木节尺寸的总合不得大于所在面宽（或所在部位原木周长）的2/5，每个木节的最大尺寸不得大于所测部位原木周长的1/5，任何1米材长上平均斜纹高度不得大于8厘米，再连接的受剪面上不容许有裂缝，再连接部位的受剪面附近其裂缝深度不得大于直径的1/4，生长年轮其平均宽度不得大于4厘米。受压原木构件上在任何一面（或沿周长）任何150毫米长度所有木节尺寸的总合不得大于所在面宽（或所在部位原木周长）的2/3，每个木节的最大尺寸不得大于所测部位原木周长的1/4，任何1米材长上平均斜纹高度不得大于12厘米，再连接的受剪面上不容许有裂缝，再连接部位的受剪面附近其裂缝深度不得大于直径的1/2，生长年轮其平均宽度不得大于4厘米。

受弯方木上在任何一面任何150毫米长度所有木节尺寸的总合不得大于所在面宽的1/3，任何1米材长上平均斜纹高度不得大于5厘米，再连接的受剪面上不容许有裂缝，再连接部位的受剪面附近其裂缝深度不得大于材宽的1/4，生长年轮其平均宽度不得大于4厘米。受压原木构件上在任何一面任何150毫米长度所有木节尺寸的总合不得大于所在面宽的2/5，任何1米材长上平均斜纹高度不得大于8厘米，再连接的受剪面上不容许有裂缝，再连接部位的受剪面附近其裂缝深度不得大于材宽的1/3，生长年轮其平均宽度不得大于4厘米。

所有柱、额、梁、枋等承重构件必须选用轴心材制作，含水率不得大于20%。铺作构件的补配制作，要选择与原斗栱构件同材料的干燥木材制作。新制装修用材，要选择当地上等的干燥且与现存装修材料相同的材料。铺作和装修用材的含水率一般不超过15%。

所有石质构件的补配，要与原石质同类质地，无风化纹裂，组织密实，色泽均匀，感观与旧石色调协调。

所有铁质加固构件，均需人工打制成型，如：椽钉、飞钉、瓦钉及连檐、瓦口、悬鱼、博风、望板以及各种铁活上用钉等，均为人工打制的方钉，不得以现代的机制圆钉代替。其他如白灰、黄土、沙子等材料，均需符合古建筑维修施工用料要求。

只有精心选用施工材料，才能谈及质量的达标，否则，只能是无源之水难聚江河。

一○ 加强质量监督，注意施工安全

文物建筑的保护修缮是一项科学技术性很强的工程，王曲村天台庵残损状况严重，情况复杂，有一定的施工难度，因此，在施工过程中，要随时强调质量意识，加强质量管理，制定完善的质量保证体系，落实质量监督管理机制。要文明、科学、安全地施工，加强对文物构件的保护，做好安防保卫工作，确保王曲村天台庵的修缮全过程在安全有序中顺利过渡。

（执笔：曹钫　申鹏）

天台庵保护修缮工程施工组织方案设计[1]

一　编制说明

（一）编制说明

我公司通过认真研究招标文件、认真分析工程特点，结合本工程建筑的特点，特在本施工组织设计的方案中，着重介绍了文物修复施工方案及文物保护和环境保护上所采取的各项技术措施；在管理方面，详细阐述了施工组织保证、劳动力、机械的配备，以及工期、工程质量、安全与文明施工及协调管理的各种措施；同时，我公司在本施工组织设计中在对工程回访和维修服务等方面做出了各项承诺，这些将作为合同条款列入施工承包合同中，使其具有相应的法律效力。

（二）编制依据

1. 本工程招标文件
2. 本工程图纸
3. 质量、环境、职业健康安全管理规定、办法。
4. 文明施工管理规定、办法。
5. 《古建筑木结构维护与加固技术规范》GB50165-92
6. 《山西省古建筑修建工程质量验收规程》

二　工程概况

（一）基本情况：

1. 天台庵位于王曲村中的坛形土崖之上，寺南、东、西为村落宅院，北依过村道路。寺院东西宽

---

[1] 本部分山西省古建筑保护工程有限公司

约14.20米，南北长约31.68米，总占地面积约450平方米。1986年8月被山西省人民政府公布为省级文物保护单位，1988年1月被国务院公布为第三批全国重点文物保护单位。

天台庵保护范围：南至土地岸边20米，北至路边76米，东至民房46米，西至路边60米。建设控制地带：自保护范围向东、南、西、北各延伸50米。

寺院坐北朝南，现存弥陀殿一座、石狮二尊及唐碑一通，后人用机砖砌筑花孔矮墙围成院落。现入院通道弥陀殿后西北角一狭小空间拾阶而上，从后人建造的小门进入。院内地面现状为毛石墁地，并依地势组织无序排水系统。寺院内外已无有效防范的安保屏障。现需对天台庵进行保护修缮。

2．工程性质为文物保护修缮工程。

3．资金来源为国拨。

4．建设单位：山西省平顺县文物局

（二）建筑概述

弥陀殿坐北朝南，面阔三间，进深三间六架椽，单檐歇山筒板瓦顶，平面接近正方形，建筑占地面积98.27平方米，是院内现存的唯一建筑。

（三）招标文件要求

1．工期要求：两年。

2．质量要求：合格。

3．安全目标：合格。

（四）修复范围

1．弥陀殿 ① 台明部分：依现存风格形制拆砌整修台基、台明；依现存形制补配压阑石。铺墁建筑周边散水。② 墙体部分：依现存墙体形制，择砌、补配裂缝及松动、缺失的外墙砖（约200块墙砖）；铲除内墙水泥墙裙，按上部黄泥抹灰墙形制重新抹面（22.96平方米）。③ 梁架部分：保护所有原有构件，实施局部落架的形式，校核拨正歪闪的构架；依《山西省文物构件管理办法》，更换已失稳不可续用的撩檐槫二根，大角梁一根。整修、剔补、加固所有虽残损但可继用的柱、额、枋、槫、栱等所有大木构件以及椽等木基层构件；依遗留构件加工补配缺失或严重缺损不可续用的柱、额、枋、槫栱以及椽等所有相关构件。加固完成后，依现存唐代建筑形制，去除部分影响建筑风格的支顶构件。④ 铺作部分：整修、剔补、加固虽残损但可续用构件；补配、更换丧失承载力及后人更换的与现存构件相差甚远的构件。⑤ 屋顶部分：揭顶翻瓦整个屋面（163.02平方米），整修、加固、补配各类缺损的瓦件、脊兽构件、博风等，其中补配走兽2份、套兽4份、嫔伽4份、整修瓦件约30%，补配瓦件约30%，补配博风构件100%。⑥ 地面部分：剔除室内原有碎砖，按现存形制重新用条砖铺墁地面。合计40.77平方米。⑦ 装修部分：依现存构件形制补配门窗缺失部分。

2．护坡工程 王曲村天台庵西侧为土质护坡，不利于文物保护。解决方法：根据寺院周围的特点，重新用毛石砌筑西侧护坡。护坡工程规模为43.5延长米。包括三大内容：① 土方开挖及外运。②

基础砌筑工程。主要包括清理场地、基槽开挖、基土夯实、毛石砌筑、渣土外运等项目。③ 护坡砌筑工程。主要包括毛石砌筑、坡面勾缝、压面石铺筑等项目。

3. 院门工程　依照总体规划要求，重新设置院门，使之与现存建筑风貌相协调。

4. 寺院整修铺墁　王曲村天台庵的寺院整修铺墁，院内外排水系统的整治疏理属环境治理工程。工程规模为院内507.58平方米。

5. 围墙砌筑　王曲村天台庵的围墙夯筑属环境治理工程。依总体保护规划进行。

6. 附属文物的保养维护　揭取加固弥陀殿山花约5平方米的壁画。对寺内现存的唐碑一通、石狮两尊进行日常的保养维护。

（五）施工条件

1. 施工用水已通。

2. 施工用电[220V/380V]电源已通。

3. 施工道路已通至施工现场。

4. 施工现场狭窄。

5. 考虑交通问题，考虑文物保护和对周边的环境保护，施工具有一定的难度。

6. 水平运输，施工现场内的各种施工材料运输均需二次搬运才能到达施工现场。

三　项目施工管理目标承诺

本项目经策划抓好以下十大目标。

1. 项目工期目标

工期约定为两年。具体开竣工日期由双方按合同约定。

2. 工程质量目标：合格。

3. 施工安全目标

坚持"安全第一，预防为主"的方针，杜绝死亡事故，确保不发生重大安全事故，轻伤频率小于1.5%。

4. 文明施工目标

坚持高目标，严要求，按业主和省文明施工现场管理标准要求管理施工现场，达到"山西省级安全文明工地"标准要求。树立企业形象，采取多种形式对职工进行入场前和入场后的文明施工教育，提高职工文明意识，维护企业的文明形象。

5. 文物保护目标

达到建设方要求和文物保护法的要求，不损坏一草一木，不损坏公物。

6. 成品保护目标

做好完工成品保护，保证不出现施工污染和损坏。

7. 消防保卫目标

本工程必须把消防工作放在首位。做到不使用明火，做到易燃易爆物品有妥善保管和安全使用，确保不出现火灾事故。

8. 环境保护目标

本工程必须做好环境保护工作。我公司承诺：水、气、声、渣（水污染、大气污染、噪声污染、固体废物污染）污染源防治均达到国家环保的要求。

9. 成本控制目标

做到物料不浪费，不出现返工现象。

10. 健康安全目标

认真辨识职业健康安全因素，切实做好劳动保护工作，不发生人为的职业健康安全。

四　施工总体部署

本项目的施工部署，在总公司总经理的统一领导、统一安排下进行。

（一）成立项目总指挥部及项目部组织

工程指挥部、项目组织机构图，项目技术力量的构成及各工种施工人员的配备按策划内容落实。

工程组织机构

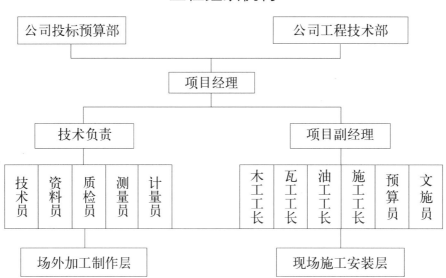

（二）施工组织原则

1. 确保总工期

在总工期期限内完成施工任务是我们必须达到的目标。以合同工期的底线为不可动摇的期限编制施工总进度计划，视工作面的许可程度，用人、财、物力的投入和平衡调整各阶段施工进度控制总工期。确保关键工序连续不间断的施工。

2．确保工程质量

确保工程质量是我们必须完成的目标。在确保施工质量的情况下，促进施工进度。处理好质量与进度的关系。根据具体分项工程施工工艺的复杂程度、质量控制的难易程度、必要的技术间歇时间合理确定每个工序的持续时间，调整施工进度。即该慢则慢，该快则快，不能盲目地要进度而影响工程质量。

确保工程质量的具体措施，按《质量管理体系及保证措施》落实。

3．确保安全施工

安全重于泰山。必须在确保安全的情况下，组织施工。在整个施工过程中，必须始终坚持"安全第一，预防为主"的方针，把安全措施落到实处。

确保安全施工，要抓好队伍的施工安全管理，包括施工区域与外界相联系的安全、消防保卫等。

做好施工区域与外界的隔离、安全防护。进出施工场地的出入口应作出明显的警示牌，确保运输车辆出入给周围环境带来的安全。

本工程均为砖木结构，防火工作非常重要，在消防安全工作受控的情况下，组织施工。不得盲目施工，不得存在侥幸心理。确保施工安全的具体措施，按《安全管理措施》落实。

4．确保环境不受污染。

在确保环境不受污染的情况下组织施工。谁施工谁保护环境，是现代环境治理、保护的一项重要内容。

在勘察现场的基础上，对环境保护进行认真的策划，本项目在扬尘、污水、噪音、废气、光等方面采取有效措施，确保环境不受污染。确保环境不受污染，按《文明施工、环境及控制现场扬尘措施》落实。

5．确保文物不遭破坏。

6．确保文明施工。制定本工程确保文明施工管理措施，做到施工组织文明、施工程序文明、施工工序文明、施工活动文明，确保整个过程自始至终文明施工。

（三）施工组织

施工组织主要分为人员组织、机械设备组织、材料组织、运输组织、协调组织等五部分，这些组织内容安排是否合理将直接影响整个施工的生产过程能否顺利完成。故根据我公司各部门进行内部协调后，对这五大组织的安排主要为：

1．劳动力组织

劳动力组织主要侧重木结构制安、屋面（木基层制安、苫背、瓦瓦）、油饰三大方面涉及的工种进行准备。

拟投入的劳动力见劳动力计划表。

2．主要施工机械设备配置计划

（1）主要为垂直运输机械设备的选择。坚持合理、适用的就是科学的观点，考虑工程的实际特点，采取以卷扬机和吊链为主运输的垂直运输方案。

（2）水平运输机械设备的选择。拟投入的主要施工机械设备见附表

五　项目管理机构的配备

本章对项目管理机构中指挥组织系统和技术力量的构成进行具体的阐述。

（一）管理机构设置（略）

（二）技术力量设置：

1. 项目部技术力量配置。

2. 各工种的配备劳动力计划表。

3. 施工队伍是在施工过程中的实际操作人员，是施工质量、进度、安全文明施工的最直接的保证者。故我公司在选择施工队伍操作时的原则为：具有良好的质量、安全意识，具有较高的技术等级，具有相类似工程施工经验的施工队伍人员。

4. 施工队伍的划分为三大类：

第一类为专业技术工种，配备人员平均为20人，其中包括石工、木工、瓦工、油工、画工等，并施工过类似工程施工人员为主进行组建。

第二类为特殊技术工种，配备人员约为10人，其中包括机操工、机修工、维修电工、焊工、架子工、起重工等，这些人员，具有丰富的经验。

第三类为非技术工种，配备人员约为10人；进场人员具有一定的素质。

5. 工队伍组织由公司根据项目部的每月的劳动力计划，在全公司进行平衡调配，同时确保进场人员的各项素质达到项目的要求，并以确保施工顺利为最基本之原则根据施工部署安排和古建筑修缮工程的特点，主要需用古建瓦、木、油、画、架子等专业工种的技术人员；这些人员在进入施工现场前办理好各项手续，及早联系确定特殊传统工艺的技术工人。

六　施工准备

（一）技术准备

1. 熟悉施工图，组织图纸会审、编制确实可行的施工组织设计，本工程将根据工程进度计划安排逐步编分项工程施工方案，经监理审核后进行施工。

2. 施工之前项目技术负责人负责建立技术、质量工作责任制和工作程序。

3. 施工组织设计和施工方案编制要严格按照公司的编制标准和审批程序执行，施工前要进行贯彻交底。

4. 对于施工中能够采用的传统工艺和传统材料要优先采用，以期达到优质、高效和不改变修缮原则的良好效果，因此施工开始前要制定传统工艺和传统材料的使用计划，在技术与采购环节作好相应准备。

5. 制定施工试验计划，对工程中的各种材料、成品和半成品做好施工试验工作。做好计量器具、测量仪器配置工作。做好技术交底工作。对有关人员进行必要的专业培训和技术考核，特殊专业工种的施工人员必须持证上岗。

（二）现场准备

1. 按照建筑总平面图和施工作业流水段划分的要求，考虑好施工顺序和材料进场堆放方案。

2. 修建、完善施工现场隔离围挡、临时道路和临建设施；进场后按照施工平面图和业主的要求设置。对现场围挡出入口按企业行业设计要求进行修整。同时做好铺设水、电管线的敷设和排水设施的准备工作。

3. 敷设施工临时用水、消防用水管路、临时用电线路。施工用电由现场业主提供，现场设总电表一块。铺设主电缆根据现场和业主的要求采用暗埋或架空，其他电线采用明线架设。施工用水使用现场业主提供的水源，用水管将施工用水送到作业现场，按照消防要求和施工用水需要布置供水管线。

4. 场中的服务设备设施在施工前搬至业主指定位置，待竣工后搬回原位置。

（三）物资准备

1. 编制主要材料和施工机械设备需用量计划；

2. 根据施工资源计划要求，提前落实建筑材料、构配件、施工机械设备的进场准备和加工订货工作。

（四）人员准备

1. 按照投标所确定的项目经理部主要组成人员，建立、健全组织机构。

2. 根据施工阶段作业需要，提前做好劳动力数量和技术工种配备计划。

3. 根据施工组织设计不同阶段劳动力需要，择优确定施工人员。

（五）临时用水设计

根据现场实际情况，现场施工用水均由业主指定的水源提供（加装计量装置）。施工用水主要满足三个方面的要求：满足消防用水；满足施工用水；满足生活和降尘用水。

为了满足消防用水的需要，在现场建临时的水池，配置水龙带，将水引致施工各个地点；施工用水的需要，根据本工程的特点，在业主提供的水源处，将水送到各个施工用水点。现场内依据建筑位置和场地条件，布置临时供水管线，水管采用明管布设，主干管选用d=50毫米的钢管，并布置满足施工要求的供水点。

（六）临时用电设计

考虑到拆除工程，木构件制作及木基层细加工安装等施工阶段用电量比装修及油饰阶段用电量大，因此临时用电以上述阶段为主。

由于现场不设宿舍，故照明用电量所占比重较动力用电量要少得多，计划现场内、外照明。

1. 电源选择根据计算，需业主提供4KVA电源可满足施工需要。

2. 配电线路选择

① 配电线路型式

该施工现场380/220V低压配电线路采用树干式配线。

② 基本保护系统的接线方式

按照JGJ46-88《施工现场临时用电安全技术规范》的规定，在施工现场变压器低压侧中性点直接接地的三相四线制临时用电工程中，必须采用具有专用保护零线的TN-S接零保护系统，并且在专用保护零线上，应做不少于三处的重复接地。

③ 配电主导线选择

为安全和节约起见，导线三相四线制布置，BLV型绝缘铝导线。根据现场临时设施和路灯照明的需要，由总闸进行控制。按导线的允许电流选择截面，选用50平方米的BLV型铝芯塑料线即可。

七　主要分部工程施工技术工艺流程

为全面、完整、清楚地说明本工程的施工技术方案方法，本施工组织设计按照设计及招标给出的主要修缮内容分为台基、墙体、地面、木构、屋面、其他六项。本章将依照施工惯例按拆卸→修复的主程序，逐一介绍其施工技术方案、方法，同时注意掌握重点，对于一些重点的分部分项工程做法给出详细阐述。

（一）拆卸工程

主要介绍屋面瓦件拆卸和木构件的拆卸程序、注意事项、保护项目。其他的墙体、地面和木装修等的拆卸不一一详述。

1. 屋面瓦件拆卸

（1）拆卸程序：支围挡→搭脚手架→瓦面

（2）拆卸顺序：拆除瓦从檐头开始。

（3）拆卸的注意事项：瓦件是易碎品，拆卸时更应小心拆卸，先搭设好脚手架，保证屋面结构和具体操作人员的安全，工人要穿防滑蓄底鞋、戴好安全帽高空作业系好安全带。屋面瓦件拆卸工人安排为四人为一组，两人具体拆除，两人负责把瓦件运下，每10匹瓦件按接力式进行对瓦件传递，瓦件存放时要轻拿轻放，以免破碎。瓦的二次受损，看能再利用和不能再利用进行分类存放，放于安全位置，注意瓦件的保护。屋面拆卸时，注意保护原有脊饰的残留部分，做好拍照、编写录像工作，以备复原时做好第一手可参考资料。所有拆卸部分，都要做好现场的签证技术资料，所有构配件均要留有图片资料，形成综合的文字档案，整个施工过程要用光盘形成软件档案资料，利用计算机进行网络控制。

被拆除的旧瓦、破碎瓦片以及废料等应随时集中由滑道或其他起吊设备运至地面，不得自高处抛掷挂瓦条应从坡上向下顺序拆除，操作人员应站在尚未撬钉的瓦条上操作，防止滑下。

（4）屋面保护：屋面保护包括瓦件的保护和原有脊饰的保护，瓦件在拆除时，要轻拆轻卸，不要野蛮施工，要有秩序，做到屋面瓦件和屋面脊饰保护性拆除，使原构件有一个大数量的重新利用，保护建筑物原有的风貌。

2．木构件拆卸

（1）拆卸程序：支围挡→搭脚手架→瓦面→木基层→木构架

（2）拆卸顺序：拆除木基层、木屋架从一端开始。挂瓦条应从坡上向下顺序拆卸。拆除屋架时，应在屋架之间设置临时支撑，然后再拆除永久支撑。

（3）拆卸的注意事项：根据设计图纸的要求，文物修复工程的施工特点，木构件拆除分部工程要做到合理有序，必须做到拆除和保护相结合，只有做到二者的有机结合，才能使文物修复工作顺利进行。拆除前，先组织有丰富的施工经验的作业人员，项目部组织相关人员对图纸和现场实际情况认真分析和论证，会同设计、业主、监理进行实地考察，制定拆除方案，施工步骤。对施工班组进行技术、质量、安全施工交底。同时，对每个职工进行文物保护知识教育，签订施工责任书、做到拆除施工的万无一失。梁、柱、枋拆除。梁、柱、枋是结构的承重构件，拆除前，先对原结构进行安全加固，采用钢管架，木板相结合的加固方法，所拆除的构件，先对其进行编号，做到对号入座，以备今后恢复时便于查找和就位，拆除时，柱、梁、枋间的卯、榫不能破坏，要保证其完整性，所拆除下来的构件，做到木构件的防雨、防潮，使构件不受到二次损坏。木构件拆除要做到轻拆轻放，大型木柱、梁、肪拆除时，人工不能安全操作时，要采用人工和吊链相结合的方法交叉施工作业，确保构配件的完整和不受损坏。在拆除木椽时，做到保护性拆除，对保存较好，能重新利用的木构件，要尽量使其不受损坏，编号挂牌、轻拆轻放，分批、分类，按不同规格、不同型号存放，使其不受雨淋和受潮，放于通风处，且用彩条布进行遮盖。

拆卸望板、椽子之前，应该认真检查其木质损坏程度，核实有无析坏、变形、探头、脱钉等现象，不得盲目操作。在檐口处操作不得跨越护栏或安全网以外工作、不得站在任何悬挑部件上工作。拆除檩条时，操作人员必须挂安全带，沿屋架于檩条两端同时操作，并用绳索将檩条系好、徐徐放落。拆卸大木构件时，拆卸时应搭设稳固的工作台，按原来施工技术要求，原则上对称操作，支解后分件运下。必要时应设临时加固措施后操作。对中式梁柱构架，应首先检查整个构架的损坏程度，必要时应设置支撑、作加固处理，然后逐步拆除。

（4）大木构件保护。柱、梁、枋构件，根据现场实际情况，部分出现开裂、弯曲、腐朽、虫蛀，针对这种情况，对其要有针对性的修复方案和技术措施进行保护性修复。

（二）修复工程

修复阶段是本施工项目的重点和关键点，修复阶段中的各分项、分部工程的顺利进展情况，是此次修复工程保质、保量安全竣工的重要依据。修复阶段包括以下重要施工内容：

1．地基与基础分部工程

（1）基本情况：

本地基与基础分部工程包括八个单体的修缮，主要有压沿石归安、补配；踏步台阶和垂带恢复、归安、补配；砖陡板打点、找补、补配。各单体具体修缮内容如下：

清除杂土和碎裂的砖石，清除干净后，补换残损的石构件，归位后进行灌浆处理，最后打点勾缝。

（2）施工顺序

① 单体的施工顺序：相互搭界、交叉进行施工

② 具体单体是：首先根据各单体需用砖的规格尺寸进行，陡板砖、二城样褥子面散水用砖和要添配石料的砍制加工→清除地面覆土→拆除、修配→打点修补→补配阶条、踏步石→归安台明、阶条、踏步石等→拆除修配、砌筑台邦→铺墁散水。

（3）施工工艺和操作要点：

① 砖加工：砖的规格、品种、质量等必须符合传统建筑材料和设计的要求，加工应严格遵守原建筑物砖的时代特点和尺寸要求。按原有砖的实际尺寸定砖的厚度和长度进行加工制作。同一规格的砖必须大小一致。砍各种砖要求十成面，不得有"花羊皮"不得有棒锤肋，肉肋及倒包灰各种砖的规格尺寸要一致，倒转头要格方，棱角必须整齐。

② 砖陡板拆除补配、打点、找补：对酥碱部位进行剔凿挖补，选责任心较强的工人操作，用扁铲錾子，将留槎部位剔净，保证槎子砖的棱角完整，尽量剔成坡槎，保证挖补部位最上一皮砖为一个单块砖，达到灌浆饱满的目的，以增加墙壁体的耐久性，操作时对半成品砖轻拿轻放，以防碰坏棱角，摆砌时用平尺校正平直，刹趟认真，墁干活不漏脏砖里口，用石片背撒，禁用露头撒落撒，卡牢别头撒，按要求灌浆分三次由稀到稠操作，防止白浆流坠污染墙面，最顶皮一块砖刹趟后，在上皮立缝下口打一1厘米小孔，砖墙挖补修复完后，清洗旧墙面勾抹打点，通墁一道水活，达到真砖实缝，颜色一致，无明显接槎。

③ 台明石归安、补配。

A 归安、补配应严格遵守原建筑物的时代特点和尺寸要求进行。补配的石料按原有石的实际尺寸定石的厚度、长度和式样等进行加工。各殿座石活制作安装包括：台明石、踏步石、垂带石等。各种材料均应按设计图纸的要求进行，具体操作按古建传统做法和以施工图纸为依据进行加工制作。石料加工：石的规格、品种、质量等必须符合传统建筑材料和设计的要求。石料选料时应注意石料是裂缝、隐残、文理不顺、污点、红白线和石铁等。裂缝、隐残不应选用。石料加工根据使用位置和尺寸的大小合理选择荒料然后进行打荒，根据使用要求进行弹扎线、大扎线、小面弹线、齐边、打道、截头（为了保证安装时尺寸合适，有的阶条石可留一个头不截，待安装时按实际尺寸截头）、剁斧（剁斧要求三遍斧，第一遍只剁一次，第二遍剁两次，第三遍剁三次，一至三遍的剁活力度由重至轻。第三遍使用的剁斧应锋利）。

B 石活安装：根据原有的形式式样进行打细和石活安装：首先根据设计图纸要求和原位置尺寸，依据各殿座原阶条石等栓通线安装。根据栓线将石活就位铺灰作浆，打石山将石活找好位置、标高，找平、找正、垫稳，新旧接茬自然，无误后灌浆，为了防止灰浆溢出需预先进行锁口。石活间连接的榫、榫窝、磕绊应合理牢固。安装完成后，交工前进行洗剁交活。

2．地面分部工程

（1）基本情况：

此分部工程包括各单体的地面修缮内容均为：

将各单体内地面与台明地面破损的方砖揭墁，重新用同规格的方砖进行铺墁（包括散水）。

（2）施工顺序

单体施工顺序：先室内，再廊部、最后院子。

（3）施工工艺操作要点（1）

首先根据需用砖、石的规格尺寸进行加工。

① 砖加工。砖的规格、品种、质量等必须符合传统建筑材料和设计的要求，加工应严格遵守原建筑物砖的时代特点和尺寸要求。按原有砖施工的实际尺寸定砖的厚度和长度。砍各种砖要求十成面，不得有"花羊皮"，不得有棒锤肋，肉肋及倒包灰。各种砖的规格尺寸要一致，倒转头要格方，棱角必须整齐。

② 细墁方砖地面。做好基层处理，对经检查合格进场的加工砖码放整齐，做好半成品保护，施工中轻拿轻放，以防碰坏棱角。首先由技术熟练的技工沿两山各墁一趟砖，然后冲趟，旧地面接槎直顺，确认无误，拴好拽线一道卧线进行样趟，达成"鸡窝泥"保证方砖平顺，砖缝严密，均匀浇浆，麻刷沾水将砖肋刷湿，用木宝剑在砖棱均匀挂油灰条，重新铺墁，再用磴锤将砖叫平叫实，铲尺缝后墁干活，按卧线检查砖棱，进行刹趟，并擦干净，做好成品保护。在地面完全干透后，进行钻生油，做好防止污染石活防护工作。钻透后起油皮，刮去多余桐油后，进行清扫，用软布反复擦揉，至出亮干净为止。

3．主体结构分部工程

（1）基本情况

单体主体结构分部工程修缮的内容有墙体整修，抹灰，檩件更换添配、补配椽、飞、望等，具体如下：

（2）施工顺序

首先根据各单体需用添配的各种木构件的加工制作和需用砖、石加工。安装或添配按先木后瓦，自下而上的顺序进行。

（3）施工工艺操作要点

①墙体砌筑、补配、打点

A 砖加工：砖的规格、式样、品种、质量等遵守原建筑物砖的时代特点和尺寸要求。按原有砖的实际尺寸定砖的厚度、长度、式样进行加工。砍各种砖要求十成面，不得有"花羊皮"，得有棒锤肋，肉肋及倒包灰各种砖的规格尺寸要一致，倒转头要格方，棱角必须整齐。

B 拆除：对酥碱部位进行剔凿挖补，选责任心较强的工人操作，用扁铲錾子，将留槎部位剔净，保证槎子砖的棱角完整，尽量剔成坡槎，保证挖补部位最上一皮砖为一个单块砖，达到灌浆饱满的目的，以增加墙壁体的耐久性，操作时对半成品砖轻拿轻放，以防碰坏棱角。

C 墙面修补：摆砌时用平尺校正平直，刹趟认真，墁干活不漏脏砖里口，用石片背撒，禁用露头撒落撒，卡牢别头撒，按要求灌浆分三次由稀到稠操作，防止白浆流坠污染墙面，最顶皮一块砖刹趟后，在上皮立缝下口打一1厘米小孔，砖墙挖补修复完后，清洗旧墙面勾抹打点，通墁一道水活，达到真砖实缝，颜色一致，无明显接槎。

② 抹灰

A 墙面抹靠骨灰。抹灰前墙面应下竹钉，钉麻揪。麻揪应分布均匀程梅花状，搭接适宜以麻相互能搭接上即可，麻应使用质量好的长线麻。所使用的灰符合原建筑物的时代特点，规格、品种、质量等必须符合传统建筑材料和设计的要求。揪子眼必须平整，抹灰后无漏麻现象。

B 在抹底前应根据室内墙阴阳角做水泥护角，要求垂直结牢。抹墙面混合砂浆底灰，要在冲筋灰完成后2小时左右进行，以薄抹分层装档、找平、大杠垂直水平刮找，并木抹子搓毛。整面墙完成后要全面检查其平整度，阴阳角方正，靠尺检查垂直和平整度情况。

③ 檩件更换添配：首先根据原有檩件时代特点和木材的品种质量、尺寸大小以及榫卯情况进行加工。所制作的檩件应与原建筑物一致，檩径及长短应与原殿座所在位置的尺寸一致，并符合设计要求。檩两端与梁搭界处必须作刻半榫。搭角檩的转角处应作刻半榫。檩子安装榫卯牢固，檩在面宽方向中至中尺寸准确，安装后不驾马，不滚动。

④ 补配、更换垫板、椽飞。添配望板、连檐、瓦口。各种更换添配加工制作的构件，施工人员要严格按图纸要求的原尺寸、式样和形式进行加工制作。长短和断面大小根据各殿座模数口份不同和檐出不等，具体尺寸以原有尺寸为准。按古建传统操作程序原尺寸进行加工添配。椽飞等并要放实样、套样板，画线制作，各部件尺寸准确。作样板经检验合格后，方可成批加工制作。檐椽、飞椽、望板的安装：检查各构件的数量及位置编号。木构件安装必须符合设计位置要求。旧椽子严禁翻转使用，新更换的椽子须集中放在明间使用，椽子找平时不得过多砍伤桁檩，可用通常垫木或砍刨椽尾找平，压尾子的望板应尽量减薄。

4．屋面分部工程：

（1）基本情况

各建筑单体包括的屋面分部工程的修缮内容有：屋面宼瓦；瓦件更换、添配宼瓦；添配吻件、兽件及小跑；调脊、恢复脊、补配脊件，修补各种脊。

（2）施工顺序

单体施工顺序：相互搭界、交叉进行施工。

具体殿座是：泥背—灰背—宼瓦—调脊。提前定制脊瓦件并与原建筑物的形式、式样、尺寸一致。

（3）施工工艺操作要点

屋面宼瓦

① 现状记录：除文字记录外，并须附以图或照片，记录内容为：

瓦顶的尺寸：应记明四面坡檐头的长度，大脊、垂脊等的长度，高宽尺寸。每面坡瓦陇的长度，翼角翘起的尺寸（檐生起），翼角向外平出的尺寸（檐生出），公戮瓩瓦、勺头、滴水瓦、大小吻兽的尺寸等都应记录清楚。

瓦件的数量：每条脊所用脊筒子的数目，每陇瓦的筒瓦，板瓦数目，脊上小兽的个数，排列次序。

② 瓦件编号：拆除瓦顶前，对艺术构件，雕花脊筒、大吻、小兽等为了宽瓦时位置不会装错，拆卸前应进行编号，绘出编号位置图。编号应依一定顺序进行，我们的习惯是从西北角开始，逆时针旋转。在图上写明构件名称和编号数。在实物上可用油漆，颜色需与瓦件颜色有明显的区别。安装后再用溶剂擦掉。

③ 拆除瓦件：一般顺序是先从檐头开始，卸除勾头、滴水、帽钉，然后进行坡面揭瓦。自瓦顶的一端开始（或由中间向两边分揭），一陇筒瓦，一陇板瓦的进行以免踩坏瓦件。坡面瓦揭完后，依次拆卸翼角小兽、戗脊、垂兽、垂脊、正脊，通常是最后拆卸大吻。因为大吻体型大、重量大，要借助于起重设备，故排在最后施工，便于操作。大吻是由几块雕花构件组成，拆卸时先将各块之间的连接铁活拔除或锯断。然后由上而下逐块拆卸，必要时应将有雕饰部分包扎后再进行拆卸。

拆卸瓦件所用工具为瓦刀、小铲、小撬棍等，不要用大镐大锹以免对瓦件造成新的损伤。瓦件拆卸后应随时从施工架上运走，放在安全场地，分类码放整齐。

瓦顶的拆除，最后一道工序是铲除望板或望砖上的苫背层，这时应补充记录苫背层的做法，厚度。铲除时须注意不要将望板戳穿，以防发生工伤事故。

④ 清理瓦件：拆卸瓦件后，重新安装前，在适当的时间内要对瓦件进行清理，首先是清除瓦件上的灰迹，清理过程中应结合挑选瓦件的工作，挑选的标准，一是形制，二是残破程度如何。瓦兽件的形制，首先要研究它原来的形制，选出比较标准的瓦件。如原制为几样琉璃瓦、几号布瓦，就应按规定尺寸式样挑出整齐的筒瓦、板瓦、勾头、滴水等瓦件，以此为标准进行挑选，不合格的另行码放，以待研究处理。考虑到手工操作的生产方式，瓦件的尺寸偏差较大，挑选时应考虑到允许偏差，如筒瓦的宽度和长度为 ±0.3 厘米，板瓦宽约为 ±1.0 厘米，板瓦长度的尺寸可以放宽一些。经常遇到的情况是，瓦顶经历次重修，所用瓦件大小不一，挑选时首先应按不同规格进行码放，以便研究处理。

小兽：残缺的应尽量粘补使用，缺欠的，根据需要与可能进行补配。

大吻：对残存的旧件，应尽可能地粘补完整，因为这种大型艺术构件，重新烧制时，釉色，花纹很难做到与旧件完全一致。挑选后，做出详细表格，写明应有数量，现存完整、粘接的数量及需要更换的数量。凡必须重新烧制的，应及早提出计划，样品送窑厂进行复制。

⑤ 苫背：椽子、飞椽、望板铺钉后即可开始苫背工作。

苫背层，通常分为三层，自下而上依次为护板灰、灰泥背、青灰背。

A 护板灰：从防水的功能考虑，护板灰是屋顶防水的最后一道防线，在望板或望砖铺顶后在其上抹护板灰一层厚度 1~2 厘米。材料重量配比为：白灰∶青灰∶麻刀 = 100∶8∶3。抹灰时要求自脊根向檐头进行（由上向下），七八成干时，再刷青灰浆，随刷随压铁抹子轧实。在苫护板灰之前，将望板的缝隙裱糊严密，防止灰浆漏至望板以下防止弄污油饰彩画。

B 灰泥背：灰泥背，常用掺灰泥。白灰和黄土的体积比为 1∶3 或 1∶4。泥内另掺麦草或麦壳，每白灰 100 千克掺草 5~10 千克。古建筑的瓦顶，俱有一条圈和优美的曲线，除了结构上的处理外，在苫背时要使它更加柔和。具体方法是将檐头灰泥抹的薄一些，稚近大脊处抹的厚一些。苫背灰泥抹好后这条尾顶曲线已经基本合适（通常所说灰泥背的厚度，都是指平均厚度）。

C 青灰背：灰泥背约七八成干后，上抹青灰背一层，厚约 1~2 厘米。用料比例做法与护板灰相同，但在刷青灰浆赶压的工序中，往往还散捕一些麻刀，随刷随轧争强青灰背面层的拉力防止出现微细裂缝。

⑥宽瓦：依据设计图纸和拆除记录草图，照片等资料，按原来试样进行宽瓦。

A 排瓦挡：依据拆除记录，查明各面坡顶的瓦陇数，正常情况应该是前后坡一致，两山面一致，四翼角一致。但也常常出现不一致的情况，可根据设计要求或重新统一陇数。首先找出坡面的中心线和垂脊中线，然后依原来比较标准的瓦陇距离尺寸，暂定出瓦陇中距（一般比板瓦宽出3厘米左右），在垂脊中线两侧，画出相邻的两个筒瓦中点C和C'，E和E'。通量C和C'的距离，以暂定瓦陇尺寸匀分，须得整数，而且还需双数，以便从A点起向两边对称。如原来暂定瓦陇中距不合适，还要进行调整。正身坡面分好后，再分翼角瓦陇，先量出E至D（瓦顶翼角45中线）和E'至D'的距离，依正身瓦陇中距匀分，两端应对称一致。在檐头的青灰背或灰泥背上，画出每条瓦陇筒瓦的中线，接着进行钉瓦口，拉线排陇，在檐头拉线做出记号，再将线移至大脊，按筒瓦中点翻印在大脊的青灰背或苦背上，用白浆或红浆画出瓦陇中线，画好后应核对数目有无误差，上下是否垂直。

B 瓦筒板瓦：宽瓦时一般自中线向两边分，每边先自垂脊靠近中线的一陇瓦起。每陇先在檐头用麻刀灰安滴水瓦，为保证各陇滴水瓦的高低及伸出瓦口外尺寸一致，应在檐头挂线，滴水瓦伸出瓦口外应按拆除前记录，一般习惯做法为6厘米左右。滴水安稳后，开始拉线宽底瓦，线的弯度须圆弧。瓦下铺灰泥，自下而上依次宽底瓦，按原来试样压七露三，或压六露四，或压五露五。底瓦头部预先挂麻刀灰后再铺瓦，以保证底瓦与底瓦之间的缝隙严密（比瓦好后单独勾缝的效果好）。具体操作时，先宽两陇板瓦，一陇筒瓦，然后每宽一陇板瓦后就接瓦一陇筒瓦，宽筒瓦时，先在檐头用麻刀灰安勾头瓦，并钉好瓦钉，然后自下向上依次铺宽筒瓦。瓦陇中间原有瓦钉时，应按原做法钉牢。总的要求，除需坚固外，从外观上应做到"当匀陇直，曲线圆合"。

铺宽底瓦时所说的压七露三等，都是平均数，也是计算数字。因为在有曲线的瓦顶宽瓦时，瓦件不可能是等距离的，靠近檐头平缓一些，瓦件可以摆得疏朗些，靠近大脊处坡度陡峻，瓦件摆的就要紧密些，工人师傅总结为"稀瓦檐头，密瓦脊"，是合乎实际的经验之诀。宽瓦时，瓦件底部需用灰泥垫牢，底瓦下垫泥厚度为4～5厘米，筒瓦下需用灰泥装满。施工时用木板依照筒瓦内径的宽度，做一个木槽子放在筒瓦中线上，先在木槽内装满灰泥，然后再铺瓦。所用灰泥为：

白灰：黄土=1：2～3（重量比，灰的比例稍多于苦背泥）在灰泥内加麦草或麻刀。全部瓦顶或每面坡宽好后，进行"捉节夹陇"。捉节就是将筒瓦之间的缝隙勾抹严实。夹陇就是将筒瓦两侧与底瓦之间的空当，用灰勾抹严实。用料比例及做法与勾抹瓦顶相同。

⑦ 调脊：宽瓦时调脊与宽瓦的先后次序，有两种不同的做法。琉璃瓦、布瓦的筒板瓦顶，常是先宽瓦后调脊，称为"压肩造"。蝴蝶瓦、千碴瓦等常是先调脊后宽瓦，称为"撞肩造"。有些地区并不完全遵守这样的规则。所以在拆瓦屋面时一定要仔细观察原来的做法。

各种脊安装的次序，都是先垒两端的，后垒正中的大脊。但歇山顶是先自垂脊开始，然后戗脊、大脊。

垂脊的垒砌，式样按原做法，先按图纸位置拉线找好弧线，垂兽和大型脊筒内预置铁或木制脊椿。先安垂兽，然后自下而上依次垒砌脊筒，内用灰泥或细焦渣灰装满，用料比例与宽瓦相同。垒砌至最顶预留一段，等大吻安装后再封口。

戗脊，自翼角端部开始按原制安装仙人、走兽。

大脊的垒砌，须等垂脊，戗脊等各种脊垒砌好以后开始进行。由于大脊的高度较高．须先支搭架木，脊筒内安木或铁制的脊椿，刷防腐或防锈材料。一般涂沥青膏2～3道。垒砌时应按原式样，做法。脊筒内装灰泥与垂脊同。最后安装大吻，先搭架木，脊椿涂好防腐材料，各块分别吊装到原位，须将花纹对准，缝隙严密，内用灰泥装满与大脊同。各块之间用钉铁扒锅拉固，各条脊在垒砌后，都应及时进行勾缝，材料配比与捉节夹陇相同。最后要用粗麻布将各种瓦件上残留的灰迹擦拭干净。新配的布瓦件，应予先用青灰浆浸泡，堵塞"沙眼"避免垒砌后再刷浆见新。

（三）渣土运输

（1）场内运输

在土破碎过程中，渣土落在满铺脚手板的施工脚手架上，利用轴延坡道将渣土运至渣土堆放地，集中外运。

（2）污土外运

在统一规定的时间段内将渣土、废弃物运输至地面，统一装车外运。指派专职清洁人员清刷车轮及车身上的尘渣，每天作业完成前，对车辆出入口进行彻底清洁，达到场地清洁的要求。对于每天不能及时清理的渣土，采用密目网进行覆盖，减少扬尘污染。

（四）架子工程

1．编制依据

（1）"建筑施工扣件式钢管脚手架安全技术规范"

（2）"建筑施工高处作业安全技术规范"

（3）"建筑施工安全检查标准"

2．参考图书

（1）《建筑施工手册》

（2）《简明施工计算手册》

（3）《实用建筑施工安全手册》

（4）《脚架使用手册》

3．脚手架的选型

根据各单位工程建筑、结构形式，结合施工现场的实际特点，分别选择脚手架支搭方案：屋面挑顶搭设双排齐檐脚手架，在修缮油漆做旧时用双排齐檐脚手架内反油活架子，屋面坡长宽瓦时搭设支杆架子。室内搭设满堂红脚手架。在脚手架外侧满挂全封闭安全网。

4．构造要求及技术措施

扣件式钢管脚手架的构造要求及技术措施

① 立杆

建筑物脚手架采用双排立杆（平台之上搭设三排齐檐脚手架），立杆顶端高处结构檐口上皮1.5米，双立杆应采用双管底座。立管接头采用对接扣件连接，立杆与大横杆采用执教扣件连接头交错布置，两个相邻立柱接头避免出现在同步同跨内，并在高度方向错开的距离不小于50厘米，各接头中心距上节点的距离不大于60厘米。

② 大横杆

大横杆至于小横杆之下，在立柱的内侧，用直角扣件与立柱扣紧，其长度大于3跨、不小于6米，同一步大横杆四周要交圈。

大横杆采用对接扣件连接，其接头交错布置，不在同步、同跨内。相邻接头水平距离不小于50厘米，各接头距立柱的距离不大于50厘米。

③ 小横杆

每一立杆与大横杆相交处（即主节点），都必须设置一根小横杆，并采用直角扣件扣紧在大横杆上，该杆轴线偏离主节点的距离不大于15厘米小横杆间距应与立杆间距相同，且根据作业层脚手板搭设的需要，可在两立柱之间等间距增设1～2根小横杆，其最大间距不大于75厘米。

小横杆伸出外排大横杆边缘距离不小于10厘米，伸出里排大横杆距结构外边缘15厘米，且长度不大于44厘米，上、下层小横杆应在立杆处错开布置，同层的相邻小横杆在立杆处相向布置。

④ 纵、横向扫地杆

纵向扫地杆采用直角扣件固定在距底座下皮20厘米处的立柱上，横向扫地杆则用直角扣件固定在紧靠纵向扫地杆下方的立柱上，靠边坡的立柱轴线到边坡的距离不大于50厘米，并对立杆采取双向斜拉加固措施。

⑤ 剪刀撑

本脚手架采用剪刀撑与横向斜撑相结合的方式，随立柱、纵横向水平杆同步搭设，用通常剪刀撑沿架高连续布置。剪刀撑得一根斜杆扣在立柱上，另一斜杆扣在小横杆伸出的端头上，两端分别用旋转扣象件固定，在其中间增加2～4个扣结点。最下部的斜杆与立杆的连接点距地面的高度控制在30毫米内。剪刀撑的杆件连接采用搭接，其搭接长度大于等于100厘米，并用卜不少于2个旋转扣件固定。端部扣件盖板的边缘至杆端的距离大于等于10厘米。

横向剪刀撑搭设在上楼脚手架部位，在同节内由底至顶层成"之"字形，在立、外排立柱之间上、下连续布置，斜杆应采用旋转扣件固定在与之相交的立柱或横向水平杆的伸出端上。除拐角处设横向斜撑外，中间每隔跨设置一道。

⑥ 脚手板

脚手板采用松木，厚5厘米、宽35～45厘米、长度不小于3.5米的硬木板。在作业层下架设一道水平兜网，并设置安全网及防护栏杆。脚手板设置在3根横向水平杆上，并在两端8厘米处用直径1.2毫米的镀锌铁丝箍绕2～3圈固定。当脚手板长度小于2米时，可采用两根小横杆，并将板两端与其可靠固定，以防倾翻。

5. 安全施工技术措施

（1）材质及其使用的安全技术措施

① 各杆件端头伸出扣件盖板边缘的长度不应小于100毫米。

② 钢管有严重锈蚀、压扁或裂纹的不得使用。禁止使用有脆裂、变形、滑丝等现象的扣件。

③ 外脚手架严禁钢竹、钢木混搭，禁止扣件、绳索、铁丝，竹篾、塑料混用。

④ 严禁将外径48毫米与51毫米的钢管混合使用。

（2）脚手架搭设的安全技术措施

① 搭设过程中划出工作标志区，禁止行人进入、统一指挥、上下呼应、动作协调，严禁在无人指挥下作业。当解开与另一人有关的扣件时必须先告诉对方，并得到允许，以防坠落伤人。

② 开始搭设立杆时，应每隔几米设置一根抛撑，直至连墙件安装稳定后，方可根据情况拆除。

③ 脚手架及时与建筑物拉接或采用临时支顶，以保证搭设过程安全。未完成脚手架在每日收工前一定要确保架子稳定。

④ 在搭设过程中应由安全员、架子班长等进行检查、验收和签证。每两步验收一次，达到设计施工要求后挂合格牌一块。

⑤ 外脚手架的卸荷严格采用甲15.5的钢丝绳通过梁上对立螺栓孔与脚手架连接，严禁私自拆改。

（3）脚手架上施工作业的安全技术措施

① 外脚手架每一层支搭完毕后，经项目部安全员验收合格后方可使用。任何班组长和个人，未经同意不得任意拆除脚手架部件。

② 严格控制施工荷载，脚手板不得集中堆料施荷，施工荷载不得大于3KN/平方米，确保较大安全储备。

③ 施工时不允许多层同时作业，临时性用的悬挑架的同时作业层数不得超过一层。

④ 定期检查脚手架，发现问题和隐患，在施工作业前及时维修加固，已达到坚固稳定，确保施工安全。

（4）脚手架拆除的安全技术措施

① 拆架前，全面检查待拆脚手架，根据检查结果，拟定处作业计划，报请批准，进行技术交底后才准施工。

② 架体拆除前，必须察看施工现场，包括架空线路、外脚手架、地面的设施等各类障碍物、地锚、揽风绳、连墙杆及被拆架体各吊点、附件、电器装置情况，凡能提前拆除的都先拆除掉。

③ 拆架时应划分作业区，周围设绳绑围栏或竖立警戒标志，地面应设专人指挥，禁止非作业人员进入。

④ 拆除时要统一指挥，上下呼应，动作协调，当解开与另一人有关的结扣时，应先通知对方，以防坠落。

⑤ 在拆架时，不得中途换人，如必须换人时，应将拆除情况交代清楚后方可离开。

⑥ 每天拆架下班时，不应留下隐患部位。

⑦ 拆架时严禁碰撞脚手架附近电源线，以防触电伤人事故。

⑧ 所有杆件和扣件在拆除时应分离，不准在杆件上附着扣件或两杆连着送到地面。

⑨ 所有的脚手板，应自外向里竖立搬运，以防脚手板和垃圾物从高处坠落伤人。

⑩ 拆下的零配件要装入容器内，用吊篮运到地面，拆下的钢管要绑扎牢固，双点起吊，严禁从高空抛掷。

在架子搭设完成后，用密目式安全网进行通体封闭，使施工更安全，外观更整洁，也有利于文明施工。

八　主要材料供应计划

1. 主要施工用材料：瓦件、木材、砖、石材。

2. 主要材料的用量：

主要材料用量供应计划分批分次进场，详见商务标材料清单表。

3. 材料管理措施

主要材料采购质量控制措施及近场时间保证措施凡项目所需的各类材料，自进入施工现场至施工结束清理现场为止的全过程所进行的材料管理，均为施工现场材料管理的范围。

（1）现场材料管理责任

施工项目经理是现场材料管理全面领导责任者；施工项目经理部主管材料人员是施工现场材料管理直接责任人；班组料具员在主管材料员业务指导下，协助班组长组织和监督本班组合理领、用、退料。现场材料人员应建立材料管理岗位责任制。

（2）现场材料管理的内容

① 材料计划管理。项目开工前，向企业材料部门提出一次性计划，作为供应备料依据，在施工中，根据工程变更及调整的施工预算，及时向材料部门提出调整供料月计划，作为动态供料的依据；根据施工图纸、施工进度，在加工周期允许时间内提出加工制品计划，作为供应部门组织加工和向现场送货的依据；根据施工平面图对现场设施的设计，按使用期提出施工设施用料计划，报供应部门作为送料的依据；按月对材料计划的执行情况进行检查，不断改进材料供应。

② 材料进场验收。为了把住质量和数量关。在材料进场时必须根据进料计划、送料凭证、质量保证书或产品合格证，进行材料的数量和质量验收；验收工作按质量验收规范和计量检测规定进行，验收内容包括品种、规格、型号、质量、数量、证件等。验收要做好记录、办理验收手续对不符合设计要求或质量不合格的材料应拒绝验收。

九　质量管理体系及保证措施

我公司一直把施工质量放在重要的位置，把施工质量作为历史责任，从企业的生存和发展的意义上来要求。我公司承诺从质量保证体系和质量保证措施两面入手，全力进取达到质量目标的实现。

（一）质量保证体系

1. 质量目标：按招标文件要求，本工程质量目标：合格。

2. 建立健全质量保证体系

（1）成立质量控制小组，由公司领导策划，项目经理部具体实施。

（2）质量职责：根据质量保证体系，建立岗位责任制和质量监督标管理责任制，明确分工职责，落实施工质量责任，各岗位各行其职。

（3）质量保证管理程序：依据公司《质量／职业健康安全管理手册》的要求，我们决心以自己卓有成效的努力，提供给业主最合格的产品，不断地提高工作质量和服务质量，更好地完成对业主的质量承诺。

3. 管理人员岗位责任制

管理人员岗位责任制详见第五部分

（二）质量保证措施

各分项工程层层交底、层层落实、记录完整，对每一重要分项工程都编制管理流程，以过程控制为主线进行施工管理。

本工程对关键工序与特殊过程采取如下措施：

（1）木构架拆除与安装，从保证均匀卸荷角度考虑，施工组分布在周圈，从四面同时进行拆除与安装。

（2）木结构制作时，做到图纸清楚、交底清楚、杜绝在技术上出现差错，影响质量和工期。

（3）木结构制作前，必须经过现场进一步实测实量后，与设计图对照，确定无误后，再进行制作。

（4）木结构构件制作时，仗杆要经过预检，要做样板件符合要求，再大面积上。

（5）木结构构件材料含水率不能超标，杜绝变形。

（6）瓦、木、油漆等工种配备古建技师跟班指导。防腐、防虫处理、防火涂料施工、屋面防水施工等影响建筑寿命和使用功能的，选用经验丰富、技术水平高的人员进行操作。

（7）新旧柱相接使用环氧树脂墩接技术。

一〇 安全施工措施

我公司一直把施工安全放在首位，认真贯彻国家和山西省有关安全生产的法律法规、标准和方针，政策，坚持"安全第一，预防为主"的方针，加大安全管理力度，把"安全责任重于泰山"的安全生产管理指导思想贯彻到生产第一线。

（一）安全生产保障体系

1. 实行项目经理安全生产责任制

贯彻执行《中华人民共和国安全生产法》和《建设工程安全生产管理条例》及"安全第一，预防为主"安全生产管理方针。严格执行管理处的有关安全方面的制度，实行项目经理安全生产责任制。

2．安全组织保证体系

针对该工程的特点，成立以公司副总经理为总指挥的施工安全管理总指挥部。项目经理、专职安全员、各专业队管理人员组成项目部安全保证体系。安全领导小组，由项目经理任组长，由项目副经理、安全员等任副组长。施工现场配备专职安全生产管理人员，专职安全生产管理人员负责对安全生产进行现场监督检查，发现违章指挥、违章操作的，应当立即制止并及时向项目负责人报告。

3．安全生产实行目标管理

安全目标：无事故、无火灾、无扰民、现场清洁。

4．建立资金和信息保证体系

（1）项目经理依法对本工地的安全生产工作全面负责，安全生产作业环境、安全生产条件的改善、安全施工措施所需费用、施工安全防护用具及设施的采购和更新，公司保证本工地安全生产条件所需安全资金和物资资金的投入。

（2）建立完善可靠安全生产信息体系，保证准确及时传输处理和反馈各类有关安全生产信息。

（3）单位向施工作业人员提供安全防护用品和安全防护服装，并按规定及时检查更新。

（二）安全生产管理

安全生产管理具体内容

（1）安全技术交底制：根据安全施工要求和现场实际情况，各级管理人员需逐级进行各分项工程的书面安全技术交底；

（2）班前安全教育检查制：所有施工人员进行岗前安全操作教育培训，经过考试合格后方可上岗。交底必须有针对性，必须实施双方签字制度

（3）施工现场实行封闭制：按照施工现场情况及施工安排设置各项临时保护设施对游人、建筑物、地面设施进行保护。

（4）机械设备安装实行验收制：机械操作室要悬挂安全操作规程，操作人员必须按交底规程进行操作，使用、保养、维修，必须严格遵守说明书和安全操作规程曲规定。施工机械的操作人员须经有关部门培训持证上岗，各种机械设备必频有安装拆除验收手续，并做好定期检查记录，未经验收严禁使用。

（5）周五安全活动制：项目经理部每周五组织全体工人进行安全教育，对本周安全方面存在的问题进行总结，对下周的安全重点和注意事项作必要的交底，使操作工人能对所从事的工作安全心中有数，从意识上绷紧安全这根弦。

（三）安全生产保证措施

本工程的安全因素主要是：木结构吊运、屋面作业、结构拆除、油漆。

施工现场安全管理措施包括：

（1）认真做好进场前的安全教育，并由安全负责人进行安全生产培训，并做到经常化、制度化、提高施工人员和管理人员的安全意识，对进场人员进行安全生产考核，佩戴统一标志——安全帽和施

工证，方可上岗施工，进入现场的施工人员必须戴好安全帽，并系好下颚带。

（2）施工现场严格执行建筑企业安全生产责任制制度，现场建立协调统一的安全管理组织机构，按照施工进度和施工季节组织安全生产检查活动。

（3）分部工程施工前，项目部要编写《分部工程安全施工作业措施》。在分项工程施工时，由专职安全员对施工人员进行安全施工交底。要严格执行安全施工管理制度。

一一 施工进度计划及保证措施

本工程施工进度计划是经过科学计算工程量和所需工力的基础上，充分考虑冬雨季季节影响、施工工艺技术间歇、各工种的交叉配合以及施工期间的人力、物力、资金等各种资源平衡的因素经过精心编制而成。整个工程各单位工程进度计划采用横道图来表示，可以具体优化其各工序的安排。

（一）工期目标

按签订合同两年工期。

（二）如期开工的措施

1. 掌握具有生产本工程材料、设备的厂家，及时订货。

2. 接到中标通知书，立即兵分几路同时开始准备工作：

（1）相关人员在规定日期内开好履约包函、各工种分工任务到组。

（2）一旦合同签定后，投标文件确定的项目施工人员立即进行现场的准备工作，同时办理本项目部施工人员的相关证件。

（3）依据材料、设备供应计划，立即向具备生产能力的产品供货厂家订货。

（4）按计划作好现场各种开工准备工作，如修建临时设施、落实施工方案、与各方关系的协调等，以保证如期开工。

（三）工期保证措施

为实现进度目标，进度计划随着项目进程和变化也需不断地进行调整，为确保实现总工期目标，采取有针对性的进度计划保证措施。主要有：总进度计划执行与调整；实行阶段性工期控制；合理施工组织调配；足够的人力、设备、材料投入；做好每一步施工准备；组织文明秩序的施工，不出现影响工期的情况。

1. 优化工序组织

2. 选择信誉好、素质高的技术骨干队伍

3. 采用先进适用的施工机具。

（四）赶工措施

当工程出现难以预测的情况而导致工期滞后，或者甲方对工期进行合理的压缩时，能否采取合适的赶工措施也是公司实力的体现。

（1）熟练的技术人员是赶工的前提，我公司作为文物保护专业公司有多年的施工经验，多年来培养了大批技术熟练的人员，他们常年从事古建筑保护的施工，队伍稳定而人员充足，同时我公司仍有大量古建操作人员，如油漆专业人员，也可备不时之需。

（2）我公司有大量的备用机械、工具，在赶工时，完全可以保证工程的需要。

（3）在材料方面，我们不仅有常年合作的古建材料供应厂商，而且因为常年从事古建的施工，仓库还有大量的古建木材、砖瓦、油饰材料等，在赶工时可解材料供应紧张之急。

（4）利用网络控制原理，在赶工时，可以选择有赶工余地，赶工费用较低的工序进行赶工，即能够达到赶工的目的，又可以尽可能少的增加工程的成本。

（五）施工进度计划 见施工进度计划表。

一二　施工现场总平面图布置

（一）现场条件

经对工程现场勘察，施工道路较为狭窄，施工现场不能满足材料加工和施工人员的食宿。

（二）施工现场平面布置图

1. 施工现场平面布置原则

（1）严格按业主指定施工区域和施工临设区域要求进行现场平面布置。

（2）施工现场与办公、库房区域分开。

（3）根据现场实际条件按施工阶段调整现场布置。

（4）施工现场暂设和围档搭建要满足施工要求。

2. 施工现场布置

（1）根据现场勘察，由于施工现场窄小，现场无法安排食宿，因此工人食宿安排在场外。

（2）对施工现场做围挡，围挡高度为2米，围挡上设置五牌一图和安全照明设施。

（3）木料加工、泼灰加工均不在现场设置。

（4）施工材料运输，根据现场情况将材料卸到临时材料堆放场地。施工渣土当天夜晚及时清运走，并将场地清扫干净，保证道理环境卫生。

（5）现场材料堆放机具设置。本工程在建筑物场地内进行砖、瓦、木料的二次加工及灰浆搅拌，在场地内合理布置材料堆放和加工场地。并根据施工各阶段的需要和业主要求进行现场的动态布置。

（6）施工现场内按照消防要求设置消防器材和消防栓、消防池，满足消防要求。

（三）施工现场平面布置图

工程施工现场，设置办公室、警卫室、库房、材料堆放场地和材料临时周转场地，周围设施围挡，施工现场设置相关机械设备。详见施工平面布置图。

一三　安全消防、文明施工、环境保护的措施

（一）保证安全消防措施

1. 贯彻以人为本"预防为主，防消结合"的消防方针，结合本工程施工中的实际情况，加强领导，建立逐级防火安全责任制，进入施工现场禁止携带火种，确保施工现场消防安全。

2. 针对本工程项目的特点成立防火领导小组，以项目经理为组长，项目副经理、安全员为副组长，技术负责人各施工工长、施工队队长、现场保安员为组员。

3. 工地成立消防工作组，并设义务消防队，义务消防队由工人组成，分别明确人员、责任。各施工殿座明确消防安全责任人员，实行挂牌制。

4. 施工区域用火要有严格的防范措施，并备有足够的消防器材，未经有关部门批准，不准动用火源。必须明火作业时，应落实用火证、操作时专人看管，配备充足的灭火器材，操作完毕对用火现场详细检查，由专职安全员确认无水灾隐患后，方可离岗。

5. 施工现场明显位置设灭火器材及工具；设置八组每组五个5公斤干粉灭火器；水龙带8盘，水枪2支；铁锹4把；火勾4把等灭火工具；设专人管理并定期检查确保设备完好，任何人不得随意挪动。平时加强检查、维修、保养，并要做到"布局合理、数量充足、标志明显、齐全配套、灵敏有效"。

（二）确保文明施工措施

本工程组织好安全生产，落实好文明施工，是我公司工作的重点，加强文明安全施工的过程管理，开展创建文明安全工地活动，也是文明施工的关键内容。

1. 制定文明施工管理目标

2. 建立健全岗位责任制

3. 树立现场整体形象

（三）环境保护管理措施

1. 积极全面开展工作，加强施工现场环保工作的组织领导，成立以项目经理为首的，由技术、生产、材料、机械等部门组成的环保工作领导小组，设立兼职环保员一人。

2. 建立施工现场环保自我保证体系，做到责任落实到人。

3. 不定期组织工地业务人员学习国家、山西有关环保的法令、法规、条例，使每个人都了解工地的要求和内容。

一四　文物保护及成品保护措施

1. 项目经理部明确各个岗位的职责和权限，建立并保持一套工作程序，对所有参与工作的人员进行相应的培训。

2. 工地设专门文保员，建立以项目经理为首的文物保护小组。会同业主、监理和文物部门对文物进行定期检查、确认、并做记录。负责现场的日常文物保护管理工作，并且有完备的文字记录，记录当日工作情况、发现的问题以及处理结果等。

3. 开工前会同文物部门明确保护范围，划定文保施工的重点保护区和一般保护区，对所有项目参与成员进行交底。

4. 在工地显著位置安置好文物部门设立的标志，标志中说明文物性质，重要性，保护范围，保护措施，以及保护人员姓名。

5. 建立文物保护科学的记录档案，包括文字资料，做好对现状的精确描述，对保护情况和发生的问题做好详细的记录。测绘图纸：做好对文物现状的测绘、包含地理位置、平面图、保护范围图等各部位的尺寸关系。照片：包括文物的全景照片、各部位特写、需要重点保护部位的照片。

6. 保护措施上报审批制度。每个具体的文物保护措施部要在得到文物部门和建设方的批准后才可以实施。

一五　冬雨季施工措施

（一）雨季施工技术措施

建筑物揭开屋面后，为了防雨，用苫布苫盖在木结构上。

（1）现场材料应做好进料、存放的统一安排，砖、瓦件在雨季施工期间的苫盖，应由专人配合材料员负责做好此项工作，怕水的材料如石灰等要放在工棚内并采取防潮措施。

（2）木构件加工期间如遇雨要用塑料布苫盖；整修。添配完成的大木构件及木基层（椽子、望板等）验收合格后，分类妥善码放，用垫木垫好，最下一层木构件离地面不得小于20厘米，且不得将大木码放在场地低洼处，并在更换安装前用塑料布苫盖好，经常检查防止雨水淋湿。

（3）墙身工程在施工期遇雨也要苫盖，用塑料布将施工中的墙顶苫盖严密，且塑料布要垂直墙两侧适当高度，用扎绑绳配重固定压住塑料布，防止刮开。

（4）屋面施工逢雨季时，应对望板、各层泥、灰背和施工过程中的瓦面进行苫盖，只要在雨季施工中，必须在每天下班后用塑料布将屋面各施工部位苫盖好，并用脚手板或梯子板等妥善压牢，防止风大将苫盖的塑料布刮起；下班前专业工长必须对苫盖情况进行检查，夜间值班人员遇雨应进行巡查工作，并处理出现的情况。

（5）各工程修缮中，大部分室内彩画需保留，因此在屋面施工期间，尤其在雨季，除在室内对保留彩画做防护外，应根据具体情况采取搭设防雨大棚的措施，确保室内保留彩画不受雨水侵蚀，待屋面青灰背具备防雨能力后，再实时拆除防雨大棚。

（6）油饰进行时，应注意天气变化。如遇天气变化异常，可将部分工序停下以防造成质量事故。地仗、油饰在雨季施工中，对易受雨水侵蚀、滴溅的部位应在下雨前做好防护遮挡、苫盖，在每天下班前做好此项工作，专业工长下班前进行检查，夜班值班人员夜间巡护。

（7）施工场区，要将排水线路做好，然后再进行施工材料、机具布置。防止流水不畅淤积雨水。

（二）雨季施工组织措施

（1）人员安排

专人负责天气预报的信息收集工作，及时向工地汇报。风雨前后及时对现场进行检查，发现问题及时解决。并成立防汛抢险小组，派专人值班，有情况能及时出动排险。

（2）物资准备

进入雨季前现场备好如下防雨物资：6米×6米苫布20块、2米×20米纺织布15捆、4米塑料布10捆、1.8×0.6石棉瓦200块、应急灯5个、20毫米×60毫米板条300米， 2.5寸钉子20千克，雨鞋40双、雨衣60件。

（3）施工材料管理

库房搭设考虑防雨、防潮，灰棚、油料库、木料棚设置合理，砖、石灰、木料、木装修要防潮，雨前必须苫盖，瓦件应根据雨量大小情况进行苫盖，泼浆灰进场后用苫布盖好。

（4）各班组下班后应将施工机械拉间断电，将配电箱锁好，收、盖好电动工具和机械。

（三）冬季施工措施

根据《建筑施工手册》提供的气象资料看平顺地区最低平均气温为6.9℃，高于国家规范规定的冬季施工温度界限，即周平均温度5℃，冬季施工时间不长，平均温度低于5℃时采取如下措施：

（1）进入1月份后，应特别注意天气变化，提前备好防火保温帘和塑料布等防寒保温材料，预防寒流提前到来，避免造成质量事故或返工。

（2）加强冬施准备工作，提前做好热源准备。调整施工作业时间，尽量避开早晚低温时间段，收工后应做好夜间保温防寒工作。必要时搭设保温大棚，专业工长检查保温措施落实情况，质检员负责测温工作，白天不少于两次，夜间不少于三次，并由技术负责人汇报，已供采取相应保温措施。

（3）冬施期间尽量安排室内工程施工作业，并使用暖气、电热器、电热毯、煤炉等手段保持室内温度，同时做好防火准备。

（4）项目部资料员负责搜集气象资料，注意气温变化动向，特别是一周内的气温变化趋势，为项目部做好低温施工提供依据。

（5）我公司中标后将根据工程及周围环境的实际情况和气候情况编制详尽的冬雨季施工方案。

一六　工程的交付、服务及保修

（一）工程的交付

为保证工程尽早交付，我公司把交付工作作为重点来实施，在按计划完成竣工验收后十日内恢复占用场地，除必要的维修人员及维修材料外，全部退场。

（二）服务及保修

保修开始日期为工程竣工验收并取得工程竣工备案注册手续之日起，在保修期内，我方将依据保修合同，以有效的制度、措施作保证，迅速为业主提供优良的维修服务。

（三）附图表（图129、表一一）

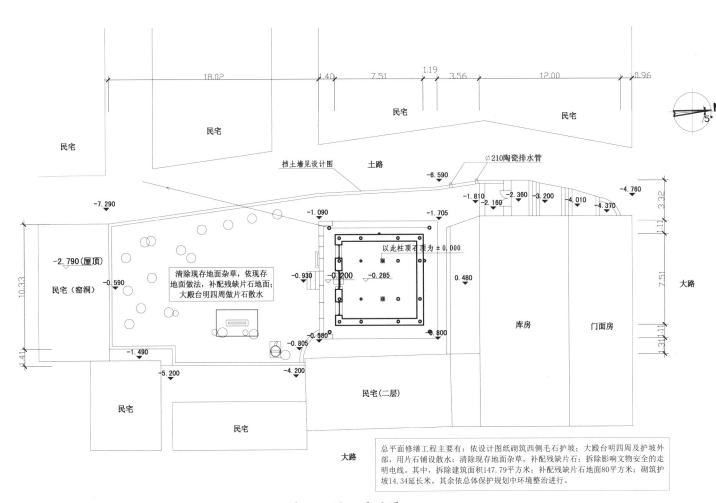

图129　施工平面图

说明：

① 在天台庵外居民区租房设办公室、宿舍、食堂。

② 材料堆放及文物存放棚利用现场空地及广场。

③ 在庙外面空地搭设临时围挡后用作库房、木工加工棚。

④ 材料堆放根据现场情况充分利用空地进行，要随进随用，尽量减少对环境的影响。

⑤ 施工用电由业主将电源送至施工现场并按照总表箱。接到施工用电点分贝按照单独的控制闸箱，按一机一闸一保护方式进行用电安排。

⑥ 施工用水由业主提供供水点，我方用软管引至各蓄水池使用。

⑦ 现场实行全封闭施工，在大门处设门卫，24小时值班。

表一一 工程施工进度表

序号	项目名称	2013年～2015年											
		60	60	60	60	60	60	60	60	60	60	60	60
1	施工准备												
2	脚手架												
3	记录拍照												
4	拆卸瓦件												
5	拆卸木基层												
6	拆卸墙体												
7	基础加固												
8	修整梁架												
9	抹砌墙体												
10	安装木构件												
11	屋面宽瓦												
12	制安装修												
13	整修台明												
14	铺墁地面												
15	油漆数旧												
16	围墙												
17	院落及护坡												
18	工程验收												
备注：计划2013年10月1日开工，2015年9月30日竣工													

（执笔：帅银川 李士杰）

二 工程与修缮

天台庵弥陀殿修缮工程发现的问题及修缮说明

1. 转角华栱45°出翘栱，栱后尾"外长内短"起不到平衡作用，受力不均匀，此次修缮加长后尾，添加小斗添加华栱与平盘斗，与老角梁结合增加受力使之平衡（图130、131）。

图130 修缮前的转角华栱　　　　　　　　图131 修缮后的转角华栱

2. 拆卸发现老角梁原制为斜上，现在老角梁为平制，此次修缮按照现存结构不变（图132、133）。

图132 修缮前的老角梁　　　　　　　　图133 修缮后的老角梁

3.东南角老角梁材质为本地杨木，现已折断。此次修缮以铁件加固后，继续使用（图134、135）。

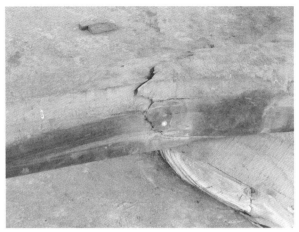

图134　修缮前的老角梁

图135　铁件加固后的老角梁

4.大殿两侧乳栿头与檐檩对齐，起不到挑檐作用，此次修缮铁箍加固（图136、137）。

图136　修缮前的丁栿头

图137　修缮后的丁栿头

5.明间补间斗栱后人添加，后尾跳空，此次修缮后尾添加木柱支撑（图138、139）。

图138　修缮前的心间补间斗栱

图139　修缮后的心间补间斗栱

天台庵大殿瓦件登记表（表一二）

表一二　天台庵大殿瓦件登记表

名称	位置	材质	构件数量	尺寸（mm）长×宽×高	保存状况	设计要求	备注	照片索引
正脊	正脊	瓦条		400×700×240				
垂脊	东侧前垂脊	瓦条		250×400×770				
	东侧后垂脊	瓦条		600×300×240				
	西侧前垂脊	瓦条		250×400×770				
	西侧后垂脊	瓦条		600×300×240				
戗脊	东南角	瓦条		240×140×640　240×140×670				
	东北角	瓦条		240×140×640　240×140×640				
	西南角	瓦条		240×140×640　240×140×670				
	西北角	琉璃　青灰		240×140×640　240×140×670				
筒瓦	屋面	青灰	2200个	370×250	残损10%			
板瓦	屋面	青灰		470×320×300	残损30%			
勾头	檐口　排山	青灰	280	330×240	残损10%			
滴水	檐口　排山	青灰	290	380×240×200				
套兽	东南角	琉璃	1		尚好			
	东北角	琉璃	1		尚好			
	西北角		1		破损上部丢失			
	西南角				缺失			
云瓦	东南角部位	青灰	15块		尚好			

天台庵木构件检修登记表（表一三～一六）

表一三　天台庵梁架检修登记表

部位及编号	名称	材质	规格（长×宽×高）厘米	现状	修缮加固方法
东缝梁架	四椽栿	蔡木	748.5×22.5×39	尚好	原物未动
东缝梁架	平梁	蔡木	313.5×17×24	尚好	原物未动
东缝梁架	蜀柱南	蔡木	直径22×高54	尚好	原物未动
东缝梁架	蜀柱北	蔡木	直径22×高54	尚好	原物未动
东缝梁架	平梁托角南	蔡木	187.5×18.5×10	干劈裂缝	原物未动嵌塞缝隙
东缝梁架	平梁托角北	蔡木	187.5×18.5×10	干劈裂缝	原物未动嵌塞缝隙
东缝梁架	侏儒柱	蔡木	16×16抹20角	尚好	原物未动
东缝梁架	叉手	蔡木	10×8.5	尚好	原物未动
东缝梁架	叉手	蔡木	10×8.5	尚好	原物未动
东缝梁架	脊替木	蔡木	161.25×13×25	尚好	原物未动

续表

东缝梁架	驼峰	蔡木	63.5×13×25	尚好	原物未动
东缝梁架	襟间	蔡木	316×10.5×16.5	干劈裂缝	原物未动嵌塞缝隙
东缝梁架	后人支顶柱	蔡木	80×80×54	尚好	原物未动
东缝梁架	南面丁栿	蔡木	230×16×22	丁栿头下垂	支顶提升，铁箍加固
东缝梁架	北面丁栿	蔡木	230×16×22	丁栿头下垂	支顶提升，铁箍加固
西缝梁架	四椽栿	蔡木	748.5×22.5×39	后檐梁头劈裂下沉6厘米	支顶提升槽钢铁箍通螺栓加固
西缝梁架	平梁	蔡木	313.5×17×24	尚好	原物未动
西缝梁架	蜀柱南	蔡木	直径22×高54	尚好	原物未动
西缝梁架	蜀柱北	蔡木	直径22×高54	尚好	原物未动
西缝梁架	平梁托角南	蔡木	187.5×18.5×10	尚好	原物未动
西缝梁架	平梁托角北	蔡木	187.5×18.5×10	尚好	原物未动
西缝梁架	侏儒柱	蔡木	16×16抹20角	尚好	原物未动
西缝梁架	叉手	蔡木	10×18.5	尚好	原物未动
西缝梁架	叉手	蔡木	10×18.5	尚好	原物未动
西缝梁架	脊替木	蔡木	161.25×13×25	尚好	原物未动
西缝梁架	驼峰	蔡木	63.5×13×25	尚好	原物未动
西缝梁架	襟间	蔡木	316×10.5×16.5	干劈裂缝	原位未动嵌塞缝隙
西缝梁架	后人支顶柱	蔡木	80×80×54	尚好	原物未动
西缝梁架	南面丁栿	蔡木	230×16×22	丁栿头下垂	支顶提升，铁箍加固
西缝梁架	北面丁栿	蔡木	230×16×22	丁栿头下垂	支顶提升，铁箍加固
老角梁	东南角	杨木	483×17×21	断裂	槽钢加固，铁箍加固
老角梁	东北角	杨木	483×17×21	尚好	原位安装原物继用
老角梁	西南角	杨木	483×17×21	尚好	原位安装原物继用
老角梁	西北角	杨木	483×17×21	尚好	原位安装原物继用
仔角梁	东南角	榆木	197×17×19	尚好	原位安装原物继用
仔角梁	东北角	榆木	197×17×19	尚好	原位安装原物继用
仔角梁	西南角	榆木	197×17×19	干劈裂缝	原位安装嵌补裂缝
仔角梁	西北角	榆木	197×17×19	尚好	原位安装原物继用

表一四 天台庵檩条检修登记表 单位（厘米）

部位及编号	名称	材质	规格（直径×长）厘米	现状	修缮加固方法
前檐挑檐檩	明间	蔡木	22×316	下弯处支垫木条	原位安装
前檐挑檐檩	东次间	蔡木	22×283	尚好	原位安装
前檐挑檐檩	西次间	蔡木	22×283	檩头断裂	槽钢加固原位安装
东侧面挑檐檩	明间	榆木	22×313	尚好	原物未动
东侧面挑檐檩	南次间	蔡木	22×283	干劈裂缝	嵌补缝隙原位安装
东侧面挑檐檩	北次间	蔡木	22×283	檩头劈裂缺失一半	补接檩头原位安装
后檐挑檐檩	明间	蔡木	22×316	干劈裂缝	嵌补缝隙原位未动
后檐挑檐檩	东次间	榆木	22×283	尚好	原位安装

续表

后檐挑檐檩	西次间	蔡木	22×283	尚好	原位安装
西侧面挑檐檩	明间	蔡木	22×313	尚好	原物未动
西侧面挑檐檩	南次间	蔡木	22×283	干劈裂缝	嵌补裂缝原位安装
西侧面挑檐檩	北次间	蔡木	22×283	干劈裂缝	嵌补裂缝原位安装
脊檩	脊檩	蔡木	22×510	有题迹	原位安装
前檐金檩	前檐金檩	蔡木	22×484	尚好	原物未动
后檐金檩	后檐金檩	蔡木	22×484	檩头沤损劈裂	挖补沤损榆木嵌塞

表一五　天台庵木基层检修登记表　　　　单位（厘米）

部位及编号	名称	材质	规格（直径×长）厘米	现状	修缮加固方法
前檐东	翼角椽1号	柏木	10×170	尚好	原位安装原物继用
前檐东	翼角椽2号	柏木	10×177	尚好	原位安装原物继用
前檐东	翼角椽3号	柏木	10×185	尚好	原位安装原物继用
前檐东	翼角椽4号	柏木	10×194	尚好	原位安装原物继用
前檐东	翼角椽5号	柏木	10×208	干劈裂缝	嵌补裂缝原位安装
前檐东	翼角椽6号	柏木	10×221	干劈裂缝	嵌补裂缝原位安装
前檐东	翼角椽7号	柏木	10×229	干劈裂缝	嵌补裂缝原位安装
前檐东	翼角椽8号	柏木	10×240	干劈裂缝	嵌补裂缝原位安装
前檐东	翼角椽9号	柏木	10×249	干劈裂缝	嵌补裂缝原位安装
前檐	正身椽10号	柏木	10×260	干劈裂缝	嵌补裂缝原位安装
前檐	正身椽11号	柏木	10×273	干劈裂缝	嵌补裂缝原位安装
前檐	正身椽12号	柏木	10×286	尚好	原位安装原物继用
前檐	正身椽13号	柏木	10×309	尚好	原位安装原物继用
前檐	正身椽14号	柏木	10×309	尚好	原位安装原物继用
前檐	正身椽15号	柏木	10×309	干劈裂缝	嵌补裂缝原位安装
前檐	正身椽16号	柏木	10×309	干劈裂缝	嵌补裂缝原位安装
前檐	正身椽17号	柏木	10×309	尚好	原位安装原物继用
前檐	正身椽18号	柏木	10×309	尚好	原位安装原物继用
前檐	正身椽19号	柏木	10×309	尚好	原位安装原物继用
前檐	正身椽20号	柏木	10×309	尚好	原位安装原物继用
前檐	正身椽21号	柏木	10×309	干劈裂缝	嵌补裂缝原位安装
前檐	正身椽22号	柏木	10×309	尚好	原位安装原物继用
前檐	正身椽23号	柏木	10×309	干劈裂缝	嵌补裂缝原位安装
前檐	正身椽24号	柏木	10×309	尚好	原位安装原物继用
前檐	正身椽25号	柏木	10×309	干劈裂缝	嵌补裂缝原位安装
前檐	正身椽26号	柏木	10×309	尚好	原位安装原物继用
前檐	正身椽27号	柏木	10×309	尚好	原位安装原物继用
前檐	正身椽13号	柏木	10×309	尚好	原位安装原物继用

续表

前檐	正身椽12号	柏木	10×286	尚好	原位安装原物继用
前檐西	正身椽11号	柏木	10×273	尚好	原位安装原物继用
前檐西	正身椽10号	柏木	10×260	干劈裂缝	嵌补裂缝原位安装
前檐西	翼角椽9	柏木	10×249	干劈裂缝	嵌补裂缝原位安装
前檐西	翼角椽8	柏木	10×240	尚好	原位安装原物继用
前檐西	翼角椽7	柏木	10×229	尚好	原位安装原物继用
前檐西	翼角椽6	柏木	10×221	尚好	原位安装原物继用
前檐西	翼角椽5	柏木	10×208	干劈裂缝	嵌补裂缝原位安装
前檐西	翼角椽4	柏木	10×194	干劈裂缝	嵌补裂缝原位安装
前檐西	翼角椽3	柏木	10×185	尚好	原位安装原物继用
前檐西	翼角椽2	柏木	10×177	尚好	原位安装原物继用
前檐西	翼角椽1	柏木	10×170	尚好	原位安装原物继用
后檐东	翼角椽1号	柏木	10×170	尚好	原位安装原物继用
后檐东	翼角椽2号	柏木	10×177	尚好	原位安装原物继用
后檐东	翼角椽3号	柏木	10×185	尚好	原位安装原物继用
后檐东	翼角椽4号	柏木	10×194	尚好	原位安装原物继用
后檐东	翼角椽5号	柏木	10×208	干劈裂缝	嵌补裂缝原位安装
后檐东	翼角椽6号	柏木	10×221	干劈裂缝	嵌补裂缝原位安装
后檐东	翼角椽7号	柏木	10×229	干劈裂缝	嵌补裂缝原位安装
后檐东	翼角椽8号	柏木	10×240	干劈裂缝	嵌补裂缝原位安装
后檐东	翼角椽9号	柏木	10×249	干劈裂缝	嵌补裂缝原位安装
后檐	正身椽10号	柏木	10×260	干劈裂缝	嵌补裂缝原位安装
后檐	正身椽11号	柏木	10×273	干劈裂缝	嵌补裂缝原位安装
后檐	正身椽12号	柏木	10×286	尚好	原位安装原物继用
后檐	正身椽13号	柏木	10×309	尚好	原位安装原物继用
后檐	正身椽14号	柏木	10×309	尚好	原位安装原物继用
后檐	正身椽15号	柏木	10×309	干劈裂缝	嵌补裂缝原位安装
后檐	正身椽16号	柏木	10×309	干劈裂缝	嵌补裂缝原位安装
后檐	正身椽17号	柏木	10×309	尚好	原位安装原物继用
后檐	正身椽18号	柏木	10×309	尚好	原位安装原物继用
后檐	正身椽19号	柏木	10×309	尚好	原位安装原物继用
后檐	正身椽20号	柏木	10×309	尚好	原位安装原物继用
后檐	正身椽21号	柏木	10×309	干劈裂缝	嵌补裂缝原位安装
后檐	正身椽22号	柏木	10×309	尚好	原位安装原物继用
后檐	正身椽23号	柏木	10×309	干劈裂缝	嵌补裂缝原位安装
后檐	正身椽24号	柏木	10×309	尚好	原位安装原物继用
后檐	正身椽25号	柏木	10×309	干劈裂缝	嵌补裂缝原位安装
后檐	正身椽26号	柏木	10×309	尚好	原位安装原物继用

后檐	正身椽27号	柏木	10×309	尚好	原位安装原物继用
后檐	正身椽13号	柏木	10×309	尚好	原位安装原物继用
后檐	正身椽12号	柏木	10×286	尚好	原位安装原物继用
后檐西	正身椽11号	柏木	10×273	尚好	原位安装原物继用
后檐西	正身椽10号	柏木	10×260	椽头沤损	锯掉沤损原位安装
后檐西	翼角椽9	柏木	10×249	干劈裂缝	嵌补裂缝原位安装
后檐西	翼角椽8	柏木	10×240	尚好	原位安装原物继用
后檐西	翼角椽7	柏木	10×229	尚好	原位安装原物继用
后檐西	翼角椽6	柏木	10×221	尚好	原位安装原物继用
后檐西	翼角椽5	柏木	10×208	干劈裂缝	嵌补裂缝原位安装
后檐西	翼角椽4	柏木	10×194	干劈裂缝	嵌补裂缝原位安装
后檐西	翼角椽3	柏木	10×185	尚好	原位安装原物继用
后檐西	翼角椽2	柏木	10×177	尚好	原位安装原物继用
后檐西	翼角椽1	柏木	10×170	尚好	原位安装原物继用
东侧南	翼角椽1号	柏木	10×170	尚好	原位安装原物继用
东侧南	翼角椽2号	柏木	10×177	尚好	原位安装原物继用
东侧南	翼角椽3号	柏木	10×185	尚好	原位安装原物继用
东侧南	翼角椽4号	柏木	10×194	尚好	原位安装原物继用
东侧南	翼角椽5号	柏木	10×208	干劈裂缝	嵌补裂缝原位安装
东侧南	翼角椽6号	落叶松	10×221	沤损、糟朽	原规格更换
东侧南	翼角椽7号	落叶松	10×229	沤损、糟朽	原规格更换
东侧南	翼角椽8号	柏木	10×240	干劈裂缝	嵌补裂缝原位安装
东侧南	翼角椽9号	柏木	10×249	干劈裂缝	嵌补裂缝原位安装
东侧	正身椽10号	柏木	10×260	干劈裂缝	嵌补裂缝原位安装
东侧	正身椽11号	柏木	10×273	干劈裂缝	嵌补裂缝原位安装
东侧	正身椽12号	柏木	10×286	尚好	原位安装原物继用
东侧	正身椽13号	柏木	10×309	尚好	原位安装原物继用
东侧	正身椽14号	柏木	10×309	尚好	原位安装原物继用
东侧	正身椽15号	柏木	10×309	干劈裂缝	嵌补裂缝原位安装
东侧	正身椽16号	柏木	10×309	干劈裂缝	嵌补裂缝原位安装
东侧	正身椽17号	柏木	10×309	干劈裂缝	嵌补裂缝原位安装
东侧	正身椽18号	柏木	10×309	干劈裂缝	嵌补裂缝原位安装
东侧	正身椽19号	柏木	10×309	干劈裂缝	嵌补裂缝原位安装
东侧	正身椽20号	柏木	10×309	干劈裂缝	嵌补裂缝原位安装
东侧	正身椽21号	柏木	10×309	干劈裂缝	嵌补裂缝原位安装
东侧	正身椽22号	柏木	10×309	尚好	原位安装原物继用
东侧	正身椽23号	柏木	10×309	干劈裂缝	嵌补裂缝原位安装
东侧	正身椽24号	柏木	10×309	尚好	原位安装原物继用

续表

东侧	正身椽25号	柏木	10×309	干劈裂缝	嵌补裂缝原位安装
东侧	正身椽26号	柏木	10×309	尚好	原位安装原物继用
东侧	正身椽27号	柏木	10×309	尚好	原位安装原物继用
东侧北	正身椽13号	柏木	10×309	尚好	原位安装原物继用
东侧北	正身椽12号	柏木	10×286	尚好	原位安装原物继用
东侧北	正身椽11号	柏木	10×273	尚好	原位安装原物继用
东侧北	正身椽10号	柏木	10×260	干劈裂缝	嵌补裂缝原位安装
东侧北	翼角椽9	柏木	10×249	干劈裂缝	嵌补裂缝原位安装
东侧北	翼角椽8	柏木	10×240	尚好	原位安装原物继用
东侧北	翼角椽7	柏木	10×229	尚好	原位安装原物继用
东侧北	翼角椽6	落叶松	10×221	沤损、槽朽	原规格更换
东侧北	翼角椽5	柏木	10×208	干劈裂缝	嵌补裂缝原位安装
东侧北	翼角椽4	柏木	10×194	干劈裂缝	嵌补裂缝原位安装
东侧北	翼角椽3	柏木	10×185	尚好	原位安装原物继用
东侧北	翼角椽2	柏木	10×177	尚好	原位安装原物继用
东侧北	翼角椽1	柏木	10×170	尚好	原位安装原物继用
西侧南	翼角椽1号	柏木	10×170	尚好	原位安装原物继用
西侧南	翼角椽2号	柏木	10×177	尚好	原位安装原物继用
西侧南	翼角椽3号	柏木	10×185	尚好	原位安装原物继用
西侧南	翼角椽4号	柏木	10×194	尚好	原位安装原物继用
西侧南	翼角椽5号	柏木	10×208	干劈裂缝	嵌补裂缝原位安装
西侧南	翼角椽6号	柏木	10×221	干劈裂缝	嵌补裂缝原位安装
西侧南	翼角椽7号	柏木	10×229	干劈裂缝	嵌补裂缝原位安装
西侧南	翼角椽8号	柏木	10×240	干劈裂缝	嵌补裂缝原位安装
西侧南	翼角椽9号	柏木	10×249	干劈裂缝	嵌补裂缝原位安装
西侧	正身椽10号	柏木	10×260	干劈裂缝	嵌补裂缝原位安装
西侧	正身椽11号	柏木	10×273	干劈裂缝	嵌补裂缝原位安装
西侧	正身椽12号	柏木	10×286	尚好	原位安装原物继用
西侧	正身椽13号	柏木	10×309	尚好	原位安装原物继用
西侧	正身椽14号	柏木	10×309	尚好	原位安装原物继用
西侧	正身椽15号	柏木	10×309	干劈裂缝	嵌补裂缝原位安装
西侧	正身椽16号	柏木	10×309	干劈裂缝	嵌补裂缝原位安装
西侧	正身椽17号	柏木	10×309	尚好	原位安装原物继用
西侧	正身椽18号	柏木	10×309	尚好	原位安装原物继用
西侧	正身椽19号	柏木	10×309	尚好	原位安装原物继用
西侧	正身椽20号	柏木	10×309	尚好	原位安装原物继用
西侧	正身椽21号	柏木	10×309	干劈裂缝	嵌补裂缝原位安装
西侧	正身椽22号	柏木	10×309	尚好	原位安装原物继用

西侧	正身椽23号	柏木	10×309	干劈裂缝	嵌补裂缝原位安装
西侧	正身椽24号	柏木	10×309	尚好	原位安装原物继用
西侧	正身椽25号	柏木	10×309	干劈裂缝	嵌补裂缝原位安装
西侧	正身椽26号	柏木	10×309	尚好	原位安装原物继用
西侧	正身椽27号	柏木	10×309	尚好	原位安装原物继用
西侧北	正身椽13号	柏木	10×309	尚好	原位安装原物继用
西侧北	正身椽12号	柏木	10×286	尚好	原位安装原物继用
西侧北	正身椽11号	柏木	10×273	尚好	原位安装原物继用
西侧北	正身椽10号	柏木	10×260	干劈裂缝	嵌补裂缝原位安装
西侧北	翼角椽9	柏木	10×249	干劈裂缝	嵌补裂缝原位安装
西侧北	翼角椽8	柏木	10×240	尚好	原位安装原物继用
西侧北	翼角椽7	柏木	10×229	尚好	原位安装原物继用
西侧北	翼角椽6	落叶松	10×221	沤损、糟朽	原规格更换
西侧北	翼角椽5	柏木	10×208	干劈裂缝	嵌补裂缝原位安装
西侧北	翼角椽4	柏木	10×194	干劈裂缝	嵌补裂缝原位安装
西侧北	翼角椽3	柏木	10×185	尚好	原位安装原物继用
西侧北	翼角椽2	柏木	10×177	尚好	原位安装原物继用
西侧北	翼角椽1	柏木	10×170	尚好	原位安装原物继用
前檐东1号	翼角翘飞椽	榆木	150×7×9	糟朽沤损	按照原规格制作安装
东山南1号	翼角翘飞椽	榆木	150×7×9	糟朽沤损	按照原规格制作安装
后檐西3号	翼角翘飞椽	榆木	150×7×9	干劈裂缝	嵌补缝隙原位安装
东侧北1号	翼角翘飞椽	榆木	150×7×9	干劈裂缝	嵌补缝隙原位安装
前檐西1号	翼角翘飞椽	榆木	150×7×9	干劈裂缝	嵌补缝隙原位安装
大连檐	大连檐	榆木	48×6×2.5	糟朽沤损	重新更换落叶松
小连檐	小连檐	榆木	44×5.5×2.5	干劈裂缝	重新更换落叶松
闸挡板	闸挡板	榆木	15×9×2	尚好	原位安装原物继用
东山南面	博缝板	蔡木	45×5×300	干劈裂缝	嵌补缝隙原位安装
东山北面	博缝板	蔡木	45×5×300	干劈裂缝	嵌补缝隙原位安装
西山南面	博缝板	蔡木	45×5×300	干劈裂缝	嵌补缝隙原位安装
西山北面	博缝板	蔡木	45×5×300	干劈裂缝	嵌补缝隙原位安装
前檐	翼角翘飞椽	榆木	150×7×9	尚好	原位安装原物继用
前檐	飞椽	榆木	150×7×9	尚好	原位安装原物继用
后檐	翼角翘飞椽	榆木	150×7×9	尚好	原位安装原物继用
后檐	飞椽	榆木	150×7×9	尚好	原位安装原物继用
东侧	翼角翘飞椽	榆木	150×7×9	尚好	原位安装原物继用
东侧	飞椽	榆木	150×7×9	尚好	原位安装原物继用
西侧	翼角翘飞椽	榆木	150×7×9	尚好	原位安装原物继用
西侧	飞椽	榆木	150×7×9	尚好	原位安装原物继用

表一六 天台庵枋检类构件检修登记表

部位及编号	名称	材质	规格（长×宽×高）厘米	现状	修缮加固方法
前檐一层	明间正心枋	松木	316×11×18	尚好	原物未动
前檐一层	东次间正心枋	松木	230×11×18	栱头弯曲下垂	角钢、铁条通螺栓加固
前檐一层	西次间正心枋	松木	230×11×18	栱头断裂	槽钢铁条通螺栓加固
前檐二层	明间正心枋	松木	316×11×18	尚好	原物未动
前檐二层	东次间正心枋	松木	230×11×18	尚好	原位安装
前檐二层	西次间正心枋	松木	230×11×18	尚好	原位安装
前檐三层	明间正心枋	松木	316×11×18	尚好	原物未动
前檐三层	东次间正心枋	松木	230×11×18	干劈裂缝	原位安装嵌补裂缝
前檐三层	西次间正心枋	松木	230×11×18	干劈裂缝	原位安装嵌补裂缝
东侧一层	明间正心枋	松木	313.5×11×18	干劈裂缝	原位未动嵌补裂缝
东侧一层	南次间正心枋	松木	230×11×18	栱头断裂	槽钢、铁条通螺栓加固
东侧一层	北次间正心枋	松木	230×11×18	栱头下垂弯曲	角钢通螺栓加固
东侧二层	明间正心枋	松木	313.5×11×18	尚好	原物未动
东侧二层	南次间正心枋	松木	230×11×18	尚好	原位安装
东侧二层	北次间正心枋	松木	230×11×18	枋头断裂	角钢铁条通螺栓加固
东侧三层	明间正心枋	松木	313.5×11×18	尚好	原物未动
东侧三层	南次间正心枋	松木	230×11×18	干劈裂缝	原位安装嵌补裂缝
东侧三层	北次间正心枋	松木	230×11×18	干劈裂缝	原位安装嵌补裂缝
后檐一层	明间正心枋	松木	316×11×18	干劈裂缝	原物未动嵌补裂缝
后檐一层	东次间正心枋	松木	230×11×18	栱头断裂	槽钢铁条通螺栓加固
后檐一层	西次间正心枋	松木	230×11×18	栱头下垂弯曲	角钢通螺栓加固
后檐二层	明间正心枋	松木	316×11×18	干劈裂缝	原物未动嵌补裂缝
后檐二层	东次间正心枋	松木	230×11×18	干劈裂缝	原位安装嵌补裂缝
后檐二层	西次间正心枋	松木	230×11×18	枋头缺失	榆木原制接补
后檐三层	明间正心枋	松木	316×11×18	干劈裂缝	原物未动嵌补裂缝
后檐三层	东次间正心枋	松木	230×11×18	干劈裂缝	原位安装嵌补裂缝
后檐三层	西次间正心枋	松木	230×11×18	干劈裂缝	原位安装嵌补裂缝
西侧一层	明间正心枋	松木	313.5×11×18	干劈裂缝	原物未动嵌补裂缝
西侧一层	南次间正心枋	松木	230×11×18	栱头下垂弯曲	角钢铁条通螺栓加固
西侧一层	北次间正心枋	松木	230×11×18	栱头断裂	槽钢铁条通螺栓加固
西侧二层	明间正心枋	松木	313.5×11×18	干劈裂缝	原物未动嵌补裂缝
西侧二层	南次间正心枋	松木	230×11×18	干劈裂缝	原位安装嵌补裂缝
西侧二层	北次间正心枋	松木	230×11×18	干劈裂缝	原位安装嵌补裂缝
西侧三层	明间正心枋	松木	313.5×11×18	干劈裂缝	原物未动嵌补裂缝

西侧三层	南次间正心枋	松木	230×11×18	干劈裂缝	原位安装嵌补裂缝
西侧三层	北次间正心枋	松木	230×11×18	干劈裂缝	原位安装嵌补裂缝
前檐	明间柱头枋	松木	316×8×17	尚好	原物未动
前檐	东次间柱头枋	松木	187.5×8×17	尚好	原物未动
前檐	西次间柱头枋	松木	187.5×8×17	尚好	原物未动
东侧	明间柱头枋	松木	313.5×8×17	尚好	原物未动
东侧	南次间柱头枋	松木	187.5×8×17	尚好	原物未动
东侧	北次间柱头枋	松木	187.5×8×17	尚好	原物未动
后檐	明间柱头枋	松木	316×8×17	尚好	原物未动
后檐	东次间柱头枋	松木	187.5×8×17	尚好	原物未动
后檐	西次间柱头枋	松木	187.5×8×17	尚好	原物未动
西侧	明间柱头枋	松木	313.5×8×17	尚好	原物未动
西侧	南次间柱头枋	松木	187.5×8×17	尚好	原物未动
西侧	北次间柱头枋	松木	187.5×8×17	尚好	原物未动

天台庵修缮工程技术交底记录

表D.2

编号：A1-1

工程名称	平顺县王曲村天台庵保护修缮工程	交底日期	2014年5月5日
施工单位	山西省古建筑保护工程有限公司	分项工程名称	脚手架支搭
交底提要	施工脚手架支搭		

交底内容：

1. 各杆件端头伸出扣件盖板边缘的长度不应小于100毫米

2. 钢管有严重锈蚀、压扁或裂纹的不得使用。禁止使用有脆裂、变形、滑丝等现象的扣件。

3. 外脚手架严禁钢竹、钢木混搭，禁止扣件、绳索、铁丝，竹篾、塑料混用。

4. 严禁将外径48毫米与51毫米的钢管混合使用。

5. 搭设过程中划出工作标志区，禁止行人进入、统一指挥、上下呼应、动作协调，严禁在无人指挥下作业。当解开与另一人有关的扣件时必须先告诉对方，并得到允许，以防坠落伤人。

6. 开始搭设立杆时，应每隔G跨设置一根抛撑，直至连墙件安装稳定后，方可根据情况拆除。

7. 脚手架及时与建筑物拉接或采用临时支顶，以保证搭设过程安全。未完成脚手架在每日收工前一定要确保架子稳定。

8. 在搭设过程中应由安全员、架子班长等进行检查、验收和签证。每两步验收一次，达到设计施工要求后挂合格牌一块。

9. 严格控制施工荷载，脚手板不得集中堆料施荷，施工荷载不得大于3千牛/平方米，确保较大安全储备。

定期检查脚手架，发现问题和隐患，在施工作业前及时维修加固，已达到坚固稳定，确保施工安全。

审核人	贺烨	交底人	帅银川	接受人	

注1：本表由施工单位填写，交底单位与接受交底单位各保存一份。

注2：当作分项工程施工技术交底时，应填写"分项工程名称"栏，其他技术交底可不填写。

表D.2   编号：A1-1

工程名称	平顺县王曲村天台庵保护修缮工程	交底日期	2014年8月25日
施工单位	山西省古建筑保护工程有限公司	分项工程名称	天台庵正殿
交底提要	屋面瓦件拆除		

交底内容：

1．拆除前分类记录瓦面形制、质地，布列方式、瓦垄数、各类瓦件规格、檐口做法正脊块数长度。

2．拆除工具使用瓦刀，铲垫层背用平锹，避免对保留部分的灰背造成破坏。

3．首先将檐头勾滴拆下，然后一垄筒瓦一垄底瓦依次拆除，不能将筒瓦全部拆除后在拆底瓦，瓦件随时由料台往下清运。

4．运输的过程中要做到轻拿轻放，避免对瓦件的进一步损坏。

5．拆除瓦件后，铲除宽瓦泥、青灰背、殿层背铲除时要注意不得对望板造成破坏，拆除中配合技术人员详细记录宽瓦、灰背、垫层背、护板灰、材料的厚度做法。

6．瓦件分类，经清理后集中码放在现场指定地点，可再利用，已碎裂有明显残缺或有隐残的瓦件，经监理确认后清出处理。

7．灰背铲除注意事项瓦面拆除至灰背后检查灰背，情况视损坏程度经监理、甲方确认后清出处理。

8．每天下班前将拆除部位架子上下清理干净，保持施工现场清洁。

审核人	贺烨	交底人	帅银川	接受人	帅华夏

注1：本表由施工单位填写，交底单位与接受交底单位各保存一份。

注2：当作分项工程施工技术交底时，应填写"分项工程名称"栏，其他技术交底可不填写。

表D.2 编号：A1-1

工程名称	平顺县王曲村天台庵保护修缮工程	交底日期	2014年9月20日
施工单位	山西省古建筑保护工程有限公司	分项工程名称	木基层拆除
交底提要	椽望拆除		

交底内容：

一 除准备工作

瓦面灰背拆除完毕拆除望板飞椽

二 除方法

由前坡东头一端开始施工。

拆下构件分三类存放

（1）糟朽构件

（2）可直接归安构件

（3）修正后可在利用构件。

飞椽、檐椽、糟朽1/3以上者可列为不用，合规矩构件列为修整后待用其余能直接归安的构件分类码放整齐。

（4）凡是拆卸下的构件在未安排清运时不得随意运走。

三 拆卸施工要点

1．所有构件按原来安装顺序依次拆除，不得随意乱放。

2．拆除旧的构件要避免对原有构件造成新的损害。

3．拆除构件点清总数、残损量登记造表。

4．糟朽构件与直接归安的构件及修改后可用的构件分类码放，数字统计要真实准确掌握分类原则，结合实际情况处理。

5．特别部位构件一定要编号后拆除。

6．拆下的构件要在指定的地点整齐码放。

注意事项：施工中的安全防护拆撬点要站稳，不可用力过猛。

审核人	贺烨	交底人	帅银川	接受人	帅华夏

注1：本表由施工单位填写，交底单位与接受交底单位各保存一份。

注2：当作分项工程施工技术交底时，应填写"分项工程名称"栏，其他技术交底可不填写。

表D.2   编号：A1-1

工程名称	平顺县王曲村天台庵保护修缮工程	交底日期	2015年10月7日
施工单位	山西省古建筑保护工程有限公司	分项工程名称	梁架整修加固
交底提要	大木构件的检修与加固		

交底内容：

四椽栿伸至前后檐制成华栱后尾，铺作梁架构为一体。

1．西侧梁架四椽栿后檐梁头下沉、劈裂。

修缮加固：将四椽栿下面四根柱子作戗，木板连接支戗牢固，将大梁支顶起来在梁尾后将1050毫米×100

毫米×5毫米的槽钢在梁底加入螺栓加固，在殿里面墙根处加铁箍一道，后檐梁头处加设铁箍一道。

2．前檐西次间挑檐檩檩头断裂：

修缮加固：在檩条底面断裂处加设750毫米×10毫米×50毫米的槽钢，通螺栓固定。

3．东南角大角梁断裂

修缮加固：断裂处上下开槽加槽钢1300毫米×100毫米×50毫米的槽钢，通螺栓固，加设铁箍一道。

注意事项：施工中的安全防护，铁件加设要稳，避免将原有构件造成伤害。

审核人	帅银川	交底人	帅银川	接受人	陈建平

注1：本表由施工单位填写，交底单位与接受交底单位各保存一份。

注2：当作分项工程施工技术交底时，应填写"分项工程名称"栏，其他技术交底可不填写。

表D.2   编号：A1-1

工程名称	平顺县王曲村天台庵保护修缮工程	交底日期	2015年10月16日
施工单位	山西省古建筑保护工程有限公司	分项工程名称	转角铺作检修加固
交底提要	转角铺作正心枋带栱头构件加固		

交底内容：

1. 转角铺作由正侧两面柱头枋外端制成华栱搭交，栱头有不同程度下垂弯曲断裂等现象。45度斜华栱后尾缺失，外长内短起不到平衡作用。

2. 将拆卸的构件整理，分析残损原因及受力情况。

修缮方法：

1. 后檐一层西次间正心枋栱头弯曲：将木构件用木板铁丝捆绑慢慢压直，将栱头下弯开裂处加设长750毫米×50毫米×0.5毫米的角钢通螺栓加固。

2. 东山一层南次间正心枋栱头断裂：将构件固定后在一侧刻出槽，将长750毫米×50毫米×30毫米×0.5毫米的槽钢加入，另一侧加设长700毫米×50毫米的铁条通螺栓加固。

3. 东山面一层北次间正心枋栱头下弯开裂：将构件捆绑慢慢压直后将栱头开裂处刻出长750毫米×50毫米×0.5毫米的槽将角钢放入槽内，通螺栓加固。

4. 西山一层北次间正心枋栱头断裂：先将构件拼接固定，在正面刻出与槽钢相应的木槽后将长700毫米×50毫米×0.5毫米的槽钢加入，另一侧加设长700毫米×50毫米

的铁条通螺栓固定。

5. 后檐一层东次间正心枋栱头断裂：将断裂的构件捆绑固定，将构件的一面刻出与槽钢相应的槽，将750毫米×50毫米×0.5毫米的槽钢放入，另一侧加设750毫米×50毫米的铁条螺栓加固。

6. 前檐一层西次间正心枋栱头下弯断裂：将构件捆绑固定一侧用槽钢700毫米×50毫米×0.5毫米，另一侧用700毫米×50毫米的铁条通螺栓加固。

7. 前檐一层东次间正心枋栱头劈裂下垂弯曲：将构件捆绑压直在开裂处加设700毫米×50毫米×0.5毫米的角钢螺栓固定。

8. 西山一层南次间正心枋栱头劈裂下垂弯曲：将构件捆绑慢慢压直后将栱头开裂处刻出长750毫米×50毫米×0.5毫米的槽将角钢放入槽内另一侧加设750毫米×50毫米，的铁条通螺栓加固。

9. 转角铺作添加栱件：将长1220毫米、宽120毫米、高230毫米的榆木后尾刻出55毫米、75毫米、55毫米、35毫米的瓣，上面加设平盘斗210毫米×200毫米×85毫米底部开出65毫米×45毫米×30毫米的卯榫。

10. 东山二层北次间正心枋：枋头断裂，将构件一面刻出槽将长580毫米×50毫米×50毫米将角钢加入，另外一侧加设570毫米×50毫米的铁条螺栓加固。

11. 东南角45度斜华栱后尾缺失，栱件断裂：将构件两侧加设长650毫米×50毫米铁条螺栓固定。

注意事项：施工中的安全防护铁件加设要稳，避免将原有构件造成伤害。

审核人	帅银川	交底人	帅银川	接受人	陈建平

注1：本表由施工单位填写，交底单位与接受交底单位各保存一份。

注2：当作分项工程施工技术交底时，应填写"分项工程名称"栏，其他技术交底可不填写。

表D.2　　　　　　　　　　　　　　　　　　　　　　　　　　　　　　　　编号：A1-1

工程名称	天台庵修缮工程	交底日期	2015年11月10日
施工单位	山西省古建筑保护工程有限公司	分项工程名称	木基层安装
交底提要	椽望连檐安装		

交底内容：

一、施工准备：需要跟换构件均拆除完毕，新构件加固完成并经过预检合格，檩架上面清理干净，按原有椽望分化椽花，如因木构件变形，椽档不均，可适当调整椽位，但是要注意椽头，椽尾档位变化不能明显，钉装用钉加工完毕，直径及长度符合钉桩部位要求，施工使用脚手架搭设到位，跨空部位有相应的防护措施。

二、施工顺序

安装工序：号椽挑线—按线铺钉—望板铺钉—飞头安装—大连檐安装—压飞望板铺钉—木基层防腐处理

三、操作工艺

1. 号椽挑线：要根据原有老檐椽和举架高度选定两端适合挑线的檐椽，用小钉钉在椽头上楞，用小线将两点拉平绷紧，从一端沿小线穿线应为一条直线，否则要在垂落点钉挑线椽，将线架起，每10米不得少于两点挑线，挑线椽的位置，长度，角度均应检查准确无误。

2. 根据椽头线检查凡因挑檐桁下垂造成不跟线的要在桁檩金盘上垫方木，方木应砍出椀口山，侧面坡面与椽交底金平压实，在木方上按椽椀，使其居檩中，椽椀立面垂直桁金盘面椀口，侧面要做斜口，上部用50毫米小钉背实。

3. 钉椽：后尾与压掌对接要稳实，钉钉时要对内椽应先用钻钻孔再钉，孔要比钉径小2～4毫米。钉入下层的桁檩不应少于90毫米椽金盘面必须与桁檩贴实，不得偏斜。

4. 望板铺钉：望板里端与里口木，大连檐撞严，望板边与椽面每个500毫米左右钉一步柳叶缝铺钉。

5. 飞头安装：按旧飞头长度位置挑线，飞头与檐椽要上下垂直前后在一条线上，飞尾与望板要贴实，不少于三根钉，里口木与飞头接缝要严实。

审核人	帅银川	交底人	帅银川	接受人	陈建平

注1：本表由施工单位填写，交底单位与接受交底单位各保存一份。

注2：当作分项工程施工技术交底时，应填写"分项工程名称"栏，其他技术交底可不填写。

表D.2   编号：D2

工程名称	平顺县天台庵修缮工程	交底日期	2016年4月19日
施工单位	山西省古建筑保护工程有限公司	分项工程名称	苫背
交底提要	护板灰、泥背、青灰背		

交底内容：

1．按照传统做法，望板上施护板灰，厚度1～1.5厘米，用料重量比为白灰：青灰：麻刀=100：8：3。其上加灰泥背，厚度5～10厘米，用料体积比白灰：黄土=1：3+适量麦秸。随坡就势，使屋面形成随和的曲面。在灰泥背上再施青灰背一层，厚度1～1.5厘米，用料比例同护板灰，压实抹平，抿至出浆。

2．护板灰起着防木基层的腐朽，防潮的作用，施工时候，护板灰与麦秸泥同时一次上，好处是，护板灰与麦秸泥结合成一体，从屋脊上向下抹，一过80厘米～100厘米，抹的灰泥边要用抹子打成坡形，与下一过好结合，护板灰在泥背抹好后，干至七成时，采用木棒捶打法和人工踩背法，确保护板灰泥背与望板踩打密实，踩打过的泥背有凹凸不平，起到了与青灰背更好的结合，泥背的囊度应随举架举势，泥背厚度5～10厘米不等苫完泥背等不软又未硬的时候拍背。

3．青灰背：灰泥背约七八成干后，上抹青灰背一层厚约1～2厘米，用料比例做法与护板灰相同，但在刷青灰浆赶压的工序中，随刷随扎，增强青灰背面层的拉力，防止出现微细裂纹。

审核人	帅银川	交底人	帅银川	接受人	陈建平

注1：本表由施工单位填写，交底单位与接受交底单位各保存一份。

注2：当作分项工程施工技术交底时，应填写"分项工程名称"栏，其他技术交底可不填写。

表D.2 编号：D2

工程名称	平顺县天台庵保护修缮工程	交底日期	2016年5月2日
施工单位	山西省古建筑保护工程有限公司	分项工程名称	屋面工程
交底提要	筒瓦屋面		

交底内容：

1. 将继用的旧瓦要进行"剔补擦抹"，将残留的灰浆块清净。

2. 屋面采用"压肩"做法，先宪瓦，后筑脊，以增强屋顶防水性能。扣瓦时，底灰厚度4～5厘米，用料体积比白灰：黄土=1：2.5，底瓦下面在实施白灰一层，底瓦大头向下，做到稀瓦檐头密瓦脊，增强防水性能要挂檐头灰。自下而上依次铺设，筒瓦里面满搭青灰筒瓦不得紧贴底瓦，留出2～3厘米的间隙，以备"夹垄"。要求当匀垄直，曲线柔和，灰泥饱满。捉节夹垄用青白麻刀灰，压实泛浆。用料比为白灰：青灰：麻刀=100：15：3。

3. 宪瓦前先挂囊线，檐头线、滴水出头处按照拆卸时候旧的尺寸，开始先宪排山瓦，再宪后檐正身陇、再宪前檐正身陇，再宪侧面正身陇、然后翼角瓦、按照拆卸时候的文字记录与照片资料。

4. 各脊砌筑的位置尺度要准确，正脊、垂脊、戗脊、博脊为瓦条脊砌筑各条脊，按照拆除时候的影像资料和拆卸的就瓦条进行砌筑，各脊稳固后以青白麻刀灰勾缝。檐口勾头、排山勾头加设瓦钉卯固。

5. 滴水的形制分为多种，在实施时候具体为，后檐全部使用一种，东侧面全部为唐制滴水，西侧面为后期形制，前檐为早期形制。

6. 实施时候尽量保留原有瓦件的瓦锈。

审核人	贺烨	交底人	帅银川	接受人	帅华夏

注1：本表由施工单位填写，交底单位与接受交底单位各保存一份。

注2：当作分项工程施工技术交底时，应填写"分项工程名称"栏，其他技术交底可不填写。

表D.2　　　　　　　　　　　　　　　　　　　　　　　　　　编号：D2—B2

工程名称	平顺县天台庵修缮工程正殿	交底日期	2016年5月20日
施工单位	山西省古建筑保护工程有限公司	分项工程名称	墙体修缮
交底提要		墙体择砌	

交底内容：

1．将开裂松动的墙体拆除裱砖，依照墙体原来的砌筑方式，进行修补择砌.砖的厚度为6.5厘米。

2．局部酥碱的地方，依酥碱条砖的相同条砖的厚度，备设条砖，用凿子将需要修复的酥碱的部分凿掉，凿去的面积应是整个单砖的面积，凿的深度以见到好转为止。

对剔补的墙体用水洇湿，按照原墙体的条砖规格形制进行加工，

砍磨面照原墙体形制重新补砌好。

3．重新补砌时候背里浆要严实，砖面缝隙要与原墙体一致。旧墙体的残灰要清理干净。

审核人	贺烨	交底人	帅银川	接受人	陈建平

注1：本表由施工单位填写，交底单位与接受交底单位各保存一份。

注2：当作分项工程施工技术交底时，应填写"分项工程名称"栏，其他技术交底可不填写。

天台庵修缮工程隐蔽工程检查记录

表C5-1　　　　　　　　　　编号：01

工程名称	平顺县天台庵保护修缮工程		分部名称		木基层
施工图名称（变更／洽商号）			验收日期		2016、4、18
验收项目	椽、望隐蔽	验收部位	脊部、檐口	专业工长	陈建平

验收内容及检查情况	椽子、飞椽、翼角椽、翘飞椽、望板、连檐符合质量要求。椽子、飞椽铺钉牢固，栈砖铺设灰浆饱满、平整。檐头望板桐油涂刷，符合古建筑修建工程质量评定标准。 附件：照片资料
验收意见	符合施工要求 现场监理：考秀辉　　　年　月　日
复查结论	复查人：赵静　　　年　月　日

签字栏	建设单位	监理单位	施工单位	
	赵静	考秀辉	项目负责人	专业工长
			帅银川	陈建平

注：建设单位、监理单位、施工单位各存一份工程管理体系及组成

表C5-1 编号：02

工程名称	平顺县天台庵保护修缮工程		分部名称	苫背	
施工图名称（变更／洽商号）			验收日期	2016、4、29	
验收项目	灰背隐蔽	验收部位	屋面	专业工长	陈建平
验收内容及检查情况	护板灰、泥背、青灰背材料品种、质量、配比及分层做法符合设计要求及古建常规做法。苫背垫层坚实，无开裂． 附件：照片资料				
验收意见	符合施工要求 现场监理：考秀辉　　　年　月　日				
复查结论	复查人：赵静　　　年　月　日				
签字栏	建设单位 赵静	监理单位 考秀辉	施工单位		
			项目负责人	专业工长	
			帅银川	陈建平	

注：建设单位、监理单位、施工单位各存一份

天台庵保护工程竣工报告

一 工程管理体系及组成

1. 建设单位：山西省平顺县文物旅游发展中心

项目代表：秦书源

工地负责：申 鹏

2. 监理单位：

总监理工程师：赵子闻 现场监理：李秀峰

3. 施工单位：山西省古建筑保护工程有限公司

项目经理：帅银川

技术负责：帅银川

施工负责：陈建平

二 保护修缮原则与依据

1. 保护修缮过程中始终坚持"不改变文物原状"的原则。通过合理的保护修缮使文物建筑本体及附属文物携带的各种历史信息得以保留和延续。

2. 根据建筑实际现状，坚持抢救第一、保护为主、复制为辅的原则，分期分批次进行修缮。其中对文物保护的认识与工作由始至终贯穿于整个工程中。

3. 根据《天台庵修缮工程设计方案》及文物本体现状发展的客观情况，结合国家相关规定标准进行保护修缮。

4. 坚持尽最大可能利用原有材料，保存原有配件，使用原有工艺，尽可能多地保留历史信息，保持文物建筑特征的原则。补配构件尽最大可能选用与原件材质相近、内应系数相符的材料，按原工艺、风格、结构方法进行制安。

5. 尊重传统，保持地方风格的原则：在修缮过程中对山西地区的建筑风格与传统手法认真加以识别，尊重传统。承认建筑风格的多样性、传统工艺的地域性和营造手法的独特性，特别注重其保留与继承。

6. 可逆性、可再处理性原则：在修缮过程中，坚持修缮过程的可逆性，保证修缮后的可再处理性，尽量选择使用与原构材质相同、相近或兼容的材料，使用传统工艺技法，为后人的研究、识别、处理、修缮留有更多的空间，提供更多的历史信息。

7. 安全为主的原则：修缮过程中文物的安全和施工人员的安全同等重要，文物的生命与人的生命是同样不可再生的。安全为主的原则，是文物修缮过程中的最低要求。

8. 质量第一的原则：文物修缮的成功与否，关键是质量，在修缮过程中一定要加强质量意识与管理，从工程材料、修缮工艺、施工工序等方面要符合国家有关质量标准与法规。各分项、子单位工程在操作中坚持事前交底、事中检查、事后验收的原则，对发现的问题及时改正。

9. 修缮依据

《中华人民共和国文物保护法》

《中国古代建筑的保护与维修》

《中华人民共和国文物保护法实施条例》

《文物保护工程管理办法》

《古建筑消防管理规则》

《山西省古建筑修建工程质量验收规程》

《古建筑木结构维护与加固技术规范》（GB-5016592）

依据国家相关的文物建筑保护的其他法律，条例、规定及相关规定。

三 主要修缮项目及内容

弥陀殿（1）台明部分依现存分格形制拆砌整修台基、台明、依现存形制补配压阑石，铺墁建筑周边散水。（2）墙体部分：依现存墙体形制、择砌、补配裂缝及松动、缺失的外墙砖（约200块墙砖）铲除内墙水泥墙裙，按上部黄泥抹灰墙形制重新抹面（22.96平方米）。（3）梁架部分：保护所有原有构件，实施局部落架的形式，校核拨正歪闪的构架；整修、剔补、加固所有虽残损但不可继续使用的柱、额、枋、檩、栿等所有大木构件以及椽等木基层构件；依遗留构件加工补配缺失或严重缺失不可继续使用的柱、额、枋、椽栿以及椽等所有相关构件。（4）铺作部分：整修、剔补、加固虽残损但可续用构件；补配更换丧失承载力及后人更换的与现存构件相差甚远的构件屋顶部分：揭顶翻瓦整个屋面（163.02平方米）整修、加固、补配各类残损的瓦件、脊兽构件、博风等，其中补配走兽2份，套兽4、嫔伽4份、整修瓦件约30%，补配瓦件约30%，补配博风构件100%。（5）地面部分：剔除室内原有碎砖，按现存形制重新用条砖铺墁地面，合计40.77平方米。（6）装修部分：依照现存构件形制补配门窗缺失部分。

院门工程：依照总体规划要求，重新设置院门，使之与现存建筑风貌相协调。

四 拆卸工程技术报告

开工后，按照相关规定和施工组织设计进行施工，事前对进场施工人员进行了安全、文明施工及保护理念方面的培训工作，特别强调了对文物信息发现与保护的要求，举出了常见发现和易毁失的部位与事例。并反复强调文物不可再生的特殊性，提出了精心操作，严格规范，不赶工期的基本原则与特殊要求。从附属文物保护到保护棚的搭设前期工作的完善，制定了详细的拆卸方案。根据施工场地的便利条件，屋面瓦件拆卸采取平移方式，原物原位的移动至地平面，尽量使修缮后的屋面呈现原瓦原位，恢复其原有风貌。

对拆卸的瓦件进行形制、规格登记：勾头有9种、滴水有4种、板瓦有3种。（规格形制详见拆卸瓦件登记表）

木基层拆卸重点记录翼角椽的顺序起翘，将构件按照顺序进行编号并拆卸。

木基层上面拆卸的铁件。

正心枋及带栱头构件的拆卸，按照层次编号进项拆卸记录残损情况。

五　修缮过程新发现

1. 大角梁：前檐檩交叉口处有安装大角梁的斜口痕迹。大角梁原制为斜上，后尾在下平槫的交头处，与唐代建筑南禅寺为一种梁架结构。现在大角梁为平制，初步分析为后人改制，平置大角梁后尾穿入蜀柱，与早期建筑梁架做法不同（图140~143）。

图140　大角梁位置（西南角）

图141　大角梁后尾穿入蜀柱（西南角）

图142　前檐橑风槫交叉口处大角梁斜口痕迹

图143　前檐橑风槫交叉口处大角梁斜口痕迹

2. 脊槫题记：长兴四年九月二日。"长兴"为后唐时期（930～933）的年号（图144、145）。

（李嗣源，五代时期后唐第二位皇帝，马楚衡阳王马希声和文昭王马希范，闽惠宗王延钧，荆南文献王高从诲亦用此年号。）

由此题记可以看出前一辈文物工作者对天台庵的准确断代，天台庵为"唐制"至"宋制"时期的过渡实例。

脊槫处发现两种钉眼，结合脑椽部位钉眼初步分析前期脑椽更换过一次。

3. 前檐东南角开始第14个飞椽发现题记：大唐天成四年创立

图144 脊槫题记

图145 脊槫题记

图146 飞椽题记

图147 飞椽题记

图148 飞椽题记

图149 转角斗拱外

图150 转角斗拱内

图151 叉手外部结构

图152 叉手内部结构

图153 修缮前天台庵山门

大金壬午年重修　大定元年重修　大明景泰重修　大清康熙九年重修（图146～148）

梳理这些题迹，天台庵弥陀殿创建、修缮的历史清晰起来，后唐天成四年创建天台庵，长兴四年弥陀殿立架上梁，经历金代、明代、清代皆有重修记载。

4. 转角斗拱45度出翘拱，拱后尾"外长内短"，起不到平衡作用。不符合营造常规做法，疑为后人锯掉（图149、150）。

心间补间斗拱，后人添置，未记载添加时期。

5. 叉手外置形制与南禅寺、长子布村玉皇庙外形相似，但内置略差异，南禅寺、长子布村玉皇庙叉手上部丁头处有小榫卯，天台庵叉手上部没有小榫卯（图151、152）。

6. 经实地考察，当地现存有传说地方风格的门楼，天台庵山门应该按照当地门楼式样恢复（图

153 ~ 156）。

7. 整体木构架材质分析：墙内柱网为本地蔡木，椽子以柏木为主，飞子为本地槐木，主体梁架槫为本地蔡木，枋类为松木及榆木，大角梁为杨木。初步分析上部木基层为多次修缮所更换。

六　专家组对天台庵修缮过程发现的指导

将发现的情况报告上级领导后，2015年5月23日南部修缮工程领导专家组一行人到天台庵修缮工程现场进行了研究及指导。

进行了研究复原与现状的分析、提出制作复原模型与现状模型进行对比，邀请天津大学建筑学院老师对天台庵进行三维测绘扫描，对梁架及木基层进行探测检验。

2015年9月18日专家组再次到天台庵，对修缮过程中发现的问题及制作好的复原模型与现状进行了对比，确定下一步的修缮方案，以现状为主，保留历史信息，按照现状将残损构件加固修缮。

七　木构件加固补配技术报告

转角铺作构件残损有正心枋带栱头构件年久栱头下弯，栱头断裂，正心枋年久干劈裂缝，散斗年久干劈裂缝。

正心枋带栱头下弯构件的修缮：将构件上下两面捆绑木板慢慢下压固定，将下弯处调直，在构件下弯处刻出木槽将相应的槽钢放进去，螺栓加固，棱角处角钢加固螺栓固定。

正心枋带栱头断裂构架的修缮：将断裂的构件拼接，木板固定在断裂处两面刻出槽，将槽钢与铁条分别放入螺栓加固。

转角斗栱45度处，翘栱后尾锯掉部分按照比例接出，后尾添加平盘斗，出翘栱后尾上方添加制作规格：长122厘米、宽23厘米、高12厘米的华栱借大角梁之力将栱件压在出跳栱后尾使之平衡。

八　木基层的安装

正身安装工序：号椽挑线→垫椽椀→按线铺钉→望板铺钉→飞头安装→大连檐安装→压飞望板铺钉→木基层防腐处理。

（一）施工准备：
需要更换构件均拆除完毕，新构件加工完成并经过预检合格，按椽望分划椽花，钉装用钉加工完毕，直径及长度符合钉桩部位要求。施工使用脚手架搭设到位，跨空部位有相应的防护措施。

（二）铺钉要求及方法：
铺钉椽子之前，先在撩檐上分出椽中线（点画椽中）。

贴博缝板内侧的檐椽与脑椽中线保持一致，上下搭接为其搭掌，各架椽头部的点画线，点画完以后，引在上架椽条背部。

前后檐分别拉椽口线，先把每坡椽的最边两根椽子钉好，检查这两根椽头是否与中线平出一致。

方尺检查平行，无误后，在两根椽头上的上皮向内退回雀台的宽度21厘米，在两边椽子背后雀台位置连通檐口线，每坡椽的尾部也钉挂相应的椽尾线，保证椽尾齐整。

先铺檐椽，每根椽头的雀台都与檐口线相交，保证出檐整齐。

檐椽大头朝下，两人操作，一人站于檐口下，椽头椽尾的中线调整至与点画线相吻合，一人执锤钉贯。

随铺钉随用平尺板靠尺检查椽身上面的平整度。

在脑椽的上端、下脚挂齐口线，保证椽头尾同在一条水平线上。

最边钉挂博缝板的椽子为齐搭掌接头，各搭掌下点由檩中向上偏移3厘米搭交斜度为45度，保证椽钉由上向下能钉住为宜，需边修理，边钉贯。

前檐椽出1050毫米，后檐椽出820毫米，檐椽与连檐雀台20毫米，连檐与瓦口雀台10毫米。

九　墙体修缮技术报告

（一）墙体的择砌

修缮原则：按相邻保存尚好的原墙面砌筑手法、立面风格、墙面收分为标准。

注意事项及要求：

① 新旧砌体接茬部位背塞生贴片做防沉降处理。

② 剔除残砖时，不能破坏周边好砖。

③ 补接物与补接物要洒水洇湿，内部杂物清理干净。

④ 白灰干湿要适度，坐底要严实、饱满、保证相邻两层条砖上下错缝。

⑤ 新旧条砖接茬处要严实，灰缝与墙体灰缝一致且要均匀，补砌的墙体原墙要相平。灰缝要守缝扫严、横平竖直。

要求：条砖规格270毫米×135毫米×70毫米。用的旧砖进行抽查质检，其耐受力不得小于11.6兆帕。

（二）条砖剔补

墙身下段均存在条砖酥碱的现象，此次修缮按常规做法剔补。

（三）檐墙内壁抹灰要求

将旧灰皮全部铲除后抹灰分三层，做法如下：

第一层粗泥：黄土65、白灰30、麦秸 3.4～4（重量比），厚1.2～1.5厘米；

第二层中泥：麦糠2：黄土5：白灰2.5：麻刀（适量），厚0.8～1厘米；

第三层面泥：泼灰100：黄土30：麻刀（适量），厚0.5厘米。

一〇 屋面苫背技术报告

屋面苫背，屋面木基层隐蔽铁件安装后，按照传统做法，其上加灰泥背，随坡就势，使屋面形成随和的曲面。护板灰在泥背抹好后，泥背厚度5～10厘米不等。苫完泥背等不软又未硬干至七成时拍背。采用木棒捶打法和人工踩背法，确保护板灰泥背与望板踩打密实，踩打过的泥背凹凸不平，起到了与青灰背更好的结合。灰泥背约八成干后，上抹青灰背一层。

一一 台基、压阑石修缮技术报告

台明砖缺失、台基碎石砌筑，台基压阑石缺失，拆除原有台基石，重新砌筑灰浆饱满，重新补配压阑石，重新铺墁碎石散水，台明方砖铺墁。

一二 山门修缮技术报告

山门为后人修建的小门，按照当地风貌、分格。重新修建山门。砌筑山门墙体加设迎风石，加设门框，制作大门，砖墀头、斗栱、门楣是早期建筑上面拆卸迁移到此，制作木构件，木基层安装、苫背、屋面宽瓦，当地风貌的山门在天台庵重现。

一三 安全施工、质量第一在本保护工程中的体现

质量体系组成：由建设单位工地代表、监理单位工地代表、施工单位项目经理及本工程专家组组成。

施工单位质量小组由项目经理、技术负责人、施工工长、质检员、资料员、施工班组长组成。

安全体系组成：有公司经理、施工工长、安全员组成，制定了施工现场消防管理制度、施工现场安全生产管理制度、机械设备安全管理措施、汛期安全生产管理制度、成品保护管理制度、安全员岗位职责。

质量管理制度：

成立质量管制领导小组，以项目经理为组长，项目总工为副组长的质量管理领导小组。

开工前组织有关的技术人员，认真熟悉图纸，编制单位工程施工组织设计及主要分项，分部工程的施工方案，并报送监理工程师审批。

结合施工图及技术规范，做好施工前技术交底工作，使所有参加施工的人员掌握各自工序的施工要点、施工标准及施工方法。

在项目经理的领导下，由专职质量工程师和生产人员组成质量管理委员会，负责整个工程施工质

量的监控和管理工作。

项目经理部设质量检查科，对本工程施工项目实施全过程进行质量控制，施工作业队设专职质检员负责全队施工质量检查，班组设旁站员作为工序控制。

开工前项目经理部组织有关人员编制《项目质量计划书》建立质量保证体系，落实各类人员的职责，确保项目质量目标实现。

每月由质量管理委员会进行月检查考核，对项目经理部工程质量情况进行考核评分，并和经理部的工作挂钩。

坚持实行质量月报和质量事故报告制度，各作业队质检员将月报送至经理部质检科，对出现质量问题，必须随时报告经理部。

施工班组坚持三检制，并填写各自的质量控制表，达不到优良的工序不得进入下道工序。经过三检的工序最后由项目经理部质检工程师请监理工程师验收签证。

施工操作过程中，贯穿工前有交底，工中有检查，工后有验收一条龙操作管理方法，做到施工操作程序化、标准化、规范化、确保施工质量。

事前交底：

开工前进行设计交底会议，由建设单位主持，设计单位、施工单位、监理单位各方代表参加，主要交代保护修缮的原则及施工方对设计要求和图纸的不明之处。

施工技术交代包括材料要求及规格、具体操作工艺及施工步骤、质量要求及标准、相关的注意事项等四部分，施工技术交代记录应由审核人、交底人、接受签字。

事中检查：

监理单位工地代表旁站检查，建设单位工地代表不定期进行检查，聘请专家组检查、指导。

施工工长、质检员之前需熟悉各种安全技术措施、规章制度、标准、规定，按质量技术标准和设计要求将相应的分段工程实施中的材料、机械、人员进行明细安排，将相关的操作工艺、工序、步骤及注意事项对具体的操作人员进行交底，坚持不定时的检查质量方面的落实情况，发现问题及时处理，并做好施工日志。

事后自检验收：

施工单位项目经理、专业工长、施工班组长、质检员对已完成的各单位分项工程进行自检验收，之后组织监理工程师、建设单位工地代表进行现场检查、验收，对发现的问题及时整改，取得建设单位、监理单位的一致认可后履行签证手续，并进行相应的记录。

具体质量措施

A "四明确、四订立"

四明确

——明确文物安全防护要求

——明确文物保护技术方案

——明确保护的对象、工程项目与范围

——明确分部、分项工程具体工艺的操作方法

四订立

——订立工程进度与组织管理计划

——订立专项工程做法与技术操作细则

——订立工程内在质量与外在观感质量目标

——订立事先技术交底，事中定期巡查，事后总结验收制度

B 例会制度

a. 对不同工种、分项子单位工程在实施前召集全体工作人员开例会。例会内容主要包括总结前段工作的得与失、具体项目的具体操作工艺及步骤、施工中应注意的问题等。

b. 按照工程具体情况对施工人员进行不定期的现场培训，利用下雨休息时对施工班组长进行技术性培训，加强对文物的认识，努力提高施工队伍的素质。

工程前期对各建筑的构造特征、原状、工艺手法、附属的各类文物及其做法与残损情况等进行逐一的摄像、编号统计、分析研究，并在工程中加大了保护力度。

在监理单位或建设单位的监督下，由施工单位有关人员对各类进行施工现场的材料及工序进行了监督，保证每个工序的合格。

（执笔：帅银川　崔计兵）

三　原状与复原

　　《中华人民共和国文物保护法》指出：对不可移动文物进行修缮、保养、迁移，必须遵守不改变文物原状的原则。《中国文物古迹保护准则》进一步指出，不改变原状是文物古迹保护的要义。并提出：原状是其价值的载体，不改变原状是就对价值的保护，是保护的基础，也是相关原则的基础。文物保护是建立在研究基础上的一项科学工作"研究应贯穿保护工作的全过程，所有保护程序都要以研究成果为依据"。对于文物本体的保护而言，研究原状和对原状价值的认识，是不改变原状的根本保障。如何真实、完整地保护文物古迹在历史过程中形成的价值及其体现这种价值的状态，有效地保护文物古迹的历史、文化环境，并通过保护延续相关的文化传统，是每一位参与者的责任和担当。

　　天台庵仅存弥陀殿一座，于1956年被发现。杜仙洲认为：大殿有些地方近似南禅寺正殿，在风格上具有不少早期建筑的特征，可能是一座晚唐的建筑[1]。此后，弥陀殿便成为我国仅存的4座唐代木构遗存之一，并引起了学者们的广泛关注。刘致平说：殿的大木制度可以算唐物，与南禅寺大殿很接近[2]。柴泽俊认为：殿的手法与南禅寺大殿相同，为我国唐代小型殿堂的佳作[3]。傅熹年认为：殿的构架形式与细部做法与南禅寺大殿比较接近[4]。王春波同样是与南禅寺大殿进行比较，认为是晚唐遗物[5]。然而，现状中那高高翘起的屋角，与南禅寺的形象格格不入；直接坐落在四椽栿背上的蜀柱，也是在唐五代未见的做法，如此等等，是原状还是后代改制，都有进一步研究的必要。

　　弥陀殿首次发现题迹是王春波先生在屋顶东山出际曲脊里的素混筒瓦上"重修天台庵创立不知何许年重修如大定二年中有大明二百□十五年先有大元四十年限今又是大清二十六年康熙九年重修三百有余岁矣壶关县泥匠程可弟修造"[6]。施工中在脊槫下发现"长兴四年九月地驾……"的墨书，接着飞子上又现"大唐天成四年建创立，大金天壬午年重修，大定元年重修，大明景泰重修，大清康熙九年重修"。结合瓦题我们可知：庵五代天成四年（929年）创立，殿长兴四年（933年）创建，金大定元年至二年（1161～1162年）重修，元至大四年（1311年）、明景泰六年（1455年）、清康熙九年（1470年）又修。需要研究的是，历史上的数次重修给弥陀殿带来了哪些改变。

（一）隔架结构复原

　　李会智先生认为：根据该殿（弥陀殿）梁架结构的整体和局部结构特点，建筑部件的制作手法，

---

[1]　古代建筑修整所《晋东南潞安、平顺、高平和晋城四县的古建筑》，"天台庵"，杜仙洲执笔，《文物参考资料》1958年第3期，第34～35页。

[2]　刘致平《内蒙山西等处古建筑调查记略（下）》，《建筑历史研究》第二辑，第1页。

[3]　柴泽俊《柴泽俊古建筑文集》，文物出版社，第153页。

[4]　傅熹年主编《中国古代建筑史·第五卷》，中国建筑工业出版社，2001年，第499页。

[5]　王春波《山西平顺晚唐建筑天台庵》，《文物》1993年第6期，第34～35页。

[6]　该题记为壶关县泥匠程可弟在"大清二十六年康熙九年"即公元1670年维修天台庵弥陀殿时所记。从这段题记中，我们大致可以获得如下信息：① 记录了金、元、明、清重修；② 未题创建何年；③ 其中元、明之修的具体年代不详。王文未作说明与解释。

尤其是平梁及四椽栿之间设蜀柱等特点，认为天台庵正殿为五代遗构[1]。看来蜀柱也是他判定大殿是五代遗构的证据之一。王春波先生认为："大殿四椽栿上立蜀柱，平梁上之驼峰、侏儒柱，从形式上看，与其他构件的风格截然不同。结合蜀柱两侧榫卯痕迹和筒瓦上的记载，可以断定为金大定二年遗物。"[2]傅熹年先生认为："殿身构架有可能在金代重修时，进行了较大的改动，直接影响了作为唐代实例的研究价值。"[3]对此，我们有不同的看法。

蜀柱隔架辨识：

在晋东南现存早期实例中，弥陀殿是首个采用以蜀柱大斗承顶平梁为架间结构的遗物。之后有宋代初年的高平崇明寺中佛殿（971年）；早期的陵川南吉祥寺过殿（1030年）和小会岭二仙庙正殿（1063年）；中期的高平开化寺大雄宝殿（1073年），泽州青莲寺释迦殿（1089年），平顺龙门寺大雄宝殿（1098年）；晚期的平顺九天圣母庙圣母殿（1100年）和泽州西部崇寿寺释迦殿（1119年）等，直至金元两代，这种在四椽栿上用蜀柱承顶平梁的结构方式一直被延续下来。由此看来，自弥陀殿以降，平梁与四椽栿间的隔架结构有驼峰大斗和蜀柱大斗两种样式，宋代中期以后，蜀柱大斗成为标准式样（图154）。

然而，我们注意到，上述实例的柱形和柱脚结构方式各不相同。如：弥陀殿是圆柱，柱脚下无结构；南吉祥寺用方柱，柱脚与弥陀殿一样，直接坐落在梁上；小会岭二仙庙是圆柱，柱脚用劄牵制成合楂形式稳固。开化寺、青莲寺和龙门寺的蜀柱都是方形，柱脚却分别是方木、驼峰和方形合楂。九天圣母庙、北义城玉皇庙和西部崇寿寺也都是方形柱式，而柱脚下或以驼峰承垫或用合楂稳固，但一律用斜肩式样，至金元两代都是斜肩式合楂。这表明，宋代中期和晚期都是方形柱式，中期是以方木、驼峰承垫柱脚，晚期斜肩式合楂承圆柱脚的结构方式定型，并成为后世的标准形制。由此看来，弥陀殿以及前述宋代早期蜀柱结构的真实性值得怀疑。

从侏儒柱看，弥陀殿与龙门寺西配殿（925年）、大云院（940年）和镇国寺大殿（963年），都是方形柱式，脚柱由方木上隐刻出驼峰或驼峰承垫。宋代中期的侏儒柱和蜀柱同是方形柱式，柱脚由方木或驼峰承垫，恰与五代侏儒柱的情况一致；宋代晚期柱式依旧是方形，柱脚以斜肩式合楂取代了驼峰。这表明，方形的柱式一直未变，而柱脚是由方木、驼峰承垫演变为斜肩式合楂。弥陀殿蜀柱的圆形样式，最早见于金大定年间的沁县普照寺大殿，但柱头都是覆盆式样。弥陀殿柱头的砍杀是明代以后的流行，蜀柱坐梁最早见于元末的平顺夏禹神祠大殿（1336年）。结合重修题记推判，弥陀殿蜀柱可能是明代景泰六年（1455年）添改的[4]（图155）。

隔架结构演变：

在唐代，五台南禅寺（782年）和芮城广仁王庙（831年）大殿都是在四椽栿背安置驼峰，佛光寺东大殿（857年）在草架内的四椽栿上用两只长方形木块，之上施大斗承顶平梁。对照《营造法式》(以下简称《法式》)造梁之制："凡屋彻上明造者，梁头相叠处须随举势高下用驼峰。""凡平棊之

---

[1] 李会智《山西现存早期木结构建筑区域特征浅探（上）》，《文物世界》2004年第2期，第29页。

[2] 王春波《山西平顺晚唐建筑天台庵》，《文物》1993年第6期，第38页。

[3] 傅熹年主编《中国古代建筑史·第五卷》，中国建筑工业出版社，2001年，第499页。

[4] 柱头制成卷刹始见于唐代（实物），晋东南地区在元代仍很盛行，明代有了将柱头斫成斜杀的做法，成为柱头装饰转型的标志。弥陀殿檐柱、侏儒柱柱头制成卷杀，蜀柱则是砍杀，故推测为明代遗物。

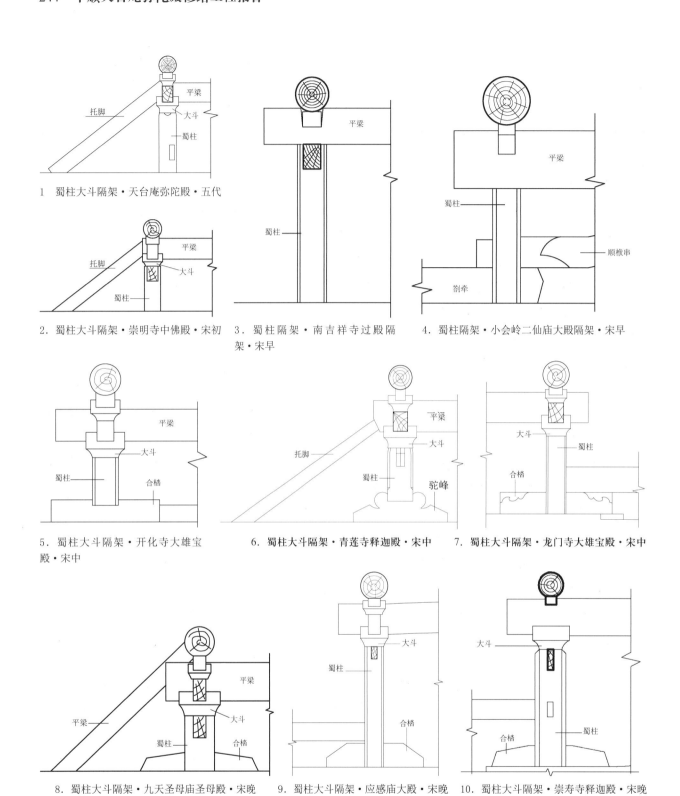

1　蜀柱大斗隔架·天台庵弥陀殿·五代

2．蜀柱大斗隔架·崇明寺中佛殿·宋初

3．蜀柱隔架·南吉祥寺过殿隔架·宋早

4．蜀柱隔架·小会岭二仙庙大殿隔架·宋早

5．蜀柱大斗隔架·开化寺大雄宝殿·宋中

6．蜀柱大斗隔架·青莲寺释迦殿·宋中

7．蜀柱大斗隔架·龙门寺大雄宝殿·宋中

8．蜀柱大斗隔架·九天圣母庙圣母殿·宋晚

9．蜀柱大斗隔架·应感庙大殿·宋晚

10．蜀柱大斗隔架·崇寿寺释迦殿·宋晚

图154　五代—宋代蜀柱隔架示意图

上，须随槫栿用方木及矮柱敦桥，随宜拄（枝）撑（樘）固济，并在草栿之上"。从3例唐殿的隔架结构方式看，南禅寺和广仁王庙大殿恰与《法式》彻上明造用驼峰的制度相一致；佛光寺东大殿又与《法式》平棊之上用方木支顶的规制相吻合。需要指出的是，《法式》大木作制度图样中并无架间用

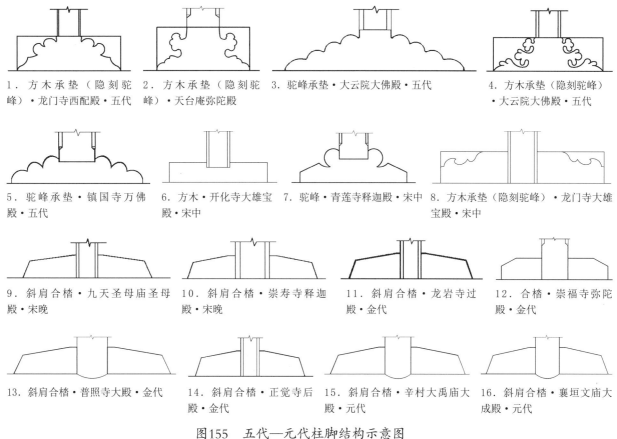

1．方木承垫（隐刻驼峰）·龙门寺西配殿·五代　2．方木承垫（隐刻驼峰）·天台庵弥陀殿　3．驼峰承垫·大云院大佛殿·五代　4．方木承垫（隐刻驼峰）·大云院大佛殿·五代

5．驼峰承垫·镇国寺万佛殿·五代　6．方木·开化寺大雄宝殿·宋中　7．驼峰·青莲寺释迦殿·宋中　8．方木承垫（隐刻驼峰）·龙门寺大雄宝殿·宋中

9．斜肩合楷·九天圣母庙圣母殿·宋晚　10．斜肩合楷·崇寿寺释迦殿·宋晚　11．斜肩合楷·龙岩寺过殿·金代　12．合楷·崇福寺弥陀殿·金代

13．斜肩合楷·普照寺大殿·金代　14．斜肩合楷·正觉寺后殿·金代　15．斜肩合楷·辛村大禹庙大殿·元代　16．斜肩合楷·襄垣文庙大成殿·元代

图155　五代—元代柱脚结构示意图

蜀柱的形式。

在五代，平顺龙门寺西配殿和大云院弥陀殿，以及具有五代风格的长子布村玉皇庙前殿、潞城原起寺大雄宝殿，都沿袭了唐代彻上明造以驼峰大斗承顶平梁的方式。而辽代的蓟县独乐寺观音阁（984年），则是佛光寺东大殿草架内方木大斗承平梁方式的延续。五代风格的长子小张碧云寺正殿采用了在驼峰大斗上安十字棋出跳斗棋承平梁的方式，同例有前举独乐寺山门。平遥镇国寺万佛殿是在碧云寺正殿基础上，将纵棋向外一端斜杀去棋头与托脚斜搭。之后，镇国寺式成为太谷安禅寺藏经殿（1001年）、榆次永寿寺雨花宫（1008年）、长子崇庆寺千佛殿（1016年）等宋代早期的标准隔架模式（图156）。

隔架原状推测：

综上所述，从唐代到五代都未见天台庵弥陀殿的蜀柱隔架形式，勘察发现在四椽栿背每根蜀柱的两侧都遗留有两个卯洞，这说明蜀柱应当是后代添改的，而卯口洞当是安置驼峰的遗迹。然而，唐代以来有南禅寺的"驼峰大斗型"，佛光寺的"方木大斗型"，碧云寺的"完全铺作式"和镇国寺的"斜搭托脚式"。弥陀殿为彻上明造，首先可以排除佛光寺型；其次碧云寺和独乐寺山门都未设托脚，亦可排除；这样只有南禅寺和镇国寺型的方式最有可能。考同地、同期遗物，龙门寺、大云院、原起寺、玉皇庙[1]都是南禅寺样式，由此推判天台庵的结构应与这些实例一样，都是"驼峰大斗型"。

---

[1]　布村玉皇庙，小张碧云寺，潞城原起寺大殿是推判为五代风格的遗构。

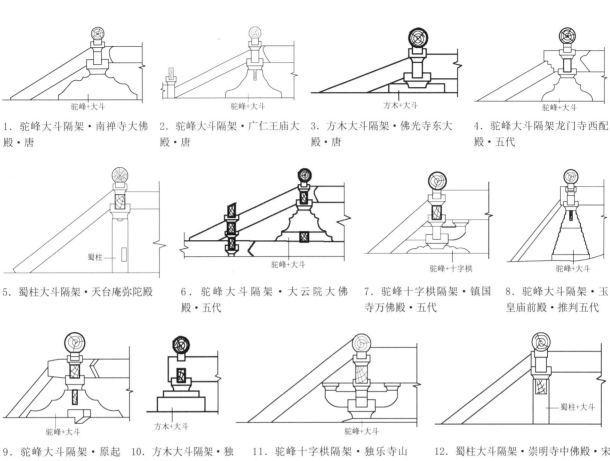

1．驼峰大斗隔架・南禅寺大佛殿・唐
2．驼峰大斗隔架・广仁王庙大殿・唐
3．方木大斗隔架・佛光寺东大殿・唐
4．驼峰大斗隔架龙门寺西配殿・五代

5．蜀柱大斗隔架・天台庵弥陀殿
6．驼峰大斗隔架・大云院大佛殿・五代
7．驼峰十字栱隔架・镇国寺万佛殿・五代
8．驼峰大斗隔架・玉皇庙前殿・推判五代

9．驼峰大斗隔架・原起寺大雄宝殿・推判五代
10．方木大斗隔架・独乐寺观音阁上层・辽代
11．驼峰十字栱隔架・独乐寺山门・辽代
12．蜀柱大斗隔架・崇明寺中佛殿・宋初

13．十字栱隔架・安禅寺大殿・宋早
14．十字斗栱隔架・崇庆寺千佛殿・宋早
15．驼峰十字栱隔架・永寿寺雨花宫・宋早
16．蜀柱隔架・南吉祥寺过殿隔架・宋早
17．蜀柱隔架・劄牵入柱・二仙庙大殿隔架・宋早

图156　唐—宋代早期隔架结构示意图

（二）角梁结构复原

梁思成先生说，中国建筑"整个结构都是功能性的，但在外表上却极富装饰性。这种双重品质是中国建筑结构体系的最大优点所在"[1]。其中最引人注目的就是那美轮美奂、曲势优美的屋顶和高擎上扬如翼若飞的檐角，但是若要了解它是怎样构成的，就必须研究木构架本身，就应剖析它的构造。资料显示：汉代以前屋檐平直亦无"角翘"，北魏至隋代有了曲面的屋顶和微向上翘的檐角，遗憾的是，它的内部是怎样构造的我们一无所知。从实例的檐角看，唐代微翘，宋代扬起。弥陀殿是宋代样

[1]　梁思成《图像中国建筑史》，百花文艺出版社，2001年，第189页。

式，因而须对其构造的原状进行研究剖析。

角梁结构疑问：

翼角是中国传统建筑结构技术和造型艺术完美结合的最精彩部分。萧默先生认为：唐代以前，正侧屋檐至45°角线结合部分有3种样式：① 完全平直无翘起；② 瓦件上举装饰成起翘；③ 角梁加高起翘[1]。从战国到东汉大致都是屋角平直的情形，汉代开始有了将檐角抬高扬起的"角翘"的意识，嵩山太室石阙角梁有所加高，定兴北齐义惠石柱小石屋使用了子角梁和飞子，都可看作是角翘的雏形。角梁的加高，特别是子角梁的出现，具备了实现真正意义"角翘"的初级技术条件。南禅寺和佛光寺都是由角梁加厚或加子角梁，角椽渐次"随势上曲"升至大角梁或子角梁背，实现的"角翘"。

弥陀殿大角梁的后尾插在蜀柱内，向外压在撩风槫交结点上伸出檐角，梁背前安子角梁，后安隐角梁，搭在下平槫上，此种角梁的组合结构形式首见于唐代的广仁王庙龙王殿。南禅寺大殿和佛光寺东大殿的角梁结构，都是大角梁尾搭压在下平槫的交结点上，没有隐角梁之设。在五代遗构中，采用广仁王庙结构方式的有弥陀殿和布村玉皇庙前殿；采用南禅寺和佛光寺形制的有大云院大佛殿和碧云寺正殿。由此可知，现存唐五代建筑翼角梁结构中有施隐角梁和不用隐角梁两种形制[2]。像弥陀殿那样将大梁尾插在蜀柱中的结构方式，与广仁王庙不同，在宋金的实例中也未见同例。

一般认为，唐代建筑檐口平直，翼角微翘，宋代以后才有了较大的"升起"，令翼角呈曲线上扬之势。五代大云院和碧云寺都沿袭佛光寺方式，用大角梁加厚和加施子角梁实现了"角翘"。广仁王庙、天台庵和布村玉皇庙大殿也都有了子角梁，不同的是在大角梁背和子角梁后增施了一条隐角梁，梁尾搭在下平槫上。值得关注的是，这些实例大角梁后尾的结构位置和方式不尽相同，是转型期的结构方式尚未定型，还是后世的改制，都有待考察。天台庵弥陀殿架间蜀柱的年代问题之前已有推定，据此推断，将大梁尾插入蜀柱应当是在添加蜀柱同时改制的，故其结构位置并非原状。

角梁结构演变：

《法式》制度中，角梁称之为"阳马"，其名有四，四曰角梁。造角梁之制中有大角梁、子角梁和隐角梁。其组合方式是：大角梁自下平槫至下架檐头；子角梁随飞椽檐头外至小连檐下，斜至柱心，安于大角梁内；隐角梁随架之广，自下平槫至子角梁尾，安于大角梁中。对照唐代实物：南禅寺式大角梁斜搭于两架槫缝之上，无子角梁和隐角梁之设；佛光寺大角梁亦是搭压在槫缝之上，唯前端增设了子角梁，两例都与《法式》造角梁之制的规定不同。广仁王庙与东大殿一样在角梁前安有子角梁，不同的是大角梁尾搭四椽栿背上。最重要的是，在梁背之上有了《法式》规定的隐角梁。

李会智先生认为：北方地区"翼角构造大致分为两种：一种是角梁斜置结构，一种是角梁平置结构，两种不同的角梁结构形制，形成了不同的翼角造型风格"[3]。所谓斜置结构，即大角梁搭压在下平槫和撩风槫的交结点上，呈后高前低斜置状态的南禅寺型；平置结构，即将大梁尾置放于下平槫之下，使大角梁呈平置状态的广仁王庙型。从结构位置的角度看，也可以是"槫上型"和"槫下型"。大角梁斜置的"槫上型"，角梁厚略大于椽径，檐角有了微微上曲的"角翘"。平置的"槫下型"，

---

[1] 萧默《屋角起翘缘起及其流布》，《建筑历史与理论（第二辑）》，1981年，第20～22页。

[2] 镇国寺和原起寺大殿是唐宋结构形制的过渡形式，在此不做讨论。

[3] 李会智《山西现存早期木结构建筑区域特征浅探（下）》，《文物世界》2004年第4期，第29页。

梁与正身槫有较大的高差,形成了向上扬起的"飞檐"。两种不同的外观形象和艺术造型,具有鲜明的时代特征。

角梁原状推判:

在之前的勘察测绘时,我们就分别在东北、西北和西南角的橑风槫交角处发现卯口和椽椀的遗迹,而大角梁和角椽都没有被安放在原来的卯口和椽椀内。这表明弥陀殿大角梁在橑风槫上的结构位置在后世修缮时有所改变,修缮时又发现下平槫交角处同样遗有卯口,经测量与橑风槫上遗存的卯口尺寸相同,底部斜度也一致。推测其原状应与南禅寺一样,是由一条大角梁搭压在两缝槫架之上的。据此,我们制作了模型,按照残留卯口试安大角梁和角椽恰相吻合,说明我们对弥陀殿翼角结构形制原状的推断应当是正确的。由于大角梁改在了槫下,形成了不同于南禅寺的向上扬起的外观造型。

(三)角椽铺钉原状

王春波先生认为:弥陀殿角椽自翼角翘起处开始,前五根与正身椽一样为直屋椽,剩下的翼角椽逐渐向角梁靠拢,椽的中心线后尾却不交于一点,形成扇形椽的式样。在翼角椽从直屋椽发展到扇形椽,中间一定有一个过渡形态的结构,而天台庵大殿的翼角椽结构最易理解为可能的过渡结构。并提出,这种角椽是介于直屋椽和扇形椽之间的过渡式样,或者说是第三种形式[1]。从王文的描述中可以看出两个特点:一是自隐角梁尾起,先是以与正身椽平行,与橑风槫垂直铺钉,即"直屋椽"法;二是自第五根椽以后呈辐射状向大角梁靠拢,但与辐射椽不同,即它们椽尾的中心线并不交于一点。

翼角布椽考察:

祁英涛、柴泽俊先生对南禅寺大殿角椽铺钉方式的考察认为:"角椽的铺钉式样,过去已知的有两种:一种是最常见的辐射状布置;另一种是在国内仅见于一些石刻上,与檐头线垂直铺钉。南禅寺大殿翼角椽铺钉的方法,恰居于上述两种之间,自翼角翘起处逐根逐渐向角梁处靠拢,但椽子的中心线后尾却不交于一点。此种式样也可以说是上述两种式样的过渡形式,也可说是第三种式样。"[2]其角椽铺钉方式的特点是:一自大角梁尾起(无隐角梁),角椽如同"直屋椽"那样铺钉,椽尾独立搭扣在梁上;二椽头外撇向角梁靠拢,椽尾亦中心线不交于一点。两相比较,弥陀殿是将椽尾斫料贴在大角梁外侧,较南禅寺大殿则是搭扣在梁上,更接近后世辐射椽的做法。

《法式》用椽之制曰:若四裹回转者,并随角梁分布,令椽头疏密得所,过角归间,至次角铺作心。造檐之制曰:其檐自次角柱补间铺作心,椽头皆生出向外,渐至角梁。又曰:凡飞子……若近角飞子,随势上曲令背与小连檐平。用槫之制曰:凡橑檐枋……至角随宜取圆,贴生头木,令里外平齐。凡两梢间,槫背上并安生头木……斜杀向里,令生势圆和……其转角者高与角梁背平。梳理《法式》制度:椽尾随角梁分布,椽头需疏密得当;自补间铺作心,需向外生出渐至角梁;角椽下安生头木,令生势圆和(生起)。问题是:椽尾与角梁的结构方式和"生出""生起"的尺寸,都未做交代。

一般而言,古代建筑的屋面与翼角是最易受到损伤的部位,也是经历后代修缮最多的部位。从发

---

[1]　王春波《山西平顺晚唐建筑天台庵》,《文物》1993年第6期,第39页。

[2]　祁英涛、柴泽俊《五台南禅寺大殿修缮复原工程研究报告》,第67页。

现的历代维修后留下的题迹，时代特征鲜明的鸱吻和造型各异显示不同历史时期特点的瓦当，都反映出弥陀殿屋顶曾经历过多次修缮的史实。特别是发现橑风槫上有椽椀痕迹，而角椽并未原位安置的情况表明，角椽的铺钉并非原状。但是从同期镇国寺万佛殿、碧云寺正殿和原起寺大雄宝殿都是此种平行、辐射法复合法铺钉角椽的方式，足以证实此种式样不仅存在，而且是五代时期特有的。与南禅寺一样，是一种由平行椽向辐射椽过渡的形式。可以认为弥陀殿的角椽在重新铺钉时基本遵循了原来的方式。

翼角布椽演变：

通过之前的讨论我们可知，中国传统建筑翼角椽的铺钉方式，或者说角椽的布置方法，经历了四个发展阶段：第一阶段是汉代惯见的"平行椽法"，此期檐口至屋角平直无翘。第二阶段是南禅寺型的"斜列椽法"，此期大角梁加厚与正身椽形成高差，正身椽近角需渐次抬高以适大角梁背，形成了"角翘"，同时大角梁斜出增长，在45°角线有了"生出"。第三阶段是天台庵型平行辐射"复合椽法"，只是天台庵弥陀殿的角梁结构被后代改制，将大角梁尾置于下平槫下，令翼角高高翘起。第四阶段是宋代以后，大角梁、子角梁和隐角梁组合，"辐射椽法"定型，是角梁结构技术和翼角造型艺术的高级阶段。

"平行椽法"是一种古老的翼角椽铺钉方法。在我国汉代、南北朝和齐隋的仿木构建筑文物资料中，只反映出这种角椽的外部形象，在日本奈良法起寺三重塔等，"属我国南北朝特点"的飞鸟时代遗物中保留了平行布角椽法的实物。值得注意的是，采用平行法布置角椽者，大角梁都是南禅寺式的"斜置型"。宋代以后，角梁结构形制和角椽铺钉方式定型，完成了檐角起翘的技术革命。从五代和具有五代风格的实例看，天台庵弥陀殿是首例平行辐射复合式角椽法，之后镇国寺、碧云寺和原起寺大殿都是弥陀殿样式。大云院大角梁跨两椽，如果按槫的结构位置看，角椽布置同样是复合型。可以认为，五代角椽复合法与南禅寺斜列法，都是宋式辐射椽法的过渡形式。

角椽原状推判：

在施工中发现，弥陀殿上平槫交角处保留有卯口，恰与橑风平槫交角处的卯口相对应，由此推判其角梁结构应当是南禅寺式的斜置型。从现存橑风槫头椽椀的遗迹看，翼角布椽虽然保持了五代时期特有的平行辐射复合法的铺钉方式，但为了适应新制的大角梁，在保持了原复合椽法的基础上，对角椽的角度和结构位置略做了调整。从五代和具有五代风格的歇山式建筑遗例看，除布村玉皇庙前殿外，都采用平行、辐射复合法铺钉角椽。从这一点看，复合型角椽法是五代同时共存的年代特征。值得注意的是，这些实例中，角椽由平行转而辐射的起点各不相同，如弥陀殿自第5、6根起，碧云寺正殿自转角栌斗起，大云院大佛殿自罗汉枋（承椽）起，恰表现出转型过渡期的特点（图157）。

（四）关于隐衬角栿

《法式》角梁谓之"阳马"，其名有五，四曰角梁。其角梁之制中有：子角梁，外至小连檐下，斜至柱心，安于大角梁内；隐角梁，自下平槫至子角梁尾，安于大角梁中；大角梁，自下平槫至下架檐头。这说明《法式》的所谓的"阳马"即指由这三条梁组合而成的结构体系，是宋代以后惯见的角梁结构形式。在造梁之制中还有：抹角栿，于丁栿之上别安，与草栿相交；隐衬角栿，在明梁之上，

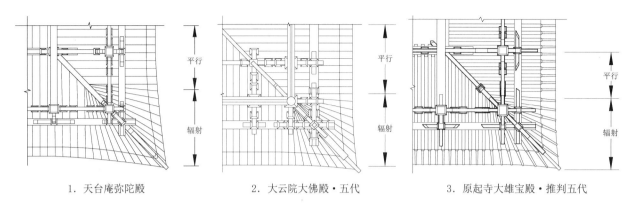

1. 天台庵弥陀殿　　　　2. 大云院大佛殿·五代　　　　3. 原起寺大雄宝殿·推判五代

图157　五代平行辐射复合法角椽示意图

外至橑檐方，内至角后栿项，是草架内翼角结构中的两个构件。抹角梁在宋代中期以后的彻上明造中可见实例，而隐衬角栿的情况却不甚了了。

唐代形制：

佛光寺东大殿平棊造，转角结构分明栿、草栿。明栿三层：首层向外出角柱制成二跳华栱，向里过内角柱同样制成二跳华栱；二层向外至里跳令栱交角处，向里过内柱制成四跳华栱；三层为平棊枋，向外斫斜压在角昂昂身之下。平棊之上，首层草栿向外至柱头枋交角处，向里过内柱制成要头，栿中由昂尾支托，栿背施方木支托下平槫交角；二层是大角梁搭压在槫上。梁思成先生说"檐角部分双层角梁承托"[1]。就是说，首层草栿也是一道角梁。

南禅寺大殿角梁结构简洁，一条大角梁搭压在下平槫和橑风槫交结点上，大角梁下同样有一道在前搭在转角铺作里转要头之上，向内搭压在四椽栿缴背之上小斗内的斜梁，梁背施矮柱，柱头安小斗支托驼峰上向外连长的令栱，栱上是下平槫和"山面平梁"，大角梁尾搭在交接点上。关于这道梁栿，陈明达先生称"斜劄牵"[2]；祁英涛、柴泽俊先生谓之"斜栿"[3]；傅熹年先生认为是"角乳栿"[4]；还有说是"明栿"或"递角栿"者莫衷一是。

镇国寺万佛殿角梁结构与东大殿相近似，以昂尾分为上下两个结构层，下层是搭在转角铺作里跳压在三跳角华栱上，栿项斫斜压在尾下，向内搭交在六椽栿背的两道斜栿（复合梁）。上层是搭在两架槫缝上的大角梁，和梁下向外交于罗汉枋交角内压在昂尾之上，在内搭交在二道六椽栿上，栿背施十字栱支托在下平槫与阑头栿的斜梁。杜仙洲先生说：万佛殿"四个转角均于四十度角线上，斜施递角栿和隐衬角栿，上置十字相交的令栱"[5]。对照《法式》递角栿未见，隐衬角栿，应是平棊内的构件。

形制演变：

佛光寺东大殿平棊造，草架内下层"角梁"向外抵住柱头枋交角处，向里过内柱出要头，结构位

[1]　梁思成《记五台山佛光寺的建筑》，《文物参考资料》1953年第5、6期，第384页。

[2]　祁英涛、杜仙洲、陈明达《两年来山西新发现的古建筑》，"南禅寺"陈明达执笔，《文物参考资料》1954年第11期，第40页。

[3]　祁英涛、柴泽俊《五台南禅寺大殿修缮复原工程研究报告》，第66页。

[4]　傅熹年主编《中国古代建筑史·第五卷》，中国建筑工业出版社，2001年，第492页。

[5]　古代建筑修整所《晋东南潞安、平顺、高平和晋城四县的古建筑》，"天台庵"，杜仙洲执笔，《文物参考资料》1958年第3期，第34～35页，"镇国寺"，杜仙洲执笔，第52页。

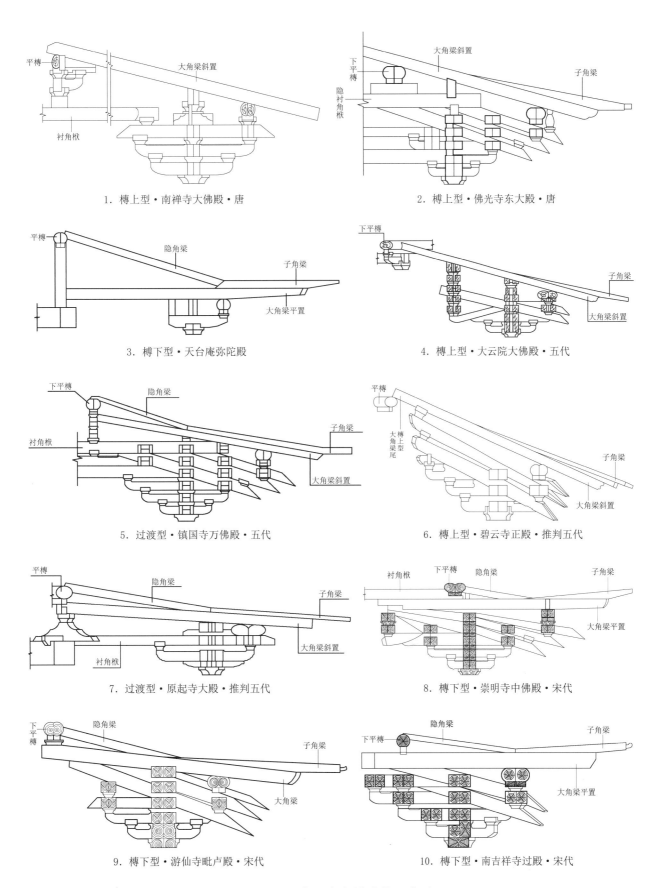

平槫 大角梁斜置

衬角枋

1. 槫上型·南禅寺大佛殿·唐

大角梁斜置 下平槫 隐衬角枋 子角梁

2. 槫上型·佛光寺东大殿·唐

平槫 隐角梁 子角梁 大角梁平置

3. 槫下型·天台庵弥陀殿

下平槫 子角梁 大角梁斜置

4. 槫上型·大云院大佛殿·五代

下平槫 隐角梁 衬角枋 子角梁 大角梁斜置

5. 过渡型·镇国寺万佛殿·五代

平槫 槫上型大角梁尾 子角梁 大角梁斜置

6. 槫上型·碧云寺正殿·推判五代

平槫 隐角梁 子角梁 衬角枋 大角梁斜置

7. 过渡型·原起寺大殿·推判五代

衬角枋 下平槫 隐角梁 子角梁 大角梁平置

8. 槫下型·崇明寺中佛殿·宋代

下平槫 隐角梁 子角梁 大角梁

9. 槫下型·游仙寺毗卢殿·宋代

隐角梁 子角梁 下平槫 大角梁平置

10. 槫下型·南吉祥寺过殿·宋代

图158 唐五代角梁结构示意图

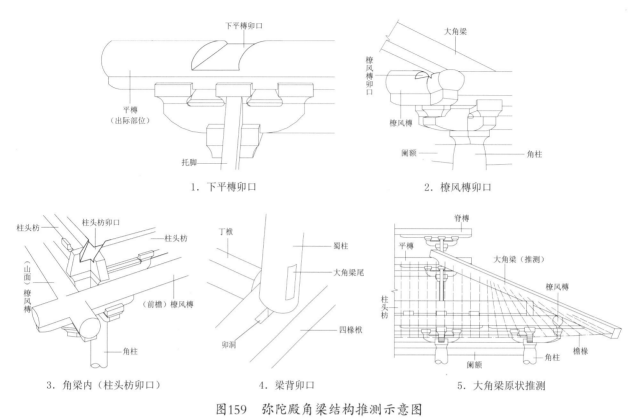

图159　弥陀殿角梁结构推测示意图

置在平棊内"明梁之上"，草架内的"大角梁之下"，梁背支托下平槫交接点，恰与《法式》"隐衬角栿"的表述相近同。镇国寺大殿彻上明造无平棊遮挡，在转角下两层（复合梁）可视为佛光寺的明栿，第三层在外抵在罗汉枋交角处，向内搭在二层六椽栿上，此梁下压昂尾，上承下平槫交接点，之上是大角梁，与佛光寺"隐衬角栿"的结构位置和功能相一致。南禅寺大殿彻上明造，大角梁下同样有一道"角梁"，梁背上立矮柱支承在下平槫与"阑头栿"下，结构功能亦与前例相同。可以认为，此栿是唐代角梁结构中特有的构件，在草架内称"隐衬角栿"，明梁时应为"衬角栿"。

　　广仁王庙龙王殿的大角梁尾搭在四椽栿上，似乎是将南禅寺的衬角栿伸出檐外的结构形式；天台庵和布村玉皇庙也与此制相类似，只是大角梁尾没有直接搭在四椽栿背；原起寺大殿则是将衬角栿伸出椽外制成耍头，但已失去了支托下平槫的结构作用。采用南禅寺斜置型大角梁形式的大云院大佛殿，大角梁在角内由补间斗栱和罗汉枋支承，碧云寺大殿则是用昂尾和增加的丁头栱支托大角梁，都没有施用衬角栿。从宋代实例看，游仙寺和南吉祥寺大殿等都是大云院的做法；晋城青莲寺和高平开化寺大殿等都与碧云寺结构方式相近似。从发展演变的角度看，大云院和碧云寺大殿的结构方式，被宋代接纳、延续，取代了南禅寺的衬角栿式，或许这正是衬角栿《法式》未收录的原因（图158）。

　　原状推测：

　　根据，弥陀殿角梁结构中的卯榫残迹和年代特征比较，推测原状是南禅寺只用一条大角梁搭压在两缝槫缝上的"斜置型"。我们已知的唐五代采用此种模式有3种结构样式：大云院的补间斗栱加罗汉枋式，弥陀殿无补间斗栱，故可以排除；南禅寺的衬角栿式；碧云寺是昂尾加丁头栱式；弥陀殿有可能是此两种形制中的一种。在修缮工程中，发现里转角华栱上立有小矮柱支顶大角梁，小柱的材质、细部手法等都与侏儒柱一致，且有被截掉榫头和截短柱身的迹象；另外在里转华栱内柱头枋的交角处残留有卯口。如果按照碧云寺方式当是安丁头栱的卯口，但4根小柱没处安放。由此推测，弥陀殿的结构与南禅寺相仿，里转华栱上施衬角栿，栿上施短柱支托下平榑或大角梁（图159）。

（五）墙体门窗复原

《法式》砖作制度中，有垒砌墙下隔减之制，即在殿墙下用砖垒砌一定高度，略有收分，之上垒筑土坯或夯土筑墙，砌至顶部向上斜收至阑额下成，清式称"签尖"，再用白灰或合红泥涂壁。在造板门之制中，门由肘板、副肘板、身口板和楅组合结构；两侧为立颊，上为门额安门簪四枚；下为地栿，外安门砧。《法式》造窗有破子棂窗、睒电窗、版棂窗。常用的破子棂窗和直棂窗，其棂条断面分别是三角形和长方形，上下入子呈内，"下用隔减窗坐造"。实例中，元代以前的建筑多遵此制。依次对照考察弥陀殿现状：

门窗样式现状：弥陀殿殿身一周用小青砖包筑，垒砌至阑额之下，墙脚下用青条石环绕一周以为墙基。内墙下部被涂抹水泥，上部后檐和两山梢间涂抹灰泥至四椽栿下皮，前檐和两山梢间至阑额之下。前檐心间安小板门两扇，无门钉和铺首之设。门楣上安门簪4只（东侧缺失1只），中间的两只为瓜棱形，西侧为方形抹棱式样，正面无雕饰。两梢间安直棂窗。从检查柱根时剖开的墙体看，内墙没有发现墙下隔减的痕迹，墙内砌体材料有土坯，还有残砖、半瓦、碎石等建筑废料。可以肯定的是，砌筑体已非原制，并且经历过多次修缮。

梁思成认为："唐及宋初门簪均为两个，北宋末叶以后则四个为通常做法。"[1]祁英涛认为："已发现的唐代建筑全用板门，宋代以后许多重要建筑仍沿用，元代以后则多用于建筑群入口的大门。""板门的主要变化是门簪、门钉、铺首等。汉代已使用门簪，二至三枚多方形，唐到元仍多为二至三枚……明、清多用四枚。"[2]柴泽俊认为："唐代建筑中没有门簪，宋代门簪两枚，此后渐多，至清代增至四枚。"[3]关于唐代门簪的用法，各位先生的看法不同，但四枚制度是明、清以后才普遍采用的看法一致。

综上，弥陀殿心间安装板门的做法，可以看作是元代以前的形式，而其4枚门簪却是明清以后的多见。此外，无门钉无铺首，与惯用的殿制不符，是明代以后民居简易板门的手法。汉代土坯垒墙的技术已成熟，并广泛用于墙体砌筑。唐代以后一般是在墙下砌筑墙减，之上垒筑土坯再涂白灰泥，寺庙外墙多设朱红色，"明代起地面上建筑才比较广泛地都用条砖垒砌砖墙"[4]。可以认定，弥陀殿墙体的外部包砖，当是明代以后的改制，板门和直棂窗虽然形式古旧，但样式和细部已是晚近手法。

门窗墙体复原：

从佛光寺东大殿看，殿身面阔五间，前檐心间及两次间各安双扇板，门楣上未安门簪，门板之上各安五行九路门钉，铺首安在第三行略上位置。梁思成先生认为，东大殿"门钉铁制，甚小，恐非唐

[1] 梁思成《中国建筑史》，中国建筑工业出版社，2005年，第345页。
[2] 祁英涛《怎样鉴定古建筑》，文物出版社，1981年，第43页。
[3] 柴泽俊《古代建筑的勘察方法》，《柴泽俊古建筑文集》，文物出版社，1999年，第294页。
[4] 祁英涛《怎样鉴定古建筑》，文物出版社，1981年，第54页。

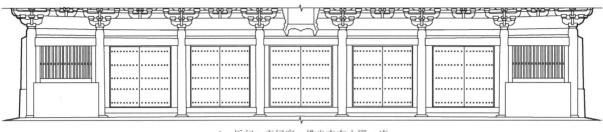

1. 板门·直棂窗·佛光寺东大殿·唐

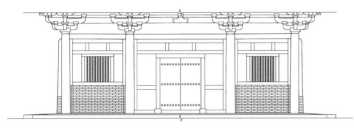

2. 南禅寺大佛殿·修复后门窗

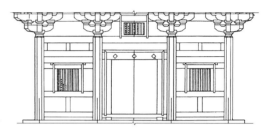

3. 敦煌431窟窟檐·宋代（引自萧默《敦煌建筑研究》342页）

图160　唐五代门窗示意图

代原物。但板门内侧的唐人墨题说明门仍是唐物"[1]。两梢间下砌条砖槛墙，之上安直棂窗，两山及后檐下砌条砖隔减墙，外墙上部涂合红泥。这是被公认的元代以前一直被沿用的殿堂门窗和墙体的基本形式。在细节方面还反映出以下特点：一是门窗立颊全部贴靠柱子，前檐柱全部露明；二是墙体上肩制成斜面露出阑额；三是两山墙与前后檐交角处制成向外的斜面，角柱呈半入墙半露明形式。

在敦煌壁画中"唐宋壁画的窗均作直棂式。凡屋门统为板门有门钉、铺首"[2]。敦煌保留的晚唐和宋初的木构窟檐，为我们提供了另一种安窗形式"下层阑额与地栿之间横用木枋两重作窗的上额和腰串（即窗的下槛），上额以上和腰串以下立心柱子一条或两条与阑额、地栿相连；上额和腰串之间立窗的左右颊。"[3]南禅寺大殿即是将原来后世添加的与弥陀殿相近的包砖墙清除，"参照我省早期建筑实例和敦煌唐、宋窟檐，立颊外设槫柱，板门窗上横钤与槫柱相联，门簪不外露，窗槛下砌坎墙。两山及后檐墙仍用土坯（砖坯）垒砌，外抹白灰刷朱红色"[4]。恢复为早期形制。

可以肯定的是，弥陀殿的门窗、墙体已非原状，推测是明代或清代维修时改制的。门窗：应当也非早期惯用的式样和做法，以南禅寺和佛光寺为蓝本，参照敦煌窟檐和明惠大师塔（932年）等装饰细节予以复原。墙体：下部应是《法式》规定的做条砖隔减墙，上部用土坯垒筑至阑额下，向上抹斜留出上肩，内外以白灰泥涂壁，外墙为朱红色。后檐及两山转角抹斜，制成"八字墙"使角柱一半露明在外。心间平柱内安槫柱与立颊之间装壁板相连，两窗与柱间的做法相同，下做槛墙并两头抹斜，和两山同样砌"八字墙"令角柱半露在外。上述是我们对于门窗和墙体复原的推测，虽然不能证实就是弥陀殿的原状，但确是北方地区元代以前的结构形制和基本特征（图160）。

---

[1]　梁思成《记五台山佛光寺的建筑》，《文物参考资料》1953年第5、6期，第283页。
[2]　萧默《敦煌建筑研究》，机械工业出版社，2003年，第224页。
[3]　萧默《敦煌建筑研究》，机械工业出版社，2003年，第337页。
[4]　柴泽俊《古代建筑的勘察方法》，《柴泽俊古建筑文集》，文物出版社，1999年，第358页，《五台南禅寺大殿修缮复原工程设计书》。

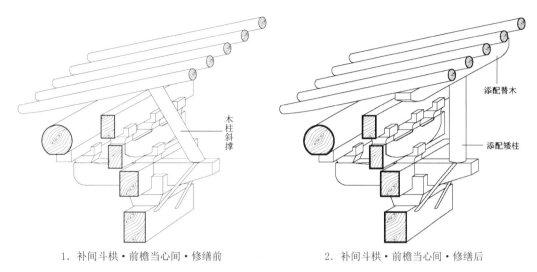

1. 补间斗栱·前檐当心间·修缮前　　　　2. 补间斗栱·前檐当心间·修缮后

图161　弥陀殿补间斗栱示意图

（六）其他问题讨论

1. 关于补间斗栱

刘致平认为：弥陀殿心间补间有铺作，（但）显然此物年代较晚[1]。这组斗栱无论从材质、朽蚀程度和工艺手法等都与柱头斗栱的差别很明显，特别是里转华栱的跳头上设立一根小方木斜顶在椽下，与梁、槫无关联性结构，应当是后代添加上去的。勘测时小方木已歪闪，整体结构发生向檐部的倾斜，用扁铁条拉固钉在阑额上。此组斗栱的添配需解体两层柱头枋，应当是一次涉及屋面大修工程时添加的，推测是与蜀柱、角梁结构的改制同期。考虑到这组补间斗栱在结构方面具有防止当心间橑风槫下垂的功能，故改变后尾支撑方式，强化和改善里转华栱的结构关联，确保安全稳固，原状保留（图161）。

2. 关于驼峰式样

一般认为唐代脊部只用大叉手，五代有了侏儒柱与叉手组合的形式。而侏儒柱下都是以驼峰或方木上隐刻出驼峰承垫：有趣的是，西配殿两山用方木，心间用驼峰，大云院则是山面用驼峰，心间用方木；碧云寺两山用驼峰，心间用梯形木；玉皇庙则是四缝皆用方木隐刻出驼峰。弥陀殿和原起寺没有出际缝架，前者是方木隐刻驼峰，后者是驼峰。这表明，五代侏儒柱脚承垫有了统一的样式。从唐五代隔架情况看，天台庵弥陀殿是蜀柱，余例都是驼峰大斗，同样表明了隔架结构形制统一。从式样上看，各例虽然在细节上略有差异，但都是《法式》的掐瓣驼峰。故此推测，弥陀殿的隔架驼峰亦当是掐瓣式样（图162）。

3. 关于鸱吻年代

鸱吻亦称鸱尾，傅熹年说：中唐成书的《建康实录》中出现鸱吻与鸱尾混同的现象，依此鸱吻大约在中唐以后取代了鸱尾[2]。敦煌壁画显示，唐代都是鸱尾，五代有了龙首吞脊的鸱吻，宋代以后吻

[1]　刘致平《内蒙山西等处古建筑调查记略（下）》，《建筑历史研究》，第二辑，第1页。

[2]　傅熹年《三国两晋南北朝隋唐五代建筑史》，《傅熹年建筑史论文选》，百花文艺出版社，2009年，第117页。

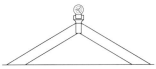

1. 无承垫·南禅寺大佛殿·唐

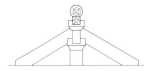

2. 坐梁·广仁王庙龙王殿·唐

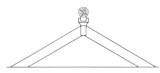

3. 无承垫·佛光寺东大殿·唐

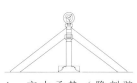

4. 方木承垫（隐刻驼峰）·龙门寺西配殿·五代

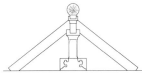

5. 方木承垫（隐刻驼峰）·天台庵弥陀殿

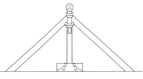

6. 方木承垫（心间·隐刻驼峰）·大云院大佛殿·五代

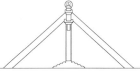

7. 驼峰承垫（梢间）·大云院大佛殿·五代

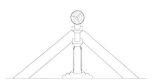

8. 驼峰承垫·镇国寺万佛殿·五代

9. 方木承垫（隐刻驼峰）·玉皇庙前殿·推判五代

10. 驼峰承垫·原起寺大雄宝殿·推判五代

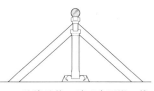

11. 驼峰承垫·碧云寺正殿·推判五代

图162　唐五代驼峰样式示意图

取代了尾，吞口上部有了明确的鸟和鱼的形象。弥陀殿这种龙首吞脊尾爪扬起的形象，先有金代朔州崇福寺弥陀殿，后有元代芮城永乐宫三清殿。平顺龙门寺内，五代的西配殿和宋代的大雄宝殿上的鸱吻也都与弥陀殿相近似。史载，元大德六年（1302年）潞州地震坏屋无数[1]，由此推测，弥陀殿和龙门寺的鸱吻可能都是震后补配的，是元代流行的式样。弥陀殿元至大四年重修的记载当是鸱吻年代的证据（图163）。

4. 关于矮柱位置

弥陀殿转角华栱里跳被锯短，上立矮柱支顶在大角梁下，勘察时认为是翼角结构改造后随意支顶之物。然而拆卸后发现，此柱做工精细，柱式手法与侏儒柱完全一致，特别是四角抹棱的起点（不在柱根）和柱头"卷杀"的形式，也都如出一辙。柱底有榫头被锯掉的痕迹，柱头也被截短呈斜面，这说明矮柱原来的结构和位置发生了变化。推测：一是矮柱立在里跳角华栱跳头上支承大角梁，角梁结构改制后将矮柱截短前移，成现状；二是南禅寺模式，里转角华栱上施衬角栿，矮柱立在栿背上，角梁改制后大角梁取代了衬角栿的位置，将矮柱截短前移成现状。依据之前的考察看，后一种情况的可能性更大。

（七）结语

《中国文物古迹保护准则》指出：文物古迹"保护的目的是真实全面地保存并延续其历史信息及全部价值"。所有保护措施都必须坚持不改变文物原状的原则。弥陀殿的复原研究工作恰是一次真实

---

[1]　据清乾隆三十五年《潞安府志》卷十一载：元大德六年（1302）潞州地震坏屋无数，龙门寺和天台庵都在震区之内。

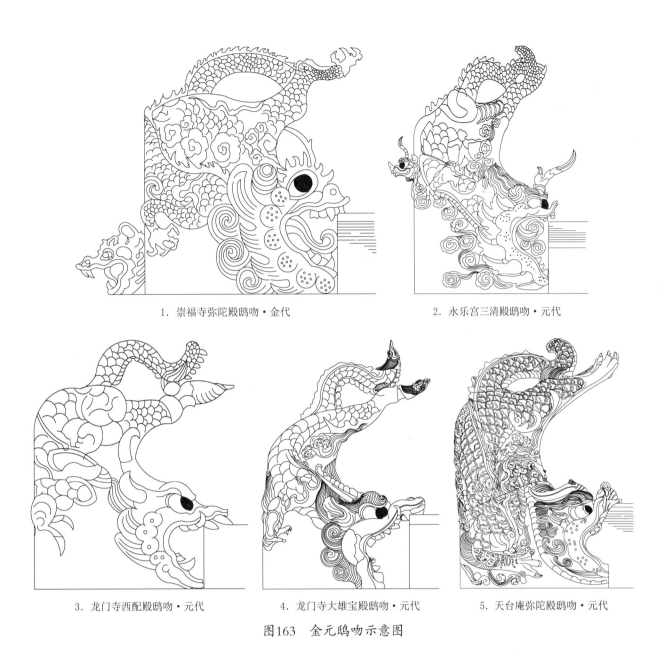

1. 崇福寺弥陀殿鸱吻·金代　　　　　　　2. 永乐宫三清殿鸱吻·元代

3. 龙门寺西配殿鸱吻·元代　　4. 龙门寺大雄宝殿鸱吻·元代　　5. 天台庵弥陀殿鸱吻·元代

图163　金元鸱吻示意图

全面地对历史信息的保存与延续，是对"不改变原状"的理解与践行，是一次研究性保护的实践和尝试。吴锐总工在现场调研时说：这是我们山西省古建筑保护研究所继南禅寺之后的又一次成功的研究性保护工程。

　　事实上，很久以来我们就一直致力于早期建筑的考察研究，特别是弥陀殿在没有发现纪年之前，那些显著的唐代特征，那些尚不知年代的形制式样，那些被扰动的结构形式，都让研究者们难以释怀。随着保护工作的开展，评估研究的深入和发现，那些被尘封的历史信息渐次清晰起来。今天我们将发现与认识公之于众，希望随着考古发现和认识水平的提高，以及研究者们继续深入研究，相信一定会有新的认识和成果。

（执笔：贺大龙　赵朋）

附　录

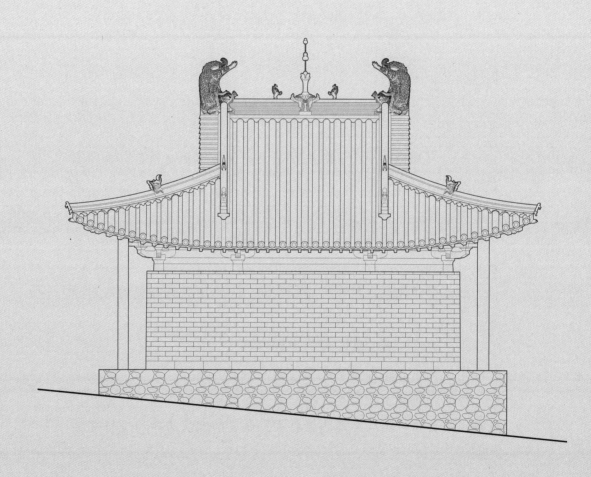

相关文件

山西省文物局

晋文物函[2013]433号

山西省文物局关于
平顺天台庵修缮工程设计方案的批复

长治市文物旅游局：

你局报送的《平顺天台庵修缮工程设计方案》收悉。经研究，原则同意此方案，并提出以下修改意见：

一、应坚持最小干预原则，最大限度保留历史信息，对平梁上部的复原方案不可行，并应进一步补充完善对驼峰、蜀柱、大斗复原依据。

二、进一步明确大殿早期做法形制特色及保护内容，并补充相关详图。

三、应对大殿木材进行详细检测，明确所更换角梁的材料要求。

四、建议补充护坡工程的设计内容。

五、补充对壁画揭取必要性的分析。

请你局根据上述意见，组织相关设计单位对方案进行修改、完善，并由你局核准后报我局备案。备案的方案将作为项目实施依据。

山西省文物局
2013年8月8日

设计方案审批表

山西辉腾国际招标有限公司
SHANXI HUITENG INTERNATIONAL TENDERING GO.,LTD.

中标通知书

招标编号：HTGJZB-PS130801

项目名称：山西省平顺县王曲村天台庵保护修缮工程

山西省古建筑保护工程有限公司：

　　山西省平顺县王曲村天台庵保护修缮工程招标于 2013 年 9 月 18 日开标后，已完成评标工作，确定你单位中标：

　　中标总价为：185.03 万元（大写：壹佰捌拾伍万零叁佰元整），工期：2 年，质量：合格，项目经理：贺烨，技术负责人：帅银川. 你单位收到中标通知书后，须在 30 日内与招标人联系，在平顺县文物旅游发展中心签订合同。

招　标　人：平顺县文物旅游发展中心

（盖章）

招标代理机构：山西辉腾国际招标有限公司

（盖章）

2013 年 9 月 22 日

防伪咨询电话：0351-8720721-804

天台庵大事记

・1956年4月，文化部和山西省文化局联合组织的文物普查试验工作队，在对山西进行文物调查的过程中，发现了天台庵。深入考察后，发现其有明显的唐五代建筑风格特征；

・1986年，天台庵列为山西省级文物保护单位；

・1988年，天台庵列为全国重点文物保护单位；

・1993年，第6期的《文物》，王春波先生的《山西平顺晚唐建筑天台庵》一文首次发表了在弥陀殿屋顶东山出际曲脊里发现的清代刻画的素混筒瓦，上题"重修天台庵创立不知何许年重修如大定二年中有大明二百□十五年先有大元四十年限今又是大清二十六年康熙九年重修三百有余岁矣壶关县尼匠程可第修造"，根据题记和对建筑的分析，王春波先生在文中提出弥陀殿是晚唐建筑的观点；

・1996年6月，《柴泽俊古建筑文集》中，柴泽俊先生《山西几处重要古建筑实例》一文中，通过分析认为弥陀殿是"全国仅存的四座完整的唐代建筑之一"；

・2001年12月，《中国古代建筑史》第二卷，傅熹年先生在《山西平顺天台庵大殿》中认为天台庵"大殿的创建年代不可考，只能大致定在唐代"；

・2004年，第2期的《文物世界》中，李会智先生在《山西现存早期木结构建筑区域特征浅探（上）》中，表达了弥陀殿是五代遗构的看法。曹汛先生也持同样观点；

・2011年，山西省古建筑保护研究所受平顺县文物局委托，对天台庵进行现状勘察并编制修缮方案；

・2013年8月8日，山西省文物局下发关于平顺天台庵修缮设计方案的批复，批准了修缮方案；

・2013年9月22日，山西省古建筑保护工程有限公司中标山西省平顺县王曲村天台庵保护修缮工程；

・2014年3月10日～15日，山西省古建筑保护工程有限公司组织技术人员对天台庵进行了修缮前残损工程量的复核及维修措施的深化细化；

・2014年6月10日，天台庵修缮保护工程正式开工；

・2014年11月4日，在屋顶木基层拆卸中，于脊槫和替木之间发现了"长兴四年九月二日地驾……"的墨书题记，是工程中的第一个重要发现；

・2014年11月8日，在拆卸到屋面东南翼角南侧第14根飞子时，又发现了其上记载了"大唐天成四年建创、大金壬午年重修、大定元年重修、大明景泰重修"以及"大清康熙九年重修……"的墨书题记，是工程中又一重要发现；

・2015年5月25日，国家文物局专家张之平、李永革、刘智敏老师来到天台庵，指导修缮工作；

・2015年6月21日～7月7日，项目组结合梁架中遗存卯口以及分析研究的推论，制作了弥陀殿等比例模型，对角梁形制、隔架方式、转角铺作后尾以及脊部侏儒柱等重要结构部位，做了深入分析和研究；

·2015年9月13日，国家文物局专家张之平、李永革老师，山西省文物局专家吴锐、李会智、任毅敏，山西省文物局文物处处长白雪冰，长治市文物旅游局和平顺县文物旅游发展中心领导与项目组主要成员贺大龙、帅银川、曹钫等共同召开现场会议，对弥陀殿的角梁、转角斗栱等重要结构部位的现状和前期研究进行了深入探讨，进一步提升、完善保护措施；

·2015年10月，山西省古建筑保护工程有限公司申报竣工验收；

·2016年12月15日，维修工程经检验达到合格要求，通过工程验收；

·2017年3月3日/17日，项目组在《中国文物报》上就新发现的创修题记和不同时期的保护情况，以上、下两篇文章做了分析和总结；

·2017年10月，中国古迹遗址保护协会在全国范围开展了"优秀古迹遗址保护项目"评选活动，天台庵项目申报参加并接受评选专家组考核；

·2018年4月18日，天台庵修缮保护工程荣获"2018全国优秀古迹遗址保护项目"的殊荣。天台庵弥陀殿的维修严格遵循了"不改变文物原状"和"最低限度干预"，研究贯穿保护全过程，保留了天台庵弥陀殿的历史信息和文物价值。

实测与设计图

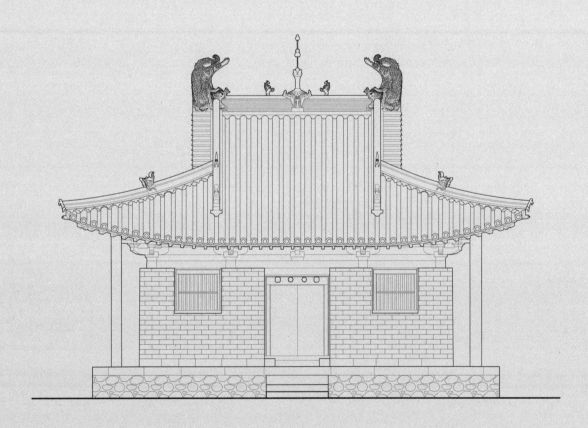

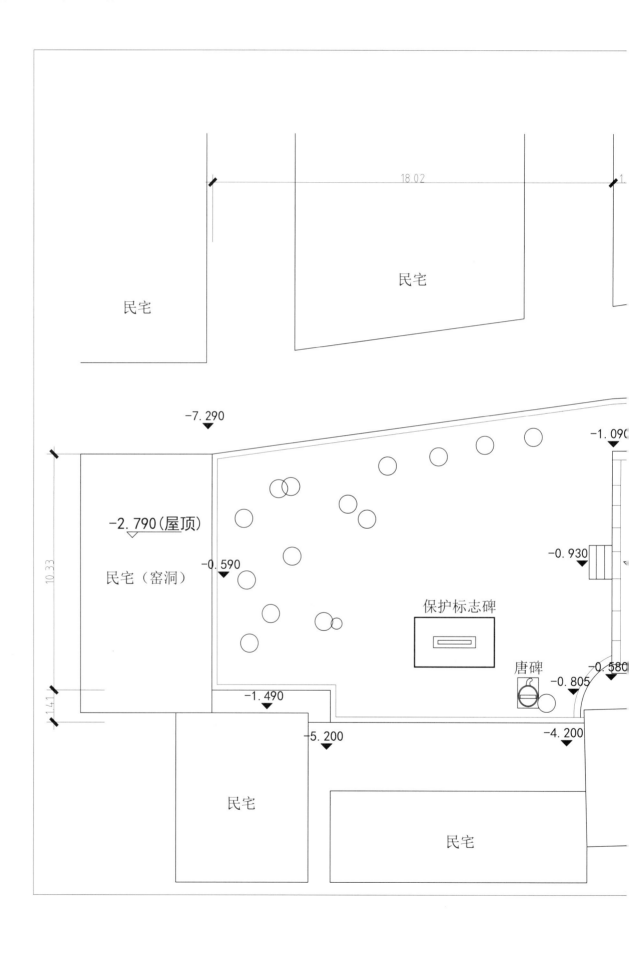

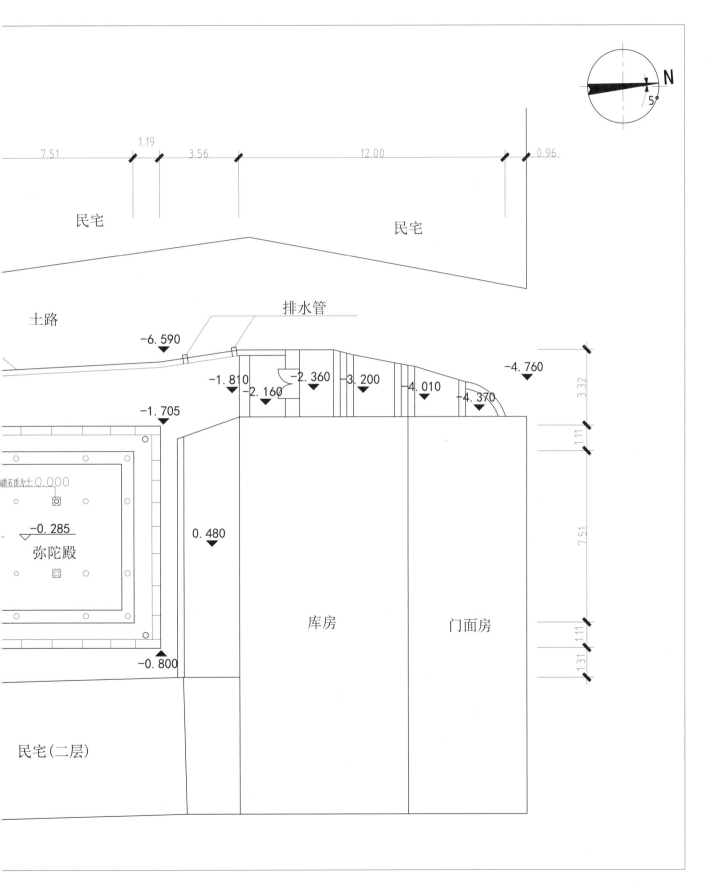

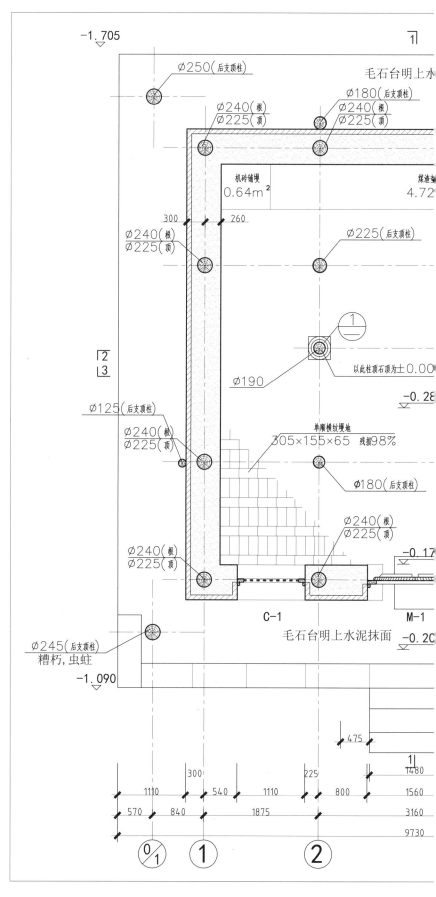

二　弥陀殿平面实测图

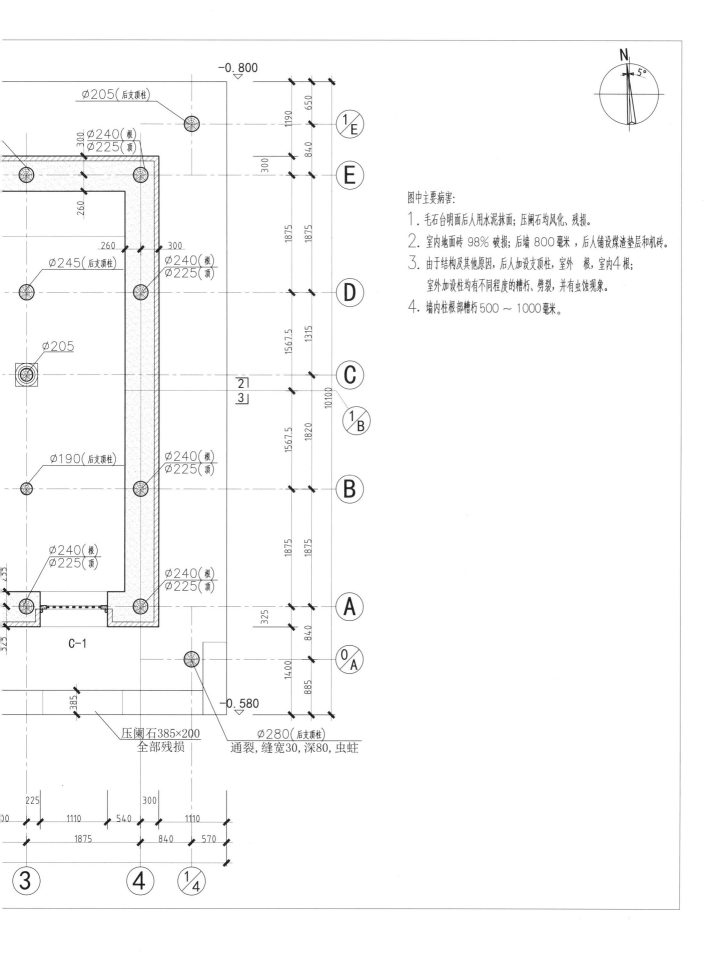

图中主要病害:

1. 毛石台明面后人用水泥抹面;压阑石均风化、残损。

2. 室内地面砖 98% 破损;后墙 800 毫米，后人铺设煤渣垫层和机砖。

3. 由于结构及其他原因，后人加设支顶柱，室外　根，室内4 根;
   室外加设柱均有不同程度的糟朽、劈裂，并有虫蚀现象。

4. 墙内柱根部糟朽500 ~ 1000毫米。

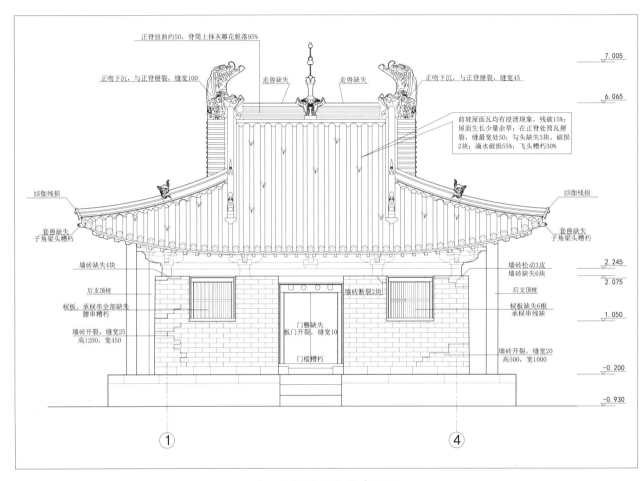

正脊扭曲约50，脊筒上抹灰雕花脱落95%

正吻下沉，与正脊脬裂，缝宽100

走兽缺失

走兽缺失

正吻下沉，与正脊脬裂，缝宽45

前坡屋面瓦均有浸渍现象，残破15%；屋面生长少量杂草；在正脊处筒瓦脬裂，缝最宽处50；勾头缺失3块、破损2块；滴水破损55%；飞头糟朽30%

嫔伽残损

嫔伽残损

套兽缺失
子角梁头糟朽

套兽缺失
子角梁头糟朽

墙砖缺失4块

墙砖松动3皮
墙砖缺失6块

后支顶桩

后支顶桩

栈板、承栈串全部缺失
腰串糟朽

墙砖断裂2块

栈板缺失6根
承栈串残缺

墙砖开裂，缝宽25
高1200，宽450

门簪缺失
板门开裂，缝宽10

门槛糟朽

墙砖开裂，缝宽20
高500，宽1000

7.005

6.065

2.245
2.075

1.050

-0.200

-0.930

① ④

三　弥陀殿正立面实测图

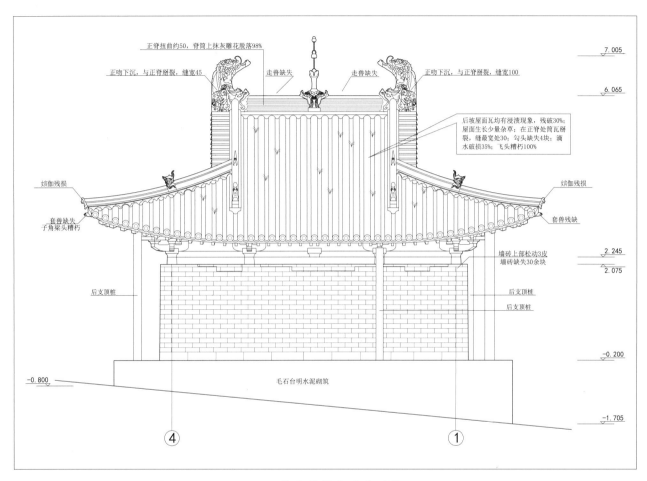

正脊扭曲约50，脊筒上抹灰雕花脱落98%

正吻下沉，与正脊劈裂，缝宽45

走兽缺失

走兽缺失

正吻下沉，与正脊劈裂，缝宽100

后坡屋面瓦均有浸渍现象，残破30%；屋面生长少量杂草；在正脊处筒瓦劈裂，缝最宽处30；勾头缺失4块；滴水破损35%；飞头槽朽100%

嫔伽残损

嫔伽残损

套兽缺失子角梁头槽朽

套兽残缺

墙砖上部松动3皮墙砖缺失30余块

后支顶桩

后支顶桩

后支顶桩

毛石台明水泥砌筑

7.005

6.065

2.245

2.075

-0.200

-0.800

-1.705

④

①

四 弥陀殿背立面实测图

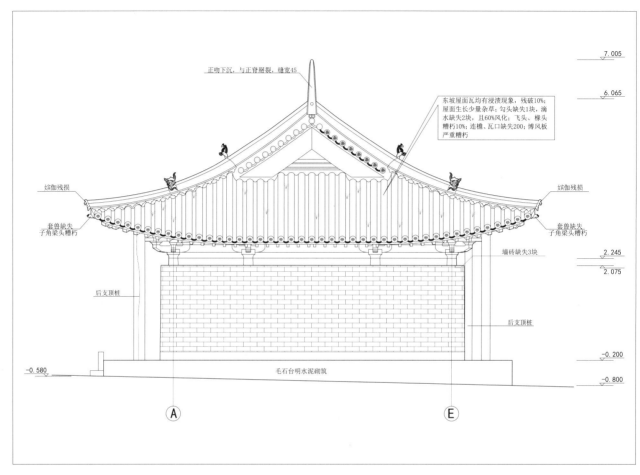

正吻下沉，与正脊掰裂，缝宽45

东坡屋面瓦均有浸渍现象，残破10%；
屋面生长少量杂草；勾头缺失1块，滴
水缺失2块，且60%风化；飞头、椽头
糟朽10%；连檐、瓦口缺失200；博风板
严重糟朽

嫔伽残损

套兽缺失
子角梁头糟朽

后支顶桩

嫔伽残损

套兽缺失
子角梁头糟朽

墙砖缺失3块

后支顶桩

毛石台明水泥砌筑

7.005

6.065

2.245
2.075

-0.200

-0.800

-0.580

Ⓐ

Ⓔ

五　弥陀殿东侧立面实测图

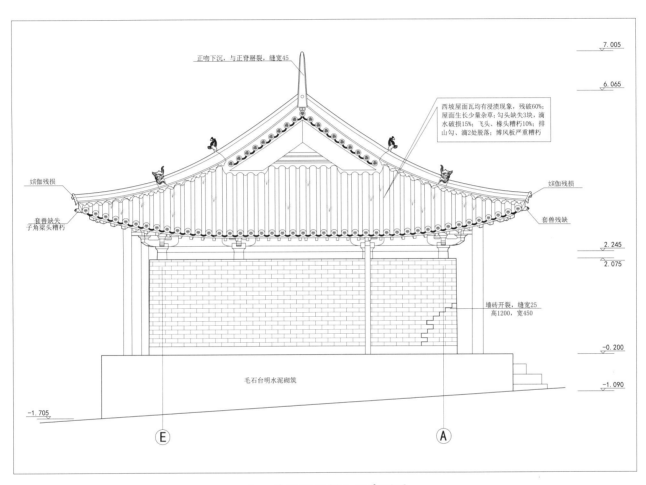

正吻下沉，与正脊掰裂，缝宽45

西坡屋面瓦均有浸渍现象，残破60%；屋面生长少量杂草；勾头缺失3块，滴水破损15%；飞头、椽头糟朽10%；排山勾、滴2处脱落；博风板严重糟朽

嫔伽残损

嫔伽残损

套兽缺失
子角梁头糟朽

套兽残缺

墙砖开裂，缝宽25
高1200，宽450

毛石台明水泥砌筑

7.005

6.065

2.245
2.075

-0.200

-1.090

-1.705

E

A

六　弥陀殿西侧立面实测图

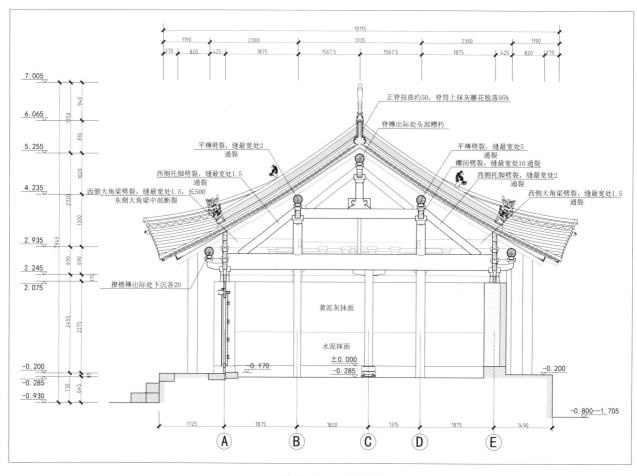

七 弥陀殿1-1剖面图

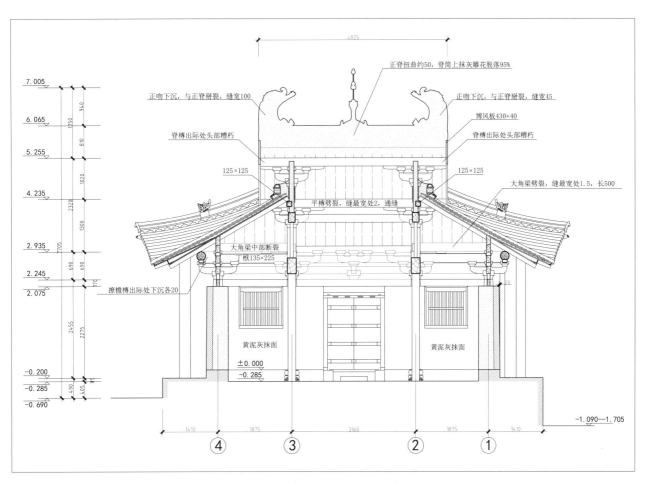

正脊扭曲约50，脊筒上抹灰雕花脱落95%

正吻下沉，与正脊掰裂，缝宽100

正吻下沉，与正脊掰裂，缝宽45

博风板430×40

脊槫出际处头部糟朽

脊槫出际处头部糟朽

125×125

125×125

平槫劈裂，缝最宽处2，通缝

大角梁劈裂，缝最宽处处1.5，长500

大角梁中部断裂
椽135×225

撩檐槫出际处下沉各20

黄泥灰抹面

黄泥灰抹面

±0.000
−0.285

−1.090—−1.705

7.005

6.065

5.255

4.235

2.935

2.245

2.075

−0.200
−0.285
−0.690

940
1750
810
1020
2320
1300
690
690
705
170
2455
2275
490
405
85

4825

1410   1875   3160   1875   1410

④   ③   ②   ①

八 弥陀殿2-2剖面图

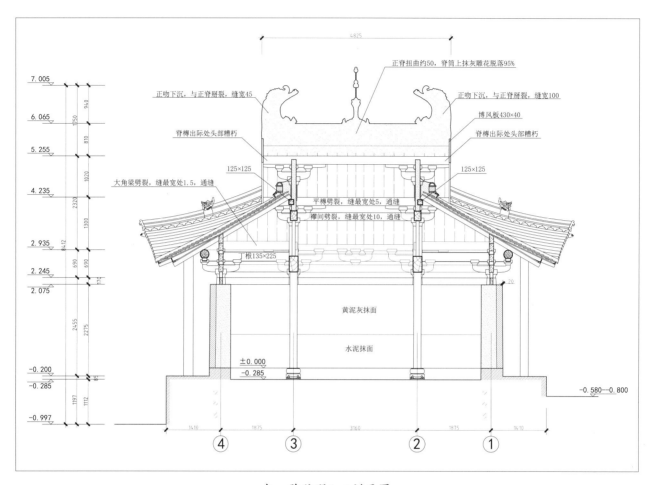

正脊扭曲约50，脊筒上抹灰雕花脱落95%

正吻下沉，与正脊掰裂，缝宽45

正吻下沉，与正脊掰裂，缝宽100

博风板430×40

脊槫出际处头部糟朽

脊槫出际处头部糟朽

125×125

125×125

大角梁劈裂，缝最宽处1.5，通缝

平槫劈裂，缝最宽处5，通缝

襻间劈裂，缝最宽处10，通缝

栿135×225

黄泥灰抹面

水泥抹面

九　弥陀殿3-3剖面图

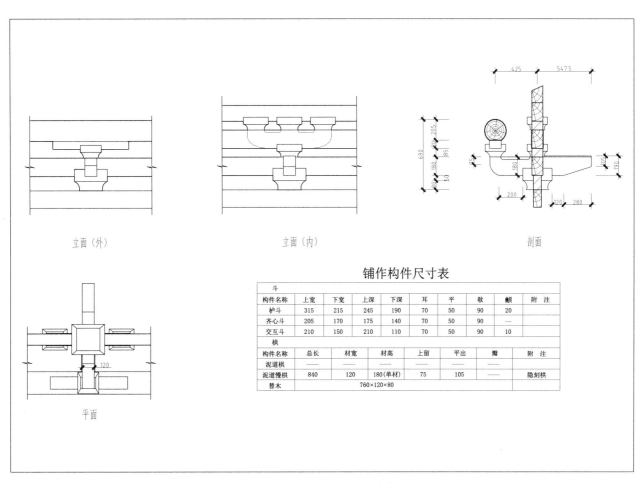

立面（外）　　　　　立面（内）　　　　　剖面

平面

铺作构件尺寸表

斗									
构件名称	上宽	下宽	上深	下深	耳	平	欹	颐	附注
栌斗	315	215	245	190	70	50	90	20	
齐心斗	205	170	175	140	70	50	90		
交互斗	210	150	210	110	70	50	90	10	

栱							
构件名称	总长	材宽	材高	上留	平出	瓣	附注
泥道栱	—						
泥道慢栱	840	120	180(单材)	75	105	—	隐刻栱
替木	760×120×80						

一〇　弥陀殿心间补间铺作实测图

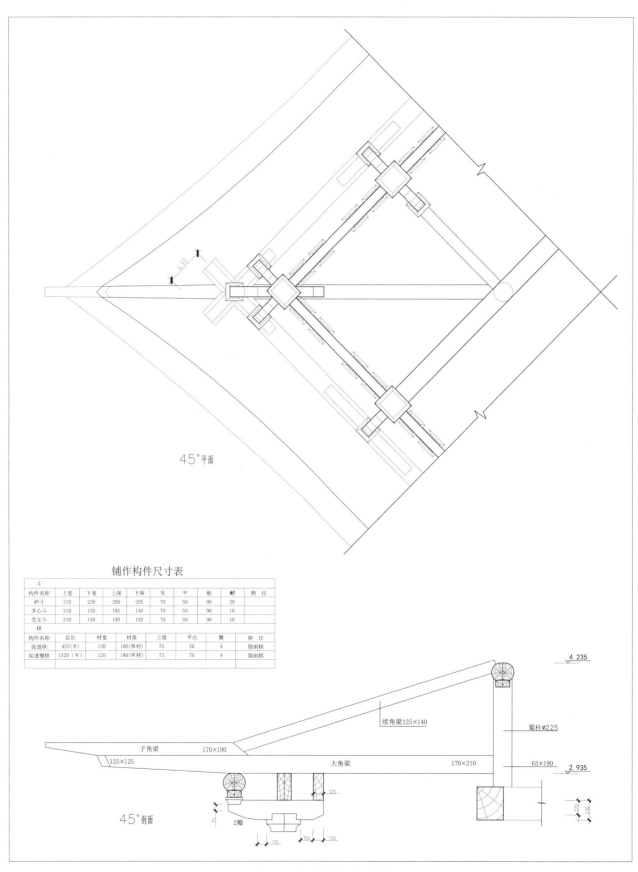

45°平面

铺作构件尺寸表

斗									
构件名称	上宽	下宽	上深	下深	耳	平	欹	皿	附注
栌斗	310	230	280	205	70	50	90	20	
齐心斗	210	150	185	140	70	50	90	10	
交互斗	210	150	190	120	70	50	90	10	

栱							
构件名称	总长	材宽	材高	上留	平出	瓣	附注
泥道栱	425（半）	120	180（单材）	75	50	4	隐刻栱
泥道慢栱	1520（半）	120	180（单材）	75	70	4	隐刻栱

4.235

续角梁125×140

蜀柱φ225

子角梁　170×190

125×125

大角梁　170×210

65×190

2.935

125

45°剖面

2瓣

一一　弥陀殿转角铺作实测图

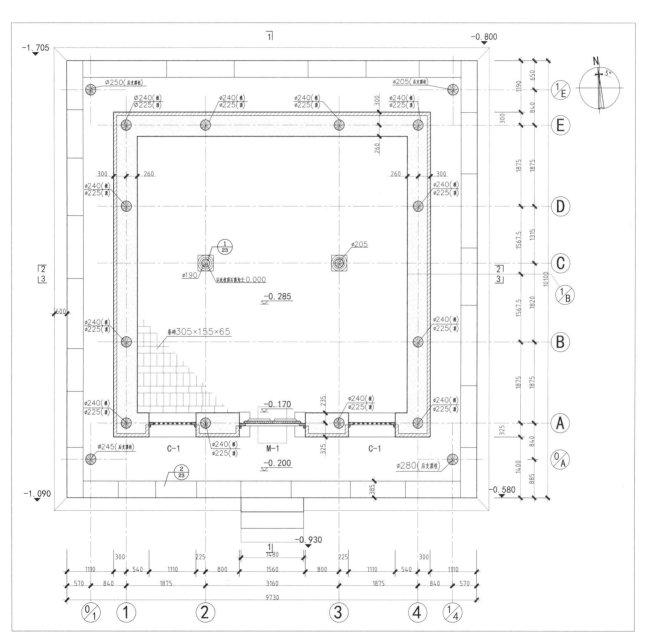

一二 弥陀殿平面设计图

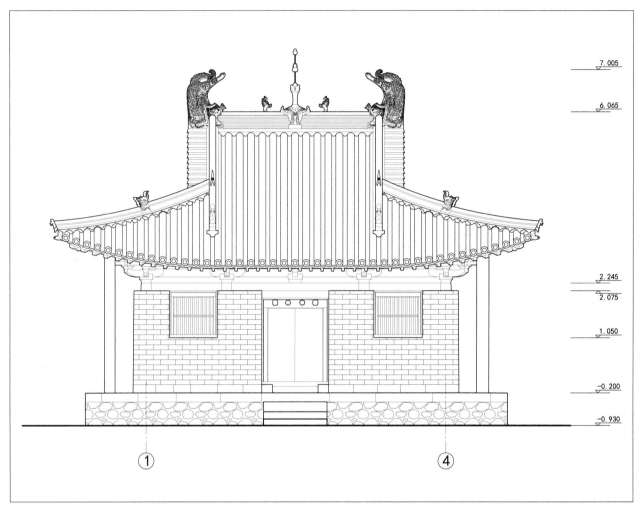

七.○○五

六.○六五

二.二四五

二.○七五

一.○五○

－○.二○○

－○.九三○

① ④

一三　弥陀殿正立面设计图

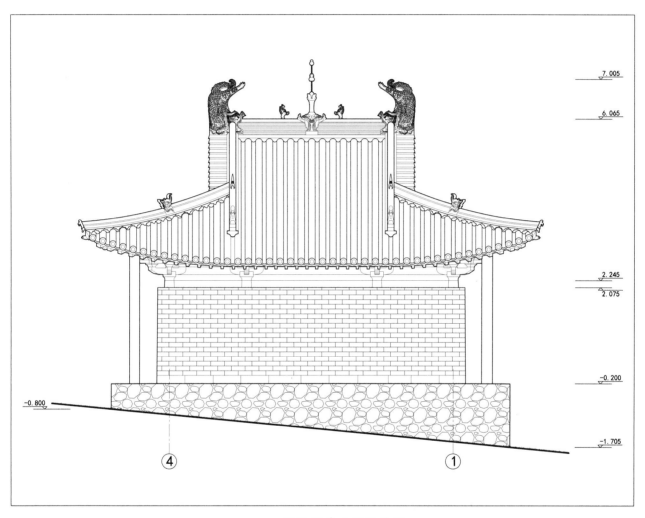

7. 005

6. 065

2. 245
2. 075

-0. 200

-0. 800

-1. 705

④   ①

一四　弥陀殿背立面设计图

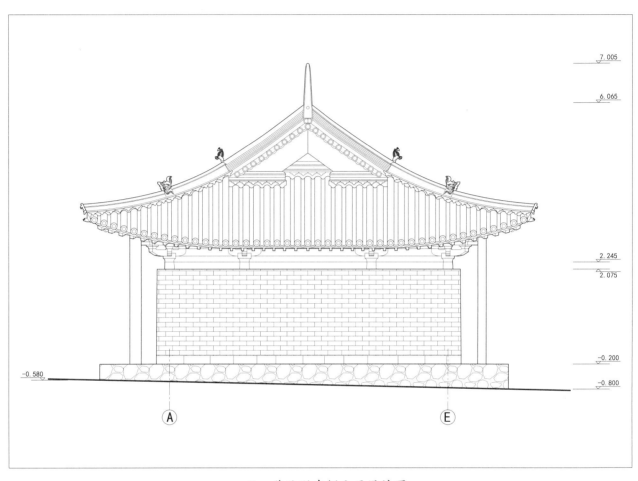

7.005

6.065

2.245
2.075

-0.200

-0.580

-0.800

Ⓐ   Ⓔ

一五　弥陀殿东侧立面设计图

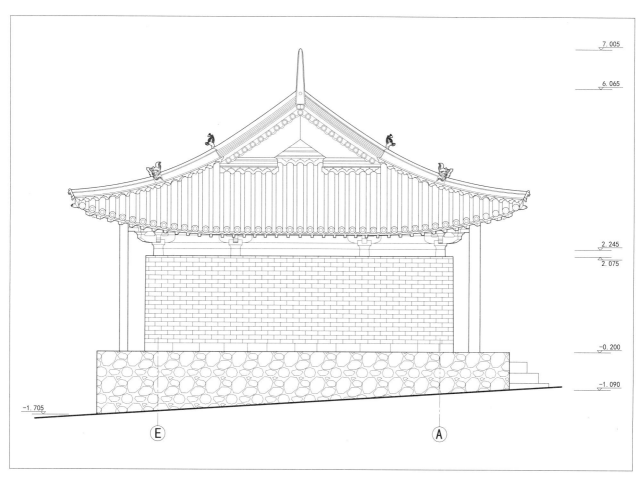

7.005

6.065

2.245
2.075

-0.200

-1.090

-1.705

Ⓔ　　　　　　　Ⓐ

一六　弥陀殿西侧立面设计图

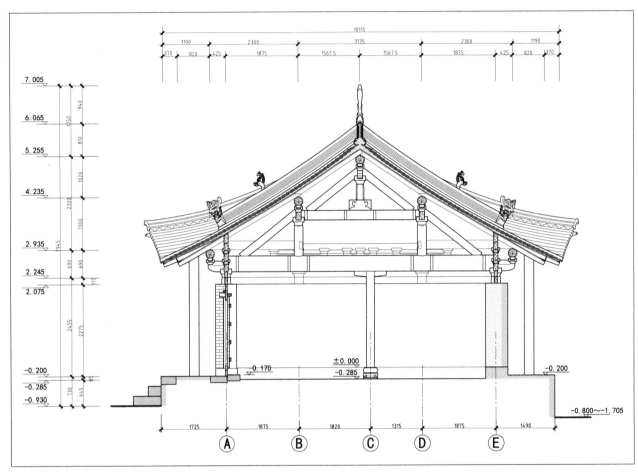

一七 弥陀殿1-1剖面设计图

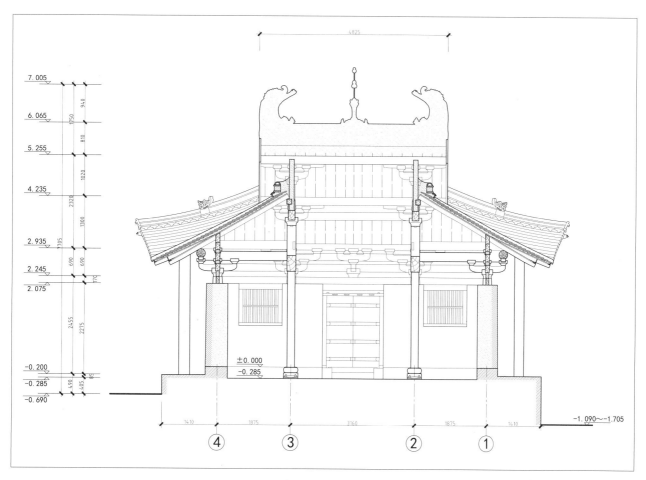

一八　弥陀殿2-2剖面设计图

一九　弥陀殿3-3剖面设计图

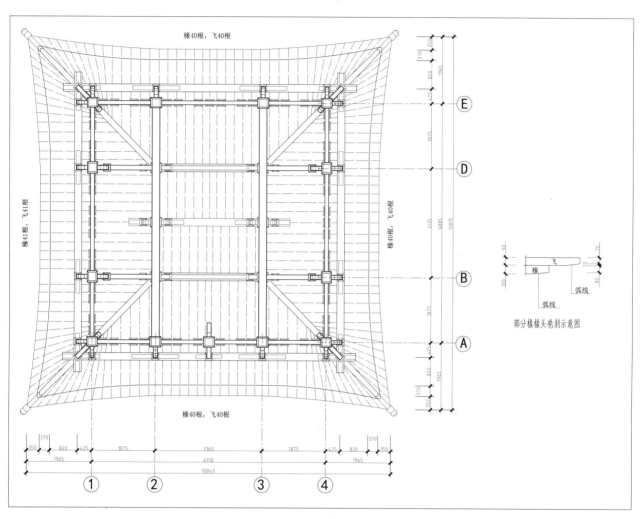

二〇　弥陀殿梁架仰视设计图

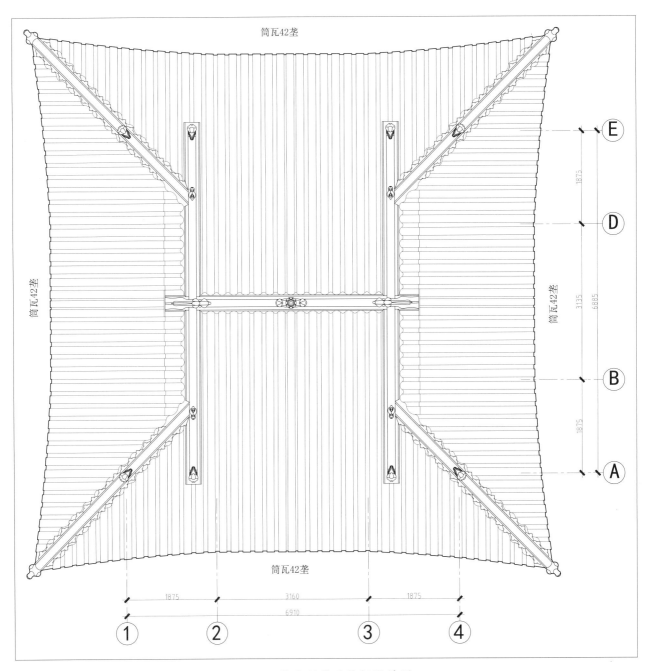

二一 弥陀殿屋面俯视设计图

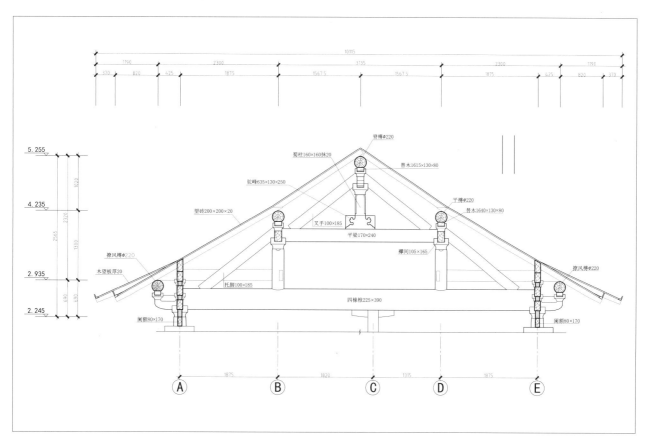

二二　弥陀殿梁架大样设计图

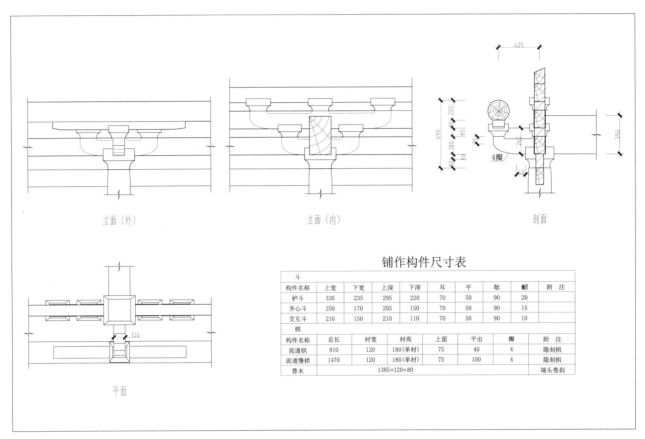

立面(外)　　　　　　立面(内)　　　　　　剖面

平面

铺作构件尺寸表

斗									
构件名称	上宽	下宽	上深	下深	耳	平	欹	顱	附注
栌斗	330	235	295	220	70	50	90	20	
齐心斗	250	170	205	150	70	50	90	15	
交互斗	210	150	210	110	70	50	90	10	

栱							
构件名称	总长	材宽	材高	上留	平出	瓣	附注
泥道栱	810	120	180(单材)	75	40	4	隐刻栱
泥道慢栱	1470	120	180(单材)	75	100	4	隐刻栱
替木	1385×120×80						端头卷刹

二三　弥陀殿心间柱头铺作设计图

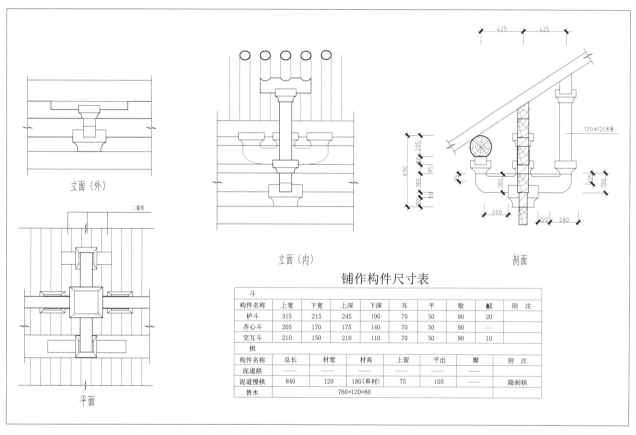

立面（外）

二樓栿

平面

立面（内）

120×120木柱

剖面

铺作构件尺寸表

斗									
构件名称	上宽	下宽	上深	下深	耳	平	欹	顄	附注
栌斗	315	215	245	190	70	50	90	20	
齐心斗	205	170	175	140	70	50	90	—	
交互斗	210	150	210	110	70	50	90	10	

栱							
构件名称	总长	材宽	材高	上留	平出	瓣	附注
泥道栱	—						
泥道慢栱	840	120	180（单材）	75	105	—	隐刻栱
替木	760×120×80						

二四　弥陀殿前檐心间补间铺作设计图

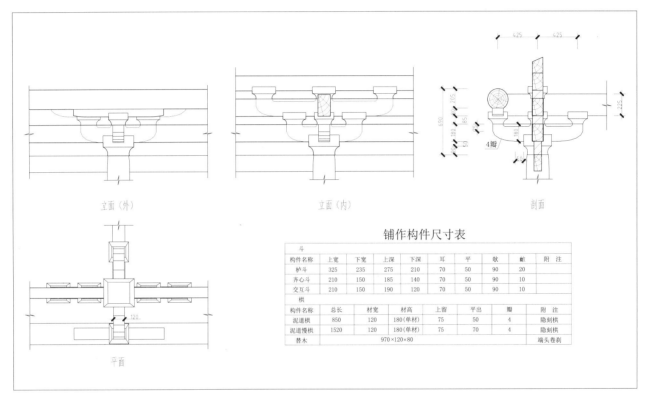

立面（外）　　　　　立面（内）　　　　　剖面

平面

铺作构件尺寸表

斗									
构件名称	上宽	下宽	上深	下深	耳	平	欹	蔽	附 注
栌斗	325	235	275	210	70	50	90	20	
齐心斗	210	150	185	140	70	50	90	10	
交互斗	210	150	190	120	70	50	90	10	

栱							
构件名称	总长	材宽	材高	上留	平出	瓣	附 注
泥道栱	850	120	180（单材）	75	50	4	隐刻栱
泥道慢栱	1520	120	180（单材）	75	70	4	隐刻栱
替木	970×120×80						端头卷刹

二五　弥陀殿山面柱头铺作设计图

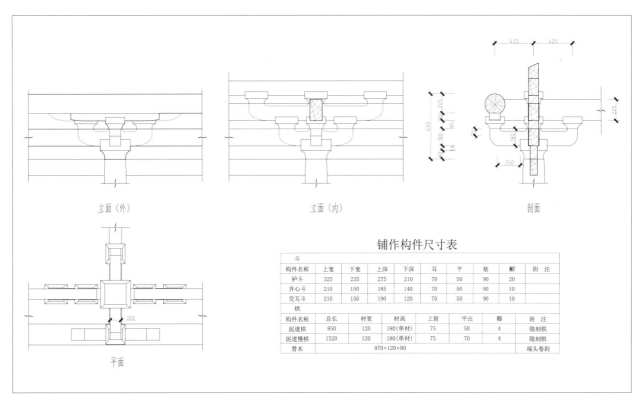

立面（外）　　　　　　立面（内）　　　　　　剖面

平面

铺作构件尺寸表

斗

构件名称	上宽	下宽	上深	下深	耳	平	欹	顗	附注
栌斗	325	235	275	210	70	50	90	20	
齐心斗	210	150	185	140	70	50	90	10	
交互斗	210	150	190	120	70	50	90	10	

栱

构件名称	总长	材宽	材高	上留	平出	齻	附注
泥道栱	850	120	180（单材）	75	50	4	隐刻栱
泥道慢栱	1520	120	180（单材）	75	70	4	隐刻栱
替木			970×120×80				端头卷刹

二六　弥陀殿山面柱头铺作设计图

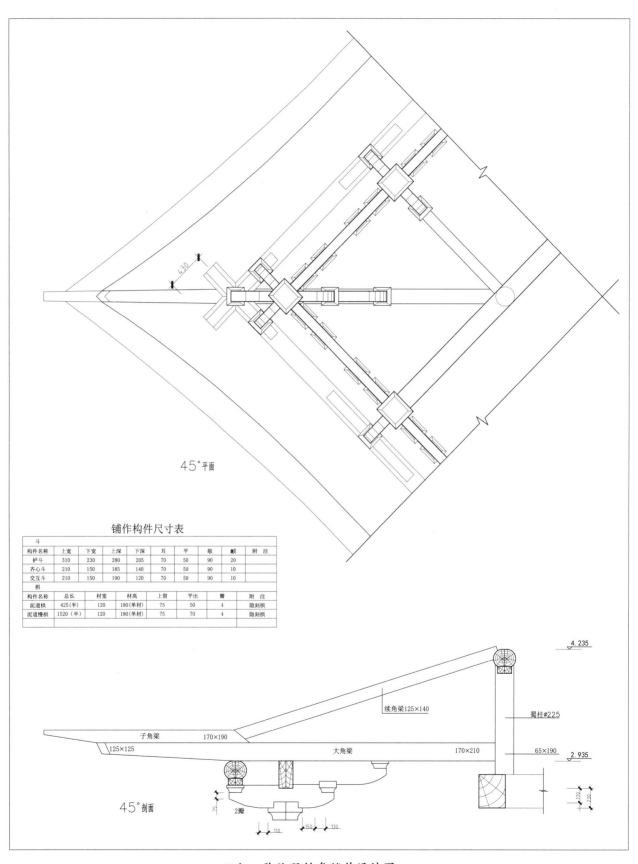

45°平面

铺作构件尺寸表

斗									
构件名称	上宽	下宽	上深	下深	耳	平	欹	颛	附 注
栌斗	310	230	280	205	70	50	90	20	
齐心斗	210	150	185	140	70	50	90	10	
交互斗	210	150	190	120	70	50	90	10	

栱							
构件名称	总长	材宽	材高	上留	平出	瓣	附 注
泥道栱	425（半）	120	180（单材）	75	50	4	隐刻栱
泥道慢栱	1520（半）	120	180（单材）	75	70	4	隐刻栱

45°剖面

二七　弥陀殿转角铺作设计图

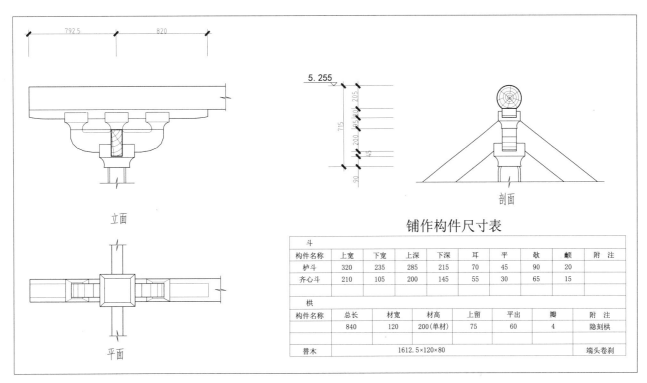

铺作构件尺寸表

斗									
构件名称	上宽	下宽	上深	下深	耳	平	欹	頔	附 注
栌斗	320	235	285	215	70	45	90	20	
齐心斗	210	105	200	145	55	30	65	15	

栱						
构件名称	总长	材宽	材高	上留	平出	瓣	附 注
	840	120	200(单材)	75	60	4	隐刻栱
替木	1612.5×120×80						端头卷刹

立面

平面

剖面

二八　弥陀殿脊槫下铺作设计图

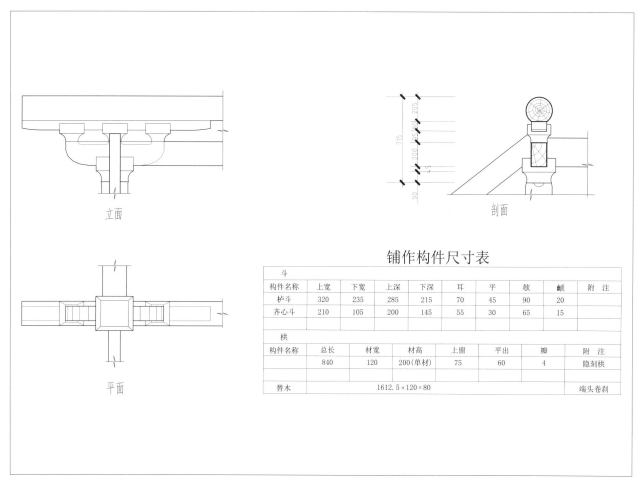

立面

剖面

平面

铺作构件尺寸表

斗								
构件名称	上宽	下宽	上深	下深	耳	平	欹	顫	附 注
栌斗	320	235	285	215	70	45	90	20	
齐心斗	210	105	200	145	55	30	65	15	

栱							
构件名称	总长	材宽	材高	上留	平出	瓣	附 注
	840	120	200(单材)	75	60	4	隐刻栱
替木	1612.5×120×80						端头卷刹

二九　弥陀殿襻间铺作设计图

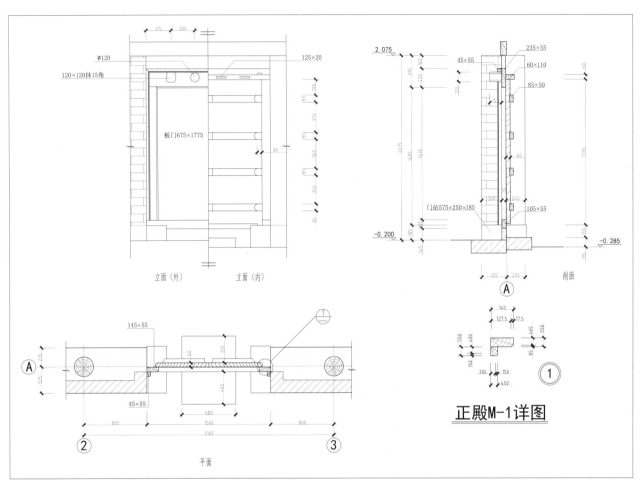

三〇　弥陀殿门大样设计图

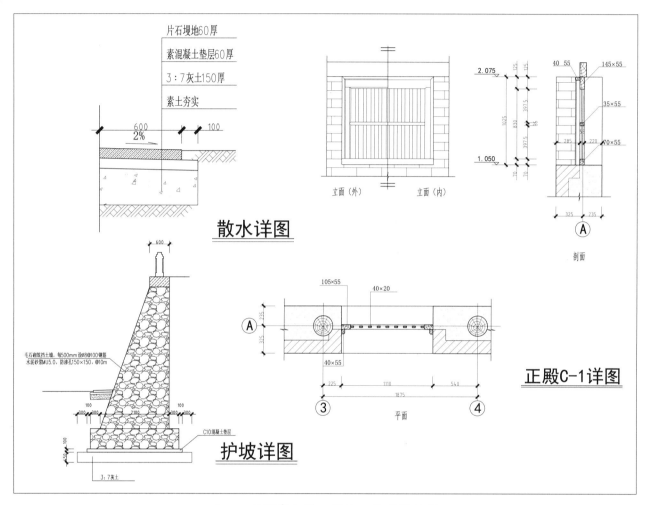

片石墁地60厚

素混凝土垫层60厚

3：7灰土150厚

素土夯实

散水详图

护坡详图

正殿C-1详图

三一　正殿窗大样、护坡、散水设计图

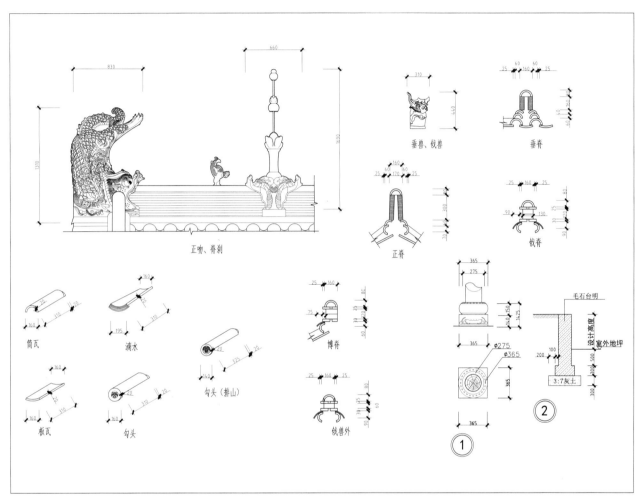

正吻、脊刹

垂兽、戗兽

垂脊

正脊

戗脊

筒瓦

滴水

勾头（排山）

板瓦

勾头

俄兽外

博脊

三二　正殿构件设计图

一　弥陀殿正立面·修缮前

二　弥陀殿正立面·修缮后

三　弥陀殿背立面·修缮前

四　弥陀殿背立面·修缮后

五　弥陀殿屋面·修缮前

六　弥陀殿屋面·修缮后

七　弥陀殿脊刹

八　弥陀殿正吻

九　弥陀殿垂脊押鱼

一〇　弥陀殿翼角傧伽

一一　弥陀殿瓦当样式

一二 弥陀殿转角铺作里转·修缮前

一三 弥陀殿转角铺作里转·修缮后

一四 弥陀殿心间补间斗栱里转·修缮前

一五 弥陀殿心间补间斗栱里转·修缮后

一六 弥陀殿东南翼角布椽方式

一七 弥陀殿西南翼角布椽方式

一八 弥陀殿脊部叉手结构

一九 弥陀殿叉手内部结构形式

二〇　弥陀殿橑风榑·原斜置大角梁位置（红线卯口）

二一　弥陀殿平榑·原斜置大角梁后尾位置（红线卯口）

二二 弥陀殿蜀柱·现平置大角梁后尾位置（红圈内 天津大学·李竞扬拍摄）

二三 弥陀殿四椽栿·原驼峰卯口（红线蜀柱下 天津大学·李竞扬拍摄）

二四　弥陀殿屋面后坡瓦件平移保护

二五　弥陀殿山面瓦件平移保护

二六 弥陀殿屋脊瓦件平移保护

二七 弥陀殿脊槫题记

二八　弥陀殿脊槫"长兴四年……"题记（天津大学·丁垚拍摄）　二九　弥陀殿飞椽题记（天津大学·王颐真拍摄）

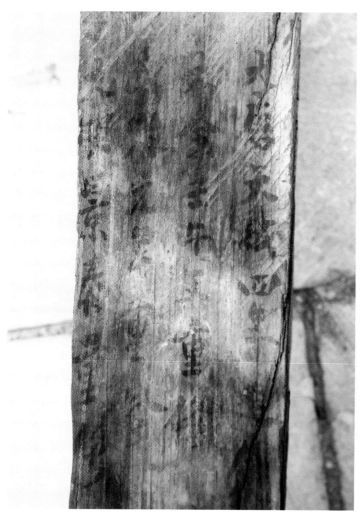

三〇　弥陀殿飞椽"大唐天成四年……"
　　　题记（天津大学·王颐真拍摄）

三一　柴泽俊研读天台庵题记

三二　2015年9月13日，国家文物局、省文物局专家领导莅临现场指导工作（左起曹钫、贺大龙、刘青梅、任毅敏、白雪冰、张之平、魏振东、李永革、李会智、贺林、吴锐、帅银川）

三三　国家文物局、省文物局专家听取汇报（左起贺林、任毅敏、吴锐、贺大龙、白雪冰、张之平、帅银川、李会智、曹钫）

三四　弥陀殿模型（天津大学·耿昀拍摄）

三五　弥陀殿正心枋拆卸

三六　技术负责人帅银川（右一）向施工人员讲解弥陀殿加固措施要点

三七　弥陀殿大角梁拆卸

三八 弥陀殿断裂的栱

三九 弥陀殿栱的维修加固

四〇　修缮加固后弥陀殿的栱

四一　修缮前弥陀殿断裂的梁

四二　修缮中弥陀殿梁的维修加固

四三　修缮加固后弥陀殿的梁

四四　天台庵石碑（唐？）

四五　2018年全国优秀古迹遗址保护项目颁奖仪式

四六　天台庵保护工程获奖证书

后　记

　　《平顺天台庵弥陀殿修缮工程报告》即将付梓，看着这新鲜的文字、插图和照片，脑海中却满是恩师柴泽俊的音容笑貌，挥之不去。想起弥陀殿遇到问题时，每每叨扰先生到深夜；想起先生在病榻撑起瘦弱的身躯问询弥陀殿工程的情形，桩桩件件，历历在目。弥陀殿的保护倾注了先生的心血，承载着先生的嘱托。

　　天台庵弥陀殿的保护研究和《报告》的出版，是主编和项目参与者帅银川、曹钫、赵朋、郑虹玉、王宇宁、李士杰、崔计兵、朱凯、刘超、王周强、张强强共同努力的结果。更离不开刘振辉局长给予了经费的支持；国家文物局专家组张之平、李永革、刘智敏、贺林等老师，文物处白雪冰处长，原山西省古建筑保护研究所董养忠、吴锐、任毅敏，原山西省古建筑维修质量监督站李会智、路易，平顺县李卫东、申鹏等给予的指导和帮助；秦秋红、李书勤、范胜青、张宇飞、张素峰、李嘉佳、李斌、李天术等同仁以及天津大学丁垚、李竞扬、张峻崚给予了关注和资料的提供。在此表以真诚的感谢！

编　者

2020年9月20日